ESPERIENZE

48

Giovanni Casertano

Parmenide
il metodo
la scienza l'esperienza

GUIDA EDITORI · NAPOLI

Questo volume è stato stampato con parziali contributi del Consiglio Nazionale delle Ricerche e dell'Istituto di Storia della Filosofia dell'Università di Napoli.

30-0472-4

© Copyright 1978 by GUIDA EDITORI s.r.l.
Napoli - Via Port'Alba 19
Grafica della copertina: Tullia Pacini, Studio 67

« La vita somiglia ad un'effimera vigilia, la lunghezza della vita alla durata d'un sol giorno, in cui noi guardiamo alla luce per fare subito posto agli altri che ci seguono ».

Antifonte fr. 50

Ad Assuntina, dolcissima compagna della mia vigilia

PREFAZIONE

Parmenide, in un modo o nell'altro, viene visto da quasi tutti gli studiosi come l'autore di una *svolta* nel pensiero greco delle origini, o — se si preferisce — come uno dei nodi principali e piú significativi del pensiero cosiddetto presocratico. Alcuni nostri contributi allo studio di Parmenide sono già apparsi a stampa in riviste o in annali, e il lettore li troverà elencati nell'indice delle abbreviazioni posto alla fine del volume; qui diciamo soltanto che — mentre l'idea centrale della nostra interpretazione di Parmenide resta quella che in essi avevamo già indicata — alcune nostre tesi su questioni particolari (ma a volte anche di non poca importanza) hanno subito dei ritocchi mano a mano che procedevamo nel lavoro, e specialmente in quello di approfondimento e di esegesi puntuale dei singoli frammenti dell'Eleata. Il risultato dei nostri studi, che ora con questo volume presentiamo, è certamente piú « mediato » e « articolato » nelle sue argomentazioni e nelle sue conclusioni, ma tiene comunque fermo un punto: Parmenide non è il filosofo di un « essere trascendente ».

Siamo profondamente convinti che l'Eleata non inizi affatto l'era della « metafisica » greca o addirittura occidentale; al contrario crediamo che con Parmenide vengano sollevati per la prima volta — per lo meno stando ai documenti che ci restano — i problemi importantissimi del *metodo* e del *lin-*

guaggio propri della ricerca scientifica. Se leggiamo con occhio disincantato ciò che ci resta della sua opera, non potremo non accorgerci che in essa per la prima volta viene rivendicata *coscientemente* la necessità di un metodo e di un linguaggio estremamente rigorosi, quasi « matematici »: e questa è indubbiamente caratteristica del ricercare scientifico. Leggere con occhio disincantato i frammenti parmenidei significa prima di tutto leggerli al di fuori di ogni prospettiva post-parmenidea, e una « lettura all'indietro » di Parmenide significa essenzialmente assumere occhiali platonici o aristotelici o neoplatonici. Se abbandoniamo questi occhiali, e ci sforziamo al contrario di riportare Parmenide all'atmosfera culturale del suo tempo, la figura del « puro filosofo dell'essere » non avrà piú alcuna sua ragion d'essere. Naturalmente, quando parliamo di atmosfera culturale del suo tempo, ci riferiamo principalmente a quei settori che tradizionalmente vengono definiti come « filosofia » e come « scienza », e cioè in una parola a quei settori ai quali immediatamente ci vien fatto di pensare quando usiamo il termine di « presocratico ». Ci rendiamo perfettamente conto che questa è una limitazione di campo e che con ciò escludiamo dall'ambito della nostra analisi settori altrettanto vivi e vitali quali la storia, la politica, l'arte, la poesia, la mitologia; ma da un lato non potevamo includere nella ricerca campi tanto vasti e tanto complessi (non presumiamo, del resto, d'essere onnicompetenti), dall'altro lato ogni ricercatore si ritaglia pur sempre un campo proprio d'indagine sul quale intende lavorare. Speriamo comunque che, al di là dei consensi o dei dissensi, quello che venga ben giudicato dal lettore sarà il metodo col quale abbiamo condotto le nostre analisi e le nostre dimostrazioni; il fatto importante è che alla fine della lettura il nostro giudice ci riconosca se non altro « onestà d'intenti ».

Concludendo, sentiamo il dovere di ringraziare alcuni amici e colleghi, Giuseppe Tortora, Aniello Montano, Lucio Pepe, con i quali abbiamo spesso e a lungo discusso problemi generali e particolari sull'argomento di questo libro; ma soprattutto sentiamo il dovere di ringraziare il prof. Giuseppe Martano, che è stato sempre affettuosamente prodigo di consigli e di rilievi nei confronti del nostro lavoro, seguendolo sempre con la sua vigile esperienza ed incoraggiandoci in tutti i momenti — e non sempre sereni — del suo realizzarsi.

G. C.

Napoli, giugno 1978

AVVERTENZA

Per il testo dei frammenti parmenidei, ci siamo serviti della raccolta di H. DIELS-W. KRANZ, *Die Fragmente der Vorsokratiker*, Dublin-Zürich 1968[13]; le varianti rispetto a questo testo sono state sempre indicate e discusse nel corso del commento o delle note. Della stessa raccolta ci siamo serviti anche per le testimonianze su Parmenide, come per i frammenti e le testimonianze riguardanti gli altri presocratici. Le traduzioni italiane delle *testimonianze* su Parmenide e dei testi relativi agli altri presocratici che appaiono nel volume si intendono prese sempre — qualora non sia indicato diversamente — da *I presocratici. Testimonianze e frammenti*, a cura e con Introduzione di G. GIANNANTONI, voll. 2, Bari 1969 (le traduzioni sono di: M. Gigante, G. Giannantoni, R. Laurenti, A. Maddalena, P. Albertelli, V.E. Alfieri, M. Timpanaro Cardini).

L'ordine dei frammenti parmenidei da noi offerto è diverso da quello di Diels-Kranz, ma alla nostra numerazione abbiamo fatta seguire tra parentesi quella del DK per consentire un piú agevole confronto con la classica edizione; per la stessa ragione, nel corso del commento e delle note, tutti i rimandi sono stati fatti conservando la numerazione tradizionale.

FRAMMENTI

1 (B 1)

ἵπποι ταί με φέρουσιν, ὅσον τ' ἐπὶ θυμὸς ἱκάνοι,
πέμπον, ἐπεί μ' ἐς ὁδὸν βῆσαν πολύφημον ἄγουσαι
δαίμονος, ἣ κατὰ πάντ' ἄστη φέρει εἰδότα φῶτα·
τῆι φερόμην· τῆι γάρ με πολύφραστοι φέρον ἵπποι
5 ἅρμα τιταίνουσαι, κοῦραι δ' ὁδὸν ἡγεμόνευον.
ἄξων δ' ἐν χνοίηισιν ἵει σύριγγος ἀυτήν
αἰθόμενος (δοιοῖς γὰρ ἐπείγετο δινωτοῖσιν
κύκλοις ἀμφοτέρωθεν), ὅτε σπερχοίατο πέμπειν
Ἡλιάδες κοῦραι, προλιποῦσαι δώματα Νυκτός,
10 εἰς φάος, ὠσάμεναι κράτων ἄπο χερσὶ καλύπτρας.
ἔνθα πύλαι Νυκτός τε καὶ Ἤματός εἰσι κελεύθων,
καί σφας ὑπέρθυρον ἀμφὶς ἔχει καὶ λάινος οὐδός·
αὐταὶ δ' αἰθέριαι πλῆνται μεγάλοισι θυρέτροις·
τῶν δὲ Δίκη πολύποινος ἔχει κληῖδας ἀμοιβούς.
15 τὴν δὴ παρφάμεναι κοῦραι μαλακοῖσι λόγοισιν
πεῖσαν ἐπιφραδέως, ὥς σφιν βαλανωτὸν ὀχῆα
ἀπτερέως ὤσειε πυλέων ἄπο· ταὶ δὲ θυρέτρων
χάσμ' ἀχανὲς ποίησαν ἀναπτάμεναι πολυχάλκους
ἄξονας ἐν σύριγξιν ἀμοιβαδὸν εἰλίξασαι
20 γόμφοις καὶ περόνηισιν ἀρηρότε· τῆι ῥα δι' αὐτέων

FRAMMENTI

1 (B 1)

   Le cavalle che mi portano, conformemente all'impulso della
                                                    mia mente,
   anche ora mi guidarono, poiché m'avevano spinto su quella
                                                    famosa via
   della dea che porta l'uomo che sa per ogni dove.
   Su quella via fui condotto; su quella via infatti mi porta-
                                        vano le cavalle esperte
5 che tiravano il carro, e fanciulle indicarono il cammino.
   L'asse [ruotando] nel mozzo mandava un acuto stridore,
   sprizzando faville (poiché era mosso dalle due ruote che vor-
                                                    ticosamente
   si muovevano da una parte e dall'altra), quando si affretta-
                                                            rono,
   le fanciulle figlie del Sole, liberato il capo dai veli,
10 a spingermi verso la luce, abbandonando la regione della Notte.
   Là c'è la porta che divide il cammino della Notte e del Giorno,
   col suo architrave e con la sua soglia di pietra:
   e la porta, chiara come il cielo, è chiusa da grandi battenti,
   dei quali Dike vendicatrice possiede le chiavi che aprono e
                                                        chiudono.
15 E allora le fanciulle, esortandola con gentili parole,
   la persuasero accortamente a togliere per loro velocemente
   la sbarra dalla porta: e la porta si aprì
   rivelando un ampio passaggio
   e facendo girare nei cardini, da una parte e dall'altra,
20 i suoi assi di bronzo fissati con cinghie e con chiodi. Per di là
                                              attraverso la porta

ἰθὺς ἔχον κοῦραι κατ' ἀμαξιτὸν ἄρμα καὶ ἵππους.
καί με θεὰ πρόφρων ὑπεδέξατο, χεῖρα δὲ χειρί
δεξιτερὴν ἕλεν, ὧδε δ' ἔπος φάτο καί με προσηύδα·
ὦ κοῦρ' ἀθανάτοισι συνάορος ἡνιόχοισιν,
25 ἵπποις ταί σε φέρουσιν ἱκάνων ἡμέτερον δῶ,
χαῖρ', ἐπεὶ οὔτι σε μοῖρα κακὴ προὔπεμπε νέεσθαι
τήνδ' ὁδόν (ἦ γὰρ ἀπ' ἀνθρώπων ἐκτὸς πάτου ἐστίν),
ἀλλὰ θέμις τε δίκη τε. χρεὼ δέ σε πάντα πυθέσθαι
ἠμὲν Ἀληθείης εὐκυκλέος ἀτρεμὲς ἦτορ
30 ἠδὲ βροτῶν δόξας, ταῖς οὐκ ἔνι πίστις ἀληθής.
ἀλλ' ἔμπης καὶ ταῦτα μαθήσεαι, ὡς τὰ δοκοῦντα
χρῆν δοκίμως εἶναι διὰ παντὸς πάντα περῶντα.

1-30 Sext. Emp. *adv. math.* VII 111 sgg.
28-32 Simplic. *de cael.* 557,20
28-30 Diog.Laert. IX 22
29-30 Plutarch. *mor.* 1114; Clem.Alex. *strom.* V 59 (II p. 366 St.);
Procl. *Tim.* I 345

2 (B 2)

εἰ δ' ἄγ' ἐγὼν ἐρέω, κόμισαι δὲ σὺ μῦθον ἀκούσας,
αἵπερ ὁδοὶ μοῦναι διζήσιός εἰσι νοῆσαι·
ἡ μὲν ὅπως ἔστιν τε καὶ ὡς οὐκ ἔστι μὴ εἶναι,
Πειθοῦς ἐστι κέλευθος (Ἀληθείηι γὰρ ὀπηδεῖ),
5 ἡ δ' ὡς οὐκ ἔστιν τε καὶ ὡς χρεών ἐστι μὴ εἶναι,
τὴν δή τοι φράζω παναπευθέα ἔμμεν ἀταρπόν·
οὔτε γὰρ ἂν γνοίης τό γε μὴ ἐὸν (οὐ γὰρ ἀνυστόν)
οὔτε φράσαις.

1-8 Procl. *Tim.* I 345, 18
3-8 Simplic. *phys.* 116, 25
5-6 Procl. *Parm.* 1078

le fanciulle guidarono immediatamente sulla strada il carro e
le cavalle.
E la dea mi accolse benevolmente, mi prese la mano destra
con la sua mano,
e così, con queste parole, mi parlò:
« O giovane, che insieme a immortali guidatrici
25 vieni alla mia casa portato dalle cavalle,
salve! Giacché non una cattiva sorte ti ha condotto
per questa via (che infatti è lontana dalla via battuta dagli
uomini),
ma una legge sacra e giusta. È necessario che tu apprenda
ogni cosa,
sia il fondo immutabile della verità senza contraddizioni,
30 sia le esperienze degli uomini, nelle quali non è vera certezza.
Ma ad ogni costo anche questo apprenderai, dal momento che
le esperienze
debbono avere un loro valore per colui che indaga tutto in
tutti i sensi.

2 (B 2)
Ebbene, io t'esporrò — e tu fai tesoro del discorso che odi —
quali siano le sole vie di ricerca pensabili.
L'una che esiste e non può non esistere
— è il cammino della Persuasione (infatti segue la Verità) —;
5 l'altra che non esiste e che è necessario logicamente che non
esista,
e questa io ti dico che è una strada del tutto impercorribile.
Perché ciò che non è non puoi né conoscerlo (infatti questa
conoscenza è irrealizzabile)
né esprimerlo.

3 (B 3)

... τὸ γὰρ αὐτὸ νοεῖν ἐστίν τε καὶ εἶναι.

CLEM.ALEX. strom. VI 23,3
PLOTIN. Enn. V 1,8
PROCL. Parm. 1152, 33
PROCL. in Plat. Theol. I 66

4 (B 6)

χρὴ τὸ λέγειν τε νοεῖν τ' ἐὸν ἔμμεναι· ἔστι γὰρ εἶναι,
μηδὲν δ' οὐκ ἔστιν· τά σ' ἐγὼ φράζεσθαι ἄνωγα.
πρώτης γάρ σ' ἀφ' ὁδοῦ ταύτης διζήσιος ⟨εἴργω⟩,
αὐτὰρ ἔπειτ' ἀπὸ τῆς, ἣν δὴ βροτοὶ εἰδότες οὐδὲν
5 πλάττονται, δίκρανοι · ἀμηχανίη γὰρ ἐν αὐτῶν
στήθεσιν ἰθύνει πλακτὸν νόον · οἱ δὲ φοροῦνται
κωφοὶ ὁμῶς τυφλοί τε, τεθηπότες, ἄκριτα φῦλα,
οἷς τὸ πέλειν τε καὶ οὐκ εἶναι ταὐτὸν νενόμισται
κοὐ ταὐτόν, πάντων δὲ παλίντροπός ἐστι κέλευθος.

1-2 SIMPL. phys. 86
1-9 SIMPL. phys. 117,2
8-9 SIMPL. phys. 78,2

5 (B 5)

ξυνὸν δέ μοί ἐστιν,
ὁππόθεν ἄρξωμαι · τόθι γὰρ πάλιν ἵξομαι αὖθις.

1-2 PROCL. Parm. 708,16

3 (B 3)
   ... infatti è la stessa cosa pensare ed essere.

4 (B 6)
   Bisogna dire e pensare che ciò che è esiste: infatti è possibile
                                   che solo esso esista
   mentre il nulla non esiste: su questo ti invito a riflettere.
   Infatti da questa prima via di ricerca ti tengo lontano,
   ma anche da quella per la quale uomini che nulla sanno
5 vanno errando, uomini con due teste. Poiché l'incertezza che
                                   hanno nel
   petto guida la loro mente indecisa; ed essi si lasciano trascinare,
   sordi e insieme ciechi, storditi, gente che non sa giudicare,
   per la quale è la stessa cosa e poi non lo è piú il considerare
                                   l'esistere e il non esistere
   e [per la quale] in ogni caso c'è sempre un cammino in senso
                                   inverso.

5 (B 5)
   ... per me è lo stesso
   da quale punto cominciare: lì infatti di nuovo ritornerò.

6 (B 4)

λεῦσσε δ' ὅμως ἀπεόντα νόωι παρεόντα βεβαίως·
οὐ γὰρ ἀποτμήξει τὸ ἐὸν τοῦ ἐόντος ἔχεσθαι
οὔτε σκιδνάμενον πάντηι πάντως κατὰ κόσμον
οὔτε συνιστάμενον.

1-4 CLEM.ALEX. strom. V 15
1 PROCL. Parm. 1152,37
2 DAMASC. dub. I 67

7-8 (B 7 - B 8)

οὐ γὰρ μήποτε τοῦτο δαμῆι εἶναι μὴ ἐόντα·
ἀλλὰ σὺ τῆσδ' ἀφ' ὁδοῦ διζήσιος εἶργε νόημα
μηδέ σ' ἔθος πολύπειρον ὁδὸν κατὰ τήνδε βιάσθω,
νωμᾶν ἄσκοπον ὄμμα καὶ ἠχήεσσαν ἀκουήν
καὶ γλῶσσαν, κρῖναι δὲ λόγωι πολύδηριν ἔλεγχον
B 8. 1 ἐξ ἐμέθεν ῥηθέντα. // μόνος δ' ἔτι μῦθος ὁδοῖο
λείπεται ὡς ἔστιν· ταύτηι δ' ἐπὶ σήματ' ἔασι
πολλὰ μάλ', ὡς ἀγένητον ἐὸν καὶ ἀνώλεθρόν ἐστιν,
ἐστι γὰρ οὐλομελές τε καὶ ἀτρεμὲς ἠδ' ἀτέλεστον·
5 οὐδέ ποτ' ἦν οὐδ' ἔσται, ἐπεὶ νῦν ἔστιν ὁμοῦ πᾶν,
ἕν, συνεχές· τίνα γὰρ γένναν διζήσεαι αὐτοῦ;
πῆι πόθεν αὐξηθέν; οὐδ' ἐκ μὴ ἐόντος ἐάσσω
φάσθαι σ' οὐδὲ νοεῖν· οὐ γὰρ φατὸν οὐδὲ νοητόν
ἔστιν ὅπως οὐκ ἔστι. τί δ' ἄν μιν καὶ χρέος ὦρσεν
10 ὕστερον ἢ πρόσθεν, τοῦ μηδενὸς ἀρξάμενον, φῦν;

6 (B 4)

Guarda come anche le cose lontane, per mezzo della mente,
divengano sicuramente vicine:
infatti non scinderai ciò che è dalla sua connessione con
ciò che è,
né separandolo completamente dalla sua connessione sistematica con tutti gli altri enti,
né costituendolo in se stesso.

7-8 (B 7 - B 8)

Poiché giammai si potrà imporre con la forza questo,
che esistano le cose che non esistono.
Ma tu allontana i tuoi pensieri da questa via di ricerca;
né l'atteggiamento dispersivo degli uomini ti costringa
lungo questa altra via,
facendo uso di occhi che non vedono e di orecchie
rimbombanti,
5   usando vuote parole, ma giudica con la ragione le prove
piene di argomentazioni polemiche
B 8. 1 da me addotte. Rimane ora solo da parlare della via
che esiste: su questa via vi sono molti segni,
in relazione al fatto che, ciò che è, è ingenerato e
indistruttibile.
È infatti compatto nelle sue parti e immutabile e senza
un fine a cui tendere:
5   non era né sarà, poiché è ora un tutto omogeneo,
uno, continuo. E infatti quale origine gli cercheresti?
Come e da dove potrebbe essere accresciuto? Da ciò che
non è non ti permetterò
né di dirlo né di pensarlo: poiché esso non è né esprimibile né pensabile
dal momento che non esiste. E quale necessità l'avrebbe
spinto a
10   nascere prima o dopo, se comincia dal nulla?

οὕτως ἢ πάμπαν πελέναι χρεών ἐστιν ἢ οὐχί.
οὐδέ ποτ' ἐκ μὴ ἐόντος ἐφήσει πίστιος ἰσχύς
γίγνεσθαί τι παρ' αὐτό· τοῦ εἵνεκεν οὔτε γενέσθαι
οὔτ' ὄλλυσθαι ἀνῆκε Δίκη χαλάσασα πέδηισιν,
15 ἀλλ' ἔχει· ἡ δὲ κρίσις περὶ τούτων ἐν τῶιδ' ἔστιν·
ἔστιν ἢ οὐκ ἔστιν· κέκριται δ' οὖν, ὥσπερ ἀνάγκη,
τὴν μὲν ἐᾶν ἀνόητον ἀνώνυμον (οὐ γὰρ ἀληθής
ἔστιν ὁδός), τὴν δ' ὥστε πέλειν καὶ ἐτήτυμον εἶναι.
πῶς δ' ἂν ἔπειτ' ἀπόλοιτο ἐόν; πῶς δ' ἄν κε γένοιτο;
20 εἰ γὰρ ἔγεντ', οὐκ ἔστ(ι), οὐδ' εἴ ποτε μέλλει ἔσεσθαι.
τὼς γένεσις μὲν ἀπέσβεσται καὶ ἄπυστος ὄλεθρος.
οὐδὲ διαιρετόν ἐστιν, ἐπεὶ πᾶν ἐστιν ὁμοῖον·
οὐδέ τι τῆι μᾶλλον, τό κεν εἴργοι μιν συνέχεσθαι,
οὐδέ τι χειρότερον, πᾶν δ' ἔμπλεόν ἐστιν ἐόντος.
25 τῶι ξυνεχὲς πᾶν ἐστιν· ἐὸν γὰρ ἐόντι πελάζει.
αὐτὰρ ἀκίνητον μεγάλων ἐν πείρασι δεσμῶν
ἔστιν ἄναρχον ἄπαυστον, ἐπεὶ γένεσις καὶ ὄλεθρος
τῆλε μάλ' ἐπλάχθησαν, ἀπῶσε δὲ πίστις ἀληθής.
ταὐτόν τ' ἐν ταὐτῶι τε μένον καθ' ἑαυτό τε κεῖται
30 χοὔτως ἔμπεδον αὖθι μένει· κρατερὴ γὰρ 'Ανάγκη
πείρατος ἐν δεσμοῖσιν ἔχει, τό μιν ἀμφὶς ἐέργει,
οὕνεκεν οὐκ ἀτελεύτητον τὸ ἐὸν θέμις εἶναι·
ἔστι γὰρ οὐκ ἐπιδευές· [μὴ] ἐὸν δ' ἂν παντὸς ἐδεῖτο.
ταὐτὸν δ' ἐστὶ νοεῖν τε καὶ οὕνεκεν ἔστι νόημα.

Pertanto è necessario che esista in assoluto o non esista
affatto.
Né mai la forza della certezza concederà che da ciò che
non è
nasca qualcosa accanto a ciò che è. Perciò né nascere
né perire gli ha permesso Dike allentando i suoi vincoli,
15   ma lo tiene saldamente. Su queste vie dunque la decisione consiste in questo:
esiste o non esite. Si è deciso dunque, com'era necessario,
di lasciare una delle vie come impensabile e inesprimibile (non è la vera
via, infatti) mentre l'altra esiste ed è autentica.
Come potrebbe, ciò che è, esistere nel futuro? Come
potrebbe nascere?
20   Se infatti era, non è; così pure, se ancora deve essere,
non è.
Così si eliminano i concetti incomprensibili di nascita
e morte.
Neppure è divisibile, giacché è tutto uguale:
né vi è in qualche parte un di più che gli impedisca
d'essere continuo,
né un di meno, ma è tutto pieno di essere.
25   Perciò è tutto continuo: poiché, ciò che è, è tutt'uno
con ciò che è.
Inoltre è immobile nei limiti di potenti legami,
senza principio né fine, poiché nascita e morte
sono state respinte lontano ad opera della vera certezza.
E rimanendo sempre se stesso, nella propria identità,
riposa in se stesso
30   e così rimane saldo nel suo luogo; infatti la possente
Necessità
lo tiene nei legami del limite che d'ogni parte lo avvolge,
poiché ciò che è non può essere incompiuto.
Infatti non manca di nulla: ciò che non è invece manca
di tutto.
Ed è la stessa cosa il pensare e ciò che è pensato.

35 οὐ γὰρ ἄνευ τοῦ ἐόντος, ἐν ὧι πεφατισμένον ἐστιν,
εὑρήσεις τὸ νοεῖν· οὐδὲν γὰρ ⟨ἢ⟩ ἔστιν ἢ ἔσται
ἄλλο πάρεξ τοῦ ἐόντος, ἐπεὶ τό γε Μοῖρ' ἐπέδησεν
οὖλον ἀκίνητόν τ' ἔμεναι· τῶι πάντ' ὀνόμασται
ὅσσα βροτοὶ κατέθεντο πεποιθότες εἶναι ἀληθῆ,
40 γίγνεσθαί τε καὶ ὄλλυσθαι, εἶναί τε καὶ οὐχί,
καὶ τόπον ἀλλάσσειν διά τε χρόα φανὸν ἀμείβειν.
αὐτὰρ ἐπεὶ πεῖρας πύματον, τετελεσμένον ἐστί
πάντοθεν, εὐκύκλου σφαίρης ἐναλίγκιον ὄγκωι,
μεσσόθεν ἰσοπαλὲς πάντηι· τὸ γὰρ οὔτε τι μεῖζον
45 οὔτε τι βαιότερον πελέναι χρεόν ἐστι τῆι ἢ τῆι.
οὔτε γὰρ οὐκ ἐὸν ἔστι, τό κεν παύοι μιν ἱκνεῖσθαι
εἰς ὁμόν, οὔτ' ἐὸν ἔστιν ὅπως εἴη κεν ἐόντος
τῆι μᾶλλον τῆι δ' ἧσσον, ἐπεὶ πᾶν ἐστιν ἄσυλον·
οἷ γὰρ πάντοθεν ἶσον, ὁμῶς ἐν πείρασι κύρει.
50 ἐν τῶι σοι παύω πιστὸν λόγον ἠδὲ νόημα
ἀμφὶς ἀληθείης· δόξας δ' ἀπὸ τοῦδε βροτείας
μάνθανε κόσμον ἐμῶν ἐπέων ἀπατηλὸν ἀκούων.
μορφὰς γὰρ κατέθεντο δύο γνώμας ὀνομάζειν·
τῶν μίαν οὐ χρεών ἐστιν – ἐν ὧι πεπλανημένοι εἰσίν –
55 τἀντία δ' ἐκρίναντο δέμας καὶ σήματ' ἔθεντο
χωρὶς ἀπ' ἀλλήλων, τῆι μὲν φλογὸς αἰθέριον πῦρ,
ἤπιον ὄν, μέγ' [ἀραιὸν] ἐλαφρόν, ἑωυτῶι πάντοσε τωὐτόν,
τῶι δ' ἑτέρωι μὴ τωὐτόν· ἀτὰρ κἀκεῖνο κατ' αὐτό
τἀντία νύκτ' ἀδαῆ, πυκινὸν δέμας ἐμβριθές τε.

35 Giacché senza l'essere, nei limiti del quale è espresso,
non troverai il pensare; nulla infatti c'è o ci sarà
al di fuori di ciò che è, dal momento che Moira lo
ha costretto
ad essere un tutto compatto ed immobile. In rapporto
ad esso sono dati tutti quei nomi
che gli uomini hanno stabilito credendoli veri,
40 e cioè nascere e morire, esistere e non esistere,
cambiar luogo e mutare splendente colore.
Poiché inoltre esiste un limite estremo, è definito
da ogni parte, simile alla massa di una sfera ben rotonda,
in eguale tensione dal centro in ogni sua parte; infatti
45 è necessario che non sia piú denso o piú rado in una
direzione o in un'altra.
E non esiste nulla, infatti, che gli impedisca di congiungersi
a ciò che ad esso è omogeneo, né è possibile che ciò che
è abbia una realtà
in un luogo maggiore in un luogo minore, dal momento
che è tutto inviolabile;
e infatti esso è da ogni parte uguale a se stesso, e sta in
modo uguale nei suoi limiti.
50 Con ciò io interrompo il discorso certo e il pensiero
intorno alla verità; d'ora in poi apprendi le esperienze
degli uomini,
ascoltando l'ordine, che può trarre in inganno, delle mie
parole.
Due elementi infatti essi stabilirono di nominare:
di essi non debbono nominarne uno solo — in ciò appunto
hanno sbagliato —;
55 ne giudicarono invece la struttura come completamente
opposta e determinarono i segni
dell'uno e dell'altro in maniera assolutamente separata.
Da una parte il fuoco fiammeggiante e chiaro
come il cielo,
benevolo, leggerissimo, dappertutto identico a se stesso

60 τόν σοι ἐγὼ διάκοσμον ἐοικότα πάντα φατίζω,
    ὥς οὐ μή ποτέ τίς σε βροτῶν γνώμη παρελάσσηι.

7.1-2 PLAT. *Soph.* 237 a, 258 d; SIMPLIC. *phys.* 143,31; 244,1   *7.1*
ARISTOT. *metaph.* 1089 a 4; ALEXANDR. *metaph.* 805,20   *7.2-7* SEXT.
EMP. *adv. math.* VII 111   *7.2* SIMPLIC. *phys.* 78,6; 650,13   *7.3-5*
DIOG.LAERT. IX 22   *8.1-52* SIMPLIC. *phys.* 145,1   *8.1-14* SIMPLIC. *phys.*
78,8   *8.1-3* SIMPLIC. *phys.* 142,34   *8.3-5* SIMPLIC. *phys.* 30   *8.3-4*
CLEM.ALEX. *strom.* V 112 (= EUSEB. *p. e.* II 214)   *8.4* PLUTARCH.
mor. 1114 c; THEODORET. *Gr. aff. cur.* 65,7; 102,12; PROCL. *Parm.* 1152,25;
SIMPLIC. *phys.* 120; *de cael.* 557; PHILOP. *phys.* 65   *8.5-6* ASCLEP.
metaph. 42   *8.5* AMMON, *de interpr.* 136; SIMPLIC. *phys.* 143; PHILOP.
phys. 65; ASCLEP. *metaph.* 38 et 202; OLYMP. *Phaed.* 75   *8.6-10* SIMPLIC.
phys. 162   *8.6-9* SIMPLIC. *de cael.* 137   *8.21* SIMPLIC. *de cael.* 559
8.22 SIMPLIC. *phys.* 86 et 143   *8.25* PLOTIN. *Enn.* VI 4,4; PROCL.
Parm. 665,708 et 1080; DAMASC. *de princip.* I 131; SIMPLIC. *phys.* 86 et
87; PHILOP. *phys.* 65   *8.26-28* SIMPLIC. *phys.* 37,79   *8.26* PROCL.
Parm. 1152   *8.29-33* SIMPLIC. *phys.* 30   *8.29-32* PROCL. *Parm.* 1134
8.29-30 PROCL. *Parm.* 1152   *8.29* PROCL. *Parm.* 639.1177; SIMPLIC.
phys. 143   *8.30-33* SIMPLIC. *phys.* 40   *8.34-36* SIMPLIC. *phys.* 87.143
8.35-36 PROCL. *Parm.* 1152   *8.36-38* SIMPLIC. *phys.* 86-87   *8.38*
PLAT. *Theaet.* 180 e; SIMPLIC. *phys.* 29.143   *8.43-45* PLAT. *Soph.* 244 e;
[ARISTOT.] MXG 976 a 8-10; STOB. I 144; PROCL. *in Plat. Theol.* 155
8.43-44 [ARISTOT.] MXG 978 b 8-10; PROCL. *Parm.* 1084.1129, *Tim.* II
69; SIMPLIC. *phys.* 126.137   *8.43* SIMPLIC. *phys.* 127.143   *8.44*
ARISTOT. *phys.* 207 a 17; PROCL. *Parm.* 708; ASCLEP. *metaph.* 202; SIMPLIC.
phys. 107.133.502   *8.44-45* PROCL. *Parm.* 665   *8.50-61* SIMPLIC. *phys.*
38-39   *8.50-59* SIMPLIC. *phys.* 30-31   *8.50-52* SIMPLIC. *de cael.* 558
8.50-51 SIMPLIC. *phys.* 41   *8.53-59* SIMPLIC. *phys.* 180

9 (B 9)
    αὐτὰρ ἐπειδὴ πάντα φάος καὶ νὺξ ὀνόμασται
    καὶ τὰ κατὰ σφετέρας δυνάμεις ἐπὶ τοῖσί τε καὶ τοῖς,

ma non identico all'altro; dall'altra parte anche l'altro
elemento separatamente per se stesso,
con una struttura opposta, cioè la notte oscura, di massa
densa e pesante.
60 Quest'ordinamento cosmico, ragionevolmente verosimile,
te lo espongo in ogni particolare,
così che mai alcun intelletto umano possa fuorviarti.

9 (B 9)

Ma poiché tutte le cose sono state chiamate come luce e notte
e ciò che è conforme alle loro proprietà è attribuito a questa
o a quella cosa,

πᾶν πλέον ἐστὶν ὁμοῦ φάεος καὶ νυκτὸς ἀφάντου
ἴσων ἀμφοτέρων, ἐπεὶ οὐδετέρωι μέτα μηδέν.

1-4 SIMPLIC. phys. 180,8

10 (B 10)
εἴσηι δ' αἰθερίαν τε φύσιν τά τ' ἐν αἰθέρι πάντα
σήματα καὶ καθαρᾶς εὐαγέος ἠελίοιο
λαμπάδος ἔργ' ἀίδηλα καὶ ὁππόθεν ἐξεγένοντο,
ἔργα τε κύκλωπος πεύσηι περίφοιτα σελήνης
5 καὶ φύσιν, εἰδήσεις δὲ καὶ οὐρανὸν ἀμφὶς ἔχοντα
ἔνθεν [μὲν γὰρ] ἔφυ τε καὶ ὥς μιν ἄγουσ(α) ἐπέδησεν
['Ἀνάγκη
πείρατ' ἔχειν ἄστρων.

1-7 CLEM.ALEX. strom. V 138

11 (B 11)
πῶς γαῖα καὶ ἥλιος ἠδὲ σελήνη
αἰθήρ τε ξυνὸς γάλα τ' οὐράνιον καὶ ὄλυμπος
ἔσχατος ἠδ' ἄστρων θερμὸν μένος ὡρμήθησαν
γίγνεσθαι.

1-4 SIMPLIC. de cael. 559,20

12 (B 14)
νυκτιφαὲς περὶ γαῖαν ἀλώμενον ἀλλότριον φῶς

PLUTARCH. mor. 1116 A

tutto è egualmente pieno di luce e di notte oscura
che si equilibrano entrambe, giacché ogni cosa risulta dall'insieme delle due.

10 (B 10)
E tu conoscerai la natura dell'etere e tutte le stelle che sono
                                              nell'etere,
e della pura e chiara lampada del sole
l'opera distruttrice, e donde siano nate,
e conoscerai il vagare errabondo della luna dall'occhio rotondo
5 e la sua natura, e saprai del cielo che tutto avvolge
e donde nacque e come Necessità guidandolo lo costrinse
a stabilire i limiti degli astri

11 (B 11)
                ... come la terra e il sole e la luna
e l'etere che a tutto è comune e la celeste galassia e l'olimpo
estremo e l'ardente forza degli astri furono spinti
a nascere...

12 (B 14)
luce che splende, di notte, di luce non sua, vagando intorno
                                                      alla terra

13 (B 15)

αἰεὶ παπταίνουσα πρὸς αὐγὰς ἠελίοιο.

PLUTARCH. mor. 282 B, 929 B

14 (B 15a)

Π. ἐν τῆι στιχοποιίαι ὑδατόριζον εἶπεν τῆν γῆν

SCHOL.BASILII 25

15 (B 13)

πρώτιστον μὲν Ἔρωτα θεῶν μητίσατο πάντων ...

PLAT. Symp. 178 b; ARISTOT. metaph. 984 b 26; PLUTARCH. mor. 756 F; SEXT.EMP. adv. dogm. III 9; STOB. I 9,6; SIMPLIC. phys. 39,18

16 (B 12)

αἱ γὰρ στεινότεραι πλῆντο πυρὸς ἀκρήτοιο,
αἱ δ' ἐπὶ ταῖς νυκτός, μετὰ δὲ φλογὸς ἵεται αἶσα·
ἐν δὲ μέσωι τούτων δαίμων ἣ πάντα κυβερνᾶι·
πάντα γὰρ ⟨ἣ⟩ στυγεροῖο τόκου καὶ μίξιος ἄρχει
5 πέμπουσ' ἄρσενι θῆλυ μιγῆν τό τ' ἐναντίον αὖτις
ἄρσεν θηλυτέρωι.

1-3 SIMPLIC. phys. 39,12
2-6 SIMPLIC. phys. 31,10

17 (B 18)

*femina virque simul Veneris cum germina miscent,
venis informans diverso ex sanguine virtus
temperiem servans bene condita corpora fingit.
nam si virtutes permixto semine pugnent*

13 (B 15)

sempre guardando ai raggi del sole

14 (B 15a)

Parmenide nel suo poema disse che la terra h a l e s u e
r a d i c i n e l l ' a c q u a

15 (B 13)

Primo di tutti gli dei [essa] concepì Eros...

16 (B 12)

Poiché le [corone] piú interne si riempirono di fuoco puro,
e quelle che vengono dopo queste di notte, ma vi si insinua
una parte di fuoco.
E in mezzo a queste c'è la dea che tutto governa;
essa infatti dappertutto regola il parto doloroso e l'accoppiamento
5 spingendo la femmina ad unirsi col maschio e poi di nuovo
il maschio con la femmina

17 (B 18)

Quando la donna e l'uomo mescolano insieme i semi di Venere,
la forza che si forma nelle vene dal sangue diverso
mantenendo il suo rapporto equilibrato plasma corpi ben
formati.
Se infatti le forze, una volta mescolati i semi, entrano in
contrasto

5 *nec faciant unam permixto in corpore, dirae
nascentem gemino vexabunt semine sexum.*

1-6 CAEL.AURELIANUS *morb. chron.* IV 9

18 (B 17)
δεξιτεροῖσιν μὲν κούρους, λαιοῖσι δὲ κούρας ...

GALEN. *in Epid.* VI 48

19 (B 16)
ὡς γὰρ ἕκαστος ἔχει κρᾶσιν μελέων πολυπλάγκτων,
τὼς νόος ἀνθρώποισι παρίσταται · τὸ γὰρ αὐτό
ἔστιν ὅπερ φρονέει μελέων φύσις ἀνθρώποισιν
καὶ πᾶσιν καὶ παντί · τὸ γὰρ πλέον ἐστὶ νόημα.

1-4 ARISTOT. *metaph.* 1009 b 21; THEOPHR. *de sens.* 3; ALEXANDR.
metaph. 306,29

20 (B 19)
οὕτω τοι κατὰ δόξαν ἔφυ τάδε καί νυν ἔασι
καὶ μετέπειτ' ἀπὸ τοῦδε τελευτήσουσι τραφέντα ·
τοῖς δ' ὄνομ' ἄνθρωποι κατέθεντ' ἐπίσημον ἑκάστωι.

1-3 SIMPLIC. *de cael.* 558,8

5 e non riescono ad unirsi nel corpo che risulta dalla fusione,
crudeli
tormenteranno il sesso di chi nasce dai due semi non fusi.

18 (B 17)
a destra i maschi, a sinistra le femmine...

19 (B 16)
E infatti, a seconda del rapporto che in ciascuno si istaura
tra le mobili parti che lo costituiscono,
così negli uomini si determina la mente; poiché è sempre
lo stesso
ciò che negli uomini pensa: la natura delle sue parti costituenti,
in tutti e in ciascuno. Il pensiero è infatti l'insieme di tutti
questi rapporti.

20 (B 19)
Così dunque, secondo le esperienze degli uomini, queste cose
nacquero e ora sono
e poi cresceranno ed avranno una fine:
ad esse gli uomini posero un nome che distingue ciascuna
da tutte le altre.

0.1. La questione delle testimonianze sulla « fisica » di Parmenide

Che Parmenide si interessasse di *scienza,* fosse un φυσικός nel senso piú ampio del termine, è provato da numerose testimonianze [1]. Certo non è facile ricostruire le sue dottrine cosmologiche, fisiche, biologiche e antropologiche, anche perché del poema parmenideo ci è pervenuta quasi per intero la prima parte, quella che nella storiografia tradizionale veniva chiamata ἀλήθεια, mentre molto poco possiamo leggere della seconda, nella quale quei problemi venivano certamente affrontati [2]. Comunque, un tentativo di delineare a grandissimi tratti quello che dovette essere il suo « sistema » può essere fatto. In questa ricostruzione ci atterremo soltanto alle testimonianze, dal momento che discutiamo altrove i frammenti dal 9 in poi [3]. È ovvio pertanto che alcune delle cose che diremo potrebbero venir giustamente messe in dubbio, trattandosi a volte di testimonianze dossografiche costruite forse senza che l'autore avesse dinanzi il testo parmenideo; ma non è questo l'importante: esse infatti giustificano pur sempre — a prescindere dal loro valore intrinseco di autenticità o meno — un'immagine dello scienziato-filosofo che, *comunque,* si è tramandata nei secoli [4]. Se Platone ed Aristotele ci hanno tramandato di Parmenide l'immagine classica dello *stasiota* τοῦ ὅλου [5], un'altra tradizione, o perlomeno una « fama », che parte dallo stesso Aristotele, e giunge fino a Plutarco, a Simplicio, a Censorino, ci ha anche conservata un'altra immagine di Parmenide che può essere discussa, verificata, ridimensionata, ma che certamente non può essere trascurata neanche da chi voglia vedere ad ogni costo nell'Eleata soltanto lo svalutatore dell'esperienza sensibile e il paladino della *reine Vernunft*.

Anche Parmenide, come οἱ πλεῖστοι τῶν δὴ πρῶτον φιλοσοφησάντων, ritenne che «i soli principi di tutte le cose fossero quelli di specie materiale, perché ciò da cui tutte le cose hanno l'essere, da cui originariamente derivano e in cui alla fine si risolvono, pur rimanendo la sostanza ma cambiando nelle sue qualità, questo essi dicono che è l'elemento, questo il principio delle cose e perciò ritengono che *niente si produce e niente si distrugge* (οὔτε γίγνεσθαι οὐδὲν οὔτ' ἀπόλλυσθαι), poiché una sostanza siffatta si conserva sempre»[6]. Questa testimonianza aristotelica è fondamentale: se infatti c'è un filo continuo che attraversa tutta la storia del pensiero greco, questo è dato proprio dal concetto dell'eternità della materia — o, se si preferisce, dell'essere, della realtà[7] —. Questa, per il greco, è una verità irrinunciabile e assoluta: inconcepibile una nascita (e tanto meno una creazione) dal nulla.

Una realtà materiale, all'origine, principio di tutte le cose, ci è chiaramente attestata per Parmenide da numerose testimonianze; tutte parlano di una realtà dinamica, in movimento, risultante dal dialettico incontrarsi di due «principi» contrari, dai quali e mediante i quali ha origine quella varietà di forme e di fenomeni che contraddistingue il cosmo. Diogene Laerzio c'informa che Parmenide «disse che due sono i principi, fuoco e terra»[8]. Parmenide «pose come principi del divenire il fuoco e la terra»[9]. Anche Aristotele, nella lunga serie di testimonianze critiche nei confronti dell'Eleata (critiche, ma dalle quali pure risulta, da un lato, la considerazione in cui teneva i ragionamenti scientifici di Parmenide — nei confronti, per esempio, dei «troppo rozzi» Senofane e Melisso —, e dall'altro la forte tempra di dialettico del pensatore di Elea), conferma: «*Tutti pongono come principi i contrari...* infatti anche Parmenide pone come principi il caldo e il freddo, chiamandoli fuoco e terra»[10]. «Coloro che senz'altro ne pongono due di principi, come Parmenide che pone il fuoco e la terra, considerando gli intermedi, per esempio l'aria e l'acqua, come mescolanze di questi...»[11].

« Dal momento che, come dicono, è proprio del caldo di comporre e del freddo di scomporre, e che in ciascuna delle altre opposizioni è proprio dell'un termine di agire, dell'altro di patire, dicono che da questi e mediante questi tutto il resto nasce e perisce »[12]. Anche Cicerone, in un passo probabilmente informato alla tradizione aristotelica, dice che « Parmenide pone il fuoco a imprimere il movimento, la terra ad essere plasmata da lui »[13]. Abbiamo ancora una testimonianza di Clemente: « Parmenide l'eleata introdusse come dei il fuoco e la terra (θεοὺς εἰσηγήσατο πῦρ καὶ γῆν) »[14], ed una interessantissima di Ippolito: « E infatti anche Parmenide pone il tutto uno eterno ingenerato e sferico senza riuscire neppure lui a liberarsi dall'opinione dei molti in quanto dice principi del tutto (τοῦ παντὸς ἀρχάς) il fuoco e la terra, la terra come materia (γῆν ὡς ὕλην), il fuoco come causa e principio formativo (πῦρ ὡς αἴτιον καὶ ποιοῦν). Dice che il cosmo è soggetto a distruzione: in qual modo però non spiega. Nello stesso tempo sostiene che il tutto è eterno, non generato, sferico, omogeneo e, in quanto non ha spazio in sé, anche immobile e limitato »[15]. Pur nel suo tono polemico (l'opinione dei molti da cui neppure Parmenide riesce a liberarsi è appunto l'eternità della materia, in continuo divenire e con principi del divenire assolutamente immanenti — opinione che appunto Ippolito, nella sua confutazione di « tutti gli eretici », doveva trovare ben radicata nella cultura greca), e pure se non priva di qualche incongruenza (la distruttibilità del cosmo è una pura invenzione di Ippolito che non trova alcun riscontro né nelle altre testimonianze né tanto meno nei frammenti di Parmenide, ed è del resto in contraddizione con quanto egli stesso così chiaramente afferma), è una testimonianza, questa, che ribadisce tutte le caratteristiche dell'« essere » parmenideo che leggiamo nei frammenti rimastici. E infatti τὸ πᾶν è, anche secondo Ippolito, ἕν, ἀΐδιον, ἀγένετον, σφαιροειδές; è altresì omogeneo (ὅμοιον) e compatto (οὐκ ἔχον δὲ τόπον ἐν ἑαυτῷ), non infinito (πεπερασμένον).

Una realtà eterna[16], dunque, dinamica, risultante dal gioco dialettico di due principi, o forze, o elementi, contrari che entrano nella composizione, o meglio che concorrono sempre unitamente a determinare i suoi singoli aspetti, i singoli fenomeni, tutte le sue «particolarità», è quanto ci pare di poter dedurre dal complesso delle testimonianze riportate. Ed è, questo complesso di testimonianze, un commento abbastanza soddisfacente a B 8.53-59 ed a B 9: una prova — indiretta, se si vuole — che la cosiddetta seconda parte del poema parmenideo non conteneva affatto una esposizione degli «errori» degli uomini comuni o dei filosofi ai quali l'Eleata si opponeva, ma al contrario un διάκοσμος perfettamente organizzato delle dottrine proprie di chi scriveva [17].

Ma anche altri «brandelli» di dottrine fisiche, cosmologiche, astronomiche e biologiche ci sono pervenuti. Possiamo immaginare un caos primitivo ed un moto vorticoso originario della materia, dal quale abbiano avuto origine le varie parti del cosmo. Infatti la terra, elemento denso e pesante, si viene a trovare al centro ed assume, in ragione di questo moto, una forma sferica: «Dice inoltre che la terra si è formata per precipitazione dell'elemento denso (λέγει δὲ τὴν γῆν τοῦ πυκνοῦ καταρρυέντος [ἀέρος] γεγονέναι)» [18]. «Fu lui il primo a dire che la terra è sferica e che occupa il centro dell'universo (πρῶτος δὲ οὗτος τὴν γῆν ἀπέφαινε σφαιροειδῆ καὶ ἐν μέσωι κεῖσθαι)» [19]. Così l'aria è secrezione della terra, il sole e la via lattea sono esalazioni del fuoco [20], il cielo è di fuoco [21], gli astri sono masse di fuoco condensato [22], il sole è di fuoco [23], è uguale in grandezza alla luna [24], ma è la luna ad essere illuminata dal sole [25]. Fu anche, Parmenide, uno dei primi a sostenere che Espero e Lucifero sono la stessa stella [26]. Pare, infine, che Parmenide abbia compiuto per primo una divisione della terra in cinque *zone*, determinandone i luoghi abitati al di sotto delle due zone temperate [27]. Semplici notizie, come si vede, e lacunose, che rendono molto difficile, come nota lo Zeller, una ricostruzione chiara e sicura del suo sistema astronomico [28]. Nonostante ciò, a nostro avviso, esse dimostrano, da un lato, molto piú che un interesse vago di Parmenide per la cosmologia o una sua «concessione» alla «opinione» degli uomini comuni, e dall'altro, ancora una volta, che queste dottrine sono dottrine *proprie* del filosofo.

Ma c'è un'altra testimonianza che ci sembra molto significativa nella prospettiva di un Parmenide φυσιολόγος. La terra ha avuto origine, sappiamo, come tutti gli astri, da una materia primigenia; è della stessa natura del cosmo, cioè composta da fuoco e notte. Ma non è popolata da esseri viventi. La vita appare solo in un momento successivo, come una particolare forma di esistenza della materia, un prodotto nuovo nel processo di evoluzione del mondo. Ebbe Parmenide la formidabile intuizione della serie di fasi, di gradi dello sviluppo della materia, nel quale si vengono determinando forme sempre più complesse di esistenza dotate di qualità nuove? Ecco l'importante testimonianza: « Empedocle... sostiene una tesi del genere e cioè che dapprima le singole membra sparsamente vennero fuori dalla terra che ne era come pregna; poi si unirono e formarono la materia dell'uomo completo (*solidi hominis materiam*), la quale è un misto di fuoco e di acqua... Questa stessa opinione seguì anche il veliense Parmenide che, eccettuate poche cose e di poca importanza, non dissente da Empedocle »[29]. Il linguaggio poetico che usarono Parmenide ed Empedocle velava quella che per noi oggi è una certezza scientifica definitivamente acquisita? Le singole membra che vengono fuori dalla terra potrebbero alludere ad una concezione che nel continuo divenire della materia vede una serie di « tentativi » attraverso i quali si vengono a determinare forme di organizzazione sempre più complesse: la materia organica, la sostanza vivente, gli esseri animati. E infatti anche gli uomini, come tutti gli esseri viventi, sono costituiti degli stessi elementi che compongono il cosmo. Parmenide disse « che gli uomini ripetono la loro prima origine dal fango, e che in loro ci sono il caldo e il freddo dei quali tutto è composto »[30].

Abbiamo infine una serie di testimonianze sulla biologia, o embriologia, di Parmenide, che però discutiamo altrove[31]. In conclusione, crediamo che si possa dedurre, da un'analisi sia pure non particolareggiata delle testimonianze, l'immagine di un uomo, di uno scienziato, che ha avuto un fortissimo interesse per i problemi della natura, e per i problemi piú vari; e del cui poema possiamo a buona ragione lamentare la perdita di cosí gran parte.

B 1

1. Alcune questioni particolari e il « programma » del sapere

In questo primo frammento, che comunemente viene chiamato *Proemio*, Parmenide descrive un suo « viaggio » verso la dimora di Dike, la dea che possiede la chiave della verità e la offre al filosofo per poter distinguere il discorso vero, scientifico, basato sull'evidenza delle rigorose dimostrazioni logico-matematiche, dal discorso plausibile, fondato sulle esperienze comuni, sul « senso comune » degli uomini, dal discorso cioè « fisico » le cui verità (che riguardano il cielo, le stelle e il loro moto, la terra, la nascita dell'uomo: in una parola, la natura) non posseggono quel grado di rigorosa certezza che è proprio del primo.

B 1 presenta diversi problemi di interpretazione e quindi di traduzione. Ignorato quasi e considerato da alcuni come poco importante per la comprensione dell'effettivo pensiero parmenideo (si pensi, per esempio, allo Zeller e al Calogero), è stato invece ripreso e studiato da una buona parte della critica piú recente come una essenziale introduzione a tutta la filosofia dell'Eleata, tanto che oggi possediamo una notevole bibliografia su di esso. La discussione su B 1, però, specialmente su alcuni aspetti come il simbolismo, l'allegoria, le allusioni che in esso si possono ritrovare, è andata spesso — secondo il nostro modesto parere — al di là di ciò che oggettivamente si poteva leggere e nella lettera del frammento e nelle connessioni tra il frammento stesso e gli altri. Ciò è derivato dall'aver voluto stabilire delle analogie, dei rapporti, delle spiegazioni particolareggiate in maniera, secondo noi, troppo meccanica; laddove il frammento è effettivamente una *introduzione* in veste poetica e mitica ad un contenuto di pensiero schiettamente filosofico e scientifico, e come tale non sopporta la ricerca e la determinazione di troppo puntuali riferimenti. Ciò che importa, invece (analogamente a quanto si fa per i miti platonici, per i quali è certamente utile scovare le fonti letterarie, indicarne il retroterra culturale, ma è certamente altrettanto o forse piú utile scoprirne il significato nell'ambito del discorso, degli interessi e dei fini propri del filosofo), è appunto scorgere nel frammento alcune indicazioni, alcuni suggerimenti, anche alcune linee generali di interpretazione, che saranno confermati e chiariti nel corso del poema [1].

Ma prima di passare al commento di B 1 sarà bene esaminare alcune questioni particolari.

v. 1: θυμός. Diels traduce « desiderio » (*die Lust*) [2]; alcuni rendono con « anima » [3], altri con « cuore » [4]. Oggi si tende generalmente a tradurre con « volontà » [5], ed alcuni hanno inteso la volontà delle cavalle e non di Parmenide [6]. È chiaro che il termine indica un impulso, un'ansia, una forza che comunque investe quelle zone della psiche umana che potremmo genericamente indicare come « sentimentalità ». Il problema è questo: ammesso che θυμός si riferisca a Parmenide e non alle cavalle, è ammissibile che il filosofo abbia voluto indicare che la spinta ad intraprendere il suo viaggio e che consente, ossia è conforme (ὅσον), all'ardore delle cavalle, sia una spinta puramente irrazionale o arazionale? Le prime parole che la dea rivolge al giovane giunto al suo cospetto parlano della necessità di apprendere (χρεὼ δέ σε πάντα πυθέσθαι: v. 28) la verità, della necessità di conoscere il valore delle esperienze umane (καὶ ταῦτα μαθήσεαι, ὡς τὰ δοκοῦντα χρῆν κτλ.: vv. 31-32). Ora, se la dea accoglie benevolmente (πρόφρων) il giovane e gli prende la mano con la sua (v. 22) e se nel suo discorso è esposto da un lato tutto un programma di ricerca ed una metodologia, e dall'altro un contenuto concreto di nozioni fisiche cosmologiche fisiologiche, è chiaro che il θυμός di Parmenide era *finalizzato* proprio a questo discorso, la sua era un'ansia sì, ma un'ansia di sapere, di conoscere. Deichgräber ha parlato del θυμός come dell' Ἔρως filosofico che caratterizza il filosofo in quanto tale [7]; piú correttamente Untersteiner (che traduce « conforme allo slancio della mia volontà »)[8] rileva il carattere razionale del proemio, in accordo al modo di esprimersi peculiare dell'epoca, e parla dell'uomo che si incammina alla volta della dea « conforme all'impulso della propria ragione »[9]. Noi crediamo che qui si tratti proprio di una *passione intellettuale*, in cui sono coinvolti egualmente sentimenti ed intelligenza, di un « potere che spinge l'uomo a gettare tutta la sua personalità in quel che fa, un potere che lo sostiene nelle grandi prove e lo spinge a sforzi insoliti, che pone la sua intelligenza completamente e attivamente al lavoro e gli conferisce quell'unità dell'essere, quell'armonia della sua natura, che è la fonte dello sforzo creativo »[10]. Traducendo con « l'impulso della mia mente »[11], e pensando alla dottrina della stretta relazione tra sensibilità — e quindi sentimentalità — ed intelletto che Parmenide enuncia in B 16, crediamo di poter vedere anche nell'Eleata, e molto prima che nell'appassionata dialettica di un Gorgia o di un Socrate, un esponente di quella concezione tipicamente greca dell'*unità* dell'uomo: una unità che risulta, appunto, dall'armonizzarsi di contrari, dalla composizione armonica degli elementi discordi che sono in lui. A questo proposito ci piace riportare un bel passo del Bowra: « I Greci pensavano che fosse naturale per l'intelligenza e per i sentimenti collaborare. Non avevano sfiducia nei sentimenti come tali, e, pur sapendo che possono portare l'uomo alla rovina, lo stesso si poteva dire della ragione, e infatti molta della loro visione tragica si basa sulla fatalità del giudizio erroneo e del malinteso degli uomini. Se un uomo permetteva alla sua intelligenza di seguire i sentimenti e nello stesso tempo di non lasciarsi lusingare da essi a compiere azioni precipitate, si comportava da persona vigorosa. [...]. La saggezza piú vera stava in una personalità giustamente equilibrata, in cui non ci fosse una parte che dominasse a scapito dell'altra. Che cosa significasse questo, appare evidente dal posto dato all'ἔρως, che vuol dire prima di tutto amore appassionato, ma estende il suo significato assai oltre il desiderio fisico verso molte forme di passione intellettuale e spirituale» [12].

v. 3: δαίμονος. Stein, seguito da Wilamowitz, corregge in δαίμονες, riferito alle Ἡλιάδες κοῦραι del v. 9. δαίμονος è appunto in Sesto (adv. math. 7, 111), che ci ha tramandato i vv. 1-30. La correzione in effetti non è necessaria [13], perché la «via della dea» è da un lato la via che conduce alla dea del v. 22 [14], e dall'altro la via del sapere, che permette al saggio di attraversare tutte le regioni (κατὰ πάντ'ἄστη), di esplorare cioè tutti i campi dell'umana conoscenza (vedi il v. 32).

v. 4: πολύφραστοι = esperte. Così traduce anche Heitsch (die kundigen Pferde) [15].

v. 5: κοῦραι (cfr. vv. 9, 15, 21). Sono le fanciulle che indicano il cammino (ὁδὸν ἡγεμόνευον), le figlie del sole (Ἡλιάδες) che si affrettano a spingere il filosofo verso la luce (vv. 8-10: σπερχοίατο πέμπειν... εἰς φάος), che esortano con gentili parole (v. 15: παρφάμεναι μαλακοῖσι λόγοισιν) la dea ad aprire la porta, che infine guidano attraverso la porta che divide la Notte dal Giorno il carro e le cavalle (v. 21: ἔχον... ἄρμα καὶ ἵππους). Noi non siamo molto propensi a leggere il proemio in chiave allegorica e simbolica e quindi a ricercare il significato preciso di ciascuna espressione parmenidea. Tuttavia, se non il significato o la corrispondenza tra le κοῦραι di Parmenide e figure analoghe nella poesia epica, perlomeno la *funzione* di queste fanciulle ci pare possa essere determinata con precisione: il loro compito è infatti quello di portare il filosofo al cospetto di Dike perché possa ascoltare il suo discorso e quindi apprendere la verità; in una parola la loro funzione è quella di *guidare alla conoscenza*. Concordiamo quindi pienamente col

Fränkel quando, discutendo delle due lezioni (δαίμονος ο δαίμονες del v. 3) dice: « La clausola relativa può riferirsi egualmente bene alla ' dea ' o alla ' via '. Tutte queste possibilità hanno lo stesso valore (e per questa ragione è difficile scegliere tra di esse), poiché la funzione delle dee della via e delle fanciulle è una e la stessa: *esse conducono alla conoscenza* »[16].

v. 13: αἰθέριαι. Albertelli traduce « nella sua altezza »[17]; Untersteiner, per il quale il mondo della *doxa* si distingue dal mondo della verità per il fatto di essere catalogabile spazio-temporalmente mentre il secondo ha le caratteristiche dell'aspazialità e della atemporalità, traduce « che sta nell'etere »[18]. Anche il Deichgräber localizza la porta commentando: « wir befinden uns in der Himmelshöhe »[19]; ed il Pasquinelli ha: « in alto nell'etere »[20]. Ancora piú recentemente, per Pfeiffer è evidente « dass sich Tor und Haus der Nacht... am ' Himmel ' befinden »[21]. Secondo noi, non essendo possibile materializzare e localizzare il « viaggio » di Parmenide, come del resto notano, tra altri, lo stesso Pasquinelli e Bollack[22], è piú corretta la traduzione di Heitsch « himmelshell »[23]: e perciò rendiamo con « chiara come il cielo ».

v. 14: Δίκη πολύποινος. Su Dike e le altre forme della divinità nel poema parmenideo si veda oltre a pp. 47-48 e 158-161. Ma perché πολύποινος, « vendicatrice », « che molto punisce »? Il termine è un'espressione certamente orfica[24]; si veda il fr. 158 K.: « Per questo Zeus, che si accinge a distribuire le sorti mondane ai Titani, è seguito da Dike, dice Orfeo: *Lo seguiva Dike, severa punitrice, che a tutti porta aiuto* (τῶι δὲ Δίκη πολύποινος ἐφέσπετο πᾶσιν ἀρωγός) »[25]. Ma non si può concludere da questo che ci sia una vicinanza tra la problematica orfica e questo passo di Parmenide[26]. Secondo noi, dal momento che tutto il proemio non è che un'introduzione al discorso vero e proprio della dea, di Dike, che è *un discorso di metodo e di contenuti della conoscenza*, anche il termine πολύποινος avrà un significato nell'ambito di questa prospettiva.

La dea « che molto punisce » eserciterà, quindi, la sua funzione nei confronti appunto dell'attività conoscitiva: ella possiede le chiavi che aprono e chiudono la porta che divide la via della notte da quella del giorno, cioè le chiavi del discorso vero e di quello falso; ella dunque « ricompensa » con l'aprire la porta e « punisce » col tenerla chiusa. « Il suo ricompensare e punire sono in connessione soltanto con la conoscenza; perciò la sua funzione è incorporata nella filosofia di Parmenide e adattata alla sua particolare natura »[27].

vv. 28-32: sono i versi piú importanti del proemio e costituiscono, per così dire, il « programma » del sapere, del vero sapere, che distingue l'εἰδὼς φώς, l'uomo che sa, dalla massa dei comuni βροτοί. Vorremmo innanzi tutto sottolineare come per la dea — cioè per Parmenide — sia importante un sapere che tenga conto *necessariamente* (χρεώ): sia (ἠμέν) di ciò che viene chiamato ἀλήθεια, sia (ἠδέ) di ciò che viene chiamato δόξα. Non è ammissibile cioè un sapere che separi artificiosamente i due campi e li collochi l'uno dal lato della vera conoscenza, l'altro dal lato dell'errore: sono in effetti *due aspetti di un unico processo intellettuale*, di quel processo, appunto, che rende l'uomo εἰδώς. Già a questo livello, quindi, non sono ammissibili — come vedremo meglio in seguito — quelle interpretazioni che tendono a svalutare il piano della δόξα come il campo dell'« errore », dell'« inganno ». Ma veniamo al testo.

Dopo aver accolto benevolmente il giovane ed aver accennato al fatto che il suo viaggio non è dovuto a cattiva sorte (μοῖρα κακή), che è un viaggio su di una via poco battuta dagli uomini (v. 27), un viaggio favorito da una legge sacra e giusta (θέμις τε δίκη τε)[28], la dea ribadisce che la sua esperienza deve essere la piú vasta possibile: « È necessario che tu apprenda ogni cosa »: non soltanto la verità perfetta, senza contraddizioni (εὐκυκλής)[29], ma anche il vasto campo delle esperienze umane, nel quale non si ritrova quel grado di perfetta e coerente validità che certamente appartiene alla prima (vv. 28-30).

A questo punto il « programma » del sapere è già delineato: una ricerca che sia la piú vasta possibile e che si articoli in una pluralità di dimensioni. Ma la dea — cioè Parmenide — sente il bisogno di insistere: certamente, il tuo sapere non deve chiudersi in una vuota e vana considerazione di quello che ormai ritieni essere la Verità, ma deve basarsi e confrontarsi e verificarsi proprio sulle esperienze umane; è a partire proprio da queste, è proprio nell'indagarle in tutti i loro aspetti, in tutti i loro sensi, in tutte le loro relazioni, è proprio nello scoprire quello che è il loro valore che potrai costruire un discorso credibile, il discorso appunto della πίστις ἀληθής. Ecco infatti i vv. 31-32: ἀλλ'ἔμπης [30] καὶ ταῦτα [31] μαθήσεαι, ὡς τά δοκοῦντα [32] χρῆν δοκίμως [33] εἶναι διὰ παντὸς πάντα περῶντα.

Possiamo allora stabilire che nelle parole della dea si ritrovano: 1) il riconoscimento che il « viaggio » di Parmenide è qualcosa di insolito, che non è da tutti compiere, che è anzi molto lontano dalle comuni attività e occupazioni degli uomini (v. 27). Il che significa che Parmenide ha una piena coscienza della novità e originalità e importanza della sua dottrina e del suo valore, per cui si pone nettamente al di sopra degli altri uomini. 2) Il riconoscimento che questo « viaggio » è dovuto non solo alla sua buona sorte (μοῖρα) [34], ma è qualcosa di estremamente *giusto* (è voluto da θέμις e δίκη). Il che significa che la superiorità della dottrina parmenidea sulle altre è tanto notevole che il suo sapere può essere assimilato al « sapere divino » in quanto ha colto e coglie quelle leggi universali del reale la cui comprensione costituisce appunto la ragione della superiorità degli dei sui comuni mortali. E infatti: 3) la dichiarazione che il vero sapere posseduto da Parmenide [35] abbraccia sia il campo della verità, cioè dell'assolutamente certo, sia il campo delle esperienze — o, se proprio si vuole, delle « opinioni » —, cioè del probabile, del non-certo, del « fisico »: ma non dell'errore o della falsità. E infine: 4) la dichiarazione che il vero sapere in tanto è vero, in tanto è « verità », proprio in quanto sa rendere conto, cioè sa giustificare, cioè sa organizzare razionalmente e sistematicamente il mondo apparentemente informe e caotico delle δόξαι βροτῶν.

La discussione, e giustificazione, di questi punti in parte è stata fatta nelle note di questo paragrafo, in parte si trova nelle pagine che seguono, e specialmente nel commento a B 5 ed a B 4.

2. Il significato « formale » delle figure divine

A) *La discussione sul carattere religioso del* Proemio

Una delle questioni piú importanti che fa sorgere il frammento 1 è quella della «divinità», del suo significato e della sua funzione. È una questione che in realtà investe non solo B 1, ma l'intera opera parmenidea, dal momento che le figure «divine» appaiono anche in altri frammenti, e in particolare nell'importantissimo B 8. Nel discutere questo problema noi vorremmo però distinguerne due aspetti: da un lato la funzione e il significato che queste figure hanno nella costruzione logico-scientifica di Parmenide, e quindi l'aspetto «contenutistico» della questione, cioè la reale posizione che il «divino» acquista nel complesso e dei contenuti oggettivi della filosofia di Parmenide e della sua formalizzazione logico-linguistica — e questo è un aspetto che potremo affrontare solo dopo aver esaminato il famoso frammento 8; dall'altro il significato «formale» della presenza del divino nel poema parmenideo, e cioè la *valenza* della presentazione e della caratterizzazione del suo sapere come di un «sapere divino». È ovvio che i due aspetti non sono separabili, anzi sono strettamente connessi; ma la discussione del secondo è possibile a questo punto perché è evidenziato particolarmente proprio in B 1.

Esaminiamo allora i contesti in cui appaiono queste «forme» del divino. Al verso 5 per la prima volta vengono nominate delle κοῦραι, il cui compito è quello di indicare il cammino al filosofo. Queste fanciulle riappaiono al verso 9, al verso 15 e al verso 21; al verso 9 esse vengono definite Ἡλιάδες, cioè figlie del Sole, quindi di origine divina. Le loro azioni sono, rispettivamente, quella di affrettarsi a spingere Parmenide « verso la luce, abbandonando la regione della Notte (προλιποῦσαι δώματα Νυκτός, εἰς φάος)»; di persuadere con gentili parole Dike ad aprire la porta per consentire al filosofo l'accesso alla via del Giorno; di guidare infine il carro al di là della porta e quindi di condurre Parmenide dinanzi a Dike. Ora, senza addentrarci in quella discussione sul significato simbolico ed allegorico di queste figure che ha impegnato studiosi antichi e moderni, fino a far loro individuare nel poema reconditi significati — a volte frutto di pura fantasia — [36], a noi pare di poter individuare con una certa precisione quello che è, in generale, il compito che Parmenide assegna a queste divine fanciulle. Che è un compito di guida e di aiuto: il loro additare il cammino, il loro accompagnare il filosofo alla presenza di Dike in effetti sta ad indicare che esse sono delle immagini significanti che il « viaggio » del poeta-filosofo è un viaggio che ha « l'appoggio » degli dei, cioè che avviene in armonia con le forze divine che si esplicano nella natura. E poiché il viaggio è finalizzato al discorso della dea, che è un discorso di conoscenza, è un discorso che abbraccia tutti i campi dell'umano sapere, questo significa, piú in generale, che *quella conoscenza è vera*, non è la fantasticheria di una mente esaltata e solitaria, ma è proprio il piú profondo e l'unico discorso conoscitivo che sia in accordo col « sapere divino », cioè con la vera scienza.

Altre figure divine che compaiono nel poema parmenideo sono la δαίμων di B 12.3, che si trova probabilmente al centro dell'universo e che πάντα κυβερνᾶι; e la dea, forse Afrodite [37], che « concepí Eros, primo di tutti gli dei », in B 13. Ancora altre figure che Parmenide riprende dalla tradizione epica, ma che in lui acquistano — come vedremo in seguito — valore di veri e propri concetti sono δίκη, μοῖρα, θέμις, ἀνάγκη.

Δίκη compare per la prima volta in B 1.14 (a δίκη si riferisce con ogni verosimiglianza il genitivo δαίμονος di B 1.3, e δίκη è certamente la θεά di B 1.22). Essa, come abbiamo visto, è la dea πολύποινος che possiede le chiavi del sapere [38], ma è anche la «garante», insieme a θέμις, della giustezza del viaggio (B 1.28). Dike è ancora, in B 8.13-15, colei che non permette né il nascere né il perire, tenendo l'«essere» saldamente nei suoi vincoli. Ha quindi la stessa funzione di Moira che, se in B 1.26 poteva indicare semplicemente la «cattiva sorte», una μοῖρα κακή, in B 8.37 è caratterizzata come la forza che assicura che «nulla c'è o ci sarà al di fuori di ciò che è» e che costringe appunto l'«essere» ad essere «un tutto compatto». Così anche 'Ανάγκη è caratterizzata in B 8.30 come quella forza possente (κρατερή) che con i suoi saldi limiti garantisce che «ciò che è non può essere incompiuto». Analogamente in B 10.6 'Ανάγκη è la forza che costrinse (ἐπέδησεν) il cielo a stabilire i limiti degli astri (πείρατα ἄστρων). Ma compare ancora una volta in B 8.16 e sta ad indicare chiaramente solo la giustezza, anzi la necessità della giusta scelta tra le due vie di ricerca: κέκριται δ' οὖν, ὥσπερ ἀνάγκη κτλ.

Insomma, ci pare di poter concludere che anche da una rapida ricognizione del significato puramente formale di queste figure divine e dell'uso che di esse fa Parmenide nel suo poema, l'aspetto tradizionale di figure mitiche, inserite in più o meno complicati processi cosmogonici, passi decisamente in secondo ordine rispetto a quello nuovo, fondamentale, essenziale di determinazioni concettuali di significati schiettamente logici [39]. Che Dike infatti non permetta né il nascere né il perire; che Necessità faccia sì che τὸ ἐόν sia οὐκ ἀτελεύτητον; che Moira abbia costretto (ἐπέδησεν) τὸ ἐόν ad essere οὖλον: sono precise indicazioni che queste figure hanno molto di più a che vedere con l'intuizione parmenidea di una realtà unica, dominata da una legge divina — cioè naturale — e logica insieme, con la visione rigorosamente monistica di Parmenide (in cui legge della realtà e legge del pensiero che pensa la realtà sono la stessa cosa), piuttosto che con i miti cosmogonici in cui quelle figure erano inserite [40].

Sul «carattere religioso» del proemio hanno insistito parecchi studiosi. Bowra, per esempio, ha scritto che «it is clear that this Proem is intended to have the importance and seriousness of a religious revelation »[41]. Il cammino di Parmenide è senza dubbio soprannaturale perché è guidato dalla divinità κατὰ πάντ' ἄστη, e quella via « is reserved for special souls, described by the words εἰδότα φῶτα »: e quello di uno « knowing mortal » è un concetto che deriva proprio dalla religione, dalla pratica delle iniziazioni religiose[42]. Sono di questo avviso (per citare solo alcuni studiosi che, pur partendo da impostazioni e prospettive a volte anche completamente opposte, giungono tuttavia alla stessa conclusione), anche se con sfumature ed accentuazioni diverse, Zafiropulo[43], Mondolfo[44], Snell[45], Farrington[46], Thomson[47]. Piú recentemente, anche Heitsch[48], Hyland[49], Townsley[50]. Ma l'autore che con maggiore insistenza — anche se con delle argomentazioni che a volte dimostravano la speciosità perlomeno di certi aspetti dell'assunto — ha sostenuto il significato religioso del proemio è stato Werner Jaeger. Già in *Paideia* lo studioso scriveva: « L'' uomo saggio ' è l'iniziato, chiamato a contemplare i misteri del vero... Questa derivazione dalla sfera fantastica dei misteri, che assumevano allora grande importanza, è altamente caratteristica dell'orgoglio metafisico della filosofia. Se fu detto che per Parmenide Dio e sentimento sono indifferenti a petto del pensiero rigoroso e delle sue esigenze, ciò va modificato nel senso che questo pensiero e la verità ch'esso coglie rappresentano essi per lui qualche cosa di religioso »[51]. Piú articolatamente, ed in polemica diretta ed esplicita con l'affermazione del Reinhardt che in Parmenide non c'è alcun interesse se non per la logica e che egli è indifferente di fronte alla divinità[52], Jaeger sostiene, nella *Teologia dei primi pensatori greci*, che la « visione di questo fatto misterioso nel regno della luce è un'autentica esperienza religiosa... Questa specie di esperienza non era contenuta nella religione del culto statale, ma il modello va cercato nella religiosità delle iniziazioni e dei misteri »[53]. Nella descrizione di Parmenide si può individuare un « particolare tipo religioso » basato su « l'individuale esperienza interiore del divino, lo zelo responsabile di annunciare la verità rivelata personalmente al credente e l'aspirazione a motivare una convinzione comune con altri che ad essa vengono convertiti »[54].

C'è, insomma, nel poema una « trasposizione dell'espressione religiosa nel campo filosofico per cui si viene a formare veramente un nuovo mondo spirituale »: « Il proemio esprime la dignità religiosa di questo suo insegnamento e della sua unica e dominante esperienza: l'arrivo alla conoscenza del vero essere »[55].

Sulla stessa linea di Jaeger si è mosso con decisione anche un altro studioso, il Mansfeld. Ma nella dimostrazione della sua tesi, che il discorso della dea sia una autentica « rivelazione » e che anzi su questa rivelazione della dea si fonda la « verità » della logica parmenidea, che quindi non è una logica autonoma[56], e nella necessità — data appunto la sua tesi — di spiegare letteralmente tutto il proemio, Mansfeld cade in alcune esagerazioni a nostro avviso difficilmente sostenibili. Come, per esempio, quando afferma che il v. 3 rappresenterebbe Parmenide nel viaggio di ritorno e non mentre si avvia alla volta della dea, dal momento che prima della rivelazione divina egli non si sarebbe potuto qualificare come εἰδὼς φώς[57]; o come quando sostiene che la porta sta ai confini del mondo e da essa appunto si dipartono le vie del giorno e della notte, ambedue *nel* mondo e *al di qua* della porta[58]. L'errore del Mansfeld è, secondo noi, quello in cui sono caduti molti degli autori che hanno voluto localizzare in maniera precisa il viaggio e quindi hanno dovuto spiegare letteralmente ogni punto del proemio[59].

Altri studiosi hanno invece sostenuto che quando Parmenide parla di « via degli dei » non ha in mente altro che il puro e semplice processo della conoscenza (è una ripresa in parte delle tesi del Reinhardt). Così il Fränkel, nel suo bel saggio su Parmenide, dopo aver ricordato che la funzione della dea e delle κοῦραι non è che quella di condurre alla conoscenza[60], nota come nel lungo passaggio B 1.6-21 non c'è mai il pronome « Io »: esso è « rappresentato e simboleggiato dalle Figlie del Sole; esse sono le sole ad essere menzionate. Tradotte nel linguaggio a noi proprio, esse sono il bisogno imperioso di cono-

scenza proprio del filosofo che si sforza di raggiungere la luce...
Queste forze della luce sono parte della sua persona, e allo
stesso tempo parte della forza fondamentale della luce che regola e forma l'intero universo »[61]. Così anche il De Santillana:
« Il momento della scoperta, la via agli dei, deve essere necessariamente mitologica, poiché porta con sé che la comprensione
dell' ' uomo che conosce ' è stata guidata rettamente ed elevata
al di sopra delle opinioni dell'umanità... In tutta la letteratura
filosofica piú antica la conoscenza e la via degli dei sono la
stessa cosa »[62]. Si possono avvicinare a questa interpretazione,
anche se partono da prospettive diverse, le spiegazioni di Verdenius[63], Untersteiner[64], Ruggiu[65], Pfeiffer[66].

Altri studiosi sottolineano infine l'« esperienza personale »
del filosofo[67], o, rifiutando l'immagine di un Parmenide « teologo », ne rivendicano quella di « filosofo »[68].

B) *Alcuni equivoci (con una prima conclusione)*

Questa discussione sul « carattere religioso » del *Proemio*,
sull'« esperienza religiosa » di Parmenide, sulla « teologia » dei
primi pensatori greci, è viziata, a volte, da alcuni equivoci espressi o sottintesi che sarà bene chiarire, anche perché investono
una questione generale di metodo e di approccio alla lettura
di pensatori tanto complessi quali sono i « presocratici », questione che non può essere elusa se si vuole applicare scrupolosamente un metodo d'indagine che sia critico e storico allo
stesso tempo. Noi vorremmo indicare almeno due di questi equivoci nei quali lo studioso della bibliografia parmenidea — e
presocratica in generale — potrebbe incorrere. Già un equivoco è annidato nell'uso stesso di espressioni del tipo di quelle
da noi ora ricordate. Deve essere chiaro, cioè, innanzi tutto che
quando noi parliamo di esperienza religiosa o di teologia dei
primi pensatori greci, quei termini *debbono* essere intesi in senso
totalmente diverso da quello a cui ci viene fatto di pensare spontaneamente, oggi. Questo è un fatto che tutti riconoscono, e
che in effetti può sembrare tanto ovvio da essere quasi banale

il sottolinearlo; ma la questione è che quasi mai nella storiografia parmenidea viene chiarito in maniera esplicita.

Il primo equivoco si nasconde nell'uso indifferenziato dei termini dei quali stiamo discorrendo. Lo stesso Jaeger, per esempio, parlando proprio di Parmenide e del suo discorso sull'«essere», dice a un certo punto: «Certo, un teologo dirà che in questo mistero manca Dio, ma il vivo sentimento religioso vedrà in questa pura ontologia una rivelazione e un autentico mistero e si sentirà profondamente toccato dall'esperienza parmenidea dell'essere: in altre parole, il fatto religioso consiste qui piú nella commozione umana e nel deciso atteggiamento verso l'alternativa di verità e di apparenza che nella qualificazione divina dell'oggetto in sé e per sé »[69]. E poco prima, parlando del «particolare tipo religioso» che si ritrova a suo avviso nella descrizione del proemio parmenideo, lo Jaeger aveva detto che esso si basava su «l'individuale esperienza interiore del divino, lo zelo responsabile di annunciare la verità rivelata personalmente al credente e l'aspirazione a motivare una convinzione comune con altri che ad essa vengono convertiti »[70]; «Il proemio esprime la dignità religiosa di questo suo insegnamento e della sua unica e dominante esperienza: l'arrivo alla conoscenza del vero essere »[71]. Queste affermazioni nascondono veramente tutta una serie di ambiguità. Non vogliamo tanto soffermarci sul fatto che lo stesso studioso riconosce che nel «mistero »[72] di Parmenide manca Dio, ma subito dopo si affretta a dire che quel mistero è «pura ontologia» e che la descrizione parmenidea dell'essere è particolarmente «toccante» per chi abbia un «vivo sentimento religioso»: qui ci sembra piuttosto evidente che l'interprete che ha un vivo sentimento religioso non *vede* semplicemente, ma *vuol vedere* qualcosa che è difficile scorgere nei documenti. Ma piuttosto ci interessa sottolineare che Jaeger dà finalmente una definizione del fatto religioso, della dignità religiosa, tipici di Parmenide, e sono proprio queste definizioni ad essere equivoche. Se infatti il tipo particolare della religiosità parmenidea consiste nella commozione umana e nel deciso atteggiamento di rivendicare l'assolutezza della verità di fronte all'errore, ebbene, quest'atteggiamento è tanto poco qualificante il fenomeno « religione » che noi lo ritroviamo nei discorsi degli scienziati che nell'illustrare una loro scoperta criticano gli errori del passato, nei poeti che nel cantare la loro propria e tipica « verità » la colorano di un *pathos* tutto loro particolare, negli uomini politici (almeno in quelli di una volta), i cui discorsi sono pieni di quelle dimostrazioni logiche e di quegli appelli commossi che fanno della confutazione dell'avversario e della proclamazione della propria verità di parte un misto di cuore e di intelletto. Non bastano, vogliamo dire, il discorso appassionato, la decisa rivendicazione della verità di fronte all'errore, a caratterizzare la comunicazione di un'esperienza come un fatto religioso; da questo punto di vista bisognerebbe estendere troppo i confini del fenomeno « religione » e se ne perderebbero certamente i connotati. Come non basta, a qualificarla tale, il fatto che essa sia legata ad un modo di sentire elevato profondo nobile; da questo punto di vista si può giungere ad affermare anche una « religiosità dell'ateismo » (e si pensi a Spinoza) od una « religiosità della scienza » (e si pensi a Galilei): il che è stato anche fatto, ma tutti i *distinguo*, le precisazioni, le cautele, le definizioni e ri-definizioni che si trovano in queste dimostrazioni — nei casi migliori — provano appunto l'insostenibilità e l'equivocità dell'assunto.

Ma anche un secondo equivoco si nasconde nell'uso di certe espressioni.

Se noi infatti oggi parliamo di un uomo « autenticamente religioso », che vive in maniera profonda una « esperienza interiore del divino », tanto per usare le espressioni dello Jaeger, certamente il nostro pensiero non corre ad uno scienziato o ad un filosofo; o, per essere più precisi, possiamo anche pensare ad uno scienziato o ad un filosofo « religioso », ma certamente con quest'aggettivo non intendiamo specificare e caratterizzare, poniamo, la sua ricerca sull'accelerazione degli elettroni o sulle regole delle ipotesi non esaustive. Noi intendiamo che quell'uomo, *oltre* a compiere ricerche di fisica teorica o di logica, ha, *anche*, certe concezioni generali sulla divinità ed un certo comportamento pratico-morale: ed è proprio per queste concezioni e per questo comportamento che lo definiamo « religioso », non certo perché svolge indagini di fisica o di logica. In altre parole, noi distinguiamo abbastanza nettamente i due piani, laddove — forse — questa distinzione non era così netta per un greco del VII-VI secolo [73]; ma è proprio per questo che quando usiamo quelle espressioni dobbiamo sempre tener presente la differenza tra lo *Sprachegut* ed il *Gedankegut* del mondo greco e del nostro, con tutta l'influenza ed il peso che su questo ha avuto l'esperienza dell'ebraismo e del cristianesimo. Ma non solo l'uso dei termini « dio » o « divino » è diverso nella Grecia arcaica o classica e nel mondo postcristiano, ma anche nell'ambito di quello stesso sfondo culturale una differenza tra l'uomo « religioso », osservante del culto ufficiale o seguace di una setta misterica ed il φιλόσοφος o il φυσιολόγος che indagava sul moto degli astri o sulla funzione del cervello o anche sulla natura degli dei, c'era ed era avvertita. Giustamente Vlastos a questo proposito nota che non si tratta tanto di una « linguistic propriety », di un uso linguisticamente appropriato di semplici termini, ma di qualcosa di più, e aggiunge che l'uso del termine « teologia » per quanto riguarda i presocratici avviene — nel famoso saggio dello Jaeger — « provocatively »: « La reale questione qui non è un uso verbale, ma la ragione storica di un fatto, cioè la relazione di fatto delle credenze dei Presocratici a quelle della religione contemporanea »[74]. Qui si tocca realmente con mano il punto centrale della questione: possiamo effettivamente parlare di religioso o di religione ogni volta che ci imbattiamo nei termini divino e dio, senza preoccuparci minimamente di chiarire la particolarità degli ambienti culturali, il significato cioè di quelle espressioni nell'ambito di un contesto culturale che ad esse dava sensi e valenze completamente diversi sia rispetto alla « religione » allora dominante, sia — e a maggior ragione — rispetto a quelli che dal cristianesimo in poi, fino ad oggi, noi diamo loro? Possiamo condurre il nostro discorso senza queste necessarie precisazioni e lasciare così che esso rimanga necessariamente e fondamentalmente ambiguo?

La religione è l'adorazione di un dio, ed è necessariamente legata ad un certo culto, a certi riti, ad un tipo di comportamento, ad una certa tradizione: appaiono veramente i presocratici, e Parmenide in particolare, uomini « religiosi » in questo senso, e possiamo veramente parlare — sulla base dei documenti a nostra disposizione — della loro religione o « teologia »?

Giustamente Vlastos rimprovera ad Jaeger non di essere inconsapevole dell'abisso tra le « credenze religiose » del loro tempo e le « idee religiose » dei presocratici, ma, una volta assunta la divergenza, di non essersi fermato a misurarla: « Il risultato di questa omissione è una sottovalutazione di fatto, sebbene senza dubbio non intenzionale, della grande distanza fra i due *tipi* di credenze religiose, e di conseguenza un fallimento nel mostrare le piene dimensioni dell'unico risultato dei presocratici come pensatori *religiosi*. Questo, in una parola, sta nel fatto che essi, ed essi soli, non soltanto tra i Greci ma tra tutti i popoli del Mediterraneo... hanno trasportato il nome e la funzione della divinità in un regno concepito come un ordine rigorosamente naturale e, perciò, completamente purgato del miracoloso e del magico »[75]. Se nei testi parmenidei, allora, vogliamo trovare una *religiosità*, dobbiamo andare a cercarla e possiamo trovarla solo nell'ambito di uno sfondo culturale di una « religione » perfettamente naturale, « nella quale il divino non *domina* l'avvenimento naturale, ma *si rivela nelle forme* del naturale stesso, come ' sua essenza e suo essere '. L'essere e l'operare degli dei si muovono unicamente sul piano della natura: il dio greco non ha, rispetto al mondo, la posizione di una potenza che lo muove dal di fuori. È in esso, semplicemente »[76]. Ed è proprio questa la caratteristica specifica dei pensatori presocratici rispetto a poeti, scrittori, « teologi » dello stesso ambiente culturale o del mondo mediterraneo in generale. Così in Pindaro ed Eschilo, per esempio, è ancora riconoscibile la presenza del magico; nei profeti di Israele, che pure esercitarono una valida azione di critica nei confronti di negromanti, ciarlatani, non c'è ancora « l'attitudine concettuale a scorgere che il magico non era solo un'improprietà religiosa, ma una pura impossibilità... Presentare la deità come completamente immanente all'ordine della natura e perciò come la costanza assoluta delle leggi, fu il peculiare e distintivo contributo religioso dei Presocratici »[77].

3. SIMBOLISMO E ALLEGORIA

Abbiamo accennato [78] alla parafrasi che Sesto Empirico fa del *Proemio*; in effetti dall'antichità fino ad oggi non sono mancate interpretazioni che hanno voluto evidenziare il carattere simbolico ed allegorico di B 1. Noi non intendiamo soffermarci a lungo su di esse, convinti che, se allegoria c'è, essa è riscontrabile solo su linee generalissime di interpretazioni e non sopporta raffronti e determinazioni troppo precisi. Se infatti, da un lato, interpreti dell'antichità piú agguerriti speculativamente — come Platone ed Aristotele, per esempio, ma anche Teofrasto e Simplicio — non fanno alcun cenno di quel carattere, il voler determinare, dall'altro lato, il significato puntuale di espressioni ed immagini usate da Parmenide ha portato taluni interpreti moderni a delle palesi esagerazioni. Così, lo Zafiropulo vedeva nel proemio una iniziazione simbolica: esso simboleggia l'aspetto « esoterico » del suo sistema, e se c'è qualcosa che ai contemporanei ed a noi oggi appare « poco chiara », questa, che è una oscurità per i non-iniziati, fu certamente e coscientemente voluta da Parmenide [79]. L'iniziazione era, appunto, quella di regola nella setta pitagorica e simboleggiava il cammino che tutti i mortali debbono percorrere prima di attingere la vera conoscenza [80]. Gilardoni, dopo aver sostenuto che Parmenide parla « di un aumento di velocità del cocchio che si muove verso la sapienza ogni volta che le forze conoscitive aiutano il suo desiderio di verità », vede « nell'acuto stridore dell'asse del cocchio, la vivacità ardente, la tensione quasi logorante dell'esperienza vissuta dal filosofo »[81]. Hyland vede nel proemio raffigurata una concezione della filosofia come viaggio che fa sì che Parmenide anticipi chiaramente Platone: ma è un viaggio

« very much bound up with the erotic »[82]. « Le cavalle (esse stesse un simbolo erotico) che conducevano il giovane erano guidate da *fanciulle*, e lo introducono dinanzi ad una *dea* che gli rivela la verità, non diversamente da come la sacerdotessa Diotima rivela i misteri dell'amore a Socrate. Il simbolismo erotico è indicativo della piú profonda natura dell'erotismo che, come Platone ha piú tardi illustrato, è intimamente legato al tema della ricerca: eros come incompletezza e impeto verso la vittoria su questa incompletezza »[83]. Ancora Imbraguglia, in un recente lavoro, sostiene che poiché Parmenide, ai vv. 18-20 di B 1, « fa aprire i battenti non facendoli ruotare su cardini, ma facendoli sollevare a volo dal basso verso l'alto come appunto si aprono le palpebre, si può avanzare l'ipotesi che le porte eteree di cui parla Parmenide non siano altro che i suoi due propri occhi ». E poco dopo: « Le *cavalle* sono un po' come i *grilli* che passano per la nostra testa di moderni, con la differenza ovvia e fondamentale che i nostri grilli sono le innocue manie di tutti i giorni mentre le cavalle sono la terribile mania dell'avventura teoretica »[84]. Dove c'è da notare soltanto, in primo luogo, che leggere nei versi in questione una apertura dei battenti dal basso verso l'alto è alquanto azzardato e inoltre Parmenide dice esplicitamente, riferendosi ai battenti, che essi ruotano sui cardini (εἰλίξασαι ἐν σύριγξιν, che sono appunto oggetti di forma cilindrica, vuoti all'interno, nei quali trova posto il perno); e, in secondo luogo, che πύλαι del v. 11 sgg. è un plurale che indica « la porta » e non « le porte »[85]. Infine un altro studioso vede, con una critica di sapore « ideologico », nelle caratteristiche dell'« essere » parmenideo il riflesso del concetto di « merce » come lavoro astratto che nella società greca di quel tempo si andava affermando[86].

Recentemente Antonio Capizzi ci ha dato una nuova interpretazione del *Proemio* parmenideo, tentandone una lettura in chiave politica[87]. L'ipotesi nuova è questa: abbandonato ogni modulo di interpretazione religiosa o metaforica o allegorica, si deve imboccare la via di una lettura « topografica » del prologo e quindi una lettura filosofico-politica di tutto il poema. Parmenide non fa né allegoria né mitologia, ma descrive un viaggio realmente compiuto, attraverso una città (Elea) fatta di case, muri e strade, lungo una via (detta dagli archeologi Via del Nume) che congiungeva il porto fluviale nord della città con il colle. Le conclusioni principali cui giunge lo studioso sono le seguenti: 1) le fanciulle Eliadi del v. 9 non sono altro che i pioppi che fiancheggiano la strada. Quando esse, ai vv. 9-10, levano le mani a liberarsi il capo dai veli, rappresentano il fatto che « i pioppi, man mano che la strada sale dal villaggio in ombra verso il colle in piena luce, cominciano ad avere le cime illuminate, e sembra quasi che con i rami protesi si strappino dal capo i veli d'ombra che la Notte, signora del versante settentrionale, vi aveva posto »[88]; 2) che sia la Giustizia ad avere le chiavi della porta significa che l'essere la porta aperta o chiusa è una questione politica: « in una certa fase qualcuno... aveva deciso la separazione tra i due porti mediante lo sbarramento della porta che chiudeva la gola; successivamente Parmenide aveva convinto i Velini che era *giusto* riaprire la porta e l'arteria, ristabilendo i normali rapporti tra le parti della città e facendo dei molti ἄστη una sola πόλις »[89]; 3) i frammenti 6-7 vanno letti in chiave linguistico-politica. I βροτοὶ εἰδότες οὐδέν che πλάττονται, δίκρανοι (B 6.4-5) non sono né i poveri mortali che nulla sanno di fronte al poeta-vate, né gli Eraclitei che uniscono l'essere al non-essere. Il fatto che essi siano κωφοί e τυφλοί indica solo la loro incapacità a capire ciò che i loro occhi vedono e le loro orecchie odono fisicamente. Dunque, essi, semplicemente, parlano una lingua straniera, incomprensibile ad un greco, e sono i Fenici[90]. Parmenide svolge nei loro confronti una polemica che è grammaticale (essi sono incapaci di esprimere adeguatamente nella loro lingua due concetti fondamentali quali l' ἔστιν e l' οὐκ ἔστιν) e politica insieme: non tentino i Velini di difendersi dall'accerchiamento dei Siracusani, che dall'Etna all'Epomeo stringono come in una morsa la città e le attività commerciali di Velia, facendo ricorso alla potenza punica di Cartagine, la quale, benché sconfitta di recente ad Imera, era presente ancora con forza, commercialmente e culturalmente, in tutto il Tirreno. I Fenici sono δίκρανοι, cioè « doppi », « simulatori »: l'unica ὁδός possibile è quella di una alleanza panellenica [91].

Non possiamo qui discutere particolareggiatamente l'ipotesi del Capizzi [92]. Diciamo solo che, pur condividendo la sua impostazione generale (cercare la spiegazione di un libro di un « filosofo » non esclusivamente nei libri degli altri filosofi, ma anche nell'ambiente fisico, politico, culturale che lo circonda, nella *storia* della sua città), non ci sentiamo di condividere la sua tesi individuante nel poema, accanto al piano linguistico ed ontologico, un piano politico [93]. E questo non perché pensiamo che non possa esserci stata nell'opera di Parmenide anche una valenza politica (testimonianze sulla attività politica di Parmenide in effetti ci sono), ma perché le dimostrazioni che Capizzi ne dà ci appaiono non accuratamente mediate e non completamente giustificate dalla struttura e dal contenuto stesso del poema nella forma in cui ci è pervenuto. Il livello politico piú che venire dimostrato viene in genere aggiunto agli altri tradizionalmente accettati.

Per concludere, diremo che, se proprio un senso simbolico e allegorico vuol trovarsi nel frammento 1, questo dev'essere cercato non separandolo dal complesso dell'opera parmenidea, ma al contrario dev'essere visto proprio in relazione ad esso. Se è giusto non sottovalutare il *Proemio*, come a volte studiosi insigni hanno pure fatto, esso non dev'essere però nemmeno sopravvalutato: vogliamo dire che la ricerca, anche giusta, di collegamenti, di riferimenti, di raffronti con la poesia, con l'epica, con la « religione », anteriori o contemporanee a Parmenide, non deve farci dimenticare che esso costituisce appunto una sorta di *introduzione* a ciò che senza dubbio interessava di piú l'Eleata, e cioè al discorso conoscitivo, all'esposizione del sapere da parte della dea che, non dimentichiamolo, prendeva *tutto* il resto del poema. Del resto, le stesse testimonianze degli antichi — quasi in contrasto con i frammenti che ci rimangono —, ad eccezione forse del solo Sesto Empirico, poco o nulla ci dicono di B 1 mentre molto discutono, commentano e criticano le dottrine dell'Eleata: segno questo che è proprio il contenuto della dottrina parmenidea piú che la forma della sua presentazione (l'uso del verso; la vera scienza presentata come un'esposizione divina) ad interessare gli interpreti. E se allora guardiamo il *Proemio nella prospettiva* della dottrina parmenidea del metodo d'indagine, della ricerca e affermazione della verità, del moto degli astri, dei rapporti fisiologici e biologici che si istaurano nel corpo umano, non possiamo non riconoscere, come abbiamo anche accennato piú sopra, che tutte le sue figurazioni, tutti i suoi richiami, tutte le sue allusioni, *sono finalizzati proprio a questo discorso sulla e della conoscenza*. Se allegoria c'è, quindi, noi saremmo disposti a vederla solo nel senso indicato da Fränkel nel saggio piú volte ricordato: il « viaggio » del filosofo non è altro che il cammino di colui che è giunto a conquistare il vero sapere e lo vede e lo dichiara confermato e garantito dalla « rivelazione » della dea, che è la norma e quindi la legge della realtà e del pensiero, e quindi della verità: una anticipazione, in veste fantastica o mitica o poetica, di quell'affermazione della sostanziale identità tra leggi della realtà e leggi del pensiero che troverà una cosí vigorosa ed icastica espressione nei frammenti successivi [94].

B 2 - B 3 [1]

1. Due metodi d'indagine...

Dopo aver esposto alla fine di B 1 il programma del sapere, che comprende la verità senza contraddizioni (propria, potremmo dire, del discorso matematico) ed il campo delle esperienze umane che dev'essere «convenientemente» (δοκίμως) razionalizzato e sistemato (è il discorso fisico, che non ha lo stesso grado di rigorosa certezza del primo), la dea [2] espone ora le vie di ricerca che potrebbero essere seguite nella realizzazione di quel programma. Il frammento 2 costituisce dunque la logica continuazione del primo: apprenderai questo e questo (B 1), e il modo in cui lo apprenderai è seguendo questo metodo (B 2). La dea accenna infatti a due vie di ricerca (ὁδοὶ διζήσιος), cioè a due metodi dei quali l'uno è realmente seguibile (v. 3: una via esiste ed è logico che esista), ed è un metodo persuasivo, convincente, che conduce alla verità (v. 4); l'altro è completamente insussistente ed è logico che non possa essere seguito (v. 5): è assolutamente impercorribile (v. 6), dal momento che ciò che non esiste non lo si può conoscere (v. 7). Essere e pensare sono infatti la stessa cosa (B 3), cioè si può pensare e conoscere e parlare solo di ciò che è (B 2.7-8).

v. 2: ὁδοί. Sono le «vie» della ricerca ed in Parmenide sono chiaramente sinonimo di «metodo». Che del resto la stessa parola «metodo» derivi dall'immagine della ὁδός è un fatto noto a tutti [3]. Quello che vogliamo qui sottolineare è l'uso che del termine fa Parmenide, che è appunto un uso perfettamente cosciente del fatto che la «via» è il modo del procedere del pensiero — o del discorso. Se in B 1, infatti, nel descrivere il viaggio verso la dea, ὁδός poteva ancora evocare l'immagine di una strada nel senso reale e non figurato del termine (cfr. B 1.2, 5, 27), da B 2.2 in poi il termine non viene piú usato se non nel senso figurato, appunto, di metodo. Così, per esempio, la ὁδός di B 6.3 è la ὁδὸς διζήσιος che caratterizza il metodo da non seguire; in B 7.2 e 3 le ὁδοί sono ancora i due metodi errati di compiere l'indagine; in B 8.1 la «via» è il metodo realmente seguibile (come a B 2.3); infine in B 8.18 si indica il metodo che si è deciso di lasciar definitivamente da parte [4]. Il discorso che sta facendo qui la dea è quindi un discorso metodologico [5].

v. 3: È, insieme al v. 5, quello che offre maggiori problemi di interpretazione e quindi di traduzione. La questione piú importante è: c'è un soggetto sottinteso dell' ἔστιν (e dell' οὐκ ἔστιν del v. 5), e, se c'è, quale può essere? L'interpretazione «classica», seguita dalla maggioranza degli studiosi, vede in un τὸ ἐόν sottinteso il soggetto di ἔστι, di modo che qui Parmenide affermerebbe il suo famoso principio «l'essere è, il non-essere non è» [6]. Altri studiosi hanno pensato ad un soggetto come «la realtà», «tutto ciò che esiste, la totalità delle cose» [7], oppure «la verità» [8], oppure un τί indefinito [9]. Altri ancora hanno sostenuto che l' ἔστιν sia il puro elemento logico e verbale dell'affermazione [10]. Ma mentre già il Burnet aveva tradotto semplicemente «it is» [11], il Fränkel notava giustamente che ἔστιν non ha alcun soggetto: se si aggiunge un soggetto come «l'essere» o «tutto ciò che è», si trasforma la proposizione in una inutile tautologia [12]. Così anche l'Untersteiner sostiene che il soggetto dell' ἔστιν «non debba essere cercato né in precedenti versi perduti, né in qualche cosa d'indeterminato, ma nel testo stesso» [13], ed esso è appunto la ὁδός del verso precedente. Anche noi siamo convinti che il soggetto dei due verbi ai vv. 3 e 5 non vada ricercato altrove e tanto meno possa essere giustificatamente congetturato: il soggetto sono appunto le due ὁδοί del v. 2. Parmenide qui sta dicendo semplicemente che una via esiste (cioè che un metodo è suscettibile di venire applicato); è una via percorrendo la quale ci si convince, ci si persuade della sua bontà (cioè è un metodo applicando il quale ci si rende conto, si è coscienti della sua giustezza, della sua rispondenza allo scopo, che è quello appunto di apprendere). E questo *perché, dal momento che* questa via tien dietro, «segue» la Verità: Ἀληθείηι γὰρ ὀπηδεῖ (v. 4). Esplicitamente Parmenide qui afferma che *la bontà della via — quindi del metodo — dipende dal fatto che essa si basa sulla verità*: è la verità che dà valore al metodo (e quindi al pensiero che pensa seguendo certe regole e un certo ordine) e non viceversa. Non è possibile, quindi, un'interpretazione idealistica di Parmenide, che pure alcuni hanno tentato. Come vedremo anche in seguito, questa «via che è» è il metodo col quale il pensiero ripercorre l'essere, la realtà e le sue determinazioni, trovandone una giustificazione e costruendo quindi un λόγος ἀληθής.

v. 4: Πειθοῦς ... κέλευθος. Questo «cammino della Persuasione», che «segue la Verità», è appunto quello che ci fa conoscere la «verità senza contraddizioni» (B 1.29), in cui c'è πίστις ἀληθής; è, come si dirà in B 8.18, la via «vera ed autentica». In altre parole, il metodo autentico, oltre ad essere «vero», ci dà anche la «certezza» della sua verità — e quindi la ragione della «falsità» dell'altro. Comporta, quindi, coscienza di se stesso [14].

v. 5: χρεών. Siamo d'accordo con Calogero [15], Gigon [16] e Untersteiner [17] che il termine esprima una «necessità logica».

v. 5: ἡ δ' ὡς οὐκ ἔστιν. Anche qui naturalmente non bisognerà sottintendere un ἐόν (o un μὴ ἐόν) che faccia da soggetto. Ciò che non esiste e che è necessario logicamente che non esista è proprio la seconda delle ὁδοί del v. 2: un metodo che è assolutamente impercorribile (v. 6: παναπευθέα), una strada «inaccessibile ad ogni ricerca» [18]. Che si tratti non di un essere-vero e di un non-essere-falso, ma di una ἀληθὴς ὁδός e di una οὐκ ἀληθὴς ὁδός, è confermato dal raffronto con B 8.15-18: «Su queste vie allora la decisione consiste in questo: esiste o non esiste. Si è deciso dunque, com'era necessario, di lasciare una delle vie come impensabile e inesprimibile (non è la via vera infatti: οὐ γὰρ ἀληθὴς ἔστιν ὁδός), mentre l'altra esiste ed è autentica». *Il giudizio è dunque sulle vie*: l'una esiste, è vera, l'altra non esiste, non è vera, quindi non può essere assolutamente percorsa.

vv. 7-8 - B 3. Questa è la regola generale che dà una giustificazione a quanto detto sopra; la via che non esiste è impercorribile *dal momento che* il μὴ ἐόν non lo potrai mai né conoscere né esprimere: infatti è la stessa cosa essere e pensare. Il che significa che, pensando, si pensa l'essere e non si può che pensare l'essere: è impossibile operare una scissione tra il campo del pensiero ed il campo della realtà, poiché è impossibile pensare ciò che non è.

2. ... O PIUTTOSTO UN SOLO METODO?

Che cosa affermano dunque B 2 e B 3? Semplicemente che: 1) esistono due metodi per realizzare il programma del sapere, che comprende la scienza certa (ἀλήθεια) e le esperienze degli uomini (τὰ δοκοῦντα); ma 2) mentre uno deve essere seguito perché è un metodo che realmente persuade, in quanto è quello che porta alla verità ed è soltanto la verità che si lascia dimostrare in maniera persuasiva; 3) l'altro invece è assolutamente inesistente, è impercorribile, ed è logico che sia così, perché: 4) è impossibile conoscere, e quindi esprimere, ciò che non è; infatti: 5) vi è e vi deve essere sempre una corrispondenza tra ciò che è ed il pensiero, cioè tra la realtà ed il pensare.

Questo è il dettato dei due frammenti che stiamo esaminando. È ovvio che il pieno significato e le implicanze di queste affermazioni potranno essere colti solamente dopo aver letto e analizzato perlomeno B 6 e B 8. Rimandiamo quindi al commento a questi frammenti per una discussione piú completa. Per ora — e prima di ricordare alcune posizioni storiografiche significative o interessanti su questi argomenti — fermiamoci un attimo a questo punto e notiamo come qui Parmenide non stia affatto enunciando quello che è stato fatto passare per il suo assioma fondamentale, e cioè « l'essere è, il non-essere non è ». Che è poi, come giustamente è stato notato e come abbiamo ricordato, una pura e semplice tautologia, per attenuare la quale molti interpreti hanno voluto vedere reconditi e a volte misteriosi significati. Nel v. 7 v'è certamente un'affermazione di principio, che giustifica l'impercorribilità della seconda via; ma che il μὴ ἐόν non possa essere né conosciuto né espresso, detto, non significa supporre un astratto e metafisico « non-essere » da contrapporsi ad un altrettanto astratto e metafisico « essere » per poi venir negato ed esorcizzato. Significa semplicemente che ciò che non è, che non esiste, non lo si può conoscere, dal momento che il pensare è sempre legato all'essere; e siccome questo principio è la conclusione e la giustificazione di quanto detto prima, in altre parole significa semplicemente che *non ci sono due vie, due metodi, da poter seguire nella conquista della verità, ma uno solo*. Quale sia quest'unico metodo che ci porta alla verità, lo vedremo in seguito; qui sottolineiamo soltanto che *in questi due frammenti Parmenide sta facendo un discorso metodologico*, sta parlando solo di una via da seguire e di una che non può essere seguita, chiarisce limpidamente perché questa non può essere seguita, e null'altro.

Numerose invece sono state le letture che in questi frammenti hanno voluto vedere tesi, intuizioni, argomentazioni polemiche le piú varie. Mentre rimandiamo ai piú volte citati lavori di Untersteiner e di Reale per una puntuale rassegna delle interpretazioni, qui ne ricorderemo solo alcune tra le piú significative ed interessanti per il nostro discorso. L'interpretazione « classica » è quella che vede nelle due vie di Parmenide un'opposizione tra il pensiero logico e il pensiero empirico [19]; altri, nel frammento 2, dà un valore all'« è » tra il copulativo e l'esistenziale, in modo da vedervi l'impossibilità logica della predicazione negativa [20]; altri vi ha visto un'opposizione tra le ipotesi del tutto-pieno e dell'ammissione del vuoto [21]. Un'analisi del « tipo » di argomentazione e del metodo di spiegazione usato da Parmenide, in relazione al problema piú ampio dello sviluppo della logica, è stato fatto dal Lloyd [22]. Nel frammento (o piú in generale, in Parmenide) è stata infine vista un'anticipazione dell'affermazione dei principi d'identità e di non-contraddizione [23].

Analogamente, anche il fr. 3 si è prestato alle interpretazioni le piú varie. Hegel vi ha visto l'inizio della filosofia come liberazione dalle opinioni e la prima affermazione dell'autoproduzione del pensiero: « Il pensiero produce se stesso; e ciò che vien prodotto è un pensiero. Pertanto il pensiero è identico col suo essere; giacché esso è niente all'infuori dell'essere, di questa grande affermazione » [24]. È chiaro che l'interpretazione di Hegel è funzionale al suo sistema idealistico, come è chiaro anche che, storicamente, è difficile attribuire a Parmenide (non solo a questo frammento, ma a tutta l'opera del Nostro) intenzioni ed intuizioni che ovviamente sono al di fuori del suo orizzonte culturale [25]. Ciò nonostante, molti sono stati gli interpreti che hanno letto B 3 nel senso della coincidenza hegeliana di idea e realtà, anche se non si sono esplicitamente collegati alla esegesi idealistica. Come non sono mancati, del resto, coloro che lo hanno letto nel senso di una realtà che determina, che regola il pensare [26].

Per parte nostra, crediamo di poter affermare che qui Parmenide enuncia a chiare lettere un principio — o, se si vuole, un presupposto — che è la base indispensabile di ogni discorso scientifico e senza l'assunzione del quale sarebbe impossibile ogni scienza. Il principio della sostanziale identità di essere e pensiero esprime in effetti la convinzione che il pensiero è una delle forme dell'essere e quindi la convinzione che essere e pensiero sono soggetti ad una stessa legge: postulato, dicevamo, indispensabile ad ogni costruzione scientifica che appunto si basa sulla « razionalità » del mondo fisico e sull'ammissione della analogia tra la struttura dell'universo e le leggi che regolano il nostro pensiero che su di esso specula. B 3 deve essere collegato da un lato a B 2, del quale è la logica conclusione e il completamento, e dall'altro a B 8.8-9: ciò che non è «non è esprimibile né pensabile dal momento che non esiste», e a B 8.34-36: «ed è la stessa cosa il pensare e ciò che è pensato. Giacché senza l'essere, nei limiti del quale è espresso, non troverai il pensare».

Il testo parmenideo, a nostro avviso, esclude nella maniera piú chiara qualsiasi possibilità di lettura di tipo idealistico [27]: l'identità essere-pensiero esprime sì il fatto che, pensando, si pensa l'essere e non si può che pensare l'essere, perché l'impossibilità di pensare il non-essere è la garanzia dell'inscindibilità dei due campi; ma esprime altresì che ciò che regola, ciò che determina, è l'essere, è la realtà al di là della quale il pensiero non potrà mai andare. Ciò che non è non può essere pensato ed espresso, ma *proprio per il fatto* che non esiste (B 2.7-8; B 8.8-9); non si può pensare ciò che non è, perché *il pensare si esprime sempre e necessariamente nei limiti dell'essere* (B 8.34-36). Ma il fatto che sia l'essere a dettare le sue leggi al pensiero significa appunto, per Parmenide, avere la garanzia che il pensiero umano non gira a vuoto; il fatto che le leggi del pensiero umano coincidano con le leggi della realtà tutta significa, per Parmenide, avere la garanzia che, una volta imboccata la «via» giusta, una volta individuato il metodo corretto, l'uomo non potrà fare a meno di costruire vera scienza e di cogliere la verità.

B 6

1. Perché B 6 precede B 5 e B 4

Collochiamo B 6 subito dopo B 2-B 3. In effetti questo frammento completa il discorso che Parmenide ha iniziato negli altri due. Che è un discorso, come abbiamo visto, metodologico; esiste effettivamente un metodo di ricerca, veritiero (B 2.2-3), ed un metodo che non può essere assolutamente seguito (B 2.5-6), che non rispecchia la realtà; ciò che non è non si può né conoscere né esprimere (B 2.7-8), dal momento che il pensare e l'essere coincidono (B 3). Necessariamente, quindi, si può pensare ed esprimere ciò che è, mentre del nulla non si può parlare (B 6.1-2). Se il metodo che non rispecchia la realtà deve essere perciò subito abbandonato (B 6.3), bisogna fare anche attenzione a non lasciarsi trascinare dalla apparente confusione e contraddittorietà dell'esperienza (B 6.4 sgg.). In B 2 quindi si parla del metodo corretto, la cui validità — e la non-validità di quello che si esclude — viene giustificata dall'affermazione generale di principio contenuta alla fine del frammento e in B 3, affermazione che viene ribadita in B 6, insieme ad un'analisi piú completa dei pericoli cui si va incontro quando non si segue la via giusta.

Che in B 6 si tratti ancora di una ripresa e di uno svolgimento del problema metodologico impostato in B 2, è stato visto e sottolineato anche da chi non colloca B 6 dopo B 2: « Che in 28 B 6 Parmenide svolga ancora il problema metodologico... risulta evidente in modo del tutto palmare, quando si osservi come nel corso di questo fr. 6 non si affronti altra questione se non quella di metodo, che ora... viene esaurientemente analizzata sotto ogni suo possibile aspetto negativo »[1]. A questa nostra collocazione si potrebbe obiettare che B 6 non può essere staccato da B 7 (come vogliono quasi tutti gli studiosi), dal momento che anche in questo ultimo frammento si parla di una via che dev'essere abbandonata e si mette in guardia contro le « dispersive esperienze degli uomini », facendo riferimento agli « occhi che non vedono » e alle « orecchie che non odono », come in B 6.7 si parlava degli uomini « sordi e insieme ciechi ». Ma questa, a nostro avviso, è un'altra ragione che ci permette di unire B 6 a B 2. Tra B 6, infatti, e B 7-B 8 debbono certamente essere collocati B 4 e B 5: non è possibile pensare ad una loro collocazione *dopo* B 8 o *prima* di B 2-B 3. Un contesto piú ampio per questi due frammenti non ci è pervenuto, ma essi dovevano seguire l'enunciazione del metodo corretto della ricerca, in quanto ne costituivano una esemplificazione, per così dire, o una riprova (si veda sotto il commento a questi due frammenti), prima ancora che venisse svolta l'applicazione completa del metodo nella determinazione concreta dei σήματα della via giusta (il che vien fatto in B 8).

La successione logica dei frammenti allora sarebbe questa: B 1; enunciazione del metodo da seguire per realizzare il programma di ricerca: B 2-B 3-B 6; un contesto in cui si dava una spiegazione e un chiarimento sul valore e sull'efficacia del metodo giusto e nel quale erano compresi B 4 e B 5 (per esempio: dichiarato il pericolo cui si andava incontro affidandosi ciecamente al multiforme corso delle esperienze, far vedere come invece il metodo prescelto evitasse questo pericolo); l'esposizione della dottrina vera: (B 7)-B 8 sgg.

Che in B 7 si riprenda il discorso sulle vie e sul valore da dare alle esperienze umane non è una prova infatti che il frammento seguisse subito B 6. Le ripetizioni di motivi, di frasi, di espressioni sono in effetti una caratteristica dello stile — e non solo dello stile — di Parmenide, che ritorna spesso sui propri concetti (si pensi per esempio a B 8) per renderli sempre piú efficaci e penetranti[2]. Non è strano quindi che all'inizio di

B 7 si ripeta il motivo della via da abbandonare, con la stessa prospettiva che in B 6; lo stesso motivo ritorna infatti ancora in B 8.15-18. Anzi, distanziando di piú B 6 da B 7, si dà un maggior risalto ed una maggiore efficacia a questa ripetizione che, se, come abbiamo detto, è una caratteristica ben conosciuta dallo stile epico ed usata anche da Parmenide, perderebbe una parte della sua efficacia se non fosse ben articolata: ripetere un concetto dopo aver appena finito di esprimerlo è certamente molto meno efficace che ripeterlo a distanza di qualche decina di versi.

2. Compaiono gli uomini sordi e ciechi

Se la conclusione di B 2 era che ciò che non è non può essere né conosciuto né espresso, necessariamente la conoscenza e l'espressione riguardano solo ciò che è (B 6.1); il nulla non esiste: bisogna quindi abbandonare la via che non rispecchia la realtà e la logica che le è intrinseca (B 6.2-3), quella via che già si è detto che non esiste assolutamente e che « è necessario logicamente che non esista » (B 2.5). Il frammento continua poi indicando un'altra via da cui bisogna tenersi lontano, ed è quella seguita dalla maggior parte degli uomini, incapaci di trarre un senso dalle loro disordinate esperienze, incapaci di trovare il giusto metodo per ordinarle in un sistema ben organizzato.

v. 1: χρὴ τὸ λέγειν τε νοεῖν τ' ἐόν ἔμμεναι·ἔστι γὰρ εἶναι.
Il senso di questo verso è abbastanza chiaro, dopo le enunciazioni di B 2 e B 3; piú difficile è invece una sua traduzione sintatticamente corretta[3]. Il Diels in un primo momento aveva reso « Das Sagen und Denken muss ein Seiendes sein. Denn das Sein existiert »[4], versione corretta formalmente ma non accettabile per il contenuto; la versione fu poi modificata nei *Vorsokratiker*: « Nötig ist zu sagen und zu denken, dass *nur* das Seiende ist; denn Sein ist »[5]. A questa versione (alla quale, tra gli altri, aderiva anche il Covotti)[6] si avvicina appunto la

nostra « Bisogna dire e pensare che ciò che è esiste ». E infatti, dopo aver detto che non si può né conoscere né parlare di ciò che non è, ne deriva necessariamente che si può pensare solo ciò che è e solo di esso si può parlare. Qui Parmenide sta dicendo che, da un lato il linguaggio e l'espressione sono strettamente legati all'attività del pensare e del conoscere, e, dall'altro, che pensiero, linguaggio, espressione, rispecchiano sempre necessariamente ciò che è [7].

v. 3. Questa prima via da cui bisogna tenersi lontani è la via « che non esiste, e che è necessario logicamente che non esista » di B 2.5. Questa via, che viene enunciata per seconda ma discussa per prima [8], contraddice appunto il principio enunciato in B 2.7-8, B 3, B 6.1-2, che cioè solo ciò che è può essere pensato conosciuto espresso. Quale sia in realtà questa via « che non è » lo vedremo fra poco; qui notiamo intanto: 1) che Parmenide non si sofferma mai troppo a lungo sulle ragioni dell'esclusione di questa via (cfr. B 2.5 sgg., B 6.3, B 7.2, B 8.16-17), il che significa che per lui è fin troppo evidente la sua « impercorribilità »; 2) che l'oggetto, il contenuto concreto delle affermazioni a cui conduce questo metodo non può certamente individuarsi nel « non-essere ». In tal modo, infatti, se si salva quella tautologia che per tanto tempo è stata ritenuta l'oggetto centrale dell'insegnamento parmenideo, si va incontro però a delle grosse difficoltà. La seconda via, quella che viene subito esclusa in B 2 e B 6, non può « affermare » il non-essere: a piú riprese, con forza e con chiarezza, Parmenide ci dice esplicitamente che solo « ciò che è » può essere pensato e fatto oggetto del nostro discorso; d'altra parte, in B 2.2, si parla delle « sole vie di ricerca pensabili », e, per quanto ne sappiamo, non può essere pensabile ciò che non è [9]. Se *la via è pensabile*, quindi, *ma deve essere esclusa*, è ovvio che la sua affermazione non può essere il « non-essere »: è evidente a questo punto un'altra ragione dell'insostenibilità dell'interpretazione tradizionale di questi due frammenti.

vv. 4-9. Viene qui indicata una «terza» via? E come si configura nei confronti della «seconda» via che è stata esclusa nel frammento 2, e cioè la «prima» di questo frammento? Moltissime le discussioni che questo verso e i seguenti hanno suscitato; in particolare, si è discusso sul bersaglio della polemica che si trova nei vv. 4-9: chi sono gli «uomini che nulla sanno», che non sono capaci di giudicare? Non è possibile qui riferire tutte le interpretazioni che sono state date del frammento; diciamo solo che, per quanto riguarda la prima domanda, colui che ha «sistemato» la questione forse meglio degli altri studiosi è stato il Reinhardt, per il quale le tre vie sono: 1) quella dell'essere — che afferma che l'essere è; 2) quella del non-essere — che afferma che il non-essere non è; 3) quella dell'essere e del non-essere — che afferma che l'essere e il non-essere sono [10]; e, per quanto riguarda la seconda domanda, alcuni hanno visto una polemica antieraclitea [11], altri una polemica antipitagorica o antiionica [12], altri hanno negato che le vie siano effettivamente tre, vedendo nella terza (cioè nella seconda via sbagliata) nient'altro che un caso particolare della seconda [13]. Comunque, la lettura del frammento è complicata dal problema del giusto rapporto tra la *doxa* parmenidea (la cui conoscenza è dichiarata indispensabile in B 1.28-32 e la cui esposizione inizia in B 8.51 sgg.) e le vie, cioè i metodi della conoscenza di cui si parla in B 2 e B 6 [14]. Quella che è l'interpretazione a nostro avviso piú corretta del frammento la diamo nel paragrafo seguente; qui vogliamo solo negare — in base a quanto abbiamo detto finora — che si possa parlare di una via dell'«essere» e di una via del «non-essere»: in B 2 infatti si parlava soltanto di un metodo esistente e di uno inesistente, mentre nei primi due versi di questo frammento non c'è che la ripresa, la riaffermazione, il martellamento — se si vuole — di quel concetto già espresso in B 2.7-8 e B 3.

vv. 8-9. Anche in questi due versi non bisogna leggere il πέλειν e l'οὐκ εἶναι nel senso di un «essere» o di un «non-essere» astratti od ontologizzati. Chi ha voluto vedere in questi ultimi versi un accenno ad Eraclito od agli eraclitei ha attribuito a Parmenide questa stranezza: che mentre l'Eleata ha parlato finora di uomini « sordi e ciechi », τεθηπότες, ἄκριτα φῦλα — che sono tutti termini che stanno ad indicare un'incapacità di vedere, di capire, di distinguere, di giudicare, in una parola di cogliere quel che c'è di vero al di là dello « stordimento » che le cangianti esperienze possono provocare — ora attribuisca a quegli stessi uomini una dottrina dell'identità di essere e non-essere e di un cammino παλίντροπος, che sono concetti (forse eraclitei) tutt'altro che banali, o semplici e facili da conquistare. Si pensi appunto all'aristocratico senso di superiorità di Eraclito nei confronti di coloro che non riescono a sollevarsi alla dottrina del *logos*, di coloro che pur vedendo non vedono, pur udendo non odono. La realtà è che qui Parmenide non si riferisce affatto all'Efesio ed alla sua complessa dottrina, ma sta semplicemente continuando il suo discorso su questa gente che è incapace di giudicare (ἄκριτα φῦλα), *gente alla quale è completamente indifferente il problema della via*: ne scelgono una e poi l'abbandonano, accettano un metodo e poi lo negano; anzi, qualunque metodo essi scelgano, sono sempre pronti a stravolgerlo ed a percorrere in senso inverso la via che avevano deciso di intraprendere. Anche in B 6.8-9, dunque, il problema che si discute è ancora quello della scelta metodologica: un problema sul quale si ritornerà ancora (B 7) e che sarà chiuso soltanto in B 8.15-18.

3. LE « TRE VIE »

Il problema che dunque, finora, si è posto Parmenide è un problema di metodo: dopo un proemio riecheggiante lo stile epico, abbiamo l'enunciazione del programma del sapere e la discussione sulla via giusta da seguire, con l'indicazione del giusto metodo che permetterà di trarre, dalle disordinate esperienze senza rigorosa certezza degli uomini, una verità non contraddittoria, e quindi con l'esclusione di quegli altri metodi che tale fine non permettono di raggiungere. Seguirà poi l'esposizione di questo vero sapere. È ovvio che questo è lo *schema* dell'opera parmenidea, ed è altrettanto ovvio che nel corpo vivo del poema non è così linearmente — e semplicisticamente — seguito ed applicato come in una qualunque nostra lettura e ricostruzione. A parte la questione (che a nostro avviso non potrà mai essere risolta definitivamente) della collocazione dei vari frammenti, nel vivo dell'opera dell'Eleata i discorsi, gli interessi, le battute polemiche, come è evidente, si intrecciano e si complicano continuamente, ed è soltanto per comodità di studio e di esposizione — oltre che naturalmente per esigenza di sempre migliore comprensione — che ne tentiamo una individuazione ed una distinzione. È questa la ragione per la quale abbiamo spesso rimandato il paziente lettore alle pagine successive, laddove ci trovavamo di fronte ad accenni, ad enunciazioni a volte appena abbozzate nei luoghi di cui stavamo parlando, ma che sarebbero stati appunto ripresi e chiariti nel seguito del poema. Potrà essere questo — ce ne rendiamo ben conto — un modo di procedere forse, a volte, scomodo; ma, avendo scelto di commentare singolarmente i frammenti parmenidei, crediamo in questa maniera di non aver anticipato — nei limiti del possibile — alcuna conclusione prima che non fossero dati tutti i termini delle questioni che volta a volta ci trovavamo dinanzi.

Tornando al frammento 6, abbiamo detto che esso si occupa ancora prevalentemente del problema metodologico. Ora, per quanto riguarda le « vie » a cui Parmenide accenna, ci pare di poter stabilire che:

1) la via « che esiste e non può non esistere », il cammino di Πειθώ, che è il metodo di ricerca vero *perché* porta alla verità (B 2.3-4), non sarà indicato che in B 8. Vedremo che il metodo vero coincide con la verità, non perché Parmenide non sia cosciente della distinzione tra *metodo* e *oggetto* della esposizione [15], ma proprio perché il riconoscimento e l'esposizione della vera dottrina non può darsi attraverso quel metodo e non altri [16];

2) la via « che non esiste », che è impercorribile, è il

metodo che non rispecchia l'intrinseca necessità logica delle cose
(B 2.5). Il perché della sua inesistenza risulterà chiaro ancora
una volta da B 8. Intanto possiamo dire due cose:
    a) La seconda via di B 2 è impensabile e inesprimibile
(ἀνόητον, ἀνώνυμον: cfr. B 8.17), perché contraddice a tutti i
σήματα che caratterizzano la via vera e la rendono autentica
(ἐτήτυμον: B 8.18). In altre parole, è un metodo che non porta,
che non approda a nulla, che non dice la verità, quindi non
rispecchia τὸ ἐόν, quindi non può esistere. Abbiamo detto prima che Parmenide non si sofferma troppo a lungo sulle ragioni dell'esclusione di questa via; in B 8.17 si dirà che essa è
« impensabile ed inesprimibile »: diciamo ora che in effetti essa
non è suscettibile di maggiori determinazioni. Se ripensiamo
per un momento ai luoghi in cui la esclude (B 2.5: « l'altra
che non esiste e che è necessario logicamente che non esista »;
B 6.3: « da questa prima via di ricerca ti tengo lontano »;
B 7.2: « allontana i tuoi pensieri da questa via di ricerca »;
B 8.15-18: « si è deciso dunque, come era necessario, di lasciare una delle vie come impensabile e inesprimibile (non è
la vera via, infatti) »), ci rendiamo conto che Parmenide vuole
dire semplicemente che *non esiste un'altra via: il metodo che
raggiunge e che espone la verità è uno solo e non può essercene
un altro* [17].

    b) E infatti Parmenide enuncia a chiare lettere — ed è
il primo che lo faccia in maniera così esplicita ed in un linguaggio così secco ed essenziale — un principio che è sotteso
a buona parte del pensiero greco e che sarà poi assunto come
il postulato fondamentale del pensiero scientifico. È il principio, appunto, dell'identità della legge che regola la realtà con
quella che regola il pensiero che pensa la realtà, la convinzione
che il pensare si esprime sempre e necessariamente nei limiti
dell'essere. Le formulazioni di questo principio sono date in
B 2.7-8; B 3, B 6.1-2, B 7.1, B 8.8-9, B 8.34-36 [18]. Che cosa
comporta, allora, questo principio in rapporto al problema delle
vie? Niente altro, appunto, che: un metodo che non segua
l'ἐόν, che non soddisfi alle regole ed alle leggi che sono

proprie della realtà, è assolutamente impensabile e non può esistere. 3) Esiste una «terza» via da cui bisogna tenersi lontano. È quella indicata in B 6.4-9 e B 7.3-5. La maggioranza degli studiosi, nell'ottica di un Parmenide anticipatore *comunque* di Platone, padre del razionalismo moderno [19] o addirittura del «pensiero occidentale»[20], ha visto in questi versi la prova della condanna, da parte dell'Eleata, dell'esperienza sensibile in nome del νέος e del λόγος. In effetti qui non si stanno condannando le δόξαι βροτῶν in quanto tali. Se è vero che nel programma dell'εἰδὼς φώς rientravano necessariamente anche il giusto valore da dare alle esperienze degli uomini, nelle quali non si ritrova immediatamente quella πίστις ἀληθής propria del «fondo immutabile della verità senza contraddizioni»[21], se è vero cioè che le esperienze degli uomini sono parte indispensabile del programma del sapere e quindi della costruzione della verità: questi versi allora non significano una «condanna delle sensazioni», bensì la condanna del loro uso non appropriato. Non la svalutazione dell'esperienza sensibile, bensì la critica dell'incapacità a sfruttarla ed organizzarla; non l'esaltazione del νόος contrapposto alla δόξα, bensì la critica del νόος che non è capace di giudicare le δόξαι.

E infatti in B 6 si parla non di filosofi o di dottrine filosofiche particolari, ma di uomini εἰδότες οὐδέν, che vanno errando (πλάττονται), che si lasciano trascinare (φοροῦνται) dalle proprie sensazioni senza saperne cogliere il senso e senza saperle ordinare; sordi e ciechi non perché non odano o non vedano ma perché non sanno ciò che sentono o vedono; sono come smarriti, frastornati (τεθηπότες) dalla molteplicità e dal variare delle sensazioni. Questo stordimento di fronte alle proprie esperienze, questa incapacità (ἀμηχανίη) ad organizzarle fa sì che la loro mente non ritrovi il filo, il senso di ciò che vedono e sentono e dicono, e se ne vada quasi errando (πλακτός) dietro al loro fluire e alla loro contradditorietà, per cui affermano contemporaneamente cose diverse, si pongono contemporaneamente scopi opposti (δίκρανοι): in una parola sono assolutamente incapaci di giudicare il mondo nel quale vivono (ἄκριτα φῦλα). Che si tratti di un cattivo uso dei propri sensi e non di una loro condanna è confermato da B 7.3-5, dove si mette in guardia dall'abitudine che può derivare dall'adagiarsi nella credenza nei dati immediati dell'esperienza e quindi dall'acquistare quell'atteggiamento dispersivo ed infruttuoso (ἔθος πολύπειρον) che consiste appunto nel far uso dei propri occhi, ma senza vedere, delle proprie orecchie, ma senza udire altro che semplici rumori, della propria lingua, ma senza dire altro che vuote parole (νωμᾶν ἄσκοπον ὄμμα καὶ ἠχήεσσαν ἀκουήν/καὶ γλῶσσαν).

L'incertezza, l'incapacità di giudizio, cioè di connessione, di sistemazione, fa sì che questi uomini non si pongano il problema della ὁδός; per loro quindi una via vale l'altra, un qualunque metodo può essere vero, come può essere vero il suo παλίντροπος κέλευθος (B 6.8-9). A rigore, il loro, piú che una ὁδός, è un ἔθος, un atteggiamento, un modo di comportarsi caratterizzato appunto dall'assenza di qualunque metodo, dalla rinuncia a qualunque scelta.

4. Concludendo

In conclusione, possiamo dire che anche in B 6 non appare affatto la problematica dell'« essere che è » e del « non essere che non è ». Il frammento, insieme a B 2 e B 3, ci dice chiaramente che esiste un solo metodo per scoprire l'essere, perché le altre vie o non esistono affatto *come metodo* o costituiscono semplicemente l'abitudine comoda ad adagiarsi nelle esperienze di tutti i giorni e quindi in definitiva la rinuncia a scoprire la verità, e cioè a conoscere la realtà. A scoprire, abbiamo detto, e non a creare, perché (come in B 2.7-8 e B 6.1-2 è anticipato e come in B 8 sarà riaffermato) il pensiero non crea — nemmeno gnoseologicamente — l'essere: è al contrario l'esistenza della realtà a costituire la condizione e la possibilità del pensiero, che solo soggiacendo alle leggi di quella — leggi che sono anche le proprie — è sicuro di conquistare la verità dell'essere.

Ma vorremmo sottolineare qui un altro elemento, che ci sembra costituire veramente la grandezza e l'originalità di Parmenide sullo sfondo della prima filosofia greca. La grande scoperta e in fondo la novità dell'Eleata nei confronti della cultura ionica e pitagorica consiste a nostro avviso nell'*aver individuato e posto in primo piano il problema del metodo*: senza un preciso metodo che ci permetta di osservare, di connettere, giudicare, capire, esprimere, il nostro νόος rimarrebbe sempre πλακτός, e noi rimarremmo sempre incapaci di κρίνειν λόγωι. Se vuole raggiungere la verità, l'uomo deve essere in grado di conquistare la ὁδός ἀληθής che, sola, a quella può guidarlo. L'esigenza metodologica è fortemente presente in Parmenide, che infatti con piena coscienza la affronta, la chiarisce, vi ritorna a più riprese [22]: in essa consiste il grande insegnamento di Parmenide e la prima consapevole rivendicazione, nel pensiero greco, della scientificità dell'analisi filosofica.

B 5 - B 4

1. Tra metodo e dottrina

Con questi due frammenti si avvia alla conclusione la parte programmatico-metodologica del Poema. Noi preferiamo leggere B 5 prima di B 4, dal momento che in questo secondo frammento vediamo una spiegazione, una giustificazione — se non proprio una dimostrazione — dell'affermazione contenuta nel primo. Che del resto B 5 contenga ancora una osservazione metodica e un chiarimento programmatico fu sostenuto già dal Reinhardt [1].

Come abbiamo già accennato, B 5 e B 4 dovevano appartenere ad un contesto relativamente piú ampio che si inseriva tra il discorso delle « vie », cioè piú propriamente metodologico (al quale essi sono collegati), e l'esposizione della dottrina della verità che si avrà in B 8 (alla quale essi rimandano con l'anticipazione del concetto della connessione fra tutti gli aspetti della realtà); non costituisce infatti un ostacolo a questa loro collocazione il fatto che in B 7 si condanni ancora il cattivo uso delle sensazioni come in B 6, dal momento che tutta l'esposizione parmenidea non procede secondo uno schema rigidamente preordinato, ma è fatta di continue anticipazioni, ripetizioni e richiami [2].

B 5.1: ξυνόν. È lo stesso, uguale, indifferente il punto di partenza. ξυνός è un termine caro ad Eraclito (cfr. DK 22 B 114; 2; 103; 113; 89), ed il Loew ha accostato infatti questo frammento al λόγος ξυνός dell'Efesio[3]. In un senso «politico» il termine ritornerà poi in Democrito[4]. Sui rapporti fra Parmenide ed Eraclito diremo fra poco.

B 5.2: ἵξομαι. «Anche qui l'idea di 'via' è implicita»[5].

B 4.1: ἀπεόντα νόωι παρεόντα. Il verso può essere — ed è stato — variamente tradotto a seconda dell'interpretazione generale che si dà della filosofia di Parmenide ed in particolare di questi tre termini. A nostro avviso, queste cose lontane che divengono sicuramente (βεβαίως)[6] vicine per opera della mente non stanno tanto ad indicare una «opposizione» tra i sensi e la mente, cioè una radicale estraneità dell'esperienza sensibile al discorso razionale, quanto una necessaria «continuità» tra i due campi. Chi si affida infatti *soltanto* alle testimonianze dell'occhio e dell'orecchio e non riesce a coordinarle, a sistemarle, rimane in quella situazione di incapacità (ἀμηχανίη), di stordimento (τεθηπότες), che invece viene superata da chi riesce con il νόος a connettere *quelle* testimonianze in un κόσμος ben ordinato. Che si tratti sempre della *stessa* realtà oggetto della rappresentazione sensibile e del discorso razionale, è provato dal fatto che ciò che è lontano sono *enti* reali tanto quanto quelli che divengono vicini, anzi sono *gli stessi* enti che da lontani divengono vicini, ed inoltre dal fatto che ciò che il νόος fa non è che il connettere ἐόν ad ἐόν e non distinguere o separare «essere» da «non essere»[7].

B 4.1: νόωι. In genere si traduce con «mente» o «pensiero». Altri esempi di traduzioni, che non crediamo però consone né alla impostazione generale del pensiero di Parmenide, né all'atmosfera culturale del suo tempo, sono quelle offerte dal Colli, che rende con «interiorità»[8], dall'Untersteiner, che rende con «intuizione»[9], dallo Heitsch, che rende con «Vernunft»[10]. Se le parole hanno un significato, uno spessore culturale che può e deve essere scandagliato non solo verticalmente, ma anche orizzontalmente, cioè nel senso del divenire e dell'acquisire nel processo storico, questi termini in effetti introducono sensi e sottintesi difficilmente riscontrabili, a nostro avviso, nella prospettiva parmenidea. Nella quale, come non si può riscontrare una dialettica esteriorità-interiorità, così non si può scorgere il senso di un rapporto tra il discorso logico-razionale e l'atto intuitivo. Che quest'ultimo possa essere un atteggiamento che permette di cogliere in un sol colpo, con un solo *Augenblick* spirituale una realtà che è stata percorsa analizzata indagata in ogni suo aspetto dal discorso logico, e che questa intuizione possa essere un qualcosa di superiore alla ragione ma non a-razionale, è un fatto che certo non si può negare e che del resto si riscontra nelle dottrine di piú di un pensatore; ma che a Parmenide si possa attribuire, anche solo col semplice uso di questi termini, la scoperta o la coscienza del rapporto intuizione-discorso, crediamo non possa essere fatto. Nell'Eleata in effetti c'è la scoperta del rapporto tra δόξαι e νόος, ma quest'ultimo opera proprio attraverso un connettere sistematicamente (κατὰ κόσμον: B 4.3), un esaminare ed un analizzare, un giudicare attraverso argomentazioni polemiche (κρῖναι δὲ λόγωι πολύδηριν ἔλεγχον: B 7.5): oltre questo tipo di attività conoscitiva, non crediamo si possano individuare nei versi parmenidei le tracce di una attività intuitiva.

B 4.2: ἀποτμήξει. Secondo Gomperz il soggetto è il « vuoto » o « non-essere », ed il passo acquista una grande importanza storica perché, testimoniando una polemica antipitagorica, ci prova come l'assunzione dell'esistenza di uno spazio vuoto avesse superato fin da quel tempo una forma rudimentale per raggiungere la sua forma matura di una distinzione « fra uno spazio omogeneo e continuo, vuoto di un contenuto corporeo, e quegli spazi interstiziali che esistono invece entro i corpi stessi »[11]. Altri pensano al νόος del verso precedente come soggetto[12], o al neutro παρεόντα[13], o a τὸ ἐόν[14]; altri infine, forse piú opportunamente, hanno corretto la terza in seconda persona, mettendo il verbo in collegamento con il λεῦσσε del verso precedente[15].

B 4.3-4. Anche in questi versi è stata vista una polemica contro dottrine di altri filosofi: la fisica dei pitagorici, o quella ionica (in particolare di Anassimene, con il ciclo di condensazione e rarefazione dell' ἀήρ), o la dottrina di Eraclito [16]. Secondo noi i versi indicano innanzi tutto ciò che non può piú esser fatto, una volta che sia stato abbandonato il campo dell'*immediatezza* delle esperienze e che sia stato accettato il punto di vista del νόος: non si possono piú considerare i singoli aspetti della realtà, gli ὄντα, separandoli l'uno dall'altro, né rompendo la connessione sistematica che — νόωι — li lega, né costituendo un singolo aspetto indipendentemente dal rapporto che lo lega agli altri. Il frammento ha, come dicevamo prima, ancora un carattere metodologico: e quanto viene detto qui giustifica appunto quanto Parmenide aveva affermato poco prima in B 5, sull'indifferenza del punto di partenza, dal momento che il discorso razionale sulla realtà è un discorso che — da qualunque aspetto cominci — investe sempre *tutti* gli aspetti della realtà, cioè la loro necessaria correlazione, e non li isola l'uno dall'altro come avviene nell' ἔθος πολύπειρον.

2. La ripresa di un discorso: esperienza e scienza

Con B 5 e B 4 possiamo ormai intendere il senso del nesso che lega la δόξα all' ἀλήθεια e cioè il campo delle esperienze degli uomini a quello del discorso scientifico, del « senso comune » alla « scienza ». Che non vi sia una *opposizione* tra i due campi, l'abbiamo già visto commentando gli ultimi versi del frammento 1; che vi sia una *continuità* tra δόξαι e discorso legato al νόος, lo possiamo affermare ora, dopo la lettura di questi frammenti. Innanzi tutto in essi leggiamo una superiorità del discorso logico sull'esperienza sensibile. Questa superiorità è data dal fatto che laddove l'esperienza di tutti i giorni ci pone di fronte ad una frammentarietà, ad una molteplicità frantumata di fatti, e non ci permette di scorgere altro che questa molteplicità e questa frammentarietà, il discorso scientifico ci fa cogliere invece una relazione, una unità. Ci permette cioè di scorgere il nesso profondo che unisce aspetti della realtà spesso in apparenza antitetici, «lontani» (ἀπεόντα), ce ne fa vedere il legame dialettico, trova ed evidenzia il λόγος unificatore della disorganica ed apparentemente contraddittoria esperienza immediata. La funzione del νόος è dunque quella di rendere «vicini» (παρεόντα) gli ἀπεόντα: *il fatto importante è che sia gli oggetti immediati della nostra esperienza, sia gli oggetti del nostro discorso scientifico, siano degli* ὄντα, *cioè degli aspetti reali*, aspetti che si pongono — anche se, ovviamente, in misura e con caratteristiche diverse — tutti sul piano della realtà e non appartengono invece gli uni al piano del μὴ ἐόν (opinione, falsità, non essere) e gli altri a quello dell'ἐόν (certezza, verità, essere). Sono proprio quegli stessi ὄντα che la δόξα non riesce a cogliere che nella loro distinzione ed opposizione, ad apparire viceversa saldamente, sicuramente uniti, dialetticamente uniti se visti con l'occhio del νόος.

Che non vi sia allora una contrapposizione del processo delle esperienze sensibili a quello del discorso razionale [17], e quindi un privilegiamento di quest'ultimo *in contrasto* con il primo, è un discorso che Parmenide ha iniziato verso la fine del primo frammento, che continua in questo quarto e che concluderà in B 8.50 sgg. Mentre rimandiamo quindi il discorso al commento di questi ultimi versi, possiamo ora riconsiderare — da questa prospettiva — i vv. 28-32 di B 1. Qui ci troviamo di fronte a due affermazioni distinte che corrispondono a due atteggiamenti confluenti nel vero «filosofo». La prima (χρεὼ δέ σε ... πίστις ἀληθής) ribadisce che la sua esperienza deve essere la piú vasta possibile e non deve chiudersi in un aristocratico disdegno per tutto ciò che non rientri nel quadro, che spesso è un quadro «ritagliato» artificiosamente nel campo del sapere, delle sue competenze. È necessario, infatti, che egli si sforzi di conoscere πάντα; e il fatto che ci sia una distinzione tra la verità e ciò che verità non è, tra ἀλήθεια e βροτῶν δόξαι, ma che ambedue siano necessarie a rendere l'uomo εἰδώς, non può che rendere piú esplicito il fatto che i due aspetti siano strettamente e dialetticamente collegati. « Quello che è importante è rendersi conto che in Parmenide la *Verità* e l'*Opinione* dicono la stessa cosa da un punto di vista reciproco e in modo tale che ciò che dice la *Verità* è necessario a ciò che dice l'*Opinione* e viceversa »[18].

Il secondo momento, il secondo atteggiamento (ἀλλ'ἔμ-πης ... περῶντα) consiste nel dovere che ha il filosofo-scienziato di dare un giusto valore, una giusta collocazione (ὡς ... εἶναι) a τὰ δοκοῦντα, indagando in tutti i sensi tutti gli aspetti della realtà. Dopo aver affermato la netta distinzione che esiste e deve esistere tra la verità e le esperienze comuni, Parmenide qui sente la necessità di chiarire che il campo d'indagine della ricerca scientifica è pur sempre dato, e non potrebbe essere altrimenti, dalle esperienze degli uomini. Si tratta appunto — e qui nasce la differenza tra colui che si solleva all' ἀλήθεια e colui che rimane impigliato nel mondo delle βροτῶν δόξαι — di dare alle esperienze, tramite il νόος, il loro giusto valore, di integrarle, analizzarle, approfondirle, unificarle (= renderle παρεόντα): in una parola sollevarsi dal « senso comune » alla « scienza ». Ecco perché i due atteggiamenti si richiamano l'un l'altro e non sono contraddittori. È ovvio che una cosa è ἀλήθεια ed altra è δόξα; ma se la prima è distinta dalla seconda, è pur sempre partendo da questa che essa viene costruita. In B 6 e in B 7, infatti, quando si condannano gli uomini che soggiacciono alle proprie esperienze particolari e divengono così sordi e ciechi, non si condannano quindi le esperienze, ma solo coloro che non sanno usare dei propri sensi, che sono distratti dalla sensibilità invece di sfruttarla trasformandola in scienza, che sono trascinati dal fluire delle sensazioni invece di trovarne la concatenazione necessaria e di scoprirne la ragione e il significato attraverso la via del κρίνειν λόγωι.

3. Osservazioni (anche di metodo) sul senso di un rapporto

Se guardiamo da questa prospettiva, sfuma allora l'immagine di un Parmenide *im Kampfe gegen Heraklit*; al contrario, si scorgeranno numerosi punti in comune tra le impostazioni programmatiche dei due filosofi, se non tra le loro dottrine. Abbiamo già accennato alla questione dei rapporti tra i due pensatori [19]; noi crediamo che non si possa stabilire con esattezza se uno dei due fosse più anziano dell'altro e se il più giovane l'avesse conosciuto e ne avesse subito l'influsso. Crediamo però che si possano e si debbano considerare molto più vicini di quanto le immagini tradizionali del «filosofo dell'essere» e del «filosofo del divenire» permettano di supporre [20]. In una parola, siamo convinti, da un lato, della impossibilità di poter risolvere con sicurezza la questione della data di pubblicazione degli scritti di Parmenide e di Eraclito; dall'altro lato della autonomia del processo spirituale in base al quale essi sono giunti all'elaborazione delle proprie dottrine (che quindi debbono essere considerate indipendenti l'una dall'altra); e infine, quindi, della possibilità di riscontrare tra i due filosofi delle analogie che debbono però essere ricercate più su di un piano generale di impostazione programmatica e di atteggiamento culturale che su di un piano di riferimenti e di dipendenze puntuali, a volta addirittura di espressioni o di singoli termini. Quest'ultima via in effetti è stata già tentata, e basti pensare soltanto ai classici lavori, che più volte abbiamo citato, del Diels e del Patin. Ai quali, se ci è permesso fare una critica, è da rimproverare proprio questa ricerca esasperata dell'analogia a tutti i costi, vista anche nella semplice ripetizione di un termine: basti pensare, per fare un solo esempio, al rapporto che il Diels crede di vedere tra l' ὄνομα del B 8 parmenideo e l' ὀνομάζεται del B 67 eracliteo, dove — a parte il termine — non v'è alcun elemento comune né per quanto riguarda il contesto culturale sul cui sfondo quei frammenti si collocano, né il contenuto specifico dei due discorsi. (Con questo metodo potrebbe essere legittimato ogni tipo di « rapporto » tra tutti quelli che abbiano parlato di filosofia o, addirittura, anche semplicemente che abbiano parlato). Ma neanche le conclusioni cui giungono questi studiosi, come quelli che riprendono le loro tesi, possono dirsi sicuramente provate dalla lunga serie di riferimenti che essi istaurano: questi provano infatti soltanto che — in linea generale od anche in alcuni particolari — v'è un certo rapporto. Che questo rapporto sia un rapporto di dipendenza polemica, crediamo sia alquanto difficile sostenerlo (e presumiamo, in questo nostro saggio, di darne alcune dimostrazioni); che, una volta stabilito, esso sia suscettibile di venire capovolto, come pure, e con non meno buone osservazioni, è stato fatto, crediamo sia un'altra prova dell'impossibilità di giungere in quest'ottica della « dipendenza » ad una soluzione chiara e soddisfacente.

Piú pericoloso ancora crediamo sia il metodo di stabilire una « precedenza » tra le due dottrine dopo di avere stabilito — piú o meno a priori — uno schema di processo dialettico del pensiero. Da questo punto di vista si parte col presupporre che una dottrina degli opposti inconciliabili debba venir prima di quella della conciliazione degli ἐναντία, o che il principio dell'immobilità sia — almeno logicamente — anteriore a quello del movimento, e si conclude che Parmenide ha pensato prima di Eraclito. Caratteristiche, per questa tesi, le argomentazioni di un Reinhardt e piú ancora di uno Szabò, delle quali anche abbiamo riferito; ma un simile metodo si basa sul presupposto, insostenibile anche se non dichiarato, di uno sviluppo del pensiero completamente avulso dalle esigenze, dagli interessi, dai condizionamenti culturali dell'ambiente storico *nel quale* gli uomini, siano pure dei pensatori, vivono ed agiscono: si basa cioè sul presupposto di una vita delle idee che si svolge *sulla* e non *nella* testa degli uomini che le pensano e le vivono e le dibattono.

Concludendo, se non possiamo dare una risposta chiara alla questione delle date, se non possiamo ragionevolmente supporre che Parmenide ed Eraclito si siano conosciuti pur essendo contemporanei, ci pare piú corretto anche da un punto di vista metodologico ammettere che, se rapporti vi sono tra le due dottrine, questi sono dovuti al raggiungimento di certe conclusioni o all'assunzione di un certo atteggiamento che sono il frutto di un'elaborazione autonoma ed indipendente; e che, se polemica c'è nelle opere dei due filosofi, questa non può essere diretta contro le dottrine di colui che veniva fatto passare indiscussamente per il piú naturale bersaglio.

Naturalmente non possiamo in questa sede neanche tentare di delineare la complessità dei rapporti che legano Parmenide ad Eraclito. Ci limitiamo perciò a sottolineare un solo aspetto del loro comune atteggiamento nei confronti della vera sapienza e della funzione del νόος. Nei frammenti 6, 5, 4 e 7 abbiamo visto che Parmenide ha condannato una certa prospettiva dalla quale generalmente gli uomini guardano alla realtà che li circonda e nel contempo ha delineato le caratteristiche e l'efficacia del vero metodo d'indagine. Ebbene, questo atteggiamento di Parmenide è esattamente lo stesso che assume Eraclito.

In B 5 Parmenide ha detto che è ξυνόν il punto dal quale iniziare la ricerca, perché è proprio compito del νόος considerare παρεόντα gli ἀπεόντα (B 4). Anche in Eraclito troviamo questo stesso termine (ξυνός) e con un significato pregnante. Esso infatti per l'Efesio non significa soltanto ciò che è « comune » o « uguale », ma sta ad indicare anche la caratteristica fondamentale del pensare. « È necessario che coloro che parlano adoperando la mente (ξὺν νόωι) si basino su ciò che è comune a tutti (τῶι ξυνῶι πάντων)»[21]; « Il pensare è a tutti comune (ξυνόν ἐστι πᾶσι τὸ φρονέειν)»[22]; « Unico e comune è il mondo (ἕνα καὶ κοινὸν κόσμον) per coloro che son desti »[23]; « Bisogna dunque seguire ciò che è comune (τῶι ξυνῶι). Ma pur essendo questo logos comune (τοῦ λόγου δ' ἐόντος ξυνοῦ), la maggior parte degli uomini vivono come se avessero una loro propria e particolare saggezza (ἰδίαν φρόνησιν) »[24]. ξυνόν dunque non solo è uguale a κοινός, ma significa proprio *il fare un buon uso della mente*, il φρονέειν ξὺν νόωι. Ed anche se tutti gli uomini hanno la possibilità, la potenzialità potremmo dire, di pensare, di «accomunarsi» agli altri pensando (DK 22 B 113), la maggior parte di loro preferisce rinchiudersi nel proprio «mondo privato», nell'orizzonte circoscritto e limitato della propria particolare ed esclusiva «sapienza»[25]. La conseguenza di questo loro rinchiudersi ed isolarsi, di questa loro rinuncia ad usare il νόος, è appunto la rinuncia a partecipare del mondo «comune», cioè del mondo dell'intelligenza, della verità, è cioè la situazione di chi pur vivendo, agendo, parlando, non si rende conto di vivere agire parlare *al di fuori* della verità. Ma come per Parmenide, anche per Eraclito questo mondo reale, concreto, «fisico», non è il mondo dell'errore e della falsità al quale si contrappone il mondo della verità costruita indipendentemente da esso: non c'è il piano del «fisico» — errore — al quale si contrappone il piano del «meta/fisico» — verità —. Come per Parmenide, anche per Eraclito *la conquista della verità è proprio la ri-conquista del mondo reale*, del mondo nel quale viviamo la nostra vita quotidiana; non è la rinuncia a queste cose nelle quali ci imbattiamo ogni giorno, ma proprio la loro riscoperta, la ricerca del loro senso, la proclamazione di quel «logos che è sempre» e che nella «fretta» della nostra vita d'ogni giorno non riconosciamo pur avendolo sotto gli occhi.

I frammenti sono chiari: «Di questo logos che è sempre gli uomini non hanno intelligenza, sia prima di averlo ascoltato sia subito dopo averlo ascoltato; benché infatti tutte le cose accadano secondo questo logos, essi assomigliano a persone inesperte... Ma agli altri uomini rimane celato ciò che fanno da svegli, allo stesso modo che non sono coscienti di ciò che fanno dormendo»[26]. «La maggior parte degli uomini non intendono tali cose, quanti in esse s'imbattono, e neppure apprendendole le conoscono, pur se ad essi sembra»[27]. «Da questo logos, con il quale soprattutto continuamente sono in rapporto e che governa tutte le cose, essi discordano e le cose in cui ogni giorno si imbattono essi le considerano estranee»[28].

Questa incapacità di «riconoscere», di *intus legere* nelle cose in cui ci si imbatte e di scorgere quella legge universale, quel *logos* che governa tutte le cose (τὰ ὅλα διοικεῖ), rende appunto gli uomini ἀξύνετοι (DK 22 B 1), cioè da un lato li isola l'uno dall'altro nella propria ἰδίη φρόνησις (DK 22 B 2), dall'altro preclude loro l'intendere, il capire il senso profondo della loro stessa vita (DK 22 B 17, B 1). E proprio come per Parmenide, anche per Eraclito questo avviene non perché i loro organi di senso siano menomati (o semplicemente perché si servono degli organi di senso invece di ripudiarli affidandosi esclusivamente alla ragione), ma proprio perché essi *non sanno usare correttamente dei propri sensi*. Questi uomini sono infatti « incapaci e di ascoltare e di parlare (ἀκοῦσαι οὐκ ἐπιστάμενοι οὐδ' εἰπεῖν) » [29]. « Assomigliano a sordi coloro che, anche dopo aver ascoltato, non comprendono (ἀξύνετοι ἀκούσαντες κωφοῖσιν ἐοίκασι); di loro il proverbio testimonia: ' presenti, essi sono assenti (παρεόντας ἀπεῖναι) ' » [30]. « Qual'è infatti la loro mente e la loro intelligenza (τὶς γὰρ αὐτῶν νόος ἢ φρήν;)? danno retta agli aedi popolari e si valgono della folla come maestra » [31]. Anche qui non c'è la condanna dei sensi, ma di coloro che non sanno, che non hanno l'arte e la scienza (sono perciò οὐκ ἐπιστάμενοι) di ascoltare e di parlare, di coloro che, ἀκούσαντες, rimangono poi sempre ἀξύνετοι, di coloro che si affidano alle opinioni comuni, alla facile e comoda acquiescenza alle credenze di tutti invece di usare del proprio νόος. Esattamente nello stesso senso, Parmenide criticava quell' ἀμηχανίη che rendeva κωφοί e insieme τυφλοί, rivendicava l'uso di quel νόος che rendeva le cose παρεόντα, invitava a non mescolarsi alla massa della gente incapace di giudicare e di capire e cioè ai βροτοὶ δίκρανοι ed all' ἄκριτα φῦλα [32].

Parmenide ed Eraclito quindi non rappresentano i due poli opposti dell'atteggiamento dell'uomo nei confronti della realtà, non rappresentano due concezioni antitetiche ed irriducibili, ma sono accomunati dallo stesso impegno a costruire la vera scienza, la vera filosofia. Per l'uno come per l'altro la saggezza, la verità, consiste nel cogliere quella legge universale che si cela nella frammentarietà delle esperienze dei singoli, quelle esperienze che « addormentano » gli uomini incapaci di sollevarsi al di sopra del loro ristretto orizzonte. La verità è appunto il cogliere quel λόγος ξυνός — quella legge universale — che è *dialetticamente* contrapposta ai λόγοι individuali, particolari, in cui si rinchiudono gli uomini. Il λόγος cui mira Eraclito, che è la legge universale e dialettica del divenire e dell'essere di tutte le cose e che quindi ne esprime il senso profondo, è precisamente anche il fine dell'attività teoretica del νόος di cui parla Parmenide.

B 7 - B 8

1. Il discorso su ciò che è

Inizia con B 8 [1] la parte espositiva del poema. Per essere piú esatti, inizia quel πιστὸς λόγος ἀμφὶς ἀληθείης che si concluderà in B 8.50-51, un *logos* fatto e di argomentazioni polemiche e di affermazioni positive che in effetti era già iniziato in B 1.28-32: vogliamo dire che nel discorso parmenideo non si possono fare tagli netti e quindi separare il piano metodologico da quello espositivo, il piano logico da quello scientifico. Se in B 8 noi troviamo quindi l'esposizione dei σήματα che riguardano l' ἐόν, questa esposizione è pur sempre legata ancora al discorso sulla ἀληθὴς ὁδός (vv. 15-18), a principi logico-ontologici, ad intuizioni cosmologiche.

Generalmente si dice che il discorso di Parmenide riguarda l'«essere», e di questo «essere» si danno varie interpretazioni, in collegamento naturalmente alla questione del rapporto ἀλήθεια-δόξα [2]. Noi abbiamo tradotto sempre τὸ ἐόν del testo con «ciò che è» [3], convinti che Parmenide intenda con quel termine riferirsi proprio al mondo reale e concreto, e non con «essere», termine che potrebbe risultare ambiguo per la sua polivalenza. Con ciò non vogliamo dire che il discorso di B 8 sia un discorso sulle «cose», sui fenomeni presi nella loro singolarità; al contrario, è un discorso che riguarda sì la realtà, ma non nel senso che ne descrive gli aspetti, non nel senso che si sofferma sulle esperienze particolari che di essa si possono fare e si fanno, bensì nel senso che di quelle esperienze (di τὰ ἐόντα, delle δόξαι) vuole raggiungere una visione che sia corretta, vuole ricercare il fondamento, il principio semplice, in una parola ne vuole ricercare la verità. E questa verità è possibile trovarla solo se si costruisce, in una « rigorosa immaginazione astratta », in un processo di astrazione e di rigorosa formalizzazione logico-linguistica, un πιστὸς λόγος su « ciò che è », ossia su ciò che dà ragione delle esperienze immediate, non negandole ma trovando il fondamento della loro verità.

« Ciò che è », dunque, è il mondo, è la realtà considerata nella sua unità e nella sua totalità. Considerato da questo punto di vista, « ciò che è » è ingenerato e indistruttibile (ἀγένητον καὶ ἀνώλεθρον); se è totalità, come tale non può che essere immutabile (ἀτρεμές), non può avere fini cui tendere (ἀτέλεστον), dal momento che è uno e continuo (ἕν, συνεχές). Non ha passato né futuro, ma è solo presente (νῦν); né è concepibile una sua nascita o un suo accrescimento, perché fuori di esso c'è solo μὴ ἐόν, cioè nulla. Esso dunque necessariamente esiste in senso assoluto (πάμπαν πελέναι χρεών ἐστιν): non nasce né muore. È tutto uguale (πᾶν ὁμοῖον) a se stesso, perché esprime l'esistenza nel senso piú pieno (πᾶν δ' ἔμπλεόν ἐστιν ἐόντος). I processi di nascita e morte gli sono estranei, per cui rimane sempre uguale a se stesso, e quindi è immobile (ἀκίνητον) e non incompiuto (οὐκ ἀτελεύτητον) e non manca di nulla (οὐκ ἐπιδευές). E se è vero che il pensare in tanto ha valore in quanto rispecchia l'essere, se è vero che il pensiero deve esprimersi sempre nei limiti della realtà, non possono essere veri quindi quei nomi — come nascere e morire, cambiar luogo o mutare colore — che gli uomini attribuiscono all' ἐόν: quei nomi, che sono veri se rispecchiano la realtà dei molteplici e cangianti fenomeni, le singole esperienze che gli uomini fanno nella loro vita d'ogni giorno, non sono piú veri se attribuiti al « ciò che è », cioè alla realtà pensata nella sua totalità, come fondamento e principio di tutte le cose. Questa realtà una e totale è altresí sferica, è un universo nel quale non è possibile fare tagli e separazioni, perché è tutta omogenea (ὁμόν), perché non è possibile pensare a parti di essa che siano « piú reali » di altre, perché essa sta sempre in modo eguale nei suoi limiti (πάντοθεν ἶσον, ὁμῶς ἐν πείρασι κύρει). Con ciò si interrompe il discorso certo sulla verità (πιστὸν λόγον ... ἀμφὶς ἀληθείης); quel discorso, appunto, senza del quale non è possibile dare il giusto valore alle esperienze umane (δόξαι), senza del quale non è possibile costruire un ordinamento dei fenomeni (διάκοσμος) che sia ragionevolmente verosimile (ἐοιχώς).

2. NÉ NASCITA NÉ MORTE

v. 2: σήματα. Sono stati intesi come gli attributi, le caratteristiche dell'essere parmenideo [4], o le proprietà dell'essere [5], le determinazioni dell'essere [6], le «connotazioni ontologiche di ciò che è pensato e conosciuto» [7], o ancora i «simboli verbali» [8]. Non crediamo che si possa dire che essi sono «tutti negativi», pensati sotto l'aspetto della negazione [9], dal momento che di τὸ ἐόν viene predicato anche, positivamente [10], il suo essere οὐλομελές (B 8.4) e οὖλον (B 8.38), ὁμοῦ πᾶν (B 8.5), ἕν (B 8.6), συνεχές (B 8.6, 25), ταὐτόν (B 8.29), ὁμοῖον (B 8.22) e ὁμόν (B 8.47), ἔμπεδον (B 8.30), τετελεσμένον (B 8.42), ἶσον (B 8.49). Né crediamo che si possa parlare dei σήματα come dei «momenti ideali di una metafisica negativa, mistico preludio all'estatica contemplazione del nume» [11], sia perché, mai come in questo frammento, le dimostrazioni e le giustificazioni si susseguono in un incalzare di argomentazioni rigorosamente razionali e non in un'atmosfera mistica, sia perché la ὁδός i cui σήματα si vanno esponendo non porta affatto ad una contemplazione estatica della divinità, ma all'affermazione dell' ἀλήθεια (B 8.50-51). I «segni» sono quindi le connotazioni che si trovano sull'unica via che si può seguire, che è la via vera, che porta alla verità e che parla di τὸ ἐόν. Questi segni sono in relazione all'assunzione prima e fondamentale dell' ἐόν come ἀγένητον ed ἀνώλεθρον [12].

v. 4: οὐλομελές. Questa lezione è data da Plutarco (*adv. Col.* 1114 c) e da Proclo (*in Parm.* 1152,24). Simplicio (*phys.* 145,4), Clemente (*strom.* V, 113), Filipono (*phys.* 65,7) hanno invece οὖλον μουνογενές, mentre lo pseudo-Plutarco di *strom.* 5 ha μοῦνον μουνογενές. Simplicio tuttavia, in *phys.* 137,16, riferendosi all'uno di Parmenide lo chiama οὐλομελές. Quest'ultima lezione, sulla base delle argomentazioni del Diels, che notava come μουνογενές (= unigenito) sarebbe in contraddizione con l'« ingenerato » del verso precedente, argomentazioni accettate dal Kranz, si trova ora in DK I, p. 235 [13]. Oggi alcuni studiosi tendono a riproporre la lezione di Simplicio e Clemente [14]; noi crediamo tuttavia che quella consacrata dal Diels-Kranz sia ancora accettabile, nonostante le critiche che le sono state rivolte. In effetti l'idea espressa da οὐλομελές è quella della eguaglianza in tutte le sue parti, dell'omogeneità totale che non sopporta al suo interno parti che esprimano minore « realtà » delle altre: il concetto è confermato infatti da B 8.22, 8.38, 8.47 e 8.49. Inoltre che sia un tutto, la cui omogeneità risulta dalla omogeneità delle parti che lo costituiscono, non ci sembra che siano due concetti contraddittori; mentre sostenere che « ciò che è » è μουνογενές, nel verso immediatamente successivo a quello nel quale lo si è dichiarato ἀγένητον, ci sembra francamente piú difficile [15].

v. 4: ἠδ' ἀτέλεστον. Questo concetto è sembrato ad alcuni studiosi in contraddizione con le affermazioni di B 8.32 e 42-43, dove si parla della « finitezza » e dei « limiti » di τὸ ἐόν [16]. In effetti tutto il contesto richiede proprio quella lezione, dal momento che τὸ ἐόν « è ingenerato e imperituro *perché* è tutto intero e non deve svilupparsi, e non ha un punto finale a cui debba giungere per essere compiuto »: è solo nel verso seguente che « quest'idea viene sviluppata in senso temporale » [17].

v. 5. Questo verso esprime il fatto che alla realtà, intesa come assoluta totalità, non è applicabile il metro del tempo. Tra le varie interpretazioni, piú corretta ci sembra ancora quella del Pasquinelli: « L'assoluta presenza dell'essere, che si esprime nell' ' è ', viene liberata da ogni elemento temporale con l'esclusione non solo del passato (che non è idea nuova nella filosofia antica), ma *soprattutto* del futuro. Parmenide rinuncia cioè a tradurre nell'infinita durata temporale l'assolutezza dell'essere, fissandola in quel limite tra prima e dopo, l' ' ora ', inteso naturalmente non nella sua precaria momentaneità (l'attimo fuggente) ma nella sua compiutezza extratemporale, che non presuppone niente e non può uscire da se stessa »[18]. In altre parole, il tempo è una misura che non può essere applicata alla realtà intesa nella sua totalità e assolutezza, dal momento che essa non nasce né finisce, è un tutto compiuto che non ha bisogno di svilupparsi; esso è al contrario il ritmo che scandisce la vita degli ἐόντα, dei fenomeni particolari, degli aspetti singolari che — *all'interno* di quella totalità — hanno in effetti un'origine, uno sviluppo, una fine. Si veda infatti B 19.1-2, dove questo concetto è espresso con chiarezza. Per il concetto di una realtà immobile, non soggetta al divenire, e di una molteplicità di fenomeni che al suo interno sono soggetti al mutamento e al divenire, si veda oltre, a pp. 118-122.

v. 6: ἕν. L'Untersteiner ha negato la qualifica dell' ἕν al « ciò che è » parmenideo in base ad una variante dei versi 5-6 di Asclepio, *in metaph*. 42, 30-31, che invece di ἕν, συνεχές al verso 6 ha οὐλοφυές [19]. La tesi ha avuto naturalmente consensi e critiche [20], tra le quali ricordiamo quella del Mondolfo [21]. Noi crediamo anzitutto che il fatto che la caratteristica dell' ἕν sia menzionata da Parmenide in un solo luogo dei frammenti rimastici non sia una buona ragione della sua non autenticità; siamo convinti anche che il « ciò che è » parmenideo sia senz'altro οὖλον — un tutto compatto, « un tutto nella sua struttura », come vuole l'Untersteiner —, come del resto è documentato da B 8.38 e dall' οὐλομελές del v. 4. Ma soprattutto non vediamo una contraddizione tra la compattezza della realtà e la sua unicità: questa infatti non è che un completamento concettuale di quella, che può valere certamente quando il discorso si fa sui singoli ἐόντα, ma a maggior ragione e necessariamente vale quando il discorso verte su τὸ ἐόν. Del resto che la realtà sia *una* viene provato dai versi immediatamente successivi, dove si afferma esplicitamente l'impossibilità di ammettere — a fianco dell' ἐόν, o prima di esso — l'esistenza di un μὴ ἐόν, cioè di una *non*-realtà o di un'*altra* realtà.

vv. 6-15. Questi versi costituiscono la dimostrazione del fatto che τὸ ἐόν è ingenerato e indistruttibile, come annunciato al v. 3. Il passo si conclude al v. 15, con la riaffermazione del principio. Da notare la rigorosità stringente della dimostrazione che non può far pensare, a nostro avviso, ad una « inconsapevole indistinzione » tra il piano linguistico-logico e quello ontologico (Calogero), o tra il piano metodologico e quello ontologico (Untersteiner); non si tratta di una indistinzione, e per di piú inconsapevole, bensì di un pensiero che nel suo *farsi discorsivo*, e quindi nel suo tradursi in un linguaggio coerente, secondo un certo metodo, *si riconosce come l'unico pensiero adeguato, è consapevole di essere l'unico discorso corretto nell'unico linguaggio possibile*, cioè nell'unico κόσμος ἐπέων che non risulti ἀπατηλός. In altre parole, Parmenide è perfettamente cosciente del fatto che, una volta individuato in τὸ ἐόν il fondamento necessario alla spiegazione di τὰ ἐόντα, la « verità », il pensarlo (il νόημα di cui esso è l'oggetto) ed il descriverlo (il λόγος — o il μῦθος — che se ne fa seguendo la ὁδὸς ἀληθής) non possono che rispecchiarlo, perché pensiero metodo linguaggio e parole, se vogliono essere « veri », debbono « regolarsi » su di esso: « Ciò che regola la verità della conoscenza è... la realtà ontologica: la realtà dell'oggetto... La legge ontologica fissa dunque al pensiero la sua ' via ', vale a dire la sua regola »[22]. Una *unità*, quindi, dei vari piani, tenuta insieme da leggi fortemente necessitanti, che riguardano *ciascun* piano (si pensi al concetto di Dike); e che sia una unità della quale Parmenide è cosciente[23] è dimostrato non solo dal fatto che a piú riprese ne proclama la necessità, ma, *a contrariis*, anche dal fatto che la sua « rottura » è sempre possibile. E quando questa si verifica si cade nella « non verità »: cioè nel discorso vuoto e assurdo, nell'avventurarsi su quella strada che non porta a nulla perché è un metodo che secondo le leggi ferree della logica non può esistere, da un lato (B 2.5, B 6.5-6); dall'altro lato nel soggiacere alle impressioni del momento, alle esperienze immediate, ai fenomeni particolari, senza saperli riportare alla verità del loro fondamento (B 6, B 7). Nell'un caso come nell'altro, ciò che non si sa operare è proprio quella saldatura essere-pensiero-metodo-linguaggio-parole che è così assolutamente necessaria al discorso scientifico ἀμφὶς ἀληθείης, cioè a quel discorso che per la sua rigorosità e per la sua formalizzazione è l'unico a possedere un grado di certezza assoluta.

Una riprova del resto della necessità di tenere sempre ben presente quella unità ci è data dai versi finali di questo frammento, da 50 in poi. Dove si dice che il pericolo (contro il quale già siamo stati messi in guardia, per esempio, in B 6 e in B 7) che si corre quando il discorso verte sulle δόξαι deriva appunto dalla possibilità di « perdere » quella unità: che è un pericolo reale, perché, come sappiamo da B 1.30, questo discorso non è fornito dello stesso grado di assoluta certezza che è proprio invece dell' ἦτορ ἀτρεμὲς εὐκυκλέος 'Αληθείης; ma è un pericolo che può essere superato se anche nel campo difficile delle βροτῶν δόξαι noi riusciamo a costruire un « ordinamento cosmico ragionevolmente verosimile », un διάκοσμος ἐοικώς, usando accortamente il nostro κόσμος ἐπέων.

In conclusione, in questi versi saranno da sottolineare: 1) l'esclusione di qualsiasi « nascita » (γένναν) della realtà, concetto incomprensibile come quello di un suo sviluppo e cambiamento (αὐξηθέν); 2) la riaffermazione del fondamentale principio logico e metodologico che si esprime nella connessione essere-pensiero-espressione [24]; 3) l'affermazione che non è possibile che ἐκ μὴ ἐόντος [25] nasca un qualcosa accanto a τὸ ἐόν, cioè l'affermazione dell'altrettanto fondamentale principio del *nihil ex nihilo*.

In effetti in questi versi, più che una polemica contro

dottrine filosofiche precise [26], è da vedere proprio una esplicita ed icastica *riaffermazione* di quell'antichissimo principio che Aristotele così efficacemente riporta in un famoso passo della *Metafisica* [27]. Si tratta di quel principio comune alla «maggior parte di coloro che per primi filosofarono», che «ritennero che i soli principi di tutte le cose fossero quelli di specie materiale», «e perciò ritengono che *niente si produce e niente si distrugge* (οὔτε γίγνεσθαι οὐδὲν οἴονται οὔτ' ἀπόλλυσθαι)».

Che questa sia una κοινὴ δόξα τῶν φυσικῶν, è esplicitamente dichiarato anche in altri luoghi da Aristotele: «infatti tutto quel che si produce deve prodursi o da ciò che è o da ciò che non è, ed è impossibile che sia prodotto dal non essere (su questo punto tutti i naturalisti sono d'accordo: περὶ γὰρ ταύτης ὁμογνωμονοῦσι τῆς δόξης ἅπαντες οἱ περὶ φύσεως)» [28]; «l'uno e la natura tutta è immobile, non solo *quanto al nascere e al perire* (*questa è infatti una concezione antica e che tutti i primitivi condividono*)...» [29].

Questo concetto, quindi, antichissimo — come sottolinea più volte Aristotele —, attraversa tutta la storia del pensiero greco; per ricordare solo alcuni nomi, dopo Parmenide e nell'ambito del periodo preplatonico, basti pensare ad Empedocle [30], ad Anassagora [31], al trattato ippocratico *de victu* [32], ad Euripide [33], a Melisso [34], a Democrito [35]. Questo principio, la cui importanza per lo sviluppo della scienza e del pensiero scientifico è stata giustamente messa in luce dal Gomperz [36], è stato enunciato per la prima volta con chiarezza appunto da Parmenide, per il quale l'oggetto della ricerca non era tanto una ἀρχή [37], un cominciamento, quanto il fondo comune di tutte le cose, la «ragione» del nascere e del perire delle cose, il «fondamento» permanente e stabile del temporaneo e mutevole apparire (e sparire) di tutte le forme di esistenza relative che costituiscono il nostro mondo [38].

3. Continuità, immobilità, compiutezza di τὸ ἐόν

vv. 15-18. Ritorna in questi versi, come abbiamo già accennato [39], il motivo della via da abbandonare, una volta che si sia cominciato a κρίνειν λόγωι, e di quella reale, autentica. A proposito di περὶ τούτων del v. 15, noi crediamo che vada riferito non a ciò che precede, come vogliono molti studiosi [40], ma a ciò che segue, e precisamente proprio alle due vie [41]. E infatti, se nel v. 15 si parla di una decisione che bisogna prendere (ἡ δὲ κρίσις ... ἐν τῶιδ' ἔστιν), al v. 16 si dice che la decisione è stata presa, ed essa riguarda inequivocabilmente le due vie; ἔστιν ἢ οὐκ ἔστιν del v. 16, che è *il contenuto* della decisione annunciata al v. 15, riprende chiaramente le formule usate quando si è affrontato il problema delle vie (cfr. B 2.3 e 5; B 6.8; B 8.2). Infine, per quanto riguarda l'οὖν del v. 16, che « di solito è una formula connettiva che aggiunge qualche cosa di una certa importanza » [42], sia che lo si voglia intendere in un senso rafforzativo, sia che lo si voglia intendere in un senso conclusivo o riassuntivo di una conseguenza, esprime comunque sempre, fondamentalmente, l'idea di una conferma [43]. E allora, se riferissimo il περὶ τούτων alle cose che sono state dette prima, ci troveremmo di fronte a questo contraddittorio discorso che farebbe qui Parmenide: Abbiamo detto che ciò che è è ingenerato e indistruttibile, che è continuo e immutabile e che solo esso esiste. Abbiamo detto che da ciò che non è non può prodursi nulla che possa esistere « in aggiunta » a ciò che è. Abbiamo eliminato quindi i concetti di nascere e perire. In base a tutto ciò che abbiamo detto, *resta ora da decidersi* se ciò che è esiste o non esiste. *Si è deciso*, dunque, di abbandonare una delle due vie di ricerca.

In un simile discorso, se attribuissimo due contenuti diversi a « ciò che bisogna decidere » e a « ciò che si è deciso », ci troveremmo di fronte ad un vero e proprio salto logico, e nel rigore del discorso parmenideo questo sarebbe alquanto strano; in secondo luogo, facendo oggetto della prima decisione l'esistenza o meno di τὸ ἐόν, si annullerebbe di colpo tutta la sostanza del discorso di Parmenide che, anche nei frammenti precedenti, *non mette mai in discussione l'esistenza di* τὸ ἐόν, ma al contrario fa di essa il pilastro su cui si regge tutta la sua ontologia e la sua logica, tutta la sua costruzione del «metodo vero» che proprio in quel presupposto trova il suo fondamento certo ed incrollabile.

Dopo la definitiva esclusione, quindi, della via «impensabile ed inesprimibile», della via non vera, dopo la riaffermazione dell'incomprensibilità (ἄπυστος) dei concetti di nascita e morte, se riferiti a τὸ ἐόν [44], si procede con la esposizione di una nuova serie di σήματα.

vv. 22-25. Questi versi esprimono una delle qualità fondamentali del «ciò che è»: la *continuità*. Essi vanno messi certamente in relazione con B 4 [45], insieme al quale frammento esprimono la «pienezza» dell'esistenza della realtà. Se pensiamo il mondo, la realtà, come un tutto unico e omogeneo, compatto, senza nascita né morte, quindi eterno, esso non può che apparirci come una *grandezza continua*, sia nel senso che non è possibile concepire un «distacco» tra le sue parti (B 4.3), e quindi «separarlo da se stesso», né trovare in seno ad esso un punto in cui ἐόν non πελάζει ἐόντι (B 8.25); sia nel senso che in esso non c'è posto per un qualche cosa che venga a interromperlo, perché *non esiste il vuoto*: πᾶν δ' ἔμπλεόν ἐστιν ἐόντος (B 8.24).

Il De Santillana, della cui intelligente interpretazione di Parmenide abbiamo riferito nella nota 2 di questo capitolo, vede in questi versi, nel frammento 4, in B 8.5-6, la proprietà della continuità che lo spazio ha nella geometria euclidea, in base alla sua tesi che l' ἐόν parmenideo sia il puro spazio geometrico [46]. Così in B 8.2-4, B 8.22, B 8.32-33, B 8.46-48, vede la proprietà della omogeneità, e in B 8.42-44, B 8.49, la proprietà della isotropia: nella logica di Parmenide quindi trova piena espressione quel «principio d'indifferenza» che proprio in connessione al concetto di «spazio» trova la sua massima estensione [47]. Noi abbiamo accettato questa tesi del De Santillana [48], come pure ne accettiamo la rivendicazione di un Parmenide forte pensatore scientifico. Solo che non crediamo di dover vedere in τὸ ἐόν il puro spazio della geometria euclidea, bensí l'intuizione di una realtà, quella del mondo — dell'universo —, vista sotto il profilo dell'astrazione rigorosa e formale proprio della visione scientifica [49]. Ci sembra che in tal modo Parmenide risulti piú « leggibile » storicamente, cioè nel filone del pensiero greco fino al VI secolo, nel quale indubbiamente l'interesse cosmologico, se non è esclusivo, è senza dubbio preminente e fortissimo. In tal modo si comprende anche meglio, a nostro avviso, la specificità della sua posizione, cioè il suo tentativo di trovare un « fondamento » assolutamente certo — la verità — alla cosmologia, nel richiamo alle dottrine particolari altrui o nella polemica che contro di esse veniva svolgendo: e Parmenide si trovava di fronte a due grandi dottrine e a due grandi tradizioni, quella che va sotto il nome di ionica e quella pitagorica [50]. Rispetto ad esse, in opposizione ad esse, ma, certo, *nel solco dei loro interessi*, Parmenide proclama di aver trovato finalmente un metodo, *il* metodo che gli permetterà di « costruire » un'immagine del mondo che meglio soddisfi, che piú sia aderente alla realtà. Per questo pensiamo di poter parlare, senza fare « estrapolazioni » storiche o istituire paralleli che saltino interi secoli, di un Parmenide scopritore del metodo proprio della scienza e nello stesso tempo del linguaggio scientifico.

Per tornare ai nostri versi, in essi troviamo: 1) l'affermazione dell'indivisibilità e dell'eguaglianza con se stesso di τὸ ἐόν, cioè la *continuità dell'universo*; 2) l'attribuzione a τὸ ἐόν dell'esistenza nel senso piú pieno, cioè la *negazione del vuoto*.

A proposito di 1) c'è da notare che se il « principio d'indifferenza » vale, come vuole il De Santillana, per lo spazio di tipo euclideo, a maggior ragione esso è valido per l'eternità del mondo cosí come viene enunciata da Parmenide. Il fatto che τὸ ἐόν sia *continuo* (ξυνεχές; si ricordi anche B 4 e B 5) significa da un lato che la speculazione parmenidea ha a suo oggetto proprio il mondo reale, ma dall'altro lato che questa speculazione si svolge lungo i binari di una rigorosa astrazione logica: le parole del v. 25 « sono a prima vista applicabili soltanto a ciò che occupa spazio, ma devono essere intese piú astrattamente e generalmente come indicanti l'unità sotto ogni aspetto di ciò che è »[51]. E che l'intuizione della continuità sia da Parmenide verosimilmente rivendicata come caratteristica essenziale dell'universo piú che dello spazio puro, trova una conferma indiretta in Aristotele, quando anch'egli, in base allo stesso principio e quasi con le stesse parole di Parmenide, proclama l'unità, la continuità, la totalità e la perfezione dell'universo [52].

A proposito di 2) c'è da notare che la inammissibilità del vuoto da parte di Parmenide discende naturalmente e spontaneamente dalla sua intuizione del mondo come di un « *plenum* continuo, indivisibile »[53], è quindi una logica conseguenza del suo monismo. Resta infine da sottolineare come ambedue queste affermazioni parmenidee siano chiaramente dirette contro le dottrine pitagoriche: se queste affermavano « un processo di generazione degli enti eterni »[54], e sostenevano che « è proprio il vuoto a delimitare le cose della natura »[55], possiamo senz'altro individuare nella posizione parmenidea una tesi contrapposta a quella dell'intervallo vuoto propria della scuola pitagorica [56].

vv. 26-33. V'è in questi versi, sulla base dei principi già affermati e delle argomentazioni già sviluppate, la deduzione di una nuova caratteristica fondamentale dell' ἐόν, la sua « immobilità ». Se l' ἐόν è uno, compatto, continuo, come non si possono attribuirgli i concetti di nascita e morte — pena il rischio di non comprendere piú nulla di esso (si ricordi l' ἄπυστος di B 8.21) —, così non si può non predicare il suo essere ἀκίνητον. Dove il termine, come già avvertiva giustamente il Fränkel [57], seguito da altri studiosi [58], sta ad indicare non solo l'esclusione di un movimento locale, ma anche di un cambiamento qualitativo: e ciò non per una « indistinzione » o « confusione » propria di Parmenide e dei presocratici tra cambiamento e movimento [59], ma proprio perché — riferendosi appunto all' ἐόν quale era già stato caratterizzato — quel termine andava inteso in un senso forte e pregnante. E infatti la dimostrazione delle due valenze di ἀκίνητον — dimostrazione nella quale i due significati sono strettamente uniti, ma non confusi — è data proprio nei versi immediatamente successivi: «ciò che è» è ἀκίνητον, cioè non può muoversi, perché è stretto «nei limiti di potenti legami» (B 8.26), in quei legami necessari e necessitanti di πεῖρας che «d'ogni parte lo avvolge» (B 8.30-31), sicché è costretto a rimanere saldo (ἔμπεδον) nel suo luogo (B 8.30). Ma d'altra parte «ciò che è» è ἀκίνητον, cioè non è suscettibile di cambiamento, perché è ἄναρχον e ἄπαυστον, perché i concetti di nascita e morte sono ormai stati «respinti lontano» ad opera della verace certezza (B 8.27-28), di quella stessa πίστις ἀληθής che, se si ritrova nel campo dell' ἐόν con le sue affermazioni apodittiche, non appartiene però, come abbiamo visto, al discorso che verte sulle esperienze degli uomini (B 1.30)[60].

Nel v. 31, che afferma chiaramente la limitatezza dell' ἐόν, il Mondolfo[61] ha visto una contraddizione con l' ἀτέλεστον del v. 4; ma essa sussiste solo perché egli ha inteso il termine come infinito in senso spaziale e temporale. Per la nostra interpretazione e relativa discussione si veda sopra a p. 96 e note 16-17. L'immagine delle catene, che così plasticamente ricorre in questo verso, sarebbe stata suggerita, secondo qualche studioso, dal fatto che «durante la colata delle statue di bronzo le forme erano tenute insieme da catene allo scopo di evitarne lo spostamento quando avveniva la diffusione del metallo fuso»[62].

v. 32: οὐκ ἀτελεύτητον. Anche questo termine è usato da Parmenide non in relazione allo spazio e al tempo, ma ai concetti di omogeneità e di continuità quali caratteristiche precipue di τὸ ἐόν. Del resto è una caratteristica, questa della *compiutezza*, che discende naturalmente dal fatto che «ciò che è» è necessariamente limitato; è proprio se considerata nei suoi limiti necessari, che la realtà appare come un tutto omogeneo e continuo e finito: solo da questo punto di vista τὸ ἐόν si presenta come ciò che non ha affatto bisogno di una τελευτή. L'essere dunque compiuto e non bisognoso di nulla discende naturalmente dal suo essere finito (si ricordi appunto l'ἠδ' ἀτέλεστον del verso 4): l'idea del limite fa tutt'uno con quella della compiutezza, come con quella della totalità e della perfezione [63]. Da ricordare infine che nei versi 32-33, come nei vv. 2-4, nel v. 22, nei vv. 45-48, è da ravvisarsi, come vuole il De Santillana [64], la caratteristica dell'*omogeneità* dell'«universo» parmenideo: uniformità e assenza di irregolarità sono le note salienti che può cogliere colui che considera l'ἐόν nella sua piú vera ed essenziale natura.

4. Nominare e dire il vero

I vv. 34-36 sono di difficile lettura e interpretazione, ed in effetti la loro traduzione dipende dal senso generale che si dà, in Parmenide, al rapporto essere-pensiero. Rimandiamo perciò a quanto abbiamo detto alle pp. 64-67 e note relative. A nostro avviso, questi versi riaffermano quel principio, fondamentale per Parmenide, che è l'unità essere-pensiero; nel senso che il pensiero non può che essere pensiero della realtà — non può esprimersi che *all'interno* della realtà i cui limiti, le cui condizioni non può in alcun modo oltrepassare —, nel senso che la legge del pensiero è la stessa legge della realtà. Riappare qui, riaffermata con efficacia, quella saldatura essere-pensiero-linguaggio che è la scoperta piú originale della metodologia scientifica di Parmenide. Quando noi pensiamo, ci si dice qui, non facciamo altro che riflettere l'essere: il νοεῖν, l'*attività* del nostro pensare, fa tutt'uno con il νόημα, con l'*oggetto* del nostro pensiero, perché il pensato è inseparabilmente connesso col pensare, e questo non soltanto per l'evidente ragione che non può darsi pensiero che non sia *pensiero di qualcosa*, ma anche per la ragione piú profonda che il pensiero si radica nell'essere. Senza l'essere, infatti, cioè senza la concreta connessione alla realtà, non c'è pensare; come non è ammissibile un pensiero che non sia pensiero della realtà, così è sempre la realtà che si esprime nel pensiero. Ecco perché Parmenide dice che solo *nell'*essere, ἐν δεσμοῖσιν della realtà, in quei limiti così definiti, vincolanti, onnipresenti, si può trovare il pensare. Ed il pensiero: perché *se il* νοεῖν *è sempre radicato nell'essere, anche il* νόημα — *l'espressione del pensiero* — *è sempre una testimonianza dell'essere*.

L'unità essere-pensiero-linguaggio, dunque, già affermata da Parmenide in B 2, B 3, B 6.1, trova in questi versi una nuova affermazione, non solo, ma anche una nuova connotazione. « Al di fuori di ciò che è », infatti, c'è οὐδέν: se il pensiero-linguaggio è costretto nei limiti di τὸ ἐόν, è *proprio perché* Moira costringe questo ad essere οὖλον ed ἀκίνητον (B 8.37-38)[65]. L'essere un tutto compatto ed immobile, quindi, costituisce non soltanto un vincolo, un limite che vale per τὸ ἐόν (come già sapevamo), ma anche la condizione necessitante dell'estrinsecarsi dell'attività del pensare come dell'espressione linguistica[66].

In contraddizione con quanto abbiamo ora detto, sembrerebbero essere i versi immediatamente successivi a questi, fino al v. 41. Essi sono stati intesi in genere in questo modo: « Perciò non sono che puri nomi quelli che i mortali hanno posto, convinti che fossero veri »[67]. Questa interpretazione-traduzione ormai non è più accettabile. In effetti essa si basa: 1) sulla vecchia contrapposizione ἀλήθεια-δόξα, che oggi quasi tutti gli studiosi unanimemente respingono. Secondo gli schemi di questa contrapposizione, siccome l'*essere* (immobile, immutabile, etc.) è l'unico oggetto della verità, ogni riferimento a realtà come nascere e perire è immancabilmente falso e illusorio: se l'unica realtà è l'« essere » al di fuori del quale nulla esiste, nascere e perire, cambiar luogo e mutar colore necessariamente non sono delle realtà e quindi i termini che ad essi si riferiscono sono dei « puri nomi », delle entità verbali vuote, prive di significato, dietro le quali non c'è assolutamente nulla; 2) sul travisamento dei termini ὄνομα, ὀνομάζειν, νομίζω, usati da Parmenide. E infatti: non solo si trasforma il singolare ὄνομα in un plurale, ma gli si dà anche un senso di « illusorio », « immaginario », che in questo verso e negli altri contesti in cui viene usato assolutamente non ha[68].

Innanzi tutto diciamo che, a nostro avviso, la seconda metà del v. 38 non va letta secondo il testo tràdito dal DK sulla base di Simplicio D F (τῶι πάντ' ὄνομ(α) ἔσται)[69], ma secondo il testo di Simplicio E: τῶι πάντ' ὀνόμασται. Il merito di aver riproposto per primo questa variante va, per quanto ne sappiamo, a Leonard Woodbury, che nel suo saggio *Parmenides on names* del 1957[70] l'ha difesa con delle argomentazioni in buona parte giuste e da noi — almeno in parte — riprese. Il vantaggio di questa lezione è infatti non solo di essere in maggiore armonia con tutto il contesto dei versi 34-41 e con quanto Parmenide ha a più riprese già affermato, e continuerà a sostenere anche nei frammenti seguenti, sul rapporto essere-pensiero-linguaggio, ma anche di eliminare quella contraddizione che qui si verrebbe ad istaurare tra un nominare-vero e un nominare-falso, contraddizione che in tutta l'opera parmenidea non trova alcun riscontro. La nostra traduzione di B 8.38-39 pertanto è: « in rapporto ad esso (τῶι = l' ἐόν di cui si è appena detto che è οὖλον ed ἀκίνητον) sono dati tutti quei nomi che gli uomini hanno stabilito credendoli veri »[71]. Cerchiamo di giustificare questa interpretazione, esaminando in primo luogo i passi in cui Parmenide tratta degli ὀνόματα e del λέγειν.

In B 8.38-40 l'oggetto dell' ὀνομάζειν è il γίγνεσθαι τε καὶ ὄλλυσθαι, εἶναί τε καὶ οὐχί, e questi *nomi*, cioè questi concetti, sono stati stabiliti (κατέθεντο) dagli uomini in rapporto al « ciò che è ». Poco prima Parmenide aveva affermato la coincidenza dell'attività del pensare (νοεῖν) con l'oggetto del pensiero (νόημα) non solo, ma aveva anche ribadito che la stessa attività del pensare non si svolge mai al di fuori di τὸ ἐόν, e che i limiti di questo — che sono quelli in cui lo costringe Moira — sono gli stessi di quelli che regolano il φατίζειν, cioè il concreto attuarsi del pensare, il suo concreto tradursi in un linguaggio, in parole, in nomi. L'attività del pensare è quindi strettamente connessa da un lato a τὸ ἐόν, dall'altro al *dire*. È lecito allora operare una scissione tra questi due campi, o se ne deve concludere che il *dire* è sempre anch'esso legato all'essere?

In effetti la connessione essere-pensare-dire era stata chiaramente già affermata da Parmenide nei frammenti precedenti. In B 2.7-8 era stato detto esplicitamente che non si poteva né *conoscere* (cioè fare oggetto del proprio νοεῖν) né *esprimere* (cioè dire, tradurre in nomi) il μὴ ἐόν: anche qui, l'impossibilità di operare una scissione del pensare da un lato col campo della realtà, dall'altro col campo del linguaggio. Analogamente, in B 6.1-2, come già in B 3, c'è la ripresa, in affermativo, del concetto espresso negativamente in B 2.7-8: se è vero che non si può né conoscere ciò che non è né parlarne, ne segue necessariamente che ogni volta che si parla e si pensa, si parla e si pensa solo di ciò che è. Ancora una volta, pensiero-conoscenza-linguaggio-espressione sono strettamente connessi e rispecchiano sempre e necessariamente la realtà [72]. Questa connessione risulta ancora, in negativo e in positivo, dal discorso sul μὴ ἐόν e sulle vie in B 8.7-9 e B 8.16-18. Qui si dice che il μὴ ἐόν è οὐ φατὸν οὐδὲ νοητόν, come già sapevamo da B 2, e che la via « non vera » è ἀνόητον e ἀνώνυμον, mentre la via vera è ἐτήτυμον: dunque, solo « ciò che è » può essere oggetto del pensare *e del dire* e, viceversa, al campo del « ciò che è » appartengono necessariamente le attività del pensare *e del dire*.

L'attività dell' ὀνομάζειν ritorna in B 8.53 ed anche qui sembra essere connotata da un aspetto negativo come in B 8.38-40. Mentre rimandiamo alle pagine successive per il commento a tutto il passo, qui diciamo che — a ben leggere il testo — l'« errore » che c'è nelle δόξαι βροτῶν non consiste nel *nominare* due forme, quanto nel considerarle opposte e assolutamente separate l'una dall'altra. Il che significa che l'« errore » non consiste nel fatto stesso del *nominare* [73], perché solo il « ciò che è » è pensabile ed esprimibile mentre ogni altro discorso sulle « cose che sono » è fallace ed illusorio [74] (concezione questa che ci riporta pur sempre alla vecchia figura di un Parmenide svalutatore dell'esperienza concreta e sostenitore di una « verità » meta-fisica astrattamente razionale), bensì nel fatto del *nominare scorrettamente*: cosa che, in effetti, nella prospettiva parmenidea, significa null'altro che pensare e parlare *senza un metodo*, senza che delle proprie δόξαι si sia riusciti a comporre un κόσμος che non risulti ἀπατηλός. Come si vede chiaramente da questi ultimi versi del frammento 8, il problema del rapporto essere-conoscere-dire risulta sempre strettamente connesso alla soluzione dell'altro rapporto ἀλήθεια-δόξα. Anche in B 9.1 ritorna l'attività del « nominare »: « tutte le cose sono state chiamate luce e notte ». Che anche qui non si tratti di un fatto arbitrario, che ci porti a delle conseguenze fallaci e illusorie, che non si tratti insomma di un nome al quale non corrisponde alcuna realtà, risulta chiaro dai versi successivi, dove si dice che i nomi si applicano a queste o a quelle cose *secondo le loro proprietà* (κατὰ σφετέρας δυνάμεις) e che quindi tutto è, realmente, pieno di luce e notte (πᾶν πλέον ἐστὶν ὁμοῦ φάεος καὶ νυκτός). Analogamente, in B 19, il nome, lo stabilire le denominazioni, assolve il compito importantissimo per l'uomo, per la scienza dell'uomo, di *distinguere*: è un compito che si svolge, certo, nel campo delle δόξαι, cioè delle esperienze particolari, ma è un compito talmente fondamentale che senza di esso non si avrebbe conoscenza e scienza. Perché senza l'individuare, il catalogare, il connettere e il sistemare (tutte funzioni, appunto, del nome) noi ci muoveremmo sempre e soltanto in un χάος (cioè in un mondo nel quale quel suono, quel colore, quel fenomeno, non avendo un proprio nome κατὰ σφετέρας δυνάμεις, non hanno alcun senso, alcun significato), e non riusciremmo mai ad organizzare, νόωι, il mondo delle nostre esperienze κατὰ κόσμον (B 4).

A conclusione di questa rapidissima verifica, crediamo di poter affermare: 1) che l'attività del nominare, dello stabilire dei nomi, non è, in alcun contesto in cui Parmenide vi accenna, un fatto segnato da una connotazione negativa; 2) che al contrario quell'attività è connessa all'altra fondamentale di porre ordine nel campo delle esperienze che gli uomini fanno; 3) che il dire è sempre strettamente legato al pensare e, insieme a questo, all'essere; 4) che quindi il nome, qualunque nome, compreso quello di nascere e perire, si riferisce sempre in un modo o nell'altro al « ciò che è », perché è solo il μὴ ἐόν ad essere οὐ φατὸν οὐδὲ νοητόν; il nome — come il pensare — è sempre espresso nei limiti dell'essere. E allora il problema posto dai versi 38-41 è questo: dato che i nomi sono sempre designazioni di un qualcosa di reale, in che consiste il loro « non essere veri »? Che il nome indichi sempre una realtà, è un fatto che molti studiosi hanno pure sottolineato [75]; ma non si è individuato con altrettanta chiarezza, a nostro avviso, il nesso realtà-verità. In altre parole, se il rapporto realtà-linguaggio è un rapporto sul quale non possono sussistere dubbi, nel senso che il secondo termine è sempre espressione del primo, il rapporto realtà-verità non è meccanicamente ricalcato su di esso, nel senso che il primo termine non sempre si esprime nel secondo. *Se la verità esprime sempre la realtà, la realtà non si esprime solo nella verità.*

E infatti, quando gli uomini stabiliscono dei nomi — in altre parole fondano dei concetti —, e questi nomi sono nascere, perire, cambiar luogo e così via, i loro concetti si riferiscono pur sempre all' ἐόν, ma il loro discorso non è il discorso formalizzato sul « ciò che è », cioè sulla realtà intesa come il fondamento assoluto e necessario (perché in questo caso essi dovrebbero usare altri nomi-concetti, come « uno », « compatto », « continuo », e così via), bensì è il discorso sugli ἐόντα, cioè sugli oggetti particolari delle loro δόξαι, delle loro esperienze. E nel campo delle loro esperienze, certo, nascere, perire, cambiar luogo, *sono indubbiamente delle realtà.* Ma essi credono questi nomi-concetti *veri,* cioè li assolutizzano, vi danno quel grado di rigorosa certezza che, come abbiamo più volte visto, compete solo al discorso su « ciò che è ». In altre parole, essi non tengono presente la necessaria distinzione che c'è e ci deve essere tra il campo delle loro esperienze, nel quale quei nomi hanno una loro funzione e validità ed esprimono certamente dei processi innegabili, *reali,* e il campo del « ciò che è », nel quale soltanto e a proposito del quale soltanto si può parlare di *verità:* ma la verità non è espressa da quegli stessi nomi. Ecco dunque la radice dell'errore: questo non consiste affatto nello stabilire da parte degli uomini certi nomi, ma nel crederli veri, cioè riferirli a τὸ ἐόν, mentre non riflettono che il corso, reale tuttavia, delle loro esperienze. Ecco perché *quei nomi, pur non essendo veri, non sono né falsi né illusori*: se dire è dire sempre la verità — ma solo in quanto si dice una realtà — l'errore consiste nel dire dell' ἐόν quello che vale per gli ἐόντα, cioè nell'attribuire al campo della verità quei nomi che appartengono al campo della validità. Esattamente in questo senso Empedocle dirà: « Ma un'altra cosa ti dirò: non vi è nascita di nessuna delle cose / mortali, né fine alcuna di morte funesta, / ma solo c'è mescolanza e separazione di cose mescolate, / ma il nome di nascita, per queste cose, è usato dagli uomini »[76]; « Le quali cose non è giusto chiamarle così, ma anch'io parlo secondo il costume »[77].

5. L' ἐόν COME SFERA: UN PRIMO PROBLEMA

Con i vv. 41-49 si conclude il discorso sui σήματα di τὸ ἐόν: è una conclusione che forse non aggiunge nulla di nuovo alle caratteristiche di τὸ ἐόν che in questo e nei frammenti precedenti Parmenide aveva enunciato e dimostrato, ma è una conclusione che si arricchisce di un'immagine-concetto nuova che sintetizza plasticamente tutta la concezione del « ciò che è » fin qui sviluppata.

In effetti, che τὸ ἐόν sia τετελεσμένον πάντοθεν (vv. 42-43) era già stato anticipato dall' οὐκ ἀτελεύτητον del v. 32: e come qui il non essere incompiuto derivava dal trovarsi nei legami di πεῖρας che lo avvolgeva da ogni parte (ἀμφίς), nel nostro verso l'essere definito da ogni parte (πάντοθεν) deriva proprio dal fatto che esiste un limite estremo (πύματον). Del resto, sull'idea dell' ἐόν realtà limitata, finita, definita, espressa nell'immagine dei « legami » o dei « vincoli », Parmenide aveva insistito anche ai vv. 14-15 (Dike che tiene saldamente l' ἐόν nei suoi vincoli) e al v. 26, dove il suo essere ἀκίνητον deriva tra l'altro anche dal trovarsi costretto ἐν πείρασι μεγάλων δεσμῶν; così, infine, al verso 49 l' ἐόν ἐν πείρασι κύρει. L'idea della limitatezza, della finitezza, dunque, che si riafferma nei versi che stiamo esaminando, non è un nuovo σῆμα [78]. Così come non lo è la caratteristica dell'omogeneità (ὁμόν) affermata al v. 47 sgg.; se pensiamo alla realtà nella sua totalità, non possiamo non pensarla omogenea, una, compatta, uguale a se stessa: e Parmenide ha già dimostrato i predicati dell' ἐόν quali οὐλομελές (8.4), ὁμοῖον (8.22), ἔμπλεον (8.24), ἕν, συνεχές (8.6, 25) ταὐτόν (8.29), οὖλον (8.38), sicché il πάντοθεν ἴσον di 8.49 ne deriva naturalmente. C'è semmai, in B 8.46-49, una dimostrazione dell'omogeneità dell' ἐόν che presenta forse un nuovo carattere. Dopo aver detto infatti che «non esiste nulla che gli impedisca di congiungersi a ciò che ad esso è omogeneo, né è possibile che ciò che è abbia una realtà in un luogo maggiore in un luogo minore», Parmenide conclude dicendo che l' ἐόν è πᾶν ἄσυλον. Il termine, nel nostro contesto, significa «al riparo da ogni modificazione nella sua perfezione» [79], nella sua totalità, ma è certo un termine che Parmenide non usa a caso: potrebbe esservi una polemica contro la dottrina di Anassimandro, secondo la quale la rottura dell'equilibrio, dell'indifferenziato, consiste sempre in un σῦλαι, in una σύλη, di cui bisogna pagare la pena [80]? Ma, in effetti, anche questa dimostrazione era stata svolta in B 4.2-4, dove era affermata la connessione del «ciò che è» con se stesso; in B 8.12-13, dove si nega che «ciò che è» possa essere interrotto da qualcosa d'altro, di diverso; in B 8.22-25, dove, insieme all'indivisibilità, si afferma la continuità e la pienezza della realtà, il suo essere un tutt'uno con se stessa.

La novità di questi versi, dunque, non consiste nell'enunciazione di nuovi σήματα, ma nella connotazione nuova dell' ἐόν che si dà in 8.43-45. La traduzione che ne abbiamo data è naturalmente già un'interpretazione, e come tale ha ora bisogno di una sua giustificazione. I problemi piú importanti da risolvere sono due: 1) come bisogna intendere, al v. 43, l'accenno alla sfera? è un semplice paragone e nulla piú, è una espressione che ha un senso figurato, o Parmenide intende affermare che τὸ ἐόν ha realmente una forma sferica? - 2) in che senso poi bisogna intendere questa sfera, e cioè il suo esser μεσσόθεν ἰσοπαλὲς πάντηι? Per quanto riguarda il primo punto, il termine ἐναλίγκιον non ci è di grande aiuto, potendo esso intendersi tanto come «simile, somigliante», quanto come «uguale». E infatti, mentre alcuni studiosi hanno sostenuto che la sfera del v. 43 non è altro che una semplice immagine [81], altri hanno ribattuto che l'«essere» parmenideo, la realtà, ha realmente una dimensione spaziale, estesa e finita, e quindi la «sfera» del v. 43 non si può intendere come una semplice metafora [82]. Prima di scegliere, però, tra le due soluzioni, riteniamo per parte nostra che possa essere utile una breve verifica sulla tradizione culturale immediatamente precedente e seguente Parmenide, per vedere se in essa esistano elementi tali da permettere una intuizione della realtà fisica, concreta, in termini di sfera, o se, viceversa, in mancanza di essi, sia piú verosimile congetturare che Parmenide abbia inteso usare una semplice immagine [83].

Generalmente si attribuisce ad Anassimandro un'immagine della terra dalla forma ricurva, «simile a una colonna di pietra» [84]. Tuttavia non mancano in lui riferimenti al sole o ai corpi celesti come a corpi *sferici*: intorno alla terra e all'aria che la circonda c'è infatti una «sfera di fuoco (φλογὸς σφαῖρα)» che l'avvolge tutta e dalla quale hanno poi origine tutti gli astri [85]; le stelle sono sfere di fuoco staccatesi dal fuoco del cosmo [86] e la sfera del sole è 27 volte quella della terra [87]. Abbiamo inoltre una testimonianza di Diogene Laerzio, secondo la quale la terra è di forma sferica (σφαιροειδῆ) [88]; infine, uno degli scritti di Anassimandro pare avesse per titolo Σφαῖρα [89]. Per quanto riguarda i pitagorici [90], l'idea della sfericità della terra era certamente abbastanza diffusa, e molte testimonianze vogliono che essi siano stati i primi ad affermarla [91]; la sfericità, comunque, pare fosse una qualità non solo della terra, ma del cosmo tutto [92], e dei corpi che si trovano in esso [93], mentre per alcuni pitagorici pare designasse il tempo, come σφαῖρα τοῦ περιέχοντος [94]. Di Empedocle, e dei suoi rapporti con Parmenide diciamo sotto a pp. 185-186 e n. 55; i suoi legami con le dottrine pitagoriche, comunque, sono un fatto certo [95], come pure la sua grande ammirazione per Pitagora, ἀνὴρ περιώσια εἰδώς [96]. L'attributo della sfericità appare, come è noto, in una serie di testimonianze su Senofane, come riferita all'uno-tutto e al dio [97]; mentre il cosmo sferico è idea che ritorna in Ecfanto [98], Leucippo e Democrito [99].

Possiamo quindi concludere che l'idea della terra, o del cosmo, come aventi una forma sferica non era certo un'idea peregrina nella cultura greca prima di Platone; essa risaliva, forse, molto piú indietro, alla cultura degli antichi dotti egiziani [100]. Non ci sembra strano, allora, che l' ἐόν parmenideo si configuri effettivamente come una εὔκυκλος σφαίρη: dopo aver tanto insistito sui limiti, sulla finitezza, sulla compiutezza della realtà, Parmenide doveva trovare piuttosto naturale, pensando alla sua totalità, pensarla come una sfera. E che Parmenide pensasse alla realtà corporea, concreta, della terra e del cosmo è provato anche da molte testimonianze sulla sua fisica [101]: l' ἐόν parmenideo è la realtà nella sua totalità, nella sua assolutezza, e non negli aspetti particolari che le son propri; il discorso su τὸ ἐόν è il discorso formalizzato, astratto nel senso di ogni discorso scientifico, e non il discorso concreto ed empirico della descrizione fenomenologica: ma tutto ciò non toglie che τὸ ἐόν rimanga pur sempre quel reale, fisico mondo che ci circonda e non una qualche entità astratta e meta-fisica. L'aver pensato da parte di alcuni studiosi ad un senso figurato, ad un semplice paragone allorquando Parmenide ci parla del « ciò che è » come di una « sfera ben rotonda », può forse spiegarsi con il permanere, nonostante tutto, nella tradizione critica dell'immagine aristotelica del Parmenide ἀφύσικος, ma non può giustificarsi, a nostro avviso, con una lettura senza preconcetti del testo parmenideo. Del resto non sono mancati altri studiosi che non hanno esitato a riconoscere alla « sfera » parmenidea il suo carattere di materialità [102], mentre altri ancora, pur sostenendo che l'essere-sfera è un semplice paragone, hanno ammesso che l'evidenza del testo fa pensare proprio alla realtà in termini di sfera [103]. E infatti, al v. 43, l'immagine è chiara, e conclude spontaneamente e per nulla inaspettatamente tutto un susseguirsi di concetti e di dimostrazioni rigorosamente coordinati. È forse opportuno, prima di concludere su questo primo punto, accennare ad una discussione sul pensiero di Parmenide in generale, ma che in particolare si può riferire proprio alla qualificazione di τὸ ἐόν come realtà sferica. Intendiamo, naturalmente, la discussione sul carattere « materialista » o « idealista » della filosofia parmenidea. Alcuni critici hanno sostenuto, come è noto, che l'« essere » di Parmenide debba essere inteso in senso idealistico [104]; il Burnet ha sostenuto che l'Eleata debba essere considerato come il « padre » del materialismo [105]; altri invece hanno insistito sul fatto che la filosofia di Parmenide non può essere intesa né come materialismo né come idealismo, dal momento che sono, queste, categorie affermatesi soltanto nei secoli a venire e non possono essere riferite pertanto ad una filosofia a cavallo tra il VI e il V secolo a.C. [106]. Questa sembra essere, oggi, l'opinione prevalente tra gli studiosi, ed in effetti sembra soddisfare un certo « senso storico » ed inoltre rispondere anche ad una certa dose di « buon senso ». Senonché in questo caso il « senso storico » dev'essere ricercato, a nostro modesto avviso, in ben altre ragioni, e per quanto riguarda il « buon senso » (o il « sano intelletto umano », come l'avrebbe chiamato Hegel), è fin troppo noto a quali fraintendimenti esso possa portare quando si pretenda di applicarlo *sic et simpliciter* al discorso filosofico e scientifico, che da quello possono anche — o debbono, se si vuole — partire, ma che certamente sono tutt'altra cosa. A noi sembra molto strano, in altre parole, che un Parmenide che parla della terra, degli astri, degli alberi, degli animali, e insieme del metodo di ricerca, della verità, del pensiero, della necessità, e ne parla con tanta lucidità e rigore, possa trovarsi a un tale grado di « primitività » o di « inconsapevolezza » da non poter o saper distinguere tra i due ordini di realtà. Certo, Parmenide non usa termini come materiale e spirituale, corporeo ed incorporeo, e ad un'eventuale domanda sulla collocazione della sua dottrina probabilmente non avrebbe risposto qualificandola come materialista o spiritualista; certo, anche noi oggi non esprimeremmo un giudizio corretto se lo qualificassimo *tout court* materialista o idealista: ma questo non vuol dire certamente che egli non fosse cosciente della differenza tra un qualunque ἀμαξιτός e la sua ὁδὸς διζήσιος, o che non sapesse distinguere tra le vene e il sangue e il corpo di un uomo (cfr. B 18) ed il suo νόημα (cfr. B 7, B 8, B 16). Quando ci riferiamo a questi primi pensatori come a degli «ingenui», o dei «primitivi», abbiamo certo ragione nel senso che dobbiamo sforzarci sempre di non «modernizzarli», cioè di non attribuire loro, nemmeno nei punti che a noi sembrano meno chiari (o piú chiari, a seconda dei casi), delle idee o delle concezioni che sono nostre od a loro sicuramente posteriori, ma non dobbiamo poi intenderli come tanto primitivi ed ingenui da non essere coscienti nemmeno di ciò che andavano dicendo. Ora, a noi sembra piuttosto evidente che quando Parmenide parla della terra, degli animali, dei corpi, egli si riferisca proprio a quei fenomeni materiali, fisici, corporei, che l'esperienza d'ogni giorno gli faceva incontrare, e non a degli enti che — in base ad un'ottica neoplatonica, berkeleiana o idealistica, hegeliana o posthegeliana — *sembrano* corporei, ma in realtà sono di natura mentale o ideale o spirituale. Così come quando parla della verità o del pensiero si riferisca a delle realtà sì — ché non è ammissibile alcunché che fuoriesca dai limiti della realtà —, ma certamente di un ordine diverso. Negare che in Parmenide vi fosse una tale coscienza di piani differenti (che magari egli non etichettava come «materiale» o «spirituale», ma che pur tuttavia certamente distingueva), significa non solo avere una concezione dello sviluppo del pensiero e della cultura umani che procedono a sbalzi, segnando fratture incolmabili [107], ma anche attribuire ad un pensatore così profondo e rigoroso come Parmenide una davvero strana forma di incoscienza. Molto giustamente l'Abbagnano ha ribadito con forza questo punto per noi importante: «Da Zeller in poi si è affermato che né Parmenide né gli altri filosofi presocratici si sono sollevati alla distinzione tra corporeo e incorporeo: come se fosse verosimile che uomini che hanno raggiunto tale altezza di astrazione speculativa, potessero non aver realizzato la prima e piú povera di tali astrazioni, la distinzione tra il corporeo e l'incorporeo »[108]. Quello che semmai è da sottolineare è, a nostro avviso, che in Parmenide questa distinzione tra il corporeo e l'incorporeo, quello che noi chiamiamo materiale e spirituale, *non significava assolutamente una separazione od una frattura tra i due piani*, e che l'unità tra i due aspetti — per esempio, nell'uomo — era per lui un fatto naturale, non bisognoso di alcuna complicata o macchinosa spiegazione alla Cartesio. Ma su questo punto ritorneremo nel commento ai frammenti seguenti, e in particolare al frammento 16.

6. Immobilità e dinamicità dell'universo

Veniamo ora al secondo problema cui abbiamo accennato nel paragrafo precedente, e cioè al significato che bisogna attribuire alla sfera μεσσόθεν ἰσοπαλὲς πάντηι. Il Calogero ha dato di questo verso un'interpretazione originale, inquadrandola in una visione dinamica e non statica della sfera, « tale che a partire dal centro avanza in ogni sua parte con eguale energia... Qui l'ente non è tanto un essere sfera, quanto un infinito ampliarsi nella forma omogeneamente finita della sfera; se meglio si vuole, non tanto è una data sfera, quanto partecipa di quell'idea della sfera, per cui essa è forma definita anche quando la si pensi come figura che eternamente si accresce rispetto al suo centro; dove il fatto che nulla possa intervenire ad ostacolare e quindi a differenziare in qualche punto questo suo infinito avanzare implica insieme che nulla pure ci possa essere che la fermi e determini in una data posizione e dimensione »[109]. La tesi del Calogero ha trovato consensi in Mondolfo[110], De Santillana[111], Martano[112], e rappresenta certamente una interpretazione molto suggestiva.

Il punto fondamentale è, a nostro avviso, la resa del termine ἰσοπαλὲς in una interpretazione che tenga conto del quadro generale della dottrina parmenidea. Ora ἰσοπαλές (da πάλη, lotta; πάλλω, bilanciare, equilibrare) dà l'idea di un equilibrio, di un bilanciarsi di forze uguali che si esprimono appunto nel corpo della sfera «dal centro in ogni sua parte (μεσσόθεν πάντηι)». Ma i vv. 43-44 non vanno intesi avulsi dal loro contesto: si ricordi quanto è stato detto prima (in particolare nei vv. 12-13 e 22-24) e soprattutto quanto viene detto nei versi immediatamente seguenti (vv. 44-49). In tutto questo contesto Parmenide insiste fortemente sulla *omogeneità* di τὸ ἐόν [113]: il termine e l'idea saranno ripresi nello stesso senso da Platone [114], ma, soprattutto, sono spiegati chiaramente nei versi successivi al nostro. Qui, dopo aver detto che la sfera è ἰσοπαλές «dal centro in ogni sua parte», si dice che, infatti (γάρ), è necessario (χρεόν ἐστι) che non sia né più denso (μεῖζον)[115] né più rado (βαιότερον) [116] in una direzione piuttosto che in un'altra. L'idea è dunque, come abbiamo più volte sottolineato, quella di una sfera tutta omogenea che non ammette al suo interno nulla che possa interrompere questa sua omogeneità (vv. 46-49). Secondo la tesi del Calogero, questa sfera continua, compatta, è tale che appunto si amplia omogeneamente dal centro in ogni direzione.

Senonché, se l'idea dell'omogeneità è certamente una caratteristica della «sfera» parmenidea, l'idea del suo continuo ampliarsi non ci pare possa dedursi agevolmente da tutto l'insieme del testo di Parmenide: troppo forte è l'idea dei limiti, dei vincoli che tengono insieme il suo uno-tutto, come pure è forte il suo sottolineare la finitezza, la compiutezza di τὸ ἐόν. Né si può pensare, a nostro avviso, ad un universo *finito* ed *illimitato* nella dottrina di Parmenide, sia per la costante presenza dei πείρατα che son lì a ricordarci che il «ciò che è» è, oltre che finito, anche limitato, sia, ed a maggior ragione, perché in tal modo si commetterebbe effettivamente un anacronismo. E molte sono state infatti le critiche in tal senso alle tesi del Calogero, critiche che hanno colto e le difficoltà logiche della sua teoria [117], e quelle storiche [118].

Noi rendiamo perciò ἰσοπαλές con «in eguale tensione», che meglio rende l'idea della omogeneità delle parti e della distribuzione simmetrica delle energie e delle forze all'interno dell'universo parmenideo. Perché questo è un altro punto a nostro avviso molto importante: l'universo di Parmenide è *un universo che nella sua immobilità* (B 8.26), *nella sua identità con se stesso* (B 8.22-26, 46-49), *è però anche un universo dinamico, vivo*.

Se non ci lasciamo fuorviare dalla lettura e dall'interpretazione platonico-aristotelica di un Parmenide «immobilizzatore» della natura e «a-fisico», troveremo certamente l'idea abbastanza chiara. Innanzi tutto è lo stesso Platone che, proprio nel passo del *Sofista* in cui riporta i versi di Parmenide di cui stiamo trattando, suggerisce che se l'uno è tutto nel senso in cui vuole l'Eleata, questo tutto, «per stretta necessità, ha parti»[119]. È importante che sia lo stesso Platone a suggerirci l'idea dell'uno-tutto composto di parti, ma omogeneo nella sua interezza, perché questo dimostra non solo che l'idea gli era congeniale e familiare[120], ma anche che era suscettibile di una facile «assimilazione» e «traduzione» nel proprio linguaggio, cioè nella propria dottrina[121]. Ma, per tornare ai nostri versi, è stato notato già che i termini usati dall'Eleata «are suggestive of 'power', not mere volume»[122], e la sua immagine «is that of an object whose motionless stability is due... to the simmetrical distribution of its own internal forces»[123]. Del resto, speriamo di aver dimostrato, nel commentare B 6, B 5 e B 4, che la «verità» che interessa Parmenide non è quella di dimostrare la vanità o l'errore delle esperienze degli uomini, quanto quella di intenderle e di darne la ragione; il discorso di Parmenide non verte su un ἐόν vuoto e privo di significato «mondano», quanto proprio sul mondo mutevole e cangiante e luminoso in cui ci troviamo immersi. L'«astrazione scientifica» del discorso sul «ciò che è» non tende a farci dimenticare le cose che sono: se di τὸ ἐόν dobbiamo dire che è immobile, immutabile, uno, continuo, omogeneo, sferico, finito, di τὰ ἐόντα dovremo dire che sono mutabili, molteplici, diversi, soggetti a nascita e morte. E questo non nel senso che con la *ragione* vanifichiamo i dati dell'*esperienza* ed i due campi sono in contrasto irriducibile l'uno con l'altro, bensì perché i due piani sono diversi ed i « nomi » che attribuiamo all'uno non possono valere per l'altro; le deduzioni che ricaviamo dal concetto dell'uno non possono valere per le osservazioni che compiamo nell'altro, e viceversa.

Se il « ciò che è », il cosmo tutto, è quindi uno, finito e sferico, ciò non toglie che al suo interno vi sia una molteplicità di ἐόντα che cambiano continuamente, i fenomeni; guardar fisso all'uno senza gli altri, o a questi senza quello, come pure confondere i due piani: ecco cos'è l'errore. Nell'universo finito, compatto, omogeneo di Parmenide, c'è posto per tutta la molteplicità e la dinamicità dei fenomeni naturali e storici che allietano o attristano la breve vita di tutti coloro che nascono e muoiono. L'importante è allora guardare a questi due piani senza lasciarsi stordire né dall'*apparente* fissità ed insignificanza del primo, né dall'*apparente* confusione e contraddittorietà del secondo: κρίνειν λόγωι, ecco il motto di Parmenide, ecco la sicura ὁδὸς Ἀληθείης che sola può guidare l' εἰδὼς φώς nel regno tremendamente concreto del terreno e dell'umano come in quello sublime e rarefatto delle piú alte astrazioni logiche e scientifiche.

Quest'idea del tutto, immobile ed immutabile, e delle sue parti, mobili e mutevoli, del resto, è un'idea che circola nella cultura greca prima di Parmenide, anche se non espressa con la chiarezza propria dell'Eleata. Si veda, a titolo d'esempio, l'idea di un « unico eterno » mediante il cui movimento si ha la μεταβολή [125], o ancora di un unico mondo, che dura sempre ma che sempre diviene [126], in Anassimene. Si veda l'idea di una natura infinita, il cui eterno movimento è la causa dei cieli [127], in Anassimandro, ed il suo dichiarare esplicitamente che τὰ μὲν μέρη μεταβάλλειν, τὸ δὲ πᾶν ἀμετάβλητον εἶναι [128]. E forse non sarebbe difficile dimostrare che tutte « le interpretazioni presocratiche del processo della natura si risolvono nell'affermazione che è possibile conciliare la generazione, il mutamento e la corruzione con l'idea dell'immutabilità dell'universo in quanto totalità » [129]. Anche in Parmenide, dunque, nessuna opposizione « fra l'unità immobile del tutto e la molteplice mutevolezza delle cose particolari »[130], perché l'« avversario » filosofico di Parmenide non è il pluralismo, ma il dualismo, il dualismo delle coppie incompatibili, il dualismo della frattura della realtà: ecco perché « i pluralisti greci avevano fondamentalmente ragione nel considerare che i ' legami ' parmenidei (...) potevano essere adattati ad una pluralità di costituenti »[131].

In conclusione, possiamo allora dire che questi versi finali della cosiddetta prima parte del poema parmenideo, quel poema nel quale si canterebbe la vittoria della « ragion pura », la svalutazione della pluralità, del divenire, la vittoria dell'unità assoluta e indifferenziata che fagocita il molteplice dell'esperienza sensibile, questi versi con i quali si chiuderebbero le porte di una « verità » astratta ed assoluta, al di là delle quali rimarrebbe per sempre il nostro mondo quotidiano fatto di inganni e di errori, di apparenze e di falsità; questi versi, dicevamo, costituiscono proprio « la piú rigorosa e conseguente difesa dei diritti del molteplice e insieme il massimo approfondimento del significato dell'espressione ' tutto è divino ' ovvero ' tutto è essere ' »[132].

7. Le esperienze umane e la loro validità

Con il v. 49 di B 8 ha termine quella che viene chiamata comunemente la prima parte del poema parmenideo, la « Verità », e in B 8.50-52 inizierebbe appunto la seconda parte, quella dell'« Opinione », nella quale la dea esporrebbe le idee *false* degli uomini, quelle idee che Parmenide ora combatte e delle quali si deve liberare. A questa interpretazione si sono opposti a ragione molti studiosi, ed essa in effetti oggi non regge piú, anche perché è assolutamente contraria sia allo spirito che alla lettera del testo parmenideo. Qui si dice infatti che, chiuso il discorso *certo*, quello che riguarda i σήματα dell' ἐόν, si apre ora il discorso sulle esperienze degli uomini, quelle esperienze che riguardano il mondo dei fenomeni sensibili; sul quale mondo il discorso non può essere così limpido e cristallino come quello sull'astrazione logica del « ciò che è », ma deve ordinare, sistemare una massa di dati che, se non fossero passati al vaglio di un giudizio altrettanto rigoroso e razionale quanto quello che si è espresso su τὸ ἐόν, rimarrebbero altrimenti in uno stato di assoluta confusione ed incoerenza. Tutto ciò che si dirà, quindi, d'ora in poi non rappresenta affatto la critica delle opinioni comuni degli uomini o di quelle dei filosofi precedenti, ma costituirà, appunto, l'ordinamento coerente e verosimile, il « sistema » della natura e dell'uomo quale solo può essere ricostruito con un uso appropriato della ragione. La «seconda» parte del poema esprime allora proprio la « fisica » di Parmenide quale può esser ricavata dalla sua « metodologia » e dai suoi « principi » scientifici.

Ma veniamo al testo.

v. 50: πιστὸν λόγον. È appunto il discorso credibile, sicuro, scientifico, sulla verità (ἀμφὶς ἀληθείης: v. 51), quel discorso fatto seguendo l'unica via che è, che qui viene a concludersi. Per questa nostra interpretazione si veda il commento a B 1.28-29, B 2.1-2, B 4, B 5.

v. 51: δόξας βροτείας. Costituiscono la base, il campo d'indagine del discorso certo, il mondo senza il quale quel discorso risulterebbe vuoto ed insignificante; e allo stesso momento sono il campo piú immediato e naturale in cui quel discorso può trovare una verifica. Il πιστὸς λόγος su τὸ ἐόν è il discorso scientifico ed astratto, formalizzato, che rende conto dell'ordine e del significato delle δόξαι βροτῶν; il discorso su queste è l'applicazione pratica e la conferma della giustezza del primo: non può avere quel grado di assoluta certezza, ma può e deve improntarsi agli stessi criteri di coerenza e di razionalità.

Noi abbiamo tradotto δόξα con « esperienza », ed ora ne dovremo pur dare una giustificazione esplicita, richiamandoci a quanto fin ora già detto [133]. Il problema della δόξα in Parmenide, come è ben noto, costituisce uno dei problemi la cui soluzione appare piú complessa: da essa dipende infatti in buona parte tutta l'interpretazione che si dà del pensiero dell'Eleata. Riferire quindi le varie interpretazioni che di essa sono state date significherebbe né piú né meno che fare una storia della storiografia parmenidea; cosa che qui è impossibile fare e che esula del resto dai compiti propostici [134]. Quello che qui daremo sarà allora: 1) uno schizzo dei quadri di riferimento dell'uso del termine in Parmenide, dal momento che crediamo di aver già giustificato altrove [135] il rapporto δόξα-ἀλήθεια nel poema; 2) un rapidissimo accenno, necessariamente parziale, ad alcuni punti piú significativi del dibattito storiografico, in modo che la nostra interpretazione possa risultare meglio storicamente collocata.

1) δόξα appare in B 1.30 ed è affiancata alla « verità senza contraddizione » come parte integrante del « programma del sapere » che la dea espone a Parmenide. È vero che la πίστις ἀληθής risiede solo nella « verità » e non nelle δόξαι (in B 8.50 il πιστὸς λόγος è appunto solo quello che si riferisce a τὸ ἐόν, alla realtà intesa nella sua astrazione scientifica); ma è altresí vero che la dea insiste per ben due volte (B 1.28; B 1.31) sulla *necessità* che il « sapere » dell' εἰδὼς φώς comprenda anche τὰ δοκοῦντα, il cui vero valore dev'essere necessariamente compreso [136]. In tutto il contesto, quindi, di questi ultimi versi di B 1 δόξαι e δοκοῦντα non hanno affatto una connotazione negativa [137]; al contrario, è importante, è necessario (χρῆν), che esse vengano indagate, vengano studiate, perché il saggio è proprio colui che « indaga tutto in tutti i sensi » (B 1.32). I versi in B 8.50-52 confermano e chiariscono. Anche qui, le δόξαι degli uomini debbono essere apprese (μάνθανε: B 8.52); quelle δόξαι sulle quali, se non è possibile — come abbiamo visto — costruire un πιστὸς λόγος, è però necessario costruire un discorso verosimile, una costruzione logica che comunque si basi sempre su di un κρίνειν λόγωι [138]. E l'« errore » degli uomini, come si è visto, non è quello di *parlare* del mondo delle δόξαι, del mondo degli ἐόντα invece che di quello dell' ἐόν, quanto quello di parlarne in modo confuso, impreciso, senza seguire alcuna ὁδὸς διζήσιος, alcun metodo, o peggio seguendo un certo me-

todo per poi abbandonarlo e seguire quello opposto (cfr. B 6.8-9): è così appunto che si diventa ἄκριτα φῦλα (B 6.7). In B 19, infine, (è probabile che questo frammento concludesse il poema parmenideo), ricompaiono le δόξαι, e questa volta si riferiscono evidentemente a tutto il contenuto della cosiddetta seconda parte del poema parmenideo, nella quale si è parlato delle stelle (B 10, B 11, B 12), del sole (B 10, B 11), della luna (B 10, B 11, B 14, B 15), della generazione degli animali (B 12, B 17) e degli uomini (B 12, B 17, B 18), della terra (B 11, B 15a), della percezione e della sensazione e del pensiero (B 16). Ed anche qui, come appare chiaro, il discorso della dea su queste δόξαι non è un discorso « falso »: è sì un discorso che verte sui fenomeni tutti della natura riguardati nelle loro varie individualità, un discorso sugli ἐόντα, e non sulla realtà nel suo complesso, nella sua unità; ma è altresì un discorso che, appunto perché riesce ad istaurare legami, rapporti, connessioni, a rendere cioè παρεόντα gli ἀπεόντα (giusta B 4.1), può apparire ora proprio come la descrizione della totalità degli aspetti di quell'« ordinamento cosmico, ragionevolmente verosimile », che la dea aveva promesso di esporre in B 8.60. Concludendo, se le δόξαι sono il campo di tutti i fenomeni naturali sui quali e dei quali l'uomo deve costruire un discorso verosimile, una congettura probabile e razionale, non ci pare allora azzardato interpretarle e tradurle come il campo di tutte le « esperienze » che l'uomo fa osservando e studiando e giudicando il mondo nel quale vive.

2) Per quanto riguarda poi alcune tra le interpretazioni più significative ricordiamo che quella « classica » vede nella *doxa* parmenidea nient'altro che le opinioni comuni degli uomini, di modo che Parmenide sarebbe non solo, in qualità di filosofo dell'« essere », contro di esse, ma anche, in quanto convinto assertore di una verità meta-fisica, contro ogni tipo di fisica[139]. Altri invece hanno pensato che le opinioni espresse da Parmenide da B 8.53 fino a B 19 siano non quelle degli « uomini comuni », ma quelle di altri pensatori da lui criticati, e in particolare si è pensato ai pitagorici, o ad Anassimene,

Anassimandro ed Eraclito [140]. Una tesi originale, ma che già era stata abbozzata dal Diels [141], è stata sviluppata recentemente dal Mourelatos; per quest'autore la *doxa* parmenidea non è né polemica né fenomenologica, è piuttosto un'*ironica esposizione della cosmologia*, intesa ad esprimere similitudini e contrasti con la dottrina del « ciò che è » propria di Parmenide. La *doxa* servirebbe così da importante commentario semantico del linguaggio usato dall'Eleata nella prima parte del suo poema [142]. Un secondo gruppo di interpretazioni è quello che vuol vedere nella *doxa* un errore sì, ma l'errore meno confutabile: una esposizione *corretta* di un contenuto concettuale che — comunque — è *fallace* [143]. Anticipatore di questo tipo di interpretazione può essere considerato il Reinhardt, che con il suo famoso studio su *Parmenide e la storia della filosofia greca* del 1916 ha combattuto energicamente la vecchia tesi che vedeva nella seconda parte del poema una semplice polemica contro le opinioni comuni degli uomini o contro le dottrine di altri filosofi [144]. L'importanza della posizione reinhardtiana consiste però, a nostro avviso, non tanto nella sua specifica conclusione, quanto nell'aver dimostrato chiaramente per la prima volta la stretta connessione che esiste tra l'*aletheia* e la *doxa*, l'inseparabilità tra le due parti, la necessaria complementarità tra verità e opinione [145]. Una terza interpretazione è quella che vede nella seconda parte del poema un'esposizione corretta non solo formalmente, ma anche contenutisticamente: la *doxa* parmenidea si pone su di una linea di continuità con l'*aletheia* e rappresenta senz'altro le concezioni cosmologiche proprie di Parmenide; non una critica degli errori altrui, quindi, né la migliore esposizione di un mondo comunque illusorio [146]. Un ultimo gruppo di interpretazioni è costituito infine da quegli studi che vedono nella distinzione tra *doxa* e *aletheia* un tentativo di distinguere l'esperienza dalla scienza o la congettura plausibile, « fisica », sul mondo, dalla dimostrazione astratta e scientifica, « matematica » [147].

Concludendo, la nostra tesi, che si vale anche del conforto di quegli studi cui abbiamo accennato nel terzo e quarto gruppo

ora ricordati, è che Parmenide abbia distinto un discorso vero, certo, da un discorso verosimile, probabile, assumendo una posizione analoga a quella che Einstein espresse nella sua famosa massima « Se è certo, non è fisica; se è fisica, non è certo ».
Il che, naturalmente, lungi dall'essere una posizione antiscientifica e di dispregio per il mondo dei fatti fisici, dell'esperienza, significa che il discorso vero, certo, privo di contraddizioni, riguarda solo quella ipotesi logico-matematica, astratta, cioè non verificabile empiricamente, che è costituita appunto — nel poema parmenideo — dalla costruzione del concetto rigoroso di τὸ ἐόν; mentre il discorso verosimile, probabile, riguarda il mondo delle esperienze umane ed è appunto il tentativo di introdurre in esse un ordine, una regolarità, una coerenza (sulla base dell'ipotesi assunta), senza i quali esse ci apparirebbero come un informe ammasso di dati, come un contraddittorio e caotico presentarsi di fatti e di eventi. Distinzione, quindi, certo, dei piani e dei discorsi, e impossibilità di attribuire all'uno i σήματα dell'altro, ma anche stretta correlazione e complementarità, nella individuazione dei rispettivi ambiti e valori.

v. 52: κόσμον ἐμῶν ἐπέων ἀπατηλόν. È il corrispettivo del πιστὸς λόγος del v. 50, ma non significa, giusta quanto abbiamo fin qui detto, che la dea comincerà ora ad ingannare gli uomini. Non si può quindi tradurre « l'ordine ingannevole che nasce dalle mie parole »[148], oppure « le parole che ascolterai da me avranno un contenuto ingannevole »[149]. In effetti ἀπατηλός, « ingannevole », ha un senso indubbiamente negativo, e nel nostro contesto significa appunto « simile al vero, ma non vero ». Il fatto è che « *non vero* » *nel discorso di Parmenide non significa affatto* « *falso* », ma solo che le parole che ora si useranno, e quindi le dottrine che ora si esporranno, non hanno quello stesso grado di « verità » che era proprio della dottrina di τὸ ἐόν. E infatti non a caso Parmenide contrappone al πιστὸς λόγος, al ragionamento certo, non un' ἀπατηλὸς λόγος o uno ψευδὴς λόγος, un ragionamento ingannevole o falso, bensì un κόσμος ἐπέων ἀπατηλός, cioè un'ingannevole concatenazione di parole. L'aggettivo quindi non si riferisce al contenuto delle sue affermazioni, quanto al κόσμος, all'*Ordnung* delle sue parole, ed è questo ordine, questa connessione, a rappresentare la vera difficoltà, per la semplice ragione che chi ascolta queste parole, in sé *non false*, non illusorie, può scambiarle tuttavia per *vere* invece che per verosimili, può ritenerle una vera e propria ἀλήθεια invece che un διάκοσμον ἐοικότα [150]. Per queste ragioni abbiamo tradotto « l'ordine, che può trarre in inganno, delle mie parole »; se l'idea della « possibilità » non è nella lettera dell'espressione parmenidea, si ricava però a nostro avviso da tutto il contesto.

8. La dialettica dei contrari e l'ordine cosmico

Dopo aver concluso al v. 49 il discorso vero, comincia ora, dal v. 53, quel preannunciato discorso sulle esperienze degli uomini che verosimilmente doveva comprendere tutto il resto del poema, fino alla fine, ma del quale purtroppo non ci rimangono che pochi frammenti. È un discorso che, come abbiamo detto, *non è vero e non è falso*; è un discorso che, investendo il campo del probabile e del verosimile, porta sempre con sé e dentro di sé la possibilità dell'errore. E questo appare subito, fin dalle prime battute. Per spiegarsi il mondo, il suo cangiare, la molteplicità dei suoi fenomeni, gli uomini « stabilirono di nominare due elementi ». Questo fatto, contrariamente a quanto è stato per molto tempo pensato, non costituisce né un arbitrio né un errore: il nominare due elementi, principio di spiegazione del mondo dei fenomeni, non solo è perfettamente coerente a tutta la dottrina di Parmenide, ma è ampiamente e autorevolmente testimoniato da Aristotele in poi [151]. L'interpretazione tradizionale, che separava e contrapponeva ἀλήθεια e δόξα, vedeva nell'apparire di queste δύο μορφαί una dottrina della dualità che non poteva assolutamente conciliarsi con l'unità dell'« essere » parmenideo. Al contrario, se è giusto tutto il discorso che abbiamo fin qui fatto, e se è giusta la distinzione di livelli che abbiamo fatto tra le dimostrazioni che si muovono sul piano dell'astrazione e dell'assenza di contraddizioni e quelle che si muovono sul piano della concretezza dell'empiria, Parmenide qui è perfettamente coerente con se stesso. Se l'unità era un principio inevitabile e necessario per spiegare i σήματα di τὸ ἐόν, la dualità è un principio altrettanto necessario e inevitabile per spiegare i σήματα degli ἐόντα, cioè l'esperienza umana; ed è vero che anche per Parmenide l'esperienza deve assumere organicità coerenza intelligibilità. L'errore c'è, ma non è nell'assunzione dell'ipotesi duale a fondamento della comprensibilità del mondo dell'esperienza, bensì nella assolutizzazione di uno solo dei due principi, o, se si vuole, nella loro contrapposizione; in tal modo, non si riesce piú a cogliere, nel momento in cui si fa l'analisi dell'empirico, e pur restando sempre su questo piano, le leggi fondamentali della realtà fenomenica e si fallisce quindi in quello che rimane pur sempre il compito fondamentale del filosofo e dell'uomo: l'apprendere, il conoscere. Questi ultimi versi di B 8, allora, mentre completano ed esemplificano il discorso metodologico dei frammenti precedenti, risultano anche, se letti in questa prospettiva, perfettamente coerenti a quell'immagine di un Parmenide forte pensatore dialettico che veniva fuori dall'insieme delle testimonianze e che altrimenti ci rimarrebbe incomprensibile.

v. 53: μορφάς. Sono gli elementi [152] che gli uomini hanno stabilito (κατέθεντο γνώμας) [153] di nominare per rendersi conto del molteplice e del divenire, dal momento che il discorso sul «modello» astratto e formalizzato di realtà fatto fino al v. 49 non può essere semplicisticamente applicato all'analisi concreta dei singoli fenomeni. Questo naturalmente non significa che tra i due discorsi, o tra i piani cui i discorsi si riferiscono, vi sia un abisso, un iato incolmabile; è una distinzione necessaria, non una contrapposizione di mondi: allo stesso modo non si potrà accusare di mettere in contrapposizione due discorsi lo scienziato che formulerà nella maniera piú rigorosa, matematicizzata, la legge — poniamo — della somma delle velocità, ma che poi nell'analizzarne concretamente un singolo caso farà ricorso ad altri elementi, ad altre congetture, a volte perfino ad altre ipotesi. Così anche in Parmenide l' ὀνομάζειν di questo stesso verso non ha affatto un senso di negatività, o di arbitrarietà, ma indica l'attività pienamente legittima dell'uomo che vuole conoscere [154].

vv. 53-54: τῶν μίαν. Sui versi 53-54 ha sempre pesato l'interpretazione di Aristotele, che ha assimilato il fuoco e la notte (o la luce e la tenebra) di cui parla Parmenide in B 8.56-59 al caldo e al freddo, al fuoco e alla terra, e cioè all'essere e al non essere [155]. Sulla scia di Aristotele si è mosso lo Zeller [156], e questo ha «consacrato» per moltissimo tempo l'interpretazione che vedeva le due μορφαί una dalla parte della verità, l'essere (la luce), e l'altra dalla parte dell'errore, il non-essere (la tenebra) [157]. Ma questa interpretazione si scontra con la difficoltà grammaticale di intendere μίαν nel senso di ἑτέρην [158], ed introduce nel testo di Parmenide un'equazione luce = essere che assolutamente non c'è [159]; in definitiva, non fa giustizia né alla lettera né al senso del discorso parmenideo. Un'altra interpretazione e traduzione intende invece μίαν nel senso di οὐδεμίαν, e sostiene che delle due μορφαί neppure una doveva essere nominata in quanto nessuna delle due è realmente esistente. Anche in questo caso però si avrebbe un'equazione (μίαν = οὐδεμίαν) che non appare nel testo, e si verrebbe inoltre a riproporre, in fondo, quell'antitesi, o per lo meno quella assoluta separazione, tra i due mondi dell' ἀλήθεια e della δόξα che in Parmenide a nostro avviso non può riscontrarsi [160]. Una terza traduzione infine, che è quella con la quale concordiamo, intende giustamente μίαν nel senso di «una sola» delle due μορφαί, significando quindi che uno solo degli elementi non può essere posto, non può essere nominato, senza l'altro; senso, questo, che era già stato visto da Simplicio [161]. Su questo modello di traduzione, quindi, va costruita a nostro avviso la lettura corretta di B 8.54.

Il τῶν, in posizione di spicco all'inizio del verso, è chiaramente riferito al μορφάς del verso precedente, anch'esso in posizione di preminenza all'inizio del verso; il μίαν non può avere il senso né di ἑτέρην (uno dei due, l'«altro» elemento inesistente contrapposto all'unico principio valido), né di οὐδεμίαν (nessuno dei due, perché la dualità è necessariamente un errore), dal momento che entrambi questi significati non appaiono nel testo e l'introdurveli costituirebbe una forzatura. La traduzione perciò sarà: « di essi (elementi) non debbono nominarne uno solo — in ciò appunto hanno sbagliato — ». Il senso è che gli uomini, dopo aver giustamente individuato i due principi che avrebbero permesso loro una giustificazione plausibile e verosimile del mondo dei fenomeni, li hanno poi assurdamente contrapposti l'uno all'altro. In tal modo le loro spiegazioni dei singoli aspetti della realtà non potranno mai costituire una visione organica e coerente, un διάκοσμος ἐοικότως, ma saranno anzi sempre dei brandelli di spiegazioni, delle interpretazioni frammentarie e incomplete.

Eccola, dunque, in concreto, quella *via dell'errore* denunciata da un punto di vista metodologico nei frammenti precedenti; quel non sapersi orientare, quel restare indecisi di fronte al metodo da seguire, quell'intraprendere un cammino per poi abbandonarlo appena sembra contraddetto da una nuova esperienza, quel restare storditi di fronte alla molteplicità delle cose senza saperne trovare la ragione; quell'atteggiamento insomma che era stato così efficacemente descritto in B 6 e in B 7 si evidenzia ora come l'atteggiamento di chi, in concreto, per spiegare fatti diversi si serve di principi assolutamente opposti. In questo, appunto, consiste l'errore; laddove, al contrario, quei due elementi possono servire sì per fornire le spiegazioni ragionevoli e plausibili del mondo delle esperienze, ma solo al patto di venire considerati nel loro dialettico intrecciarsi, nel variabile rapporto che di volta in volta li unisce e che fa sì che i singoli fenomeni, le « cose », assumano aspetti e proprietà diverse. Questa nostra interpretazione, oltre ad essere confermata dalle numerose testimonianze che, come abbiamo detto, ci presentano la dottrina parmenidea fondata su due principi contrari che concorrono sempre unitamente a determinare i singoli fenomeni, è altresì documentata dal frammento 9, in cui chiaramente ed esplicitamente è detto che πᾶν πλέον ἐστὶν ὁμοῦ φάεος καὶ νυκτὸς ἀφάντου.

v. 55. δέμας. Non a caso Parmenide usa questo termine ad indicare non solo la figura, l'aspetto, ma anche la corposità dei σήματα dei due elementi, ben distinta dalla razionalità astratta di quelli dell' ἐόν. Ma ancora una volta l'errore non consiste qui nello stabilire dei σήματα anche per le due μορφαί, così come non consisteva nell'aver stabilito appunto δύο μορφαί in luogo di una sola μορφή; l'errore sta invece proprio in quell'assoluta opposizione e separazione (v. 55: τἀντία; v. 56: χωρὶς ἀπ' ἀλλήλων; v. 58: ἀτάρ; v. 60: τἀντία) che si viene ad istaurare tra i due elementi. Molto opportunamente lo Schwabl nota che in questi versi «tutte le locuzioni della separazione... sono presentate da Parmenide con pungente critica; ma viene criticata non la separazione stessa, bensì la posizione assoluta della separazione; viene criticata ancora non l'aver stabilito l'identità della luce con se stessa e della notte con se stessa, bensì la posizione assoluta di questa identità»[162]. In altre parole, come non è possibile trasferire semplicisticamente i criteri usati nella spiegazione razionale (B 7.5: κρῖναι λόγωι) dell' ἐόν alla spiegazione razionale del mondo empirico, così non è possibile affidarsi ingenuamente alla empiricità immediata, pena appunto la perdita di ogni possibilità di orientamento nel mondo mutevole della fenomenicità. Questi versi chiariscono dunque, in concreto, l'atteggiamento metodologico enunciato in B 6 e in B 7. Non un rifiuto delle esperienze sensibili e della molteplicità, ma nemmeno la loro acritica assunzione; un metodo, quindi, che si presenta logicamente diverso da quello usato nell'indagine di τὸ ἐόν, ma non per questo rinuncia ad essere ed a costituirsi pur sempre *come metodo*[163]. E proprio in questa chiarificazione e in questa decisa affermazione consiste l'importanza della scientificità dell'analisi filosofica rivendicata consapevolmente da Parmenide[164].

vv. 56-59: Ecco dunque i due elementi di cui si parlava al v. 53: fuoco e notte. Ciascuno dei due ha caratteristiche proprie, opposte a quelle dell'altro, ma è, allo stesso tempo, dappertutto identico a se stesso ma non identico all'altro elemento (ἑωυτῶι πάντοσε τωὐτόν, τῶι δ' ἑτέρωι μὴ τωὐτόν); questa è appunto la ragione per cui si è stati indotti a separare nettamente ed a contrapporre i due elementi nella spiegazione della realtà fenomenica, invece di considerarli nel rapporto necessario e mutevole che di volta in volta li distingue e li unisce (come sarà detto in B 9 e in B 16).

Ma chi sono costoro che sbagliano in tal senso? È chiaro che qui Parmenide non poteva avere di mira i τεθηπότες, l' ἄκριτα φῦλα di B 6.7; qui non si tratta di gente « stordita » dalla mutevolezza e dall'apparente confusione dei dati sensibili, ma di uomini che, sia pure in modo sbagliato, cercano comunque di stabilire un ordine, di dare una spiegazione razionale alle esperienze. A nostro avviso, l'accenno di Parmenide è chiaramente polemico nei confronti di quell'opposizione pitagorica φῶς - σκότος che si trova nel famoso elenco κατὰ συστοιχίαν offertoci da Aristotele[165]. Non possiamo qui neanche accennare ai problemi che apre la « tavola dei contrari » aristotelica a proposito delle dottrine pitagoriche, né all'evoluzione che queste dovettero subire nel tempo, sia per effetto di una normale evoluzione delle intuizioni e delle argomentazioni proprie della scuola, sia per effetto delle polemiche che essa dovette sostenere[166]. Ci sembra tuttavia abbastanza sicuro che Parmenide, probabilmente allievo egli stesso dei pitagorici, o perlomeno influenzato per un certo periodo dalla dottrina pitagorica[167], abbia voluto qui criticare proprio la teoria che piú delle altre caratterizzava quella scuola, e cioè quella della contrapposizione degli elementi opposti. E in effetti, se pure punti di contatto possono esservi tra la fisica parmenidea e quella pitagorica, tra la cosmologia parmenidea e quella pitagorica, l'antitesi tra la concezione globale della realtà in generale, e in particolare tra la concezione del metodo e del discorso scientifici non poteva essere piú netta in Parmenide e nei pitagorici[168]. La concezione parmenidea dell' ἐόν che è οὐλομελές (B 8.4), συνεχές (B 8.6, 25), οὐδὲ διαιρετόν, πᾶν ὁμοῖον (B 8.22), πᾶν ἔμπλεον ἐόντος (B 8.24), οὖλον (B 8.38), ἄσυλον (B 8.48), tale che non può essere mai scisso dalla sua connessione con ciò che è (B 4), né può avere «una realtà in un luogo maggiore in un luogo minore» (B 8.46-48), è dichiaratamente in antitesi a quella del «vuoto» e dell'«intervallo» propria dei pitagorici. È da sottolineare però che sia l'una che l'altra elaborarono dialetticamente due tra i concetti fondamentali del pensiero filosofico e scientifico, il *continuum* ed il *discretum*: se con il primo Parmenide ha gettato le basi del calcolo differenziale di Newton e Leibniz, con il secondo i pitagorici hanno aperto la via prima all'atomismo e poi alle modernissime teorie fisiche corpuscolari ed alla teoria dei quanti di energia.

vv. 60-61. Questi due versi chiariscono ancora una volta la finalità del discorso parmenideo sulle cose, sul mondo fisico: l'esposizione, in ogni particolare [169], di ogni aspetto della realtà, in modo che possa risultarne una *Welteinrichtung* [170] razionale e verosimile, ἐοικότα. A proposito di quest'ultimo termine, la maggior parte degli studiosi lo ha inteso nel senso di «apparente» [171], «puramente apparente» [172], o anche nel senso di «verosimile» [173], «probabile» [174], ma dando a questi termini una carica negativa: la necessità di conoscere il mondo delle sensazioni per poter acquistare una visione la piú completa ed esatta del mondo dell'ἀλήθεια, non toglie comunque che il primo si trovi dalla parte dell'errore ed il secondo dalla parte della verità; non elimina cioè la necessaria distinzione tra apparenza e verità. Quest'interpretazione non è a nostro avviso sostenibile, proprio perché non è piú sostenibile la contrapposizione di δόξα ad ἀλήθεια; abbiamo perciò tradotto «ragionevolmente verosimile» a significare appunto che la verosimiglianza, la probabilità, del discorso sulle δόξαι, sugli aspetti della realtà sensibile, pur non essendo caratteristica di un discorso ἀληθής, lo è però di un discorso che si basa pur sempre su di un λόγος, su di una ragione che mette ordine, che organizza, che sistema le esperienze umane in base a quel criterio cardine di ogni tipo di conoscenza (puramente razionale od empirica, matematica o fisica), che è appunto il κρῖνειν λόγωι. Alcuni studiosi [175] hanno richiamato a proposito di ἐοικότα di B 8.60 un passo del *Timeo* di Platone [176]. Ma a noi sembra che in questo passo non ci sia affatto una svalutazione degli εἰκότες λόγοι sul mondo: fermo restando che il discorso περὶ τοῦ μονίμου καὶ βεβαίου (che è l'unico discorso ἀνέλεγκτος) probabilmente ha per Parmenide e per Platone un oggetto diverso (τὸ ἐόν e gli εἴδη), resta comunque il fatto che per l'uno come per l'altro si tratta pur sempre di un discorso conoscitivo e necessario, « verosimile » e non « certo » perché al di là della verosimiglianza la conoscenza del mondo fisico non può andare [177].

Quanto al παρελάσσηι, infine, dell'ultimo verso, traduciamo « fuorviarti » e non « vincerti » o « superarti » come si fa di solito, convinti, con il Popper, che la « parola ' vincere ' (o termini affini indicanti che lo scopo della dea è quello di far sì che Parmenide riesca vincitore ove venga a un confronto o scontro verbale con altri mortali) risulti... fatale alla serietà del messaggio della dea, il cui primo scopo è di rivelare la verità, mentre il secondo è di fornire a Parmenide il bagaglio intellettuale necessario per evitare gli errori della credenza tradizionale, e di essere da questo fuorviato » [178].

9. PARMENIDE E LA CULTURA SCIENTIFICA DEL SUO TEMPO

La nostra lettura del testo parmenideo, e in particolare di B 8, è chiaramente funzionale ad un'interpretazione globale delle dottrine presocratiche, e in particolare di quelle di Parmenide, che, se finora è stata sottesa — in maniera del resto abbastanza trasparente — a tutta la nostra analisi, ora è opportuno rendere esplicita. D'altra parte, abbiamo finora sempre cercato di evitare, per quanto possibile e cioè per lo meno nell'esposizione, di anteporre il risultato delle nostre ricerche all'esame particolare dei singoli frammenti, che ci siamo sforzati di condurre nel rispetto della massima fedeltà al testo ed all'ambiente culturale che verosimilmente doveva costituire il suo retroterra piú naturale. Ne è venuta fuori, anche solo al livello dei frammenti fin qui esaminati, da un lato l'immagine di un Parmenide estraneo completamente ad una ipotetica « tradizione metafisica » o « tradizione ontologica »[179], che secondo alcuni affonderebbe le sue radici appunto nella speculazione della scuola eleatica[180]; dall'altro lato l'immagine di un Parmenide nient'affatto collocabile in un'ideale « lotta di giganti » che lo vedeva contrapposto, come sostenitore dell'« essere », ad un Eraclito sostenitore del « divenire »: *ingenui* e *primitivi* l'uno e l'altro per questo loro semplicistico affermare e negare e chissà per quanti altri motivi; infine, l'immagine di un Parmenide che non « precorre » nessuno, e tanto meno un Platone o un Cartesio.

Tutto ciò non significa, però, che Parmenide sia stato un isolato e che la sua dottrina, con le ricerche che avviava, con le polemiche che sosteneva, non sia stata attiva protagonista di quell'intenso e appassionato e ricco fermentare di idee, intuizioni, scoperte, osservazioni, che fu caratteristico del suo tempo[181], come di quello immediatamente precedente e seguente. Fu proprio da questo fermento, infatti, ed attraverso esso, che si venne bene o male formando nella civiltà greca — per lo meno fino al IV secolo — quella coscienza di una cultura originale e con proprie caratteristiche che fu chiamata « scienza greca »; ed è proprio nell'ambito di questo fermento che la posizione di Parmenide acquista un'importanza ed un rilievo notevoli.

Qualunque sia il giudizio che diamo sulla cultura greca delle origini — dagli ionici fino almeno a Democrito — e sui suoi rapporti con le precedenti culture del bacino del Mediterraneo[182], crediamo che un fatto comunque sia indubitabile: tra il VII ed il V secolo assistiamo, appunto nell'ambito della cultura greca, ad una « svolta ». A nostro avviso, questa svolta consiste nella chiara individuazione e teorizzazione di alcune fondamentali intuizioni che sono alla base del pensiero scientifico. È abbastanza ovvio che con ciò non vogliamo dire che gli Ionici, poniamo, o i Pitagorici, ci abbiano dato delle sistemazioni dottrinali paragonabili per rigore concettuale e formale a quelle forniteci da Galilei fino alla scienza contemporanea; è altrettanto ovvio che nelle loro formulazioni molto c'è ancora del linguaggio e delle tradizioni del passato che, almeno per comodità, potremmo chiamare prescientifici. Tuttavia, crediamo che i Greci di quei secoli non solo abbiano enucleato dall'ambito della propria cultura alcuni temi caratteristici e specifici della ricerca scientifica, ma abbiano avuto anche la piena coscienza della distanza e della « novità » di tale « forma mentis » rispetto alle mentalità che tali innovazioni non riuscivano a recepire: tutto ciò è abbastanza evidente, ci sembra, proprio in Parmenide. Naturalmente l'elaborazione di questi temi non avveniva in maniera lineare e « pacifica »: discussioni e polemiche, dibattiti e critiche feroci (si pensi, appunto, ad Eraclito ed allo stesso Parmenide) erano all'ordine del giorno; ma è proprio tutto questo che rende quanto mai vivo attuale interessante quel periodo e, d'altra parte, rende necessario il suo studio per chi voglia acquisire una coscienza storica dei problemi che ancora oggi sono al centro delle discussioni scientifiche ed epistemologiche.

Ad uno di questi problemi abbiamo già accennato alle pagine 133-134: è la polemica sul *continuum-discretum* che vedeva nell'antichità Parmenide opposto ai Pitagorici e che è ben lungi dall'essersi risolta, se ancora oggi le discussioni tra sostenitori delle teorie ondulatorie e sostenitori delle teorie corpuscolari non sembrano aver trovato una definitiva composizione [183]. Un altro atteggiamento tipico della mentalità scientifica che fu propria dei Greci di questo periodo (e che è poi l'aspetto piú comunemente sottolineato e messo in luce dai critici e dagli studiosi) è il tentativo di spiegare la complessità della realtà partendo da pochi principi semplici: atteggiamento che costituisce, se vogliamo, uno degli aspetti piú caratteristicamente comuni alla ricerca scientifica ed a quella filosofica, e le differenzia, per esempio, dal racconto mitologico [184]. Ma c'è un aspetto della problematica scientifica molto importante, che è stato sempre al centro — e in fondo lo è ancora oggi, e in misura molto maggiore — del dibattito non solo tra gli scienziati, ma anche tra i filosofi, ed è il rapporto che intercorre tra i dati dell'esperienza sensibile e le formulazioni astratte e formalizzate del discorso scientifico; è il problema che nel linguaggio parmenideo investe il rapporto tra ἀλήθεια e δόξα.

Ci soffermeremo su quest'ultimo aspetto solo per un momento, sia perché la sua discussione non rientra strettamente nei temi che ci siamo proposti in questo saggio, sia perché crediamo che i pochi accenni che daremo siano sufficienti ad esemplificare il senso del discorso che andiamo facendo. Prenderemo quindi in esame l'atteggiamento diverso che assumono di fronte a questo problema da un lato gli Ionici e dall'altro Parmenide. Commentando la tesi di Talete che la φύσις originaria di tutte le cose sia l'acqua, Aristotele ci dice in un famoso passo che « egli ha tratto forse tale supposizione vedendo che il nutrimento di tutte le cose è umido...: di qui, dunque, egli ha tratto tale supposizione e dal fatto che i semi di tutte le cose hanno natura umida »[185]. Analogamente, a proposito della determinazione compiuta da Talete dell'altezza delle piramidi, Plinio ci dice che « Talete di Mileto riuscì a determinare la misura dell'altezza delle piramidi, misurandone l'ombra nel momento in cui suole essere pari al corpo che la proietta »[186]; e Plutarco: « Piantata un'asta al limite dell'ombra che la piramide proietta, poiché i raggi del sole investendole [la piramide e l'asta] formano due triangoli, tu [cioè Talete] dimostrasti che piramide e asta stanno tra loro nella stessa proporzione in cui stanno le loro ombre »[187].

Di Anassimandro sappiamo che fu un attento osservatore dei fenomeni della natura, tanto da predire addirittura un terremoto[188], e che mise in pratica queste sue conoscenze costruendo lo gnomone ed abbozzando un'esposizione di geometria[189], disegnando una carta della terra abitata[190]. Anche a proposito della sua teoria più caratteristica, quella dell'ἄπειρον, Simplicio, dopo aver riportato il frammento 1 di Anassimandro ed aver notato che egli si era espresso con « vocaboli alquanto poetici », così commenta: « È chiaro che, avendo osservato il reciproco mutamento dei quattro elementi, ritenne giusto di non porne nessuno come sostrato, ma qualcos'altro oltre questi » [191]. Ed infine, a proposito della teoria dell'evoluzione delle specie viventi, compresa quella umana, da altre specie animali piú imperfettamente organizzate e quindi, fondamentalmente, da una materia primigenia [192], leggiamo che per Anassimandro «l'uomo fu generato da animali di altra specie perché, mentre gli altri viventi si nutrono subito da sé, solo l'uomo ha bisogno per molto tempo delle cure della nutrice: ora se all'inizio fosse stato tale non avrebbe potuto sopravvivere » [193].

Ebbene, l'atteggiamento comune alla mentalità scientifica di un Talete e di un Anassimandro, quale risulta dalle testimonianze che abbiamo riportato, è ben diverso da quello della mentalità parmenidea. Per gli uni si tratta di dar conto dei fatti reali e concreti dell'esperienza partendo dall'esperienza stessa, si tratta di dare delle spiegazioni convincenti dei fenomeni costruendo i principi semplici e originari di tali spiegazioni sulla base di tutta una serie di analogie sensibili, si tratta di costruire una fisiologia, una geometria ed anche una matematica utilizzando ed usando come elementi probanti le intuizioni empiriche anche le piú comuni, si tratta insomma di applicare un metodo induttivo [194]; per Parmenide, al contrario, come crediamo di aver dimostrato, si tratta invece dell'assunzione iniziale di un postulato puramente razionale — e dimostrabile esclusivamente sulla base di un discorso logico incondizionato — che da solo può rendere conto dell'esperienza; si tratta di un «principio» di spiegazione della realtà che, pur non essendo affatto traducibile immediatamente in termini empirici, è però l'unico a renderci possibile la comprensione dei fenomeni concreti delle nostre esperienze. È una posizione, dunque, quella di Parmenide, che, lungi dal poter essere definita antiscientifica, è proprio alla base di due tra le piú caratteristiche e forti dottrine scientifiche dell'antichità: la fisica di Democrito, basata sull'atomo non percepibile attraverso i sensi, ma postulabile sulla base rigorosamente razionale di tutta una serie di argomenti sia di tipo matematico che di tipo fisico; la geometria di Euclide, basata su di un complesso di proposizioni assiomatiche derivanti da un nucleo di principi indimostrabili. Ma il fatto piú importante è che per tutti, per Talete come per Anassimandro, per Parmenide come per Democrito, *non c'è contraddizione tra esperienza razionale ed esperienza sensibile*, non c'è contraddizione tra sensi e ragione: c'è solo, come abbiamo mostrato per Parmenide, la necessaria ed essenziale distinzione tra i due campi e dunque tra i due livelli di discorso. L'opzione, dunque, per un atteggiamento o per l'altro, per una induzione dei principi logici di spiegazione della realtà a partire dalle concrete osservabili esperienze, o per una assunzione di principi, di assiomi, razionalmente fondati a partire dai quali si organizzano e si ordinano le esperienze, questa opzione, se concorre a caratterizzare piú precisamente la posizione di ciascuno di questi singoli pensatori, non permette però in alcun modo di includere l'uno e di escludere l'altro dall'ambito di una problematica e di una *forma mentis* genuinamente scientifiche. Crediamo perciò che il giusto contrappunto al discorso parmenideo in B 1.28-32 e in B 8.51-61, sia proprio il famoso frammento 125 di Democrito, nel quale si immagina che i sensi, rivolgendosi alla ragione, così l'apostrofino: « O misera ragione, tu, che attingi da noi tutte le tue prove (παρ' ἡμέων λαβοῦσα τὰς πίστεις), tenti di abbattere noi? Il tuo successo significherebbe la tua rovina »[195].

In conclusione, e per meglio individuare anche da un altro punto di vista la posizione di Parmenide, ci pare di poter così tracciare le grandi linee del processo di sviluppo attraverso il quale si venne caratterizzando, tra il VI e il IV secolo, quella mentalità scientifica e razionale che indubbiamente appartenne alla cultura greca di questo periodo (naturalmente, con ciò non vogliamo dire né che essa fu la nota esclusiva di quella cultura, né che quel processo fu un processo lineare e pacifico, in cui le varie « voci » si disposero « a incastro », secondo un preciso disegno pre- o post-costituito). Innanzi tutto, crediamo che si debba essere d'accordo col Finley[196], quando osserva che un greco, supponiamo, fino alla fine del IV secolo, « aveva un vocabolario adeguato per designare un uomo come architetto, matematico, meteorologo, medico o botanico, ma non avrebbe potuto tradurre nel suo peculiare senso ristretto la parola moderna 'scienziato' se non dicendo 'filosofo' (o 'fisico', che faceva tutt'uno)... Il filosofo e lo scienziato erano identici negli interessi e negli obiettivi, il piú delle volte anche nelle persone. Nel primo periodo questa identità personale era completa». Alle spalle di questa cultura: il mito e la poesia. Anche se il mito tradizionale non spiegava tutto, anche se i vari miti particolari a volte si contraddicevano, e su questioni anche importanti, essi rappresentavano comunque un primo tentativo di «approccio» dell'esperienza concreta, un primo tentativo di tradurla in immagini comprensibili. Tra l'altro, il mito era perfettamente omogeneo ad una mentalità che vedeva l'intervento degli dei in ogni momento e in ogni atto della vita del mondo e dell'uomo, del fisico e dell'intellettuale (Omero), e vedeva tale intervento come un fatto pienamente «naturale». Con il VI secolo nasce, cresce e si sviluppa un nuovo «desiderio di capire le cose con piú esattezza, di penetrare il mistero che le racchiudeva, di spiegarle con un linguaggio razionale, e di trovare principi e regole nella natura invece che nelle inesplicabili fantasie che il mito attribuiva agli dei»[197]. E questo desiderio si concretizzò nelle tre classiche forme principali di ricerca: matematica, filosofia, scienze naturali. Naturalmente, questa rottura con atteggiamenti e forme intellettuali della tradizione non fu una rottura brusca e immediata: se la mentalità cambiava, e si evolveva a volte anche rapidamente, specialmente le forme del linguaggio rimanevano spesso ancorate a schemi e moduli della tradizione. I primi filosofi «who took the 'natural' view of these things could not be indifferent to the religious bearing of their conclusions. To think of them as mere naturalists, bracketing off their speculations from religious belief and feeling, would be to take a very anachronistic view of their thought »[198]. Filosofia e scienza da un lato, religione dall'altro, pur essendo *tendenzialmente* già in conflitto, non manifestavano ancora le ragioni profonde di questo conflitto; se da un lato l'uso del termine «dio» in questi primi pensatori era, come voleva il Burnet, un «non-religious use of the word», ed i loro dei erano in fondo «mere personifications of natural phenomena», d'altro lato religione e filosofia trattavano pur sempre degli stessi problemi della natura e dell'origine delle cose, e un greco di quel tempo non avrebbe avuto alcuna difficoltà ad ammettere l'*unità* del mondo degli dei e di quello degli uomini, come non avrebbe avuto alcuna difficoltà ad ammettere che ogni fenomeno particolare della sua esperienza contenesse aspetti divini e aspetti fisici, e che anzi, i due piani non erano poi affatto distinti (si pensi, per esempio, a Talete). Ma il contrasto cominciava ad apparire insanabile quando le spiegazioni ormai acquisite e codificate dalla tradizione cominciarono a sembrare sempre piú unilaterali e insoddisfacenti, quando la credenza comune che tutto è pieno di dei e soggetto agli dei cominciò ad apparire ai primi filosofi come una rinuncia al sapere. Una rinuncia al sapere, non solo perché inchiodava a certe risposte tutte ormai già date le domande che andavano crescendo in quantità e in profondità, ma anche — e forse principalmente — perché relegava il campo vitale ed erompente delle attività umane in un disegno prestabilito nel quale, proprio perché tutto era ormai già fissato e conosciuto e certo, paradossalmente finiva per affermarsi e per trionfare proprio l'assenza di ogni certezza. Se gli dei dispongono degli uomini a proprio piacimento, non è piú possibile essere sicuri di nulla, non è piú possibile la consapevolezza della relazione strumenti-fini che è tanto essenziale ad ogni azione ed a tutta l'attività dell'uomo; nasce il bisogno di sapere e l'uomo *sente* il bisogno di conoscere: una risposta a tutto equivale all'assenza di ogni risposta, se l'uomo sente che in fondo è proprio lui a costruire le risposte ed a *volerle* costruire.

Se un poeta poteva cantare che i filosofi «raccolgono un frutto inutile di conoscenza», (probabilmente Pindaro, fr. 197)[199] è proprio contro una conoscenza che si mostra ma che in effetti non è tale che si rivolgono i presocratici. La ricerca di spiegazioni che soddisfino all'esigenza di conoscere non solo il mondo fisico, ma anche il tumultuoso e per nulla pacifico mondo umano, è forse la caratteristica piú forte della «scienza» dei presocratici, nella convinzione (mutuata e conservata dalla tradizione, ma ora caricatasi di nuovi significati e di nuove prospettive) che mondo naturale e mondo umano formano un tutt'uno e sono soggetti alle stesse leggi. « Doubtless their concept of nature as a self-enclosed, self-regulative system is the intellectual foundation of science, and they who built it out of incredibly inadequate materials have every right to be considered pioneers of the scientific spirit. But neither can we forget on this account that those who discovered this concept of nature believed that they found in it not only the principles of physical explanation but also the key to the right ordering of human life and the answer to the problem of destiny » [200]. Su questo piano, quindi, la rottura tra le due mentalità non poteva essere piú netta; non debbono trarre perciò in inganno i modi del linguaggio e l'uso dei miti che troviamo a volte nei presocratici di questa — diciamo — seconda generazione. Si pensi per esempio ad un Anassimandro, ai Pitagorici, allo stesso Parmenide (cfr. quanto abbiamo detto nel par. 2 del commento a B 1 e le note relative).

È proprio in Parmenide, anzi, che è massimamente evidente come l'uso del linguaggio e l'uso di miti di propria invenzione nascondano e rivelino allo stesso tempo tutta una concezione metodologica, filosofica, scientifica, che piú nulla aveva ormai a che fare con le ipotesi e con le spiegazioni tradizionali. Se Anassimandro, o Parmenide, o Empedocle, parlano di « divinità », è chiaro che per loro questa divinità « non ha alcuna diretta connessione con il culto pubblico, ed è in verità tanto indipendente da esso da mettere in dubbio la vera esistenza del culto degli dei » [201]: il loro tema è ormai la natura e la società dell'uomo, ed il loro obiettivo è quello di riuscire a spiegare le leggi che le governano. Con questa nuova apertura, su questa nuova strada, ad aprire la quale il ruolo di Parmenide è fondamentale, non si poteva non giungere ad un'aperta contraddizione — nella sostanza e nel linguaggio, nei contenuti e nelle forme — tra la spiegazione scientifica dei fenomeni e la spiegazione religiosa e mitica: è quanto farà la generazione di Anassagora, di Democrito, di Protagora, di Prodico. Con questi ultimi due, anzi, non solo abbiamo una spiegazione tutta razionale della realtà, escludente per principio il fantastico ed il soprannaturale, ma si gettano anche le basi per una comprensione dello stesso « fenomeno religione » in termini di esigenze e di bisogni puramente umani.

B 9

1. Dall'unità alla dualità

Il frammento 9 completa e giustifica pienamente, a nostro avviso, l'interpretazione che abbiamo data degli ultimi versi del frammento 8. Per giustificare e «razionalizzare» le proprie esperienze, gli uomini hanno deciso di ὀνομάζειν due elementi, πῦρ e νύξ, dalla cui mescolanza hanno origine tutte le cose. Abbiamo visto che sia il fatto di *nominare* questi due elementi, sia il fatto stesso di *porre una dualità* di elementi, non costituiscono affatto per Parmenide un «errore», ma sono la conseguenza necessaria della decisione di spiegare, e quindi di dominare conoscitivamente, il mondo degli ἐόντα, una volta che a questo si sia passati dopo aver indagato il mondo «geometrico» ed «assoluto» di τὸ ἐόν. È infatti questo stesso passaggio che esige l'adozione di un criterio di spiegazione diverso: se a τὸ ἐόν competevano delle caratteristiche precise (B 8.3-49) in rapporto al suo essere la condizione necessaria ed indispensabile del multiforme mondo delle esperienze, la spiegazione di questo mondo deve fare a sua volta ricorso necessariamente ad un criterio diverso e, naturalmente, anche le sue caratteristiche saranno diverse. Ma il punto fondamentale è che *questa diversità non implica contraddizione*: così come non c'è contraddizione, pur essendoci diversità, tra la determinazione delle proprietà puramente matematiche di un cubo, o di un cilindro, o di una sfera, per esempio, e la determinazione concreta delle sue caratteristiche materiali, «fisiche». La dualità, quindi, come criterio di spiegazione del mondo fisico, è il principio pienamente legit-

timo del mondo delle concrete esperienze umane, così come l'unità lo era del mondo « astratto » di τὸ ἐόν.
I due elementi che entrano nella composizione di tutti gli ἐόντα erano stati chiamati in B 8.56-59 fuoco e notte; ora in B 9.1 sono chiamati φάος e νύξ, luce e notte. Abbiamo discusso precedentemente [1] sulla legittimità di attribuire a Parmenide tutte le teorie esposte dal frammento 9 in poi, e cioè praticamente nella cosiddetta seconda parte del poema. A nostro avviso queste teorie non sono affatto un'esposizione degli « errori » degli uomini, né una esposizione corretta di un contenuto erroneo, né un'esposizione ironica di ciò di cui gli uomini non dovrebbero mai parlare; queste teorie esprimono infatti il διάκοσμος verosimile di tutte le possibili δόξαι βροτῶν: è cambiato il modulo, il « registro » sul quale esse possono essere lette, ma non per questo si tratta di una lettura falsa ed erronea. La nostra affermazione è del resto confortata da tutte le testimonianze antiche, che non solo ci parlano di un Parmenide fisico e studioso della natura (ἔγραψε δὲ φυσιολογίαν) [2], ma menzionano esplicitamente la sua dottrina « dualistica ». Così, per esempio, in Diogene Laerzio (δύο τε εἶναι στοιχεῖα) [3], in Teofrasto (δύο... τὰς ἀρχάς) [4], in Ippolito (πῦρ λέγων καὶ γῆν τὰς τοῦ παντὸς ἀρχάς) [5], nello stesso Aristotele (δύο τὰς αἰτίας καὶ δύο τὰς ἀρχάς) [6], in Clemente [7], in Simplicio (... ἀρχὰς λεγόντων οἱ μὲν δύο, ὡς Π.) [8], in Cicerone [9], in Plutarco (καὶ στοιχεῖα μιγνὺς τὸ λαμπρὸν καὶ σκοτεινὸν ἐκ τούτων τὰ φαινόμενα πάντα καὶ διὰ τούτων ἀποτελεῖ) [10]. Quello che qui ci interessa sottolineare non è tanto la rispondenza puntuale o la non rispondenza di queste testimonianze ai frammenti che ci restano del περὶ φύσεως parmenideo, e nemmeno le eventuali contraddizioni tra alcune di queste testimonianze [11], quanto il fatto che *in tutte è accettata come cosa la più naturale una dottrina dualista di Parmenide nella spiegazione del mondo fisico*. Questo fatto non può non avere una sua importanza ed un suo significato, e *proprio perché* ciascun testimone non assume quasi mai una posizione « neutrale » nei confronti della dottrina parmenidea, ma sente sempre il bisogno di integrarla di correggerla di criticarla.

2. La luce, la notte e i fenomeni della natura

Luce e notte, dunque, sono gli elementi essenziali ed i principi di spiegazione razionale del cangiante mondo degli ἐόντα. Essi sono stati «denominati» così dagli uomini per rendere conto delle proprie esperienze, proprio come era stato preannunciato in B 8.53: questo «nominare», abbiamo già detto, non si colora necessariamente di una valenza negativa, perché il nominare, il dire, è sempre legato al pensare e quindi all'essere (B 2, B 3, B 6, B 8.34-36). Precisiamo ora che se il nominare esprime sempre un essere, è cioè sempre significativo di una realtà, non è però sempre rivelativo di una verità: ci sembra che la distinzione metodologica dei due piani dell' ἐόν e degli ἐόντα che abbiamo fatto commentando B 8 trovi ora una ragione della sua validità proprio in B 9 e poi in B 19. Se in B 8.38-41 l'errore non consisteva tanto nel «dare nomi» a fatti quali il nascere e il morire, il mutar luogo o il mutar colore — perché i nomi sono sempre significativi di realtà —, quanto nell'attribuire questi nomi all' ἐόν invece che agli ἐόντα; se in B 8.53, una volta interrotto il discorso certo sulla verità, gli uomini hanno deciso di nominare due elementi, e l'errore ancora una volta non consisteva nel nominarli quanto appunto nel credere che bastasse uno solo di essi con le sue strutture ed i suoi σήματα particolari a render conto della molteplicità delle esperienze; ora in B 9.1 finalmente φάος e νύξ sono usati correttamente ad indicare la composizione complessa di tutte le manifestazioni naturali (πάντα)[12]. Ogni cosa, cioè, ogni fenomeno del mondo dell'esperienza, per poter essere compreso razionalmente (si ricordi il κρῖναι λόγωι di B 7.5), dev'essere necessariamente ricondotto alla dualità di questi due principi contrari: «Ogni fenomeno viene ricondotto ai due opposti fondamentali, che per così dire si dividono il mondo fisico... traducendosi in rapporti di quantità e qualità. La dea è entrata ormai nell'ambito della *doxa* ed assegna alle due ' forme ' un'ugual misura di realtà »[13]. E infine, in B 19, appare chiaramente la funzione non solo positiva, ma necessaria del nome nella delimitazione e determinazione delle esperienze degli uomini. Nascere crescere perire: nomi che, se applicati all' ἐόν, non hanno alcun significato, anzi sono i segni visibili, le conseguenze inevitabili ed erronee del metodo sbagliato, della ὁδός che οὐκ ἔστιν e che χρεών ἐστι μὴ εἶναι; nascere crescere perire: questi stessi nomi esprimono ora la caratteristica distintiva di ognuno degli ἐόντα nel campo concreto delle esperienze, κατὰ δόξαν, anzi costituiscono le coordinate necessarie ed indispensabili in base alle quali soltanto ciascun fenomeno può essere distinto da tutti gli altri.

v. 2: τά. Viene inteso comunemente come τὰ ὀνόματα, oppure riferito a luce e notte. Nel primo caso[14], oltre a lasciare in fondo nell'ambiguità il termine σφετέρας (è riferito alle cose, che vengono chiamate luce e notte, o è riferito a luce e notte?), si dice in effetti una cosa inesatta: le δύο μορφαί, principi di spiegazione del mondo fisico, sono state giustamente chiamate luce e notte in base alle caratteristiche peculiari di ciascuna di esse; così, altrettanto correttamente, ognuno degli ἐόντα assumerà una denominazione che lo distinguerà da tutti gli altri — lo individuerà. Non ci sembra perciò corretto riferire τά ad ὀνόματα, perché in tal modo si verrebbe a perdere proprio la individualità dei singoli ἐόντα: se traducessimo infatti « e questi nomi, secondo le loro proprietà si applicano a queste o a quelle cose », compiremmo un errore analogo e inverso a quello degli uomini che vogliono attribuire i nomi legittimi nel campo delle δόξαι al campo dell' ἐόν. Se è vero che φάος e νύξ sono i nomi delle δύο μορφαί, è altrettanto vero che *questi* nomi non possono essere attribuiti a ciascuno dei singoli ἐόντα; in altre parole, non è possibile ridurre la molteplicità e la complessità dei fenomeni naturali *ai nomi* dei principi che rendono possibile la loro comprensione e determinazione, ed anche la loro « denominazione ». Ogni cosa, per poter essere compresa, deve acquistare un nome: ma se ogni cosa acquistasse solo i nomi di luce e notte non sarebbe chiaramente distinguibile dalle altre e in effetti non sarebbe distinguibile nemmeno da luce e notte come μορφαί. Ecco perché questa interpretazione-traduzione non ci sembra sostenibile.

Non ci sembra sostenibile nemmeno l'interpretazione di chi attribuisce τά direttamente a luce e notte[15], in quanto ricade in fondo nelle stesse difficoltà della prima: se traducessimo «e queste (luce e notte) secondo le loro attitudini sono applicate a questo e a quello», eviteremmo forse l'ambiguità di attribuire i nomi di luce e notte ai singoli fenomeni, ma non ci troveremmo in una situazione migliore per spiegare il rapporto tra le δύο μορφαί e la molteplicità degli ἐόντα.

In effetti il senso di questi quattro versi di B 9 a noi sembra esser questo: come i due elementi primi hanno ricevuto un nome che distinguesse le caratteristiche proprie dell'uno da quelle dell'altro, così anche ogni manifestazione naturale del mondo oggetto delle esperienze degli uomini riceve un nome, e questo nome che le distingue l'una dall'altra deve individuare ciascun fenomeno distinguendolo dagli altri — perciò i nomi degli ἐόντα non possono essere luce e notte. Ora, poiché luce e notte entrano come principi costitutivi nella composizione di ogni cosa (B 9.3-4), l'uno e l'altro insieme, di modo che ogni cosa risulta dall'equilibrio e dalla mescolanza — in ogni singola cosa — dei due elementi fondamentali, anche il nome di ogni singola cosa rispecchierà questa composizione complessa e questo prevalere di certe caratteristiche rispetto ad altre: luce e notte entrano sempre a pari titolo (ὁμοῦ) nella composizione di ogni cosa, ma il nome di ogni singola cosa rispecchierà volta a volta il prevalere di certe caratteristiche proprie dell'una su quelle proprie dell'altra, esprimerà cioè la loro misura, il loro rapporto, il loro equilibrio (ἴσων ἀμφοτέρων).

Per tutte queste ragioni abbiamo inteso τὰ κατὰ σφετέρας κτλ. come un'espressione unitaria[16], ed abbiamo tradotto «e ciò che è conforme alle loro proprietà (della luce e della notte, cioè alle caratteristiche proprie dell'una o dell'altra) è attribuito a queste o a quelle cose (cioè ai singoli ἐόντα)»: traduzione che ci sembra meno ambigua delle altre e che comporta, a nostro parere, un minor numero di difficoltà, dal momento che aderisce maggiormente al senso generale del frammento e della dottrina fisica di Parmenide.

vv. 3-4. Crediamo che questi versi giustifichino sia la nostra lettura del frammento 9, sia quanto abbiamo detto commentando da B 8.53 in poi. « Tutto è egualmente pieno di luce e di notte oscura »: questo verso ci dice chiaramente che luce e notte non sono soltanto principi di spiegazione razionale del mondo fisico, ma *sono anche i principi costitutivi della molteplicità dei fenomeni naturali*, entrano cioè nella composizione di ogni singola cosa. Che le δύο μορφαί fossero anche questo (e da questo punto di vista — ancora una volta — ci troviamo di fronte un Parmenide agevolmente inserito in una tradizione speculativa scientifica e filosofica che andava affermandosi sempre di più nella Grecia di questi secoli; e in questo senso, del resto, acquistano rilevanza le stesse testimonianze di Aristotele che esplicitamente — anche per Parmenide — rileva la forte presenza nel pensiero preplatonico di una concezione basata sulla contrarietà di due principi)[17], che le δύο αἰτίαι fossero anche δύο ἀρχαί, si ricavava già da B 8, dove si diceva che il fuoco, oltre ad essere αἰθέριον ed ἤπιον era anche ἐλαφρόν, e la notte, oltre ad essere ἀδαῆ, aveva anche un δέμας πυκινόν ed ἐμβριθές: aggettivazioni che ci richiamano alla concreta « fisicità » di certi attributi. Fuoco e notte, dunque, o luce e notte, entrano nella composizione di ogni cosa: la diversa proporzione in cui volta a volta si ritrovano spiega la diversità dei singoli fenomeni come appaiono nelle esperienze degli uomini: ad essi è giusto quindi attribuire nomi diversi; il fatto importante — in B 9 come in B 8.53-59 — è che i due elementi non possono essere separati artificiosamente e contrapposti in maniera inconciliabile — e gli uomini appunto ἐν ὧι πεπλανημένοι εἰσίν — *giacché ogni cosa risulta proprio dall'insieme dei due*: ἐπεὶ οὐδετέρωι μέτα μηδέν[18]. Questo significa che: 1) dal momento che μηδέν può valere anche μὴ ἐόν (sulla base di B 6.2), e cioè κενόν, qui si potrebbe vedere ancora una volta una polemica antipitagorica, come in B 8: luce e notte sono gli elementi che in maniera esclusiva possono formare e dar conto della composizione di tutte le cose, senza bisogno di introdurre null'altro, e specialmente un intervallo vuoto [19]; 2) dal momento che l'un elemento non può essere pensato senza l'altro, l'assunzione delle due μορφαί fondamentali è l'unica condizione possibile per una descrizione corretta e verosimile delle esperienze umane [20], l'unica descrizione che ce ne dia una conoscenza coerente e razionale e le tragga fuori dal mondo caotico dell'immediato. È quanto appunto Parmenide farà nei frammenti che seguiranno.

B 10 - B 11

1. Dal mondo di τὸ ἐόν al mondo di τὰ ἐόντα

I frammenti dal 10 al 19 contengono dunque l'esposizione della dottrina parmenidea sull'origine e natura del cosmo, degli astri, della terra, della luna, della fisiologia e patologia dell'uomo, dell'origine del pensiero. È l'esposizione corretta di tutto il complesso mondo delle esperienze umane, nei piú diversi campi, che la dea offre agli uomini perché possano formarsi delle δόξαι corrette, coerenti, e non soggiacciano così alle impressioni immediate confuse incoerenti che li fuorvierebbero e li ingannerebbero: ancora una volta, e anche da questo punto di vista, acquistano un senso ben preciso quegli avvertimenti che la dea aveva rivolto a Parmenide in B 6, B 7, B 8.51-52, B 8.60-61.

Purtroppo, di tutta questa parte del poema parmenideo ci è rimasto molto poco, anzi troppo poco: pochi i frammenti, e per lo piú brevissimi (49 linee in tutto a partire da B 8.50 contro le 109 da B 1 a B 8.49), scarsi gli elementi significativi per una ricostruzione completa della sua dottrina cosmologica e fisica. Né le testimonianze degli antichi ci aiutano molto: il loro commento al poema parmenideo, quando non si riferisce a dottrine che non ci sono pervenute nei frammenti — cioè quando non è controllabile la loro veridicità —, è spesso discordante da ciò che possiamo leggere nel testo parmenideo, ed a volte la spiegazione di un commentatore è in aperta contraddizione con quella di un altro. Tutto ciò non ha impedito, naturalmente, che anche su questo secondo gruppo di frammenti si scrivesse molto e troppo, elaborando a volte delle complicatissime spiegazioni nelle quali si è data prova piú di fantasia che di senso critico. Da parte nostra, nel commentare questi ultimi frammenti, ci atterremo strettamente a ciò che in essi si può leggere, evitando di proposito di allargare il discorso, se non in quei pochissimi casi in cui si è trattato di riprendere il filo di argomentazioni già svolte.

Vorremmo tuttavia, prima di passare al commento, sottolineare due aspetti che ci sembrano importanti nella lettura di questa seconda parte del poema. Uno è che tutta la descrizione del mondo fisico, nei singoli aspetti che lo costituiscono — una descrizione che doveva essere quanto mai puntuale ed attenta, a giudicare anche dai pochi versi che ci rimangono —, è una descrizione che tende sempre a mettere in luce la mobilità, la dinamicità, *la vita* del cosmo: gli ἐόντα nascono e muoiono, cambiano, si trasformano; il λόγος che si fa su di essi, lungi dal vanificare questa mobilità e questa dinamicità, è teso appunto a trovarne le leggi, le ragioni. E se è vero che la legge dei fenomeni è qualcosa che non può cambiare, che appare immobile, astratta, eterna — è τὸ ἐόν —, è altrettanto vero che la sua validità si misura solo sul fatto che essa deve poi potersi tradurre in una spiegazione proprio della mobilità, della concretezza, della temporalità. Immobilità di τὸ ἐόν, dinamicità di τὰ ἐόντα: è su questo rapporto dialettico che gioca la dottrina parmenidea [1]. Lungi dall'essere lo στασιότης della realtà naturale che una certa tradizione antica e moderna ci aveva presentato, Parmenide appare dunque, se lo si legge senza preconcetti, come la prima vera figura dello scienziato che agevolmente passa dalla formulazione della legge scientifica alla sua concreta applicazione nella descrizione e spiegazione della molteplicità dei fenomeni naturali. La puntualità e la precisione delle sue osservazioni in questi ultimi frammenti costituiscono, a nostro avviso, un'indiscutibile prova proprio di ciò. Ed a questo fatto si collega anche il secondo aspetto che volevamo sottolineare: e cioè la presenza costante, nella descrizione del mondo delle manifestazioni naturali, di quei due principi di spiegazione razionale, di quei due elementi fondamentali e necessari del mondo del divenire che erano stati individuati in B 8 nel passaggio dal mondo di τὸ ἐόν al mondo di τὰ ἐόντα. Pur nella difficoltà di ricostruire, sulla base dei pochissimi elementi che ci rimangono, un'immagine completa e pienamente attendibile della «cosmologia» parmenidea, quella «che risulta invece indiscutibile è la presenza operante dei due elementi opposti: fuoco e tenebra; sono opposti che, forse, intendono riassumere in sé ed esemplificare ogni possibile coppia di opposti del cosmo »[2].

2. Il sole la luna le stelle

B 10 e B 11 costituiscono verosimilmente i primi frammenti in cui Parmenide passa concretamente alla descrizione del mondo naturale: lo provano i verbi al futuro di B 10, che fanno supporre che alla «enunciazione» contenuta nel frammento seguisse una piú accurata descrizione (della quale, del resto, potrebbero costituire dei brandelli B 14, B 15 e B 15a); lo prova ancora il πῶς di B 11. V'è stato invero qualche studioso che ha avanzato delle riserve su questi due frammenti, esprimendo dei dubbi sulla loro autenticità [3]; ma a noi sembra che solo una preconcetta immagine di un Parmenide «afisico» od una esasperata contrapposizione tra ἀλήθεια e δόξα, o ancora una artificiosa contrapposizione tra una *doxa* vera ed una *doxa* falsa, possano far respingere i due frammenti (ma allora perché non respingere anche tutti quelli che seguono?), i quali invece si inquadrano perfettamente nel contesto della dottrina parmenidea.

Ciò che bisognerà ora conoscere (B 10.1: εἴσηι; B 10.5: εἰδήσεις) è dunque la natura dell'etere e tutte le stelle che sono nell'etere: πάντα σήματα ἐν αἰθέρι. La descrizione del mondo naturale inizia dalle stelle. Un'esatta comprensione, dunque, di questi fenomeni doveva costituire un momento importante della dottrina di Parmenide, ed insieme anche l'occasione di un avvio alto e solenne della seconda parte del poema. È interessante notare come al verso 2 di B 10, ed a differenza che al verso 7, le stelle sono chiamate σήματα: lo stesso termine che in B 8.2 indicava le caratteristiche fondamentali di τὸ ἐόν — determinabili seguendo l'unica via, l'unico metodo possibile —, ed in B 8.55 indicava le caratteristiche fondamentali delle δύο μορφαί — determinabili soltanto coll'evitare l'errore di considerarle assolutamente separate l'una dall'altra —. Ora σήματα sta ad indicare le stelle, tutte le stelle che si trovano nell'etere: quasi i segni visibili, i segni piú importanti, i primi dei quali bisogna parlare una volta intrapresa la via delle spiegazioni dei fenomeni oggetto delle esperienze umane. Noi non sottolineeremmo tanto la diversità dei tre luoghi in cui Parmenide usa questo termine in relazione alla via della verità ed alla via dell'errore [4]; che si tratti di σήματα diversi è evidente, ma il fatto importante è proprio l'uso dello stesso termine che Parmenide fa in contesti diversi, quasi a far risaltare una continuità: *una continuità che è di conoscenza*. Sia che indaghi la condizione fondamentale ed imprescindibile di ogni sapere, sia che indaghi la costituzione particolare degli elementi costitutivi di tutte le cose, sia che indaghi la concretezza specifica dei fenomeni naturali, l'uomo si trova sempre di fronte a dei σήματα perfettamente riconoscibili, e questa è appunto la garanzia che il suo sforzo non sarà vano e che alla fine della sua ὁδός troverà sempre ciò che gli era stato promesso e che si aspettava: la possibilità di πάντα πυθέσθαι.

Abbiamo accennato poc'anzi che B 10 e B 11 possono essere considerati come l'enunciazione della seconda parte del programma del sapere necessario all' εἰδὼς φώς: ci troveremmo così di fronte ad un parallelismo tra le due parti del poema — se proprio di due parti si vuol parlare. Dopo un proemio (B 1) ed una discussione metodologica (B 2 - B 6), nei quali era rappresentato anche il programma del sapere, l'esposizione della dottrina ed il vero discorso su « ciò che è »; così, dopo una enunciazione generale e programmatica della dottrina di τὰ ἐόντα (B 10, B 11), una esposizione completa dei fenomeni del mondo naturale nella loro specificità (B 12 - B 19). Purtroppo di quest'ultima esposizione ci rimane pochissimo, e non sempre tutti gli aspetti si armonizzano tra loro: questo però, a nostro avviso, non deve indurci a mettere in dubbio l'autenticità di alcuni frammenti — i quali rientrano tutti, come è stato notato, nello scenario della «cosmologia» parmenidea —, bensì a farci dichiarare francamente l'oscurità per noi di certi particolari ed a farci lamentare ancora una volta la perdita di molta parte della seconda metà del poema.

Della cosmologia parmenidea, infatti, non tutti gli elementi ci sono chiari. Consideriamo per ora soltanto i frammenti 10 e 11: abbiamo l'etere di B 10.1, le stelle (σήματα) di B 10.2, il sole di B 10.2, la luna di B 10.4, il cielo (οὐρανός) di B 10.5, gli astri di B.10.7, la terra di B 11.1, ancora il sole e la luna di B 11.1, l'etere ξυνός di B 11.2, la galassia celeste (γάλα οὐράνιον) di B 11.2, l'olimpo estremo di B 11.2-3. A noi sembra di poter affermare con una certa sicurezza che i σήματα di B 10.2 siano senz'altro gli astri del v. 7 e di B 11.3: sono cioè tutti i corpi celesti, tutti i corpi che si trovano nel cielo, compresi sole luna terra. Ma che cosa sia il cielo (οὐρανός) e in che cosa differisca dall' αἰθήρ e dall' ὄλυμπος non ci sembra possa essere affermato con altrettanta certezza. E infatti, mentre è detto in B 10.1 che tutti gli astri si trovano ἐν αἰθέρι, e perciò l' αἰθήρ è chiamato ξυνός in B 11.2[5], in B 10.5 si definisce οὐρανόν come ἀμφὶς ἔχοντα ed in B 11.2-3 è l' ὄλυμπος ad essere ἔσχατος. Si potrebbe sostenere, certo, che etere, cielo ed olimpo siano in fondo sinonimi ed indichino una stessa realtà [6]: ma non è strano che un Parmenide, teorizzatore della rispondenza del nome alla cosa, usi ben tre termini per indicare una stessa realtà? La questione non può essere risolta, a nostro modesto avviso (a meno di non far ricorso piú alla fantasia che ai documenti che ci rimangono), e si complica in effetti, come vedremo, se teniamo presente anche B 12. La cosa certa è dunque che Parmenide afferma una zona piú esterna del cosmo, un olimpo estremo o un cielo che tutto avvolge, all'interno della quale si muovono gli astri, il sole, la luna, la terra; qualche altra rapidissima notazione ci dice dell'«opera distruttrice» del sole o del «vagare errabondo» della luna «dall'occhio rotondo»: ma sono forse piú notazioni poetiche che le vere e proprie caratterizzazioni scientifiche che, come si era promesso, sarebbero seguite. Altro, sulla base dei frammenti, non è dato congetturare.

3. NECESSITÀ CHE TUTTO GOVERNA

Ad altre riflessioni, tuttavia, inducono B 10 e B 11. Anzitutto, è da notare la forte impronta razionalistica e la prospettiva scientifica in cui si inquadrano questi frammenti: dallo scenario di questa cosmologia e cosmogonia sono scomparsi completamente gli dei: cielo terra sole luna non sono piú divinità che si generano l'una dall'altra ed istaurano rapporti piú o meno complicati tra di loro, come nelle antiche teogonie e cosmogonie greche e pregreche, ma costituiscono le manifestazioni pienamente naturali di un unico mondo, di un unico universo, e, quel che piú conta, non « al di là » della conoscenza umana, bensí l'oggetto proprio dello sforzo conoscitivo dell'uomo. Non un « frutto vano di conoscenza » insegue allora l'uomo quando indaga sulle cose della terra e del cielo, ma la meta specifica, e nello stesso tempo la piú alta, proprio del suo essere uomo. (Era questa dichiarazione dell'assoluta conoscibilità del cosmo, delle sue δυνάμεις naturali e divine, a spingere Platone a definire Parmenide un uomo « venerando e terribile »?).

Vero è che gli dei non sono scomparsi formalmente dal poema parmenideo: si veda ancora, in seguito, il frammento 13; noi abbiamo parlato, commentando B 1, del significato « formale » delle figure divine, ed abbiamo discusso il carattere « religioso » del poema; ci tocca ora aggiungere qualche cosa e concludere quel discorso. Abbiamo esaminato i vari contesti in cui appaiono, nel poema, le figure divine; ci pare che da quest'esame si possa concludere che i vari nomi con cui viene designato il divino (*Dike, Moira, Ananke, Themis, Peithò*) designano in effetti aspetti differenti di una unica forza divina nella molteplicità delle sue funzioni e manifestazioni[7]. Questo fatto già stabiliva una notevole differenza tra Parmenide e la cultura a lui precedente: il pensiero filosofico e scientifico veniva costruendo propri concetti e forme quasi *dall'interno* del mondo delle rappresentazioni religiose e teologiche. Se le forme, i nomi, degli aspetti naturali e divini sono ancora quelli familiari alla cultura greca precedente e contemporanea a Parmenide, queste forme e questi nomi non hanno ormai piú un contenuto religioso, ma sono usati per esprimere concetti e pensieri radicalmente nuovi: « Questo certamente non significa che nei versi parmenidei ci sia anche un contenuto religioso, oppure che si possa parlare per Parmenide di un ' fondamentale atteggiamento teologico '. Parmenide usa piuttosto queste forme per descrivere il suo incontro con la dea e per rappresentare l'essenza dei suoi nuovi inauditi concetti »[8]. La divinità quindi rappresenta in Parmenide la norma unica ed indefettibile alla quale sono soggetti tutti gli aspetti particolari del cosmo: l'uomo e il dio, il tutto e le singole parti che lo costituiscono, sono soggetti a quell'unica legge di necessità che tiene saldamente nei suoi vincoli τὸ ἐόν (B 8.14-15), lo tiene nei legami di πεῖρας che d'ogni parte lo avvolge (B 8.30-31), e tutto governa (B 12.3)[9]. Aspetto questo, di Ἀνάγκη, certamente non nuovo anche nell'ambito della cultura prescientifica greca[10], ma che in Parmenide si spoglia di ogni coloritura fatale, di ogni caratteristica di « destino imperscrutabile », per assumere decisamente il contenuto del tutto nuovo di una *necessità razionale* e quindi anche l'aspetto di un vero e proprio concetto astratto[11]. Quando Parmenide quindi parla di *Dike e Ananke* che tengono τὸ ἐόν nei legami del limite, « le sue parole riecheggiano Esiodo[12] e Simonide[13] ... ma il suo pensiero è lontano dal loro »[14]; in Esiodo e Simonide la fonte della costrizione è esterna a ciò che è costretto, in Parmenide la costrizione è immanente e si fonda su una necessità logico-fisica: « l'ordine della natura è deducibile dalle proprietà intelligibili della natura stessa »[15]. In questo il pensiero di Parmenide è sulla linea della tradizione scientifico-filosofica inaugurata dagli Ionici; il regno del magico è completamente scomparso ed è stato reintegrato nel dominio della natura: « Tutti gli eventi naturali, ordinari o straordinari, sono ora uniti sotto una legge comune »[16].

Ora, questa legge comune a tutto il cosmo, questa norma

assolutamente necessaria, che si racchiude nei concetti di *Dike* e *Ananke*, si presenta in Parmenide — e questo è molto importante — strettamente connessa alla stessa *Aletheia* [17]; *Aletheia, Dike* e *Ananke* sono in fondo tre modi diversi dell'esprimersi di quell'unica norma che vincola il mondo di «ciò che è» al mondo delle «cose che sono»: al mondo del pensiero che pensa l'uno e l'altro. Se il pensiero non può che pensare l'essere, se il pensiero non può che esprimersi necessariamente nei limiti dell'essere (B 8.34-36), la necessità che regola questo deve regolare analogamente anche quello. E infatti, se δίκη è colei che non permette a τὸ ἐόν di nascere o di perire, ma lo tiene ben fermo nei suoi legami (B 8.14-15), δίκη è anche colei che possiede le chiavi che aprono e chiudono (B 1.14), cioè che esercita, come abbiamo visto, la sua funzione nell'ambito dell'attività conoscitiva [18]; se ἀνάγκη è colei che tiene τὸ ἐόν nei legami del limite che ἀμφὶς ἐέργει (B 8.30-31), se ἀνάγκη è colei che costringe il cielo a tenere fissi e determinati πείρατ' ἄστρων (B 10.6-7), ἀνάγκη è anche colei che spinge alla decisione di abbandonare definitivamente la via ἀνόητος e ἀνώνυμος, cioè la οὐ ἀληθὴς ὁδός (B 8.16-18) [19]. La legge della realtà, dunque, è anche la legge del pensiero, l'ordine del mondo si traduce nell'ordine e nella correttezza del pensiero [20]. Quella stessa necessità logico-fisica che fa sì che τὸ ἐόν sia proprio com'è e non altrimenti, quella stessa necessità cosmica che stabilisce i limiti di tutte le manifestazioni naturali, è anche la necessità che incatena il pensiero a seguire una certa via e non un'altra, a trarre certe conseguenze da un discorso e non altre: è una necessità, in altre parole, che costituisce la garanzia piú valida della *verità* del processo del pensiero e nello stesso tempo del suo oggetto.

Ma non crediamo che si debba intendere quest'assoluta necessità del pensiero come una norma ad esso esterna, che lo limita e lo costringe e lo forza quasi brutalmente a seguire una via piuttosto che un'altra. Crediamo al contrario che il pensiero che non può pensare la realtà se non seguendo una certa via, se non obbedendo a certe leggi, nel far ciò obbedisca soltanto ad una necessità interna, autonoma: è *la necessità della verità* che, proprio perché necessità razionale, non può che comportare *una adesione cosciente, libera e fiduciosa*[21]. Non a caso, infatti, il termine ἀληθής si accompagna a πίστις (B 1.30, B 8.28), il λόγος è definito πιστός (B 8.50), la ἰσχύς è ancora una volta di πίστις (B 8.12); ed *è importante che la via che bisogna seguire, la decisione che bisogna prendere* ὥσπερ ἀνάγκη, *in una parola l'* Ἀλήθεια, *è anche la* Πειθοῦς κέλευθος (B 2.4): tutto ciò non può che significare che *l'adesione alla verità, la decisione sulla via, il ragionare correttamente, sono atti che scaturiscono sì dalla necessità, ma da quella necessità intima e razionale che proviene solo da una libera e consapevole accettazione.*

B 14 - B 15 - B 15a - B 13

1. Le ragioni di uno spostamento

I frammenti che seguono B 11 sono purtroppo pochi, ma, quel che è peggio, tra l'uno e l'altro di essi molti presumibilmente sono i versi per noi ormai perduti. Difficile è quindi delineare la cosmologia e l'antropologia parmenidee, mentre è possibile tracciarne un quadro solo per linee generali e per poche e prudenti ipotesi. Tuttavia, pur nell'ambito di queste considerazioni, ci pare di poter proporre un ordine dei frammenti, da B 12 a B 19, diverso da quello offerto da Diels-Kranz. Al frammento 11 facciamo seguire B 14, B 15 e B 15a; poi B 13 e quindi B 12, B 18, B 17, B 16; infine B 19, che, se non rappresenta proprio la conclusione del poema, doveva verosimilmente trovarsi tra gli ultimi versi di questo.

Le ragioni della nostra proposta sono essenzialmente due. La prima, e la piú semplice, è che B 18 e B 17 (che si trovava certamente nello stesso contesto) dovevano seguire B 12: in questo si parla della δαίμων che πάντα κυβερνᾶι, e che quindi regola (ἄρχει) anche il parto e l'accoppiamento del maschio con la femmina, e in B 18 si descrivono gli effetti della μῖξις tra le *virtutes* del sangue dell'uno e dell'altra sul nascituro, e in particolare sul suo sesso. La determinazione del sesso del feto era poi anche l'oggetto del frammento 17. Ci sembra pertanto che la proposta di una successione B 12-B 18-B 17 possa essere considerata fondata.

La seconda ragione è che B 14, B 15 e B 15a verosimilmente dovevano seguire, in un contesto alquanto piú ampio

— e per noi perduto —, B 10 e B 11. Abbiamo già accennato [1] al fatto che questi ultimi due frammenti costituiscono un nuovo « programma » del sapere, una enunciazione generale di argomenti che saranno poi trattati in particolare, così come già era avvenuto nella prima parte del poema a proposito di τὸ ἐόν e della trattazione effettiva dei suoi σήματα. In B 10 infatti la dea promette a Parmenide di apprendergli la natura dell'etere e di tutte le stelle, nonché il processo della loro nascita (ὁππόθεν ἐξεγένοντο), di apprendergli la natura della luna (σελήνης φύσις) ed il processo di formazione (ἔνθεν ἔφυ) [2] del cielo che tutto avvolge; in B 11 la promessa è ancora di descrivere il processo attraverso il quale tutti i corpi che si trovano nell'etere hanno assunto quelle caratteristiche proprie, specifiche, che li distinguono l'uno dall'altro (πῶς ... ὡρμήθησαν γίγνεσθαι) [3]. Ebbene, i tre frammenti che stiamo esaminando costituiscono appunto, a nostro avviso, la realizzazione di quel programma. Certo, le notazioni e le caratteristiche che ne vengon fuori sono pochissime e riguardano in fondo solo la luna e la terra, cioè solo due di quei πάντα σήματα ἐν αἰθέρι di cui si era promesso di parlare (nulla possiamo leggere sulle altre stelle, sul cielo, sull'etere, sull'olimpo, sulla galassia, sul sole) [4]; ma che la luna sia una « luce che splende di notte [5] di luce non sua, vagando intorno alla terra » (B 14), « sempre guardando ai raggi del sole » (B 15), e che la terra abbia le sue radici nell'acqua (B 15a) [6], sono certo notazioni e caratteristiche che tendono proprio ad individuare la *physis* specifica e distintiva di questi due corpi celesti rispetto a quella di tutti gli altri, e non più quelle notazioni poetiche che avevamo letto in B 10 e B 11.

Dopo B 15a collochiamo dunque B 13; questo segna, a nostro avviso, un passaggio: la ripresa del discorso cosmologico e cosmogonico con altri fini, e cioè il collegamento di questo discorso a quello sul mondo animale (B 12, B 18, B 17) e sul mondo umano (B 16). Simili passaggi non sono infrequenti nel poema e costituiscono una caratteristica propria dello stile e dello stesso modo di procedere del discorso parmenideo, che è una continua ripresa con esiti volta a volta diversi di una intuizione centrale e fondamentale: basti pensare al ritorno continuo e martellante sul problema delle vie, cioè sul problema metodologico, in B 2, B 6, B 7, B 8.1-2, B 8.15-18; basti pensare a tutte le caratteristiche di τὸ ἐόν che si desumono, in B 8, sempre dall'esclusione fondamentale dei concetti di nascita e morte. A questa nostra collocazione si potrebbe obiettare che Simplicio, che riporta il frammento[7], lo colloca *dopo* B 12.3. Ma la testimonianza di Simplicio non ci sembra probante: è vero che buona parte del poema rimastaci la dobbiamo a lui, e che quindi egli molto probabilmente aveva a disposizione una copia dell'opera e citava di prima mano, ma è anche vero che egli cita in genere gruppi di versi senza preoccuparsi di stabilire con precisione la loro collocazione all'interno del poema. Prova ne siano le formule con le quali introduce volta a volta le sue citazioni, e che costituiscono delle espressioni molto generiche e quasi stereotipe: si veda, per esempio, la formula καὶ μετ' ὀλίγα δὲ πάλιν, che introduce[8] la citazione dei primi tre versi di B 12 dopo B 8.61, ma anche[9] B 9 dopo B 8.59; prova ne siano le informazioni che dà riportando gruppi di versi di B 8 aggregati in varia maniera[10]: formule ed informazioni che certamente non possono essere considerate delle indicazioni precise e vincolanti, ma che vanno verificate volta per volta. Ma c'è di più. Aristotele, riportando lo stesso frammento 13, lo introduce con queste parole: « Parmenide... infatti, delineando la genesi di tutto (κατασκευάζων τὴν τοῦ παντὸς γένεσιν), disse... »[11]: è questa, a nostro avviso, una prova che B 13 doveva far parte di un contesto più ampio in cui la γένεσις τοῦ παντός era ripresa e trattata in vista di un passaggio alla descrizione di un altro aspetto della realtà naturale, e cioè alla descrizione del mondo della vita. Quel mondo che sarà appunto delineato in B 12, B 18, B 17, B 16.

Ci appare ora in tutta la sua grandezza e maestosità quello che doveva essere il disegno del *perì physeos* parmenideo, di quest'opera che tanto colpì gli intelletti — ed i più alti — nell'antichità e che tanto ha impressionato ed affascinato filosofi e studiosi di tutti i tempi, da Hegel fino ad oggi: un'introduzione alta e ispirata, sullo stile della tradizione epica, che racconta di un'esperienza intellettuale straordinaria; un programma ambizioso di ricerca che rivendica la possibilità per l'uomo di conoscere «tutto in tutti i sensi»; una acuta discussione sul metodo che costituisce lo spartiacque tra l'orgogliosa affermazione dell'«uomo che sa» ed il brancolare nel buio degli uomini «sordi e ciechi»; un'eccezionale intuizione del rapporto che unisce e distingue l'esperienza di tutti i giorni ed il mondo astratto e formalizzato della «verità» scientifica; uno scenario grandioso e solenne in cui si muovono gli astri e la terra, le stelle e gli uomini, in cui tutto nasce si sviluppa muore, in una musica eterna il cui spartito è ritmato dall'inflessibile legge di una Necessità razionale che tutto governa. Di questo grandioso disegno non possiamo che lamentare ancora una volta la perdita di quasi tutta l'ultima parte.

2. Amore e la sorte degli uomini

Qualche altra cosa ci resta da dire sul frammento 13. «Primo di tutti gli dei concepì Eros»; il soggetto di μητίσατο è comunemente ritenuto la dea [12] di B 12.3, sulla base della testimonianza di Simplicio [13]. Sul frammento, comunque, e sulla funzione di Eros nel sistema parmenideo, come pure sul suo rapporto con la Teogonia di Esiodo e con una famosa testimonianza di Cicerone [14], molto è stato scritto e non sempre a proposito [15]. Noi crediamo, con lo Zeller [16], che la mancanza di informazioni più precise e sicure non permetta di andare al di là di alcune ipotesi probabili, anche se verosimili: certo è che, oltre ad Eros, dovevano esserci nella cosmogonia parmenidea altre figure divine [17], e che queste dovevano costituire, come abbiamo già detto commentando B 1 e B 10-B 11, gli aspetti diversi di una unica norma logica e fisica che regola il cosmo tutto. La menzione di Eros a questo punto del poema ed il fatto che sia πρώτιστον significa molto probabilmente che a questa particolare forma della divinità Parmenide attribuiva il compito di regolare la nascita degli esseri particolari come risultato della mescolanza dei due principi fondamentali, la luce e la notte. Anche per questo aspetto, dunque, Parmenide da un lato si colloca sul filo di una tradizione di poesia e di riflessione su Amore principio cosmico e cosmogonico che ha la funzione di « unire », « formare », « portare alla nascita »[18]; dall'altro lato porta a compimento quel processo di universalizzazione e di astrazione di un concetto che nasceva proprio dalla critica razionalistica a quel principio della teogonia tradizionale[19]. L'Eros di Parmenide infatti simboleggia proprio quella forza immanente nel mondo degli ἐόντα che rende possibile il congiungimento di luce e notte, e quindi in definitiva l'apparire nel cosmo di ciascuno dei suoi aspetti particolari nella sua determinatezza e specificità[20].

Alcuni studiosi hanno voluto attribuire a Parmenide, sulla base di una testimonianza di Simplicio[21], una dottrina della trasmigrazione delle anime. Dice Simplicio: « E questa anche dice causa degli dei, con queste parole: ' Primo di tutti gli dei concepì Eros ', e che spinge le anime talora dal visibile all'invisibile, talora all'inverso (καὶ τὰς ψυχὰς πέμπειν ποτὲ μὲν ἐκ τοῦ ἐμφανοῦς εἰς τὸ ἀειδές, ποτὲ δὲ ἀνάπαλίν φησιν)». Il Rohde, per esempio, vede una contraddizione tra questa dottrina e quella esposta nel frammento 16, e chiedendosi se Parmenide non abbia distinto « quest'anima dall'esistenza indipendente, da ciò che nella combinazione degli elementi percepisce e pensa come spirito (νόος), ma che pure, nella sua esistenza, è legato e agli elementi e a quella loro composizione che costituisce il corpo », ne conclude come probabile un accostamento di Parmenide ai Pitagorici su questo punto[22]. Così fanno anche altri studiosi, ricordando la distinzione, nell'ambito pitagorico, e in autori legati da vari rapporti al pitagorismo e all'orfismo, tra l'anima somatica mortale (ψυχή) e l'anima mistica immortale (δαίμων)[23]. Altri invece negano recisamente la possibilità, in Parmenide, della dottrina della trasmigrazione delle anime o di una loro preesistenza, giudicando l'ipotesi inverosimile[24]. Noi crediamo di doverci attenere strettamente ai frammenti, e su questa base anche a noi l'attribuzione a Parmenide di tale dottrina sembra, se non inverosimile, altamente improbabile. Vero è che in Parmenide sono presenti echi di dottrine pitagoriche; ma è anche vero, come abbiamo visto piú di una volta, che tali dottrine costituiscono piú l'oggetto di una polemica che la base di un discorso comune: un chiaro esempio è B 8, con la sua polemica contro il vuoto e contro la separazione assoluta delle μορφαί. Sta di fatto che Parmenide nei suoi frammenti non nomina mai la ψυχή né l'anima come δαίμων [25], mentre a piú riprese e in piú contesti si riferisce al νόος o al νόημα ed alle attività del νοεῖν e del φρονεῖν [26]. Ma il fatto importante è che per lui νόος e νοεῖν sono molto chiaramente legati alla composizione organica degli elementi che costituiscono il corpo di ciascun uomo (B 16), sì da fare tutt'uno con essa; per cui è impossibile affermare un'esistenza separata del νόος individuale rispetto alla individuale κρᾶσις μελέων. E se noi pensiamo che ciascun aspetto individuale della mescolanza degli elementi costituisce un momento temporalmente determinato dell'eterno dinamismo che muove l'universo [27], un aspetto cioè che nasce, si sviluppa ed ha una fine (B 19), non ci sembra allora corretto parlare non solo di una ψυχή in Parmenide, ma neanche, e tanto meno, della possibilità di una sua preesistenza od immortalità, dal momento che ἀγένητον e ἀνώλεθρον è solo τὸ ἐόν ed all'uomo — come a tutti gli altri ἐόντα — tocca il destino ineludibile di nascere e morire. Ed il fatto che l'ἄνθρωπος sia costituito — a differenza, probabilmente, degli altri ἐόντα — oltre che di « mobili parti » anche di un νόος, non lo sottrae a quella sorte comune a tutto ciò che è βροτόν, che consiste nel « guardare alla luce per far subito posto agli altri che seguono » [28].

B 12 - B 18 - B 17

1. Dalle stelle agli uomini

Dopo la descrizione dei corpi celesti, e cioè dopo la descrizione del processo attraverso il quale i due elementi cosmici fondamentali si incontrano e si mescolano dando luogo a quei fenomeni particolari — ognuno dei quali individuati con un nome specifico — che sono le stelle, il sole, la luna, la terra; dopo aver sottolineato il ruolo importantissimo di Eros, divinità e forza naturale insieme, nel regolare e permettere la nascita di ciascun aspetto individuale del cosmo, il discorso di Parmenide si sposta ad indagare e ad analizzare il mondo della vita, il mondo animale ed umano. B 13 ed i primi versi di B 12 segnano appunto la conclusione del discorso cosmologico; gli ultimi versi di B 12 introducono a questo nuovo aspetto; B 18, B 17 e B 16 sono gli unici frammenti che ci sono rimasti di questa ultima parte del poema che narrava — dalle stelle agli uomini — le vicende di tutto ciò che nasce e muore.

I primi due versi del frammento 12 sono di facile traduzione ma di interpretazione molto difficile, a causa principalmente della perdita di tutto il contesto nel quale erano inseriti e dal quale doveva dipendere la loro intelligibilità. Diciamo innanzi tutto che il termine « corone » (στεφάναι), che abbiamo messo in parentesi quadre nella traduzione, non si legge nel testo del frammento, ma viene comunemente accettato, ricavandolo da una testimonianza di Aezio [1]. Dal frammento si può arguire molto poco: una successione di sfere cave, alcune delle quali costituite di fuoco puro (πυρὸς ἀκρήτοιο) [2], altre di notte frammista a fuoco. Di piú il frammento non dice: né quali siano queste sfere, né il posto occupato da ciascuna di esse, e in particolare dalla sfera della terra[3], né — fatto ancor piú importante — come mai ne possano esistere alcune non miste di fuoco e notte, dal momento che si è detto che « tutto è egualmente pieno di luce e di notte » ed « ogni cosa risulta dall'insieme delle due » (B 9.3-4). Né le cose si chiariscono se tentiamo di spiegarci B 12 con il passo di Aezio, che pure doveva essere un commento a questi versi del poema: già la testimonianza non è chiara di per se stessa. Nella prima parte, per esempio, si dice che ciò che avvolge *tutte* le corone (τὸ περιέχον πάσας) è una specie di muro, mentre poi si parla dell'etere che si volge tutto intorno *nel cerchio estremo* (περιστάντος δ' ἀνωτάτω πάντων τοῦ αἰθέρος). In realtà, stando alla testimonianza, avremo non uno, ma due schemi della cosmologia parmenidea, diversi l'uno dall'altro. Ammesso che il «rarefatto» (ἀραιόν) e il « denso » (πυκνόν) di cui parla Aezio corrispondano alla luce e alla notte di Parmenide — cosa tutt'altro che pacifica[4] —, avremo: 1) una sfera rarefatta (di fuoco) all'estremo limite, una sfera densa (di notte) nella parte piú interna, in mezzo sfere miste dell'uno e dell'altro elemento; 2) una sfera estrema ed una piú interna di tutte costituite da un elemento solido e pesante (duro come un τεῖχος), immediatamente sotto la prima e sopra la seconda una sfera di fuoco, tra queste due sfere di fuoco le sfere miste di luce e notte. Ambedue questi schemi non quadrano né con quanto dice il primo verso del frammento, secondo il quale sono le sfere piú interne ad essere riempite di fuoco, né con quanto sappiamo, più in generale, da Parmenide, secondo il quale tutto è commisto di fuoco e notte. Ma la testimonianza di Aezio è in contraddizione anche con altri frammenti di Parmenide, come laddove parla di un'aria secrezione della terra, e del sole e della via lattea esalazioni del fuoco (contrapponendo quindi terra e fuoco come elementi primigeni, sulla base dell'assimilazione aristotelica della terra alla notte, che abbiamo vista non corretta), mentre noi sappiamo che terra, sole galassia e luna sono a pari titolo σήματα ἐν αἰθέρι (B 10 e B 11); o come laddove parla di un etere al limite estremo dell'universo, mentre noi sappiamo che ciò che tutto avvolge è il cielo, o l'olimpo (B 10, B 11), e l'etere è il luogo in cui si collocano tutti gli astri (B 10)[5].

Concludendo, ci sembra di poter dire che « il frammento parmenideo, così avulso dal contesto, resta inspiegabile nei primi due versi, e la notizia di Aezio è troppo oscura per poter trarne un sistema cosmologico. Ne vediamo i contorni e la disposizione generale... ma è impresa disperata voler stabilire la posizione dei singoli elementi »[6].

2. Formazione e differenziazione dei sessi

Al centro dell'universo[7] c'è la dea che tutto governa. Di questa δαίμων abbiamo parlato a piú riprese; ci resta ora da aggiungere che essa non svolge il ruolo di una causa efficiente rispetto ad una ipotetica materia (luce e notte?), come vuole una testimonianza di Simplicio[8], né il suo essere πάσης γενέσεως αἰτία, secondo un'altra testimonianza sempre di Simplicio[9], significa che essa « è dunque creatrice di dei e di cose e di uomini »[10]: qui si chiarisce in effetti proprio il suo essere la forza divina, immanente nel reale, che regola e determina l'unione degli elementi fondamentali, permettendo così il nascere dei singoli fenomeni naturali. Questa forza agisce *dall'interno* della realtà ed è allo stesso tempo l'impulso e la legge necessaria del suo dinamismo, del suo divenire e trasformarsi. Il suo essere al centro, quindi, non è l'indicazione di una localizzazione spaziale, ma il segno del suo perenne agire: l'eternità e l'assolutezza della norma che regola il temporale e il determinato, in ogni suo aspetto. E così, appare perfettamente naturale che quella stessa δαίμων che presiedeva alla mescolanza degli elementi primi « costringendo alla nascita » (B 11) la terra e gli astri e il cielo tutto, presiede ora (B 12) anche alla μῖξις degli uomini. Dalle stelle all'uomo, un'unica forza vitale si espande per l'universo, costringendo gli opposti, fuoco e notte come femmina e maschio, ad unirsi per dar luogo all'eterna vicenda di nascita e morte[11]. L'accoppiamento sessuale è visto da Parmenide come un caso particolare di quella legge generale che vede gli opposti — pur rimanendo sempre distinti — cercarsi ed unirsi. Di piú: « l'unione è vista nella sua fecondità, nel suo generare, così come l'unione, non però l'identificazione, del fuoco e della tenebra genera il mondo delle cose che divengono »[12]. Se dunque la cosmologia parmenidea poteva presentarsi non completamente originale in alcuni particolari, rispetto per esempio a quella maturata — secondo le testimonianze degli antichi — in ambiente ionico [13], certamente originale era in Parmenide questo sottolineare così chiaramente ed esplicitamente la stretta connessione tra cosmologia ed antropologia [14].

Dell'antropologia parmenidea ci sono rimaste solo poche notazioni embriologiche, o embriogenetiche, che riguardano un problema molto discusso nell'antichità, quello della differenziazione dei sessi. Abbiamo già visto [15] due interessantissime testimonianze di Diogene Laerzio e di Censorino sulla tesi, che sarebbe stata di Parmenide, che voleva la materia organica nascere dall'inorganica e riconduceva anche l'uomo ad un processo di organizzazione della materia a complessità crescente [16]. Questa dottrina, anche se non confermata dai frammenti, ci sembra verosimilmente attribuita a Parmenide, per il quale la realtà naturale non è affatto fissa ed immobile, ma al contrario è soggetta ad un perenne divenire e trasformarsi. Il frammento 18 [17] ci dice inoltre che la formazione regolare dei corpi nell'utero materno e la determinazione armonica del sesso del nascituro dipendono dall'equilibrio che si istaura nella mescolanza dei semi generativi paterni e materni. Al concepimento dunque concorrono le « *forze* » (*virtutes* = δυνάμεις) [18] sia dell'uomo che della donna [19]: se esse si armonizzano, nascono uomini e donne ben formati (B 17: uomini se il concepimento avviene nella parte destra dell'utero, donne se avviene nella sinistra) [20]; se non si armonizzano, il sesso del nascituro sarà « tormentato », cioè si avranno uomini effeminati o donne mascoline [21].

Le testimonianze, pur se con qualche discordanza [22], confermano queste dottrine: erano questi, del resto, problemi molto dibattuti nel pensiero presocratico, che dimostrano come si fosse ormai completamente usciti dall'ottica prescientifica propria delle culture pregreche, e come il « problema uomo » fosse affrontato con una metodologia razionale ed empirica insieme che nulla piú aveva a che vedere con i « racconti » mitici e religiosi. Basti, per esempio, considerare anche solo questi problemi della differenziazione dei sessi, della somiglianza dei figli ai genitori, del contributo dei semi maschili e femminili alla generazione dei figli. A proposito del quale ultimo problema si può addirittura parlare di due « scuole » nell'antichità; da un lato si sosteneva che il seme della donna non serviva alla generazione: erano di quest'opinione, per esempio, Ippone [23], Diogene di Apollonia [24], Democrito [25], Aristotele [26], gli Stoici [27]; dall'altro lato si sosteneva che al concepimento dei figli contribuivano tanto il seme paterno che quello materno: erano di quest'opinione Alcmeone [28], Empedocle [29], Anassagora [30], Epicuro [31]. Di quest'opinione era appunto anche Parmenide, la cui figura risulta quindi perfettamente inserita in un vivo dibattito scientifico su di un problema determinato: ben lontana perciò da quell'immagine del « filosofo » impegnato in disquisizioni astrattamente metafisiche e spregiatore dei problemi reali e concreti, delle δόξαι degli uomini.

B 16 - B 19

1. Il pensiero come coscienza del corpo

Il frammento 16 ci parla dell'uomo, del suo νόος e del suo νόημα: questi vengono legati strettamente alla natura delle parti costituenti il corpo, sì che l' ἄνθρωπος ne risulta un'unità inscindibile di corpo e pensiero. Il frammento si presenta, nei quattro versi che ci sono pervenuti, straordinariamente compatto nella sua struttura logica e sintattica ed estremamente chiaro nella sua formulazione concettuale: esso costituisce, a nostro avviso, un'indiscutibile ed ulteriore prova dell'impossibilità di separare e contrapporre — in Parmenide — razionalità e sensibilità; fatto dimostrato anche, indirettamente, dagli sforzi di quegli interpreti che volevano vedere, *anche* in esso, quella separazione e dovevano giustificare quindi la propria tesi con delle complicate spiegazioni. B 16 ci dice molto chiaramente che c'è un rapporto strettissimo (ὡς ... τώς) tra i μέλεα costituenti ciascun uomo ed il suo νόος (vv. 1-2); il senso di questo rapporto è che è sempre la φύσις μελέων, cioè la configurazione particolare che assume in ciascun uomo la sintesi tra le sue parti costituenti, a determinare il suo pensiero: è sempre essa infatti (τὸ γὰρ αὐτό) ciò che appunto (ὅπερ) negli uomini pensa (φρονέει ... ἀνθρώποισιν: vv. 2-3); e infatti il νόημα esprime appunto la totalità dell'uomo (τὸ πλέον), è la significazione pregnante del suo *essere* nel senso piú pieno (v. 4). Anche in B 16, dunque, quella stretta unità tra natura e uomo, quel legame che unisce uomo e cosmo, che avevamo già notati commentando i frammenti precedenti.

B 16 pone degli importanti problemi, ed infatti ha dato luogo a delle interessanti discussioni; ma prima di passare ad essi, e ad una giustificazione della nostra interpretazione e traduzione, vediamo alcune questioni particolari.

v. 1: ἕκαστος. È la lezione offerta da Diels-Kranz, sulla base di un codice della *Metafisica* di Aristotele [1] e di alcuni commentatori, ed è lezione seguita da non molti studiosi [2]; altri, in maggioranza, preferiscono ἑκάστοτε [3]. Ma in questo secondo caso, bisognerebbe dare un valore transitivo ad ἔχει e non si spiegherebbe l'accusativo κρᾶσιν (che infatti qualcuno corregge in κρᾶσις) [4], a meno di non sottintendere un soggetto, da cercare però al di fuori dell'espressione [5]. A noi sembra che la lezione ἕκαστος sia preferibile all'altra, sia per le ragioni cui abbiamo accennato ora, sia perché meglio si accorda al concetto fondamentale del frammento, che insiste nel sottolineare come la κρᾶσις μελέων è determinante per il pensiero di *ciascun* uomo: πᾶσιν καὶ παντί (v. 4).

v. 1: μελέων. In genere si intende « membra » [6] od « organi » [7]; il Rostagni, richiamandosi ai *maxima membra mundi* di Lucrezio, ha inteso gli « elementi » che formano il corpo, perché in tal modo si spiegherebbe meglio la κρᾶσις [8]. In effetti, se anche è vero che da Omero fino al tempo di Parmenide l'espressione μέλεα (o γυῖα) era usata per designare il corpo animato in mancanza di un nome specifico per « corpo » [9], la difficoltà di intendere con essa una volta gli « elementi », una volta il « corpo » dell'uomo, è piú apparente che reale: l'importante è che qui si sottolinea ancora una volta la corrispondenza tra uomo e cosmo [10]. Per questa ragione, pur non sentendoci di tradurre « elementi », perché in tal modo si richiamerebbe forse troppo esplicitamente e meccanicamente la presenza di fuoco e notte (che pure entrano nella composizione dell'uomo come di tutte le cose, come sappiamo da B 9, ma certo non in maniera meccanica ed immediata — come vedremo fra poco), abbiamo preferito rendere μέλεα con « parti costituenti »: ciò che forma l'uomo è senz'altro luce e notte, ma ia sintesi originale e specifica che costituisce il fenomeno « uomo » e lo differenzia da tutti gli altri aspetti del cosmo — pure formati di luce e notte — è certamente qualche cosa di piú complesso e « organico » che non una *semplice somma* dei due « elementi ». Ed in effetti qui Parmenide voleva proprio accennare, come risulta dall'insieme del frammento, a questa « originalità » dell'uomo rispetto agli altri ἐόντα, e non voleva semplicemente ripetere il πᾶν πλέον ἐστὶν ὁμοῦ φάεος καὶ νυκτός di B 9.3: da quella affermazione di carattere generale si è passati ora, come abbiamo detto [11], a delle descrizioni particolari. Ecco perché, d'altra parte, non ci sentiamo nemmeno di accettare la tesi di quegli studiosi che vogliono vedere in μέλεα, piú che le membra che costituiscono l'uomo, un rapporto di luce e tenebra *nelle* membra [12]: è vero che in una testimonianza di Teofrasto [13] leggiamo che la διάνοια dell'uomo diventa diversa a seconda del rapporto che si istaura tra caldo e freddo, come pure la memoria e l'oblio dipendono dalla loro *krasis*, e che una conoscenza è possibile sia che sussista una prevalenza del caldo sia che sussista una prevalenza del freddo, per cui anche i cadaveri in un certo modo dovrebbero avere una qualche conoscenza; ma è anche vero che quella tesi può avere un mero valore ipotetico, a nostro avviso, dal momento che comporta un'assimilazione di luce e tenebra a caldo e freddo, assimilazione che non è riscontrabile nei frammenti, e dal momento che nella testimonianza di Teofrasto si fa riferimento a dottrine che oggettivamente non risultano allo stato attuale delle *reliquiae* parmenidee.

v. 1: κρᾶσιν. Abbiamo già detto poc'anzi che non ci sembra opportuno correggere in κρᾶσις, il fatto importante è che qui Parmenide usi proprio questo termine, e non μῖξις come in B 12.4, ad indicare la fusione delle μελέων πολυπλάγκτων [14]. Se nel frammento 12 infatti μῖξις stava ad indicare l'unione, l'accoppiamento del maschio e della femmina — forme particolari di quella dualità fondamentale che si esprime nell'universo intero — connotandolo come un caso particolare di quella legge generale che vede gli opposti cercarsi ed unirsi pur rimanendo distinti l'uno dall'altro; qui invece κρᾶσις vuole dire qualche cosa di piú [15]. Si vuole qui esprimere cioè il senso di un'unione non meccanica, ma molto piú intima e totale: le parti che costituiscono l'uomo non sono in esso giustapposte o semplicemente «accostate», messe insieme, bensí costituiscono un'unità in cui ogni singola parte costituente non rimane piú se stessa, ma modifica le altre e si modifica con le altre, dando luogo a qualcosa di completamente nuovo, che non era ricavabile dalla semplice esistenza separata di ciascuno dei μέλεα [16]. Questo qualche cosa di completamente nuovo, questo risultato originale della mescolanza degli elementi costituenti l'uomo è appunto il νόος.

v. 2: νόος. È il risultato, come appare chiaro anche dal verso seguente, della κρᾶσις μελέων: ciò che pensa negli uomini, infatti, è sempre la particolare φύσις μελέων di ciascuno. L'intelletto, quindi, la mente — l'attività conoscitiva — è per Parmenide strettamente legata alla costituzionalità organica dell'uomo: si pensa — si conosce — in rapporto (ὡς ... τώς) a come si è. È questa un'idea certamente congeniale, come vedremo fra poco, ai pensatori presocratici: non è per nulla strano quindi che essa valga — e coerentemente con tutte le sue premesse — anche per Parmenide, che anche da questo punto di vista non può considerarsi l'autore della prima rivoluzione «metafisica» del pensiero «occidentale». Risultano invece strane le spiegazioni che di questo frammento sono state date, insieme alle pretese contraddizioni tra questo frammento ed i precedenti che si son credute di vedere, da parte di quei critici che hanno voluto sostenere in Parmenide una frattura incolmabile tra ragione e sensi [17].

Resta infine da notare come il nostro frammento accenni soltanto alla natura del νόος e non alla sua attività, in positivo (ἀπεόντα νόωι παρεόντα: B 4.1) o in negativo (πλακτὸν νόον: B 6.6), per cui vedi sopra il commento ai frammenti 4 e 6 [18].

vv. 3-4. Da notare che τὸ αὐτό può essere inteso sia come soggetto che come oggetto di φρονέει; ma questa doppia possibilità grammaticale non corrisponde ad una doppia possibilità logica. Dare a τὸ αὐτό il valore di accusativo significa far dire a Parmenide una cosa che non è in armonia col resto del frammento e con il suo senso generale: il νόος di ciascun uomo è determinato dal rapporto tra tutte le parti che lo costituiscono, e poiché, come abbiamo visto, questo rapporto è variabile (è *krasis meleon polyplankton*), ci sembra evidente che l'oggetto del νόος non può essere sempre lo stesso, ma deve variare da soggetto a soggetto ed anche per lo stesso soggetto pensante: tant'è vero che c'è un νόος che riesce a svolgere la sua funzione (B 4), e c'è un νόος che è indeciso, che si lascia trascinare e non riesce a giudicare, cioè a conoscere (B 6); e questo si spiega appunto perché il pensiero dell'uomo è strettamente legato al suo temperamento organico. Anche intendendo l'« identico » come il rapporto luce-notte che costituisce la struttura fondamentale della realtà, non si evitano le difficoltà, sia perché questo rapporto — come abbiamo visto — non è mai lo stesso, ma varia di volta in volta dando luogo ai differenti aspetti della realtà, sia perché si introdurrebbe nel corpo del frammento un pensiero in fondo estraneo alla sua logica (un richiamo al rapporto luce-notte che nel frammento non compare affatto); laddove la logica stringente ed incalzante di B 16 (si notino i tre γάρ in appena quattro versi) esprime la volontà di insistere su di un solo concetto e di sottolinearne la fondamentale importanza. Per queste ragioni abbiamo dato a τὸ αὐτό il valore di nominativo ed abbiamo inteso φύσις μελέων come un'apposizione con valore esplicativo [19].

v. 4: τὸ πλέον. Anche questo termine può significare due cose: « il pieno » (πλέως, πίμπλημι) oppure « il di piú » (πλέων, πολύς). Intendere in questo secondo modo [20], però, non è a nostro avviso possibile: sia per ragioni di coerenza interna del frammento (Parmenide ha già detto che il pensiero si determina in relazione alla particolare mescolanza delle parti costituenti l'uomo), sia per ragioni di coerenza con quanto è stato affermato negli altri frammenti (B 9 e B 8.53 sgg.: Parmenide ha già detto che i due elementi fondamentali sono in un rapporto inscindibile — anzi, nel considerarli separati consiste appunto l'errore degli uomini —, per cui tutto è pieno egualmente di ambedue: non si dà quindi alcun aspetto della realtà, compreso il νόος, che non esprima sempre un *rapporto* tra le due potenze)[21], sia per la forte analogia che intercorre tra l'uso di questo termine qui e altrove (B 8.24: ma è tutto pieno di essere; B 9.3-4: tutto è pieno egualmente di luce e di notte oscura... giacché ogni cosa risulta dall'insieme delle due). Intendiamo quindi πλέον = il pieno[22], cioè l'insieme dei rapporti che uniscono le parti costituenti l'uomo, cioè il senso particolare che assume l'essere di ciascun uomo, cioè il risultato originale e nuovo della sintesi (*krasis*) di una molteplicità in un'unità. Non ci pare pertanto azzardato sostenere che per Parmenide *il pensiero non è che la coscienza del corpo*, laddove per coscienza è da intendersi non solo la possibilità di conoscere se stessi, ma anche la possibilità, data la fondamentale « omogeneità » dell'uomo con la natura, di conoscere il mondo tutto. Anche B 16, dunque, rappresenta un'ulteriore affermazione di quell'orgogliosa rivendicazione all'uomo della possibilità di apprendere ogni cosa, di indagare e conoscere tutto e in tutti i sensi (B 1.28-32).

2. Aristotele e Teofrasto su Parmenide

L'interpretazione da noi proposta del frammento 16 è in accordo sia con le testimonianze che di esso sono state date da interpreti antichi come Aristotele e Teofrasto, sia con buona parte della tradizione filosofica e scientifica presocratica.
La testimonianza aristotelica è a nostro avviso corretta, ma per coglierne il senso converrà tener presente *tutto* il contesto del quinto capitolo del IV libro della *Metafisica* in cui essa è collocata. Qui Aristotele sta facendo un discorso contro

il relativismo gnoseologico di Protagora e, piú in particolare, contro quanti hanno legato strettamente la conoscenza di tipo intellettivo a quella sensoriale [23]. Dice Aristotele che, « in base all'osservazione delle cose sensibili, alcuni filosofi sono stati indotti ad affermare che *tutto ciò che pare è vero* » [24]. « In generale, questi filosofi affermano che tutto ciò che ci appare ai sensi è necessariamente vero, per la ragione che essi ritengono che l'intelligenza (φρόνησιν) sia sensazione (αἴσθησιν) e che questa sia una alterazione (ἀλλοιώσει) » [25]. Chi sono questi filosofi? Aristotele cita Empedocle e Democrito: di quest'ultimo non si riporta alcun frammento (ma poco prima si era citato il frammento 117: « nulla conosciamo secondo verità, perché la verità è nel profondo »), mentre di Empedocle si cita il fr. 106 (« In relazione alle cose presenti ai sensi, il senno (μῆτις) aumenta negli uomini ») [26] e il fr. 108 (« Nella misura in cui gli uomini mutano, sempre diversi ad essi si presentano i pensieri (τὸ φρονεῖν) ») [27]. È a questo punto che Aristotele aggiunge: « *Anche Parmenide dice la stessa cosa* », e cita appunto B 16. Dopo Parmenide, Aristotele ricorda ancora Anassagora (del quale viene riferita una « affermazione fatta ad alcuni suoi discepoli, secondo la quale gli esseri erano per loro quali essi li ritenessero essere ») [28] ed Omero (l'eroe, delirante per la ferita, « giaceva con pensieri mutati nella sua mente ») [29]. La cosa « piú sconcertante » per Aristotele, a questo punto, è questa: « se coloro che piú hanno indagato la verità che è in nostra facoltà di cogliere (e questi sono coloro che piú la ricercano e la amano): ebbene, se proprio costoro hanno opinioni di questo genere e professano tali dottrine intorno alla verità, come potranno, a ragione, non scoraggiarsi coloro che si accingono al filosofare? » [30]. Ma Aristotele dà anche quella che secondo lui è la ragione per cui questi filosofi si erano fatti tale opinione: « essi ricercavano, sì, la verità intorno agli esseri, ma credevano che fossero esseri *solamente le cose sensibili* » [31].

Il passo di Aristotele è molto significativo; senonché, ai fini del nostro discorso, converrà distinguere in esso due piani: 1) il piano della semplice testimonianza, per cui quello che risulta indubitabile è che esiste, per Democrito come per Empedocle, per Parmenide come per Anassagora, una strettissima relazione tra le due attività della νόησις (o della φρόνησις) e dell'αἴσθησις: il penisero risulta legato alla costituzione fisica e organica dell'uomo, per cui ogni mutamento in questa si riflette necessariamente in quello; vi è, cioè, una corrispondenza perfetta, potremmo dire, tra l'*ordo rerum* e l'*ordo idearum*. Da questo punto di vista la testimonianza aristotelica non lascia dubbi e coglie con perspicuità quello che era il nocciolo concettuale e dottrinale di una tesi e di un atteggiamento culturale certamente comune ai filosofi cui fa riferimento; 2) un secondo piano, che è quello della *utilizzazione* che di queste testimonianze Aristotele fa ai fini del *suo* discorso che, come abbiamo accennato, è quello della difesa del principio di non contraddizione. A questo punto il discorso diventa molto più complesso, e certo non potremo affrontarlo in questa sede. Notiamo soltanto che, su questo secondo piano, le argomentazioni aristoteliche non hanno più un valore di testimonianza *storica*, ma assumono un significato proprio e solo in vista del fine cui Aristotele stesso vuole giungere.

E infatti: *a*) la presentazione generale, che di questi filosofi si fa, tende a farli apparire tutti come dei relativisti o, peggio, dei soggettivisti, mentre — dagli stessi frammenti riportati da Aristotele, e in generale da tutti i frammenti di Parmenide, Empedocle, Anassagora, Democrito — è lecito sostenere che per essi la scienza aveva un valore di obiettiva validità, cosa che crediamo — per quanto riguarda Parmenide — di aver dimostrata; *b*) l'affermazione che poco più oltre Aristotele fa, che « coloro che sostengono che l'essere ed il non-essere esistono insieme, dovrebbero affermare che tutto è fermo e non che tutto è in movimento: infatti, secondo questa dottrina, non può esserci qualcosa in cui l'oggetto si possa trasmutare, perché tutto esiste già in tutto »[32], è un'affermazione che si spiega proprio con l'intenzione di criticare quanti — come appunto i filosofi citati — ammettono sì un movimento e un mutamento, ma a questo divenire non assegnano finalisticamente alcun termine, come invece Aristotele riteneva necessario fare [33]; *c)* la conclusione del capitolo [34], che Aristotele presenta come un argomento contro questi filosofi che hanno legato così strettamente conoscenza sensibile e conoscenza intellettiva, conclusione che ribadisce la priorità dell'oggetto che produce le sensazioni sul soggetto senziente, cioè la sua esistenza indipendentemente dalla sensazione stessa, questa conclusione è tanto poco una conseguenza « negativa » ed « assurda » delle tesi di Parmenide Empedocle Anassagora e Democrito, è tanto poco una confutazione delle loro dottrine, da poter essere invece sottoscritta da quei filosofi con tutta tranquillità [35].

Anche la testimonianza di Teofrasto [36] si presta a delle interessanti considerazioni: pure in essa dobbiamo distinguere ciò che ha valore di testimonianza da ciò che ha valore di commento. Il discorso di Teofrasto è incentrato sulla sensazione: alcuni filosofi hanno ammesso che essa avviene secondo il principio del « simile col simile », e sono Parmenide, Empedocle, Platone, altri secondo il principio del « contrario », e sono Anassagora ed Eraclito. Teofrasto aggiunge subito dopo che Parmenide non ha determinato con precisione la genesi ed il processo del rapporto conoscitivo [37], ma ha stabilito solo che, essendo due i principi fondamentali [38], la conoscenza avviene κατὰ τὸ ὑπερβάλλον. E questo può essere certamente in accordo con i frammenti parmenidei: « così come ciascun ente è costituito da una mescolanza delle due potenze, ma con una diversa proporzione che forma il principio della individuazione e della determinatezza di ogni cosa, in modo parallelo una tale *krasis* avviene nell'organo della conoscenza; sicché la conoscenza di una certa realtà è data dal prevalere di uno dei due elementi. Ma si badi: ' prevalere ' significa non scomparsa dell'altro elemento, né che la conoscenza si attua secondo l'uno o l'altro degli elementi in forma esclusiva »[39]. Quello che Teofrasto dice subito dopo, che, se aumenta il caldo o il freddo, il pensiero risulta diverso, non è accertabile nei frammenti parmenidei e risente probabilmente dell'esegesi aristotelica che assimilava fuoco e notte a caldo e freddo [40]; mentre l'affermazione che il pensiero che risulta dal caldo è migliore e piú puro (βελτίω καὶ καθαρωτέραν), è da considerarsi molto probabilmente solo una deduzione di Teofrasto e non una tesi parmenidea, tant'è vero che subito dopo egli aggiunge che, comunque, la διάνοια per Parmenide è sempre una συμμετρία. La notazione che segue ancora, che Parmenide avrebbe identificato αἰσθάνεσθαι e φρονεῖν [41] è in linea con le osservazioni che anche Aristotele aveva già fatto. Anche l'ultima parte della testimonianza teofrastea, che si può sentire con uno solo dei contrari, per cui il cadavere sente solo il freddo e il silenzio, non è controllabile sui frammenti, per cui andrebbe accolta con molta cautela, anche se il principio che «ogni essere indistintamente viene ad avere qualche conoscenza» è un principio che può risultare non estraneo alla mentalità parmenidea ed arcaica in generale, tant'è vero che sarà riaffermato da Empedocle [42].

Concludendo, ci pare di poter affermare che le testimonianze aristotelica e teofrastea — pur con il necessario esame critico di ciò che in esse è proprio di Parmenide e di ciò che è invece commento o interpretazione del testimone — confermano l'interpretazione che del frammento 16 abbiamo data.

3. PERCEZIONE E PENSIERO PRIMA E DOPO PARMENIDE

Il frammento 16 rientra in tutta una tradizione di pensiero filosofico e scientifico, il cui valore fondamentale è proprio nella rottura con un tipo di spiegazione e di argomentazione essenzialmente mitico: anche l'uomo ed il suo mondo sono oggetto di indagine scientifica, campo di verifica di certe leggi generali a validità universale, e non piú soltanto oggetto di riflessioni etiche o religiose. Che il νόος degli uomini ed il suo θυμός fossero delle «funzioni variabili» era stato in effetti affermato nella cultura greca già da tempo. Omero aveva detto che il νόος degli uomini è quale, giorno per giorno, il padre degli dei e degli uomini determina in essi [43]; Archiloco aveva detto che « l'indole degli uomini ha la patina dei giorni che via

via ci porta Zeus, e all'azione che li impegna uniformano l'idea »[44].

In Omero e in Archiloco c'è sì dunque affermata la stretta correlazione che lega il pensiero alla vita pratica, il modo di sentire e il comportamento degli uomini alle loro azioni, al loro essere concretamente in una « situazione »[45], ma c'è anche il senso della *dipendenza* dell'uomo dal dio e dalla situazione che, giorno per giorno, è il dio a portare agli uomini. Anche se la divinità, in quei contesti culturali, dev'essere intesa come la legge fondamentale della realtà[46], tra la mentalità dei due poeti e quella di Parmenide c'è un evidente salto: per Parmenide esiste una legge fondamentale dell'accadere che è espressa dal ritmo duale luce-notte che scandisce il manifestarsi e l'evolversi di ogni aspetto della realtà, e c'è una spiegazione razionale del fenomeno particolare del νόος umano, *krasis* di *meleon polyplankton*, comprensibile solo in quanto riportato a quella legge generale. La differenza non poteva essere più netta.

Sul piano scientifico proprio di Parmenide si collocano invece le dottrine di altri presocratici che hanno affrontato il problema della relazione pensiero-corpo. Per Alcmeone, per esempio, ci è testimoniata una dottrina che intende la salute « armonica mescolanza » (σύμμετρος κρᾶσις) di qualità opposte[47], e, in particolare, assegna al cervello la funzione di coordinare e di accordare la molteplicità delle sensazioni derivanti dai diversi organi di senso: il mutare del cervello — e quindi della conoscenza — è dunque in relazione al mutare di quest'accordo[48]. Anche per Zenone allievo di Parmenide ci è testimoniata una dottrina molto vicina a quella del suo maestro; per lui infatti « gli uomini nascono dalla terra e l'*anima è una mescolanza degli elementi* senza che nessuno di essi prevalga »[49]. Ma il filosofo che è più vicino a Parmenide da questo punto di vista è Empedocle. Per Empedocle abbiamo infatti non solo le testimonianze critiche e autorevoli di Aristotele[50] e di Teofrasto[51], ma anche tutta una serie di frammenti nei quali è affermata la dipendenza del pensiero dal particolare modo di essere unitario dell'uomo. Nel fr. 2, per esempio, Empedocle afferma che i mali che capitano agli uomini ottundono i loro pensieri[52], e nel fr. 3.9-13 si dice che bisogna prestar fede a tutti i sensi ed alle membra, nelle quali « sono vie per conoscere (πόρος ἐστὶ νοῆσαι) »[53]. Il « pensare » legato all'« essere » è poi esplicitamente il tema dei frr. 105-110, dai quali risulta come l'Agrigentino risenta fortemente, e a volte anche con similarità di espressioni, dell'insegnamento e della dottrina dell'Eleata: *pensiero* è, per Empedocle, il sangue dell'uomo (fr. 105), le sensazioni che prova (fr. 106, 109), la crasi di tutti gli elementi di cui è composto (fr. 107), la condizione particolare in cui si trova e il suo cambiare nei confronti delle situazioni esterne (fr. 108), il suo carattere individuale (ἦθος), in una parola tutta la sua φύσις (fr. 110)[54]. Ma la vicinanza di Empedocle a Parmenide va ben oltre questa tesi, per abbracciare anche altre dottrine, e non meno importanti[55].

La relazione corpo-sensazione-percezione-pensiero sarà affermata anche da Democrito, per il quale « il pensiero non è altro che la sensazione »[56]; piú in particolare, il pensiero deriva « dalla mescolanza (κρᾶσις) [degli elementi] del corpo » e « si produce quando c'è equilibrio nell'interna mescolanza dell'anima: quando invece in uno si ha il prevalere o degli elementi caldi o dei freddi, allora quegli sragiona »[57]: quindi, anche per Democrito, il pensiero dipende « direttamente dalle modificazioni fisiche, opinione questa che è antichissima. Infatti tutti gli antichi, sia poeti che filosofi, spiegano il pensiero in dipendenza della nostra disposizione »[58]. Questa testimonianza di Teofrasto, che fra l'altro autorevolmente conferma la tendenza generale della cultura di questo periodo alla quale abbiamo accennato, trova precisa corrispondenza nel frammento 9 di Democrito: « Noi in realtà non conosciamo nulla che sia invariabile, ma solo aspetti mutevoli secondo la disposizione del nostro corpo e di ciò che penetra in esso o gli resiste »[59].

4. Natura e ragione

I frammenti 16 e 19 concludono dunque il poema parmenideo. Abbiamo visto che B 16 si inserisce, ma con delle note di originalità, nell'ambito di tutta una tradizione di pensiero scientifico che Parmenide non ignorava e che costituiva l'*humus* culturale sul quale le sue teorie si erano andate sviluppando ed assumendo una propria specifica collocazione; B 19 rappresentava verosimilmente la chiusa del poema [60], ed era una chiusa che riaffermava la possibilità di una conoscenza totale da parte dell'uomo ed il valore altissimo che tale conoscenza assumeva. Fra tutti gli ἐόντα l'uomo è il solo capace di conoscere: non è il solo ad αἰσθάνεσθαι, probabilmente, ma è il solo a φρονεῖν, è il solo ad avere un νόος in grado di connettere i dati delle sensazioni, di analizzare i singoli aspetti delle sue molteplici esperienze, di «giudicarli» unendoli in un processo che, proprio perché è logico e razionale insieme, costituisce la garanzia di una corrispondenza al «vero» del discorso umano. Il frammento 19 ci offre a questo proposito un altro indizio: a tutte le cose « gli uomini posero un nome che distinguesse ciascuna da tutte le altre ». È la riaffermazione non del carattere soggettivo [61] della conoscenza umana, bensì della valenza positiva dell'attività dell'uomo: un processo che non può aversi laddove l'uomo è pura passività e recettività, ma che si verifica solo quando l'uomo si fa attività cosciente [62], diventa l'elemento attivo grazie al quale il mondo può passare dall'opacità e dalla inautenticità alla trasparenza ed alla autenticità che derivano dal discorso conoscitivo, scientifico e filosofico. Solo che questa affermazione della « prerogativa » e dell' « originalità » dell'uomo e della sua capacità di conoscere non avviene, in Parmenide come del resto nei presocratici, nel segno di una rottura o di una cesura tra mondo naturale e mondo umano [63], bensì in quello di una continuità: natura e ragione si collocano su di una stessa linea in cui l'una costituisce il fondamento assoluto e necessitante, l'ordine intelligibile e razionalizzabile nel quale sono inclusi tutti i fenomeni, uomo compreso; l'altra costituisce appunto l'unica possibilità di intendere e comprendere la luce attraverso la quale la realtà può giungere alla coscienza di se stessa. Il rapporto di continuità che abbiamo visto sussistere tra *doxa* e *aletheia* acquista qui una ulteriore connotazione ed un significato piú complesso: se l'unità di pensiero ed essere è la garanzia della *verità* dei contenuti concettuali di un pensiero che li costruisce con il corretto metodo razionale, qui ci si ricorda che, comunque, il *pensiero* non è slegato dalla concretezza della sua situazione « mondana », ed in fondo non è altro che una funzione particolare propria dell'*essere* [64]. *Vera* è dunque, da questo punto di vista, anche la δόξα, come *vera* è l' ἀλήθεια: ma mentre nell'una il νόος non riesce e scorgere l'ordine razionale e necessario, rimanendo impigliato nella molteplicità e nell'apparente disorganicità, nell'altra il νόος abbraccia la totalità dei rapporti che costituiscono la trama del reale, l'accordo che lega gli aspetti tutti del cosmo, giungendo cosí a scorgere come anche l'uomo, e la sua mente stessa, siano profondamente radicati nel tutto: comprendendo l'ordine e la necessità del tutto l'uomo può finalmente comprendere anche se stesso e, all'inverso, non è possibile giungere ad una coscienza di se stesso se non in riferimento al quadro piú vasto e generale dell'ordine cosmico.

NOTE

NOTE 0.1

[1] Cfr. Diog.Laert. IX 21-23 = DK 28 A 1. Si vedano Suida, *s.v.*, che testimonia che Parmenide ἔγραψε δὲ φυσιολογίαν; Iambl. *v. Pith.* 166 (= DK 28 A 4) dice che coloro che scrissero περὶ τῶν φυσικῶν citano innanzi tutto Parmenide; Euseb. *chron.* a) Hieron (= DK 28 A 11) all'anno 1561 di Abramo annota che Parmenide fiorì come φυσικὸς φιλόσοφος; Simplic. *de caelo* 556,25 (= DK 28 A 14) dice che Parmenide scrisse non solo περὶ τῶν ὑπὲρ φύσιν, ma anche περὶ τῶν φυσικῶν; Menander [più esattamente Genethlios] *reth*. I 2,2 e I 5,2 (= DK 28 A 20) dice che gli inni di Parmenide sono ὕμνοι φυσιολογικοί; Hippol. *ref.* I 11 (= DK 28 A 23) critica Parmenide per non esser riuscito a liberarsi «dall'opinione dei molti» con l'aver posto come principi γῆν ὡς ὕλην e πῦρ ὡς αἴτιον καὶ ποιοῦν; Plutarch. *adv. Col.* 1114 b presenta Parmenide come ἀνὴρ ἀρχαῖος ἐν φυσιολογίαι. Si vedano inoltre le testimonianze di Aristotele (= DK 28 A 24-28), provenienti principalmente dalla *Fisica*, quelle di Teofrasto (specialmente *de sens.* 1 sgg. = = DK 28 A 46), quelle di Aezio (specialmente II 7,1 = DK 28 A 37).

[2] Secondo i calcoli del Diels, *Parm.*, ci sono rimasti circa i 9/10 della prima parte del poema, di contro a circa 1/10 della seconda. «Le ragioni di questa sproporzione sono indubbiamente da ricercare (...) nel fatto che la scuola eleatica abbandonò completamente la δόξα (che era contenuta, appunto, nella seconda parte del poema parmenideo) svalutandola nettamente, per concentrare esclusivamente sull' ἀλήθεια l'interesse», Reale, *Eleati*, pp. 172-173. Il che spiega come, a nostro avviso, la lettura di Parmenide sia stata fatta — fin dall'antichità, fin da Platone ed Aristotele — in una sola direzione, ed in lui sia stato visto prevalentemente il filosofo dell'essere, svalutatore dell'esperienza sensibile: lo scarso interesse per il Parmenide fisico, da Platone in poi, ha determinato anche la perdita della parte in cui l'Eleata parlava dei fenomeni della natura.

[3] Cfr. pp. 145-188.

[4] Secondo Albertelli, *Eleati*, nota a DK 28 A 19, hanno letto il testo di Parmenide soltanto Platone Aristotele Teofrasto e Simplicio. A nostro avviso, se è vero che il testo è giunto sino a Simplicio, qualcun altro deve pur averlo letto. Cfr. quanto diciamo a pp. 293-294 n. 14.

[5] Plat. *Theaet.* 181 a (=DK 28 A 26). Cfr. Aristot. π.φ. fr. 9 Ross: στασιώτης τε τῆς φύσεως καὶ ἀφύσικος.

⁶ ARISTOT. *metaph.* 983 b 6 (tr. LAURENTI). Cfr. anche 983 b 17: «Ci deve essere una qualche sostanza, o piú di una, da cui le altre cose vengono all'esistenza, mentre essa permane. Ma riguardo al numero e alla forma di tale principio non dicono tutti lo stesso...» (tr. LAURENTI).
⁷ Per il concetto del «niente da niente» cfr. pp. 98-100.
⁸ DIOG.LAERT. IX 21 = DK 28 A 1.
⁹ ALESSANDRO in SIMPLIC. *phys.* 38,20. La testimonianza, che non è in DK, è aggiunta dallo ALBERTELLI a DK 28 A 34.
¹⁰ ARISTOT. *phys.* A 5.188 a 19, aggiunto da ALBERTELLI a DK 28 A 24.
¹¹ ARISTOT. *de gen. et corr.* B 3.330 b 13 = DK 28 A 35.
¹² ARISTOT. *de gen. et corr.* B 9.336 a 3 = DK 28 A 35.
¹³ CICER. *ac. pr.* II 37,118 = DK 28 A 35.
¹⁴ CLEM.ALEX. *protr.* 5,64 = DK 28 A 33.
¹⁵ HIPPOL. *ref.* I 11 p. 16,9 [*Dox.* 564] = DK 28 A 23.
¹⁶ Numerose le testimonianze sull'*eternità*. Ricordiamo ARISTOT. *phys.* A 8.191 a 24, aggiunta da ALBERTELLI a DK 28 A 24; *metaph.* 984 a 27: «l'uno e la natura tutta è immobile, non solo quanto al nascere e al perire (questa è infatti una concezione antica e che tutti i primitivi condividono)...» (aggiunta da ALBERTELLI a DK 28 A 24); ARISTOT. *de cael.* 298 b 14 = DK 28 A 25; ALEX. *metaphys.* 31,7 (citando THEOPHR. *phys. opin.* fr. 6; *Dox.* 482,5) = DK 28 A 7; [PLUTARCH.] *strom.* 5 [EUSEB. *p.e.* I 8,5; *Dox.* 580] = DK 28 A 22.

¹⁷ Vero è che Diogene Laerzio, Alessandro, Ippolito, Cicerone, nei passi sopra citati, parlando dei due principi li intendono l'uno come ciò che funge da sostrato (ὕλη) a tutte le continue trasformazioni, l'altro come δημιουργός, quasi causa efficiente di quelle trasformazioni: comunque, un principio interno, attivo, rispetto all'altro, passivo. Eppure Simplicio, che in *phys.* 38,20 (v. sopra n. 9) aveva riportato la citazione di Alessandro («Parmenide disegnando una fisica secondo l'opinione dei molti e secondo i fenomeni... pose come principi del divenire il fuoco e la terra, facendo fungere la terra da materia e il fuoco da causa efficiente; e chiama il fuoco luce, la terra tenebra»), così commenta: «Se Alessandro intende [le parole] "secondo le opinioni dei molti e secondo i fenomeni" così come vuole Parmenide quando chiama il sensibile δοξαστόν, va bene; ma se ritiene quei discorsi completamente falsi e *se pensa che la luce o il fuoco siano detti causa efficiente, non è nel vero*». Ancora, in *phys.* 21,15, parlando di fuoco e terra — *o piuttosto* (ἢ μᾶλλον) luce e tenebra — come dei principi, Simplicio non fa alcun riferimento ad una distinzione tra un principio attivo ed uno passivo; e del resto, in *phys.* 180,8, riportando il frammento 9 di Parmenide (nel quale assolutamente non si può riscontrare un fondamento all'interpretazione terra=materia e fuoco=causa efficiente, come non lo si può riscontrare, a nostro avviso, in B 8.53-59: cfr. pp. 128 sgg.), aggiunge semplicemente: «dichiara con

ciò che e l'uno e l'altro sono principi e che sono contrari». Ora, certamente Simplicio conosce il testo di Parmenide, dal momento che ne riporta ampi estratti, eppure non sente il bisogno di rifarsi a quell'interpretazione; anzi, la critica quando riporta il pensiero di Alessandro. Come si spiega allora questa duplicità di tradizioni su di un punto, peraltro non secondario, della dottrina parmenidea? A nostro avviso, anche qui ci troviamo di fronte ad un influsso della " lettura " di Aristotele sulla dossografia e sulla critica posteriore. Già nella testimonianza riportata alla n. 12 si notava la preoccupazione dello Stagirita di spiegarsi — di fronte ai " contrari " dei quali così spesso parlavano i filosofi a lui precedenti — i termini delle opposizioni riconducendoli alla coppia agire-patire, che tanto peso aveva nella sua filosofia. Ma la chiave di questa sua lettura di Parmenide è in *metaph.* 986 b 27 (cfr. DK 28 A 24): «Parmenide... viene a porre due cause e due principi, il caldo e il freddo, come a dire fuoco e terra. Di questi due principi l'uno, cioè il caldo, lo pone dalla parte dell'essere, l'altro dalla parte del non essere (δύο τὰς αἰτίας καὶ δύο τὰς ἀρχὰς πάλιν τίθησι, θερμὸν καὶ ψυχρόν, οἷον πῦρ καὶ γῆν λέγων. τούτων δὲ κατὰ μὲν τὸ ὂν τὸ θερμὸν τάττει, θάτερον δὲ κατὰ τὸ μὴ ὄν)».

Quest'interpretazione aristotelica di Parmenide, con la conseguente equazione luce : notte = essere : non-essere, era certo funzionale «alla tendenza di Aristotele a trarre dalle dottrine altrui le implicazioni della propria dottrina» (REALE, *Eleati*, p. 254), ma non era certo riscontrabile nei versi parmenidei, né in quelli che oggi possiamo ancora leggere, né — stando alla testimonianza di Simplicio — in tutto il poema. Nel quale, tra l'altro, non si parla mai né di caldo e freddo, né di fuoco e terra, ma solo di fuoco e notte (o di luce e tenebra). *L'assimilazione, quindi, della notte alla terra è dovuta proprio ad Aristotele.* Eppure quest'interpretazione, per il peso dell'autorità che la sosteneva, ha resistito per secoli, e parte non piccola certo ha avuto nella caratterizzazione dell'Eleata come del filosofo dell'«essere» contrapposto al «non-essere». Si pensi soltanto allo Zeller, che accettando esplicitamente la tesi aristotelica dichiarava che Parmenide «poneva la luce dal lato dell'essere, la notte da quello del non-essere» e soggiungeva per di più (sulla base di una lettura di B 8.54 che oggi quasi nessuno più accetta; cfr. pp. 130-132) che «questa notizia è confermata dai frammenti parmenidei» (ZELLER I, III, pp. 253-254). Pur riconoscendo che dell'assimilazione aristotelica noi «n'en trouvons évidemment pas d'exemple explicite dans les fragments», SOMVILLE, *Parm.*, pp. 43-44, la giustifica in certo qual modo sulla base di B 8.56-59 e B 10.1-7.

Oggi, da quando il famoso saggio di CHERNISS, *Criticism*, ci ha resi più accorti nell'uso delle testimonianze aristoteliche, non possiamo più accettare una simile interpretazione e dobbiamo sforzarci di restituire — per quanto è possibile — la maggiore «autonomia» possibile ai presocratici. Sulle critiche di Cherniss e sulla questione della denominazione aristotelica di « Fuoco » e « Terra » e della sua identificazione con le qualità « Caldo » e « Freddo » ritorna LONG, *Principles*, pp. 94-95 e note. Il Long è d'accordo con le spiegazioni di Cherniss, ma ritiene che questi non abbia mostrato *come* Aristotele sia giunto a fare una tale distinzione. Egli si richiama esplicitamente ad un passo di ROSS, *Aristot. Metaph.*, p. 133: « Aristotle describes the transition from 'the way of truth' to 'the way of seeming' by sayng that, though Parmenides thinks that of necessity only τὸ ὄν exists, he is forced to follow the observed facts, and therefore to admit two causes, τὸ ὄν and τὸ μὴ ὄν». Ora, sostiene Long, il passo non necessario fatto da Aristotele « was the identification of the μορφαί with the two Opposites». Una volta fatto questo, il « parallelismo fra nonessere e terra (notte) si addice mirabilmente alla sua dottrina di privazione e potenzialità. Ma non sembra corretto supporre che Aristotele per primo nomina gli opposti e quindi decide, in maniera puramente arbitraria, di identificarli con essere e non-essere» (p. 95). A noi sembra che le ragioni addotte dal Long non siano molto convincenti. Nel testo di Parmenide si parla di due μορφαί *che è errore considerare come opposti in senso assoluto*, χωρὶς ἀπ' ἀλλήλων; non vi è alcun cenno né a qualità opposte (caldo-freddo), né tanto meno ad assimilazioni all'essere o al non-essere (cfr. sotto pp. 133-134). Per cui se, come ritiene lo stesso Long, Aristotele fa un « unnecessary step», è proprio in vista della giustificazione di *un suo discorso*, e non può essere considerato in questo caso un fedele testimone. La spiegazione di CHERNISS, *Criticism* (si veda in particolare alle pp. 64-67 e 383-384, ed inoltre CHERNISS, *Parm*.), su questo punto, ci sembra ancora convincente. Si veda anche PASQUINELLI, *Pres.*, p. 389 n. 16: l'attenzione di Platone e Aristotele « non è tanto rivolta al sistema parmenideo in quanto tale, ma agli sviluppi logici del suo concetto fondamentale; sviluppi e possibilità che riguardano la storia dell'eleatismo e della logica greca, più che darci la chiave del sistema parmenideo». TARÁN, *Parm.*, è altrettanto reciso: « Aristotle's testimony concerning Parmenides is of almost no positive value» (p. 291; ma si veda da p. 269). Così SCHWABL, *Sein u. Doxa*, p. 405 sgg., ricordando la correzione che Simplicio, nel passo (*phys.* 25,15) da noi più sopra riportato, fa dell'interpretazione di Aristotele, nota come l'assimilazione aristotelica di uno dei due principi all'essere e dell'altro al non-essere « lässt sich nach dem parmenideischen Sprachgebrauch nicht mehr rechtfertigen» (p. 406). Anche MOURELATOS, *The route*, p. 130, sostiene che le interpretazioni di Platone e di Aristotele sono state fortemente influenzate dagli sviluppi seguenti della scuola eleatica (Melisso, Zenone, dottrine dell'Uno nell'Accademia), nonché dai propri interessi dialettici. Molto interessante, anche per il *metodo storico* in generale di Aristotele, è il seguente giudizio di Cherniss: « When it is observed, however, that in different contexts Aristotle gives different accounts of the same doctrine, omitting or emphasizing different part of it, finding in it different and even incompatible meanings and implications, and explaining its origins and back ground in quite different ways, and expecially when it is further observed that such variations are always relevant to some particular part of his own philosophical doctrine, the establishment of which constitutes the larger context, it becomes clear that these expositions were written or a purpose that was not merely historical and that the character of each exposition and interpretation was determined by this purpose» (CHERNISS, *History of ideas*, p. 108; cfr. CHERNISS, *Criticism*, pp. 220-221, p. 113, cap. VII, p. 349). Anche un altro importante studioso di Aristotele, il Düring, così scrive sul valore storico delle testimonianze aristoteliche: « La critica degli Eleati [da parte di Aristotele] è certo interessante nella storia della filosofia; filosoficamente, però, in contrasto con la discussione nel *Parmenide* platonico, è priva di rilievo: Aristotele non compie alcun tentativo di affrontare Parmenide sul suo stesso terreno; il problema ontologico di fondo non lo interessa» (DÜRING, *Aristot.*, p. 263). Poco oltre il Düring nota ancora: « È interessante confrontare l'atteggiamento pieno di rispetto di Platone davanti al suo padre spirituale Parmenide, anche quando ne critica le opinioni, con il tono arrogante del giovane Aristotele», e cita *phys.* 191 a 25-35 ricordando come « in questo libro Aristotele dice sei volte ἡμεῖς λέγομεν» (p. 268 e n. 330).

Sulla questione dei giudizi di Aristotele, del peso che esercitavano all'interno dell'Accademia e poi del Liceo, dove peraltro non mancavano tentativi di sottrarsi alla loro influenza, a partire dallo stesso Teofrasto, si veda l'utile studio di Mc DIARMID, *Theophrastus*. Dopo aver ricordato giustamente, a proposito di Parmenide-Aristotele, che l'identificazione di notte con terra è dovuta « to Aristotle's attempt — with complete disregard for Parmenides' words — to find qualitative contrariety in Parmenides», della quale un termine dev'essere causa materiale e l'altro causa efficiente (il fuoco è il principio attivo: ne consegue che l'altro deve essere passivo), l'Autore soggiunge: « Non c'è nulla nel poema di Parmenide che giustifichi questa interpretazione. Egli non ci dice quale dei principi è attivo e quale passivo, né ci dà alcuna indicazione che sta pensando al caldo come all'esclusiva caratteristica del fuoco e al freddo della notte» (p. 221). Il Mc Diarmid continua spiegando come, nonostante segua Aristotele, Teofrasto sembra esser consapevole che la sua interpretazione è contraria alla lettera degli scritti presocratici (p. 222). In *de sensibus* 3, Teofrasto ignora le distinzioni fatte tra le due parti del poema e deriva la sua ricostruzione della psicologia di Parmenide dalla « Via dell'Opinione » senza fare accenno al fatto che le vedute che sta esponendo non sono di Parmenide. Ma il fatto più interessante è che l'interpretazione di Teofrasto si basa sì « on the sole authority of Aristotle but is at the same time only one of several interpretations made by Aristotle » (p. 222). Teofrasto ritiene l'Uno, per esempio, corporeo (*Dox.* 483,14; 482,11), come fa pure Aristotele (*metaph.* 984 a 27; *de cael.* 298 b 21-22; *phys.* 207 a 15 sgg.);

ma lo stesso Aristotele in *metaph*. 986 b 18-21, distinguendo Parmenide da Melisso, dice che il primo *sembra* aver inteso l'Uno come entità concettuale, mentre il secondo come un'entità materiale. Per cui il Mc Diarmid conclude che « the first interpretation rests on the assumption that the Eleatic doctrine must have been a correction of Ionian monism in the direction of his own system; the second is only his conclusion of what he thinks must logically have been the distinction between Parmenides and Melissus » (pp. 223-224). Le conclusioni del Mc Diarmid sono molto interessanti, ma — per quanto riguarda la parte del suo studio che si riferisce a Parmenide — non ci sentiamo di poterle accettare *in toto*, specialmente laddove lo studioso sembra voler spiegare certe incongruenze ermeneutiche di Aristotele e Teofrasto imputandole alla loro convinzione che la seconda parte del poema parmenideo esprima realmente le opinioni di Parmenide (vedi a pp. 221, 222 e 223). Per noi invece è proprio così; ed il fatto che proprio Aristotele senta il bisogno di reinterpretare e di criticare le dottrine parmenidee sia della prima che della seconda parte e trovi necessario riferirsi ad ambedue per « misurarsi » con la filosofia dell'Eleata, è un'ulteriore prova del fatto che anche nella cosiddetta parte cosmologica o della δόξα Parmenide stia parlando in nome proprio. Su Teofrasto si veda REALE, *Teofr.*, ISNARDI PARENTE, *Théophr.*, e ora REPICI, *Teofr.*

Concludendo, potremmo dire che, se da un lato dobbiamo essere sempre attenti a non utilizzare acriticamente le testimonianze aristoteliche facendoci imprigionare nella sua ottica e vedendo quindi anche noi nelle dottrine dei presocratici un evolversi di pensieri ancora confusi ed incerti, un faticoso enuclearsi di problemi e di pensieri che seguendo una linea ben precisa e necessaria di sviluppo troveranno solo nella filosofia posteriore — cioè dello stesso Aristotele — chiarificazione sistemazione risposta coerente; dall'altro lato tutto ciò nulla toglie alla sua grandezza di filosofo e di studioso. E, probabilmente, nemmeno alla sua grandezza di storico. Egli infatti ha compiuto proprio ciò che non può non compiere ogni studioso: una ricostruzione delle dottrine altrui in vista del discorso che a lui interessava. Il fatto è che questa sua « ricostruzione » è divenuta « canonica a tal punto da continuare a vivere di una ⟨sua⟩ vita autonoma anche quando le esigenze e i problemi che ⟨lo⟩ avevano spinto... a tracciare il ⟨suo⟩ particolare quadro della primitiva filosofia greca sono ormai completamente cambiati. Non crediamo in una 'assoluta obiettività' astorica ed atemporale che, per dirla husserlianamente, dovrebbe essere e continuare ad essere quella che è anche se nessuno la cogliesse mai; né d'altra parte crediamo ad una 'necessaria soggettività' della storiografia che dovrebbe falsare sempre l'oggetto della sua ricerca dipendendo esclusivamente dall'estro particolare dello studioso. Crediamo in una verità che sia *storica*, crediamo cioè che i problemi e le prospettive cambino col mutare delle condizioni e delle esigenze storiche » (CASERTANO,

Introduzione, pp. 260-261). Si veda del resto, sempre su questa questione, quanto già aveva detto SICHIROLLO, *Aristot.*, il quale, pur riconoscendo in genere un valore positivo alle testimonianze di Aristotele, scrive che la critica aristotelica agli Eleati « è l'unico momento della sua storiografia sul quale potremmo e con interessanti conseguenze, ... sollevare dei dubbi » (p. 224). Cfr. anche a p. 247: « È costante, si noti, la sostituzione aristotelica dei principii fuoco e terra ai parmenidei *luce* e *tenebra* ». Si veda infine quanto scrive il DAL PRA, *Storiogr. an.*, p. 74: « Se delle riserve si debbono avanzare intorno all'interpretazione storica data da Aristotele della filosofia precedente, esse non possono legittimamente richiamarsi ad una pretesa obiettività storica assoluta, alla quale lo Stagirita verrebbe meno, quanto a dei precisi criteri filosofici ».

[18] [PLUTARCH.] *strom.* 5 [da THEOPHR. *phys. opin.* come A 23 e A 28] = DK 28 A 22.

[19] DIOG.LAERT. IX 21 = DK 28 A 1. La scoperta invero è attribuita anche ad altri filosofi antichi; cfr. DK 12 A 1 (Anassimandro). Ma, a parte la questione della priorità e della stessa autenticità, a noi sembra interessante notare come la dottrina sia stata attribuita *anche* a Parmenide. Ha difeso comunque l'attribuzione a Parmenide di questa dottrina MONDOLFO, *Sfericità*.

[20] AËT. II 7,1 *Dox.* 335 = DK 28 A 37.
[21] AËT. II 11,4 *Dox.* 340 = DK 28 A 38.
[22] AËT. II 13,8 *Dox.* 342 = DK 28 A 39.
[23] AËT. II 20,8 *Dox.* 349 = DK 28 A 41.
[24] AËT. II 26,2 *Dox.* 357 = DK 28 A 42.
[25] AËT. II 26,2 *Dox.* 357; II 28,5 *Dox.* 358 = DK 28 A 42. Anche questa scoperta è attribuita ad Anassimandro, Anassimene, Anassagora.
[26] DIOG.LAERT. IX 23 = DK 28 A 1. La stessa scoperta è attribuita a Pitagora.
[27] STRABO I 94; ACHILL. *isag.* I 31 (67.27 M.); AËT. III 11,4 *Dox.* 377 a 8 = DK 28 A 44 a.
[28] ZELLER I, III, p. 273.
[29] CENSOR. *de d. nat.* 4,7.8 = 28 A 51. IL BIGNONE, *Emp.*, p. 358 e nota, sostiene che la testimonianza di Censorino appare dubbia specialmente se la si confronta con i frammenti di Empedocle da 60 a 62. Ma la tesi del Bignone è legata alla sua interpretazione dei due periodi, con due mondi dominati ora da Amicizia ora da Contesa, per cui « il mondo degli esseri animati è un momento intermedio fra il bene e il male, fra la perfezione dell'unità primitiva e la completa dissoluzione » (p. 584); tesi, questa, che a nostro avviso non è molto fondata. Si veda del resto l'*Introduzione* e il *Commento* ai frammenti empedoclei di GALLAVOTTI, *Emp.*
[30] DIOG.LAERT. IX 22 = DK 28 A 1.
[31] Vedi pp. 171-173 e relative note.

NOTE B 1

¹ « Non sarà difficile vedere le allusioni simboliche di questo viaggio, rispettandone l'atmosfera di vaghezza... Suscitano però diffidenza i vari tentativi di spiegare il senso letterale del proemio, ricostruendo materialmente il viaggio e localizzandone il percorso, ed è già stato fatto valere come il testo parmenideo non autorizzi a precisare indicazioni che debbono restare allo stato di allusione », PASQUINELLI, *Pres.*, p. 393 n. 27.
² DK I, p. 228. Così anche GILARDONI, *Parm.*, p. 20.
³ ALBERTELLI, *Eleati*, p. 269.
⁴ PASQUINELLI, *Pres.*, p. 226.
⁵ Cfr. HEITSCH, *Parm.*, p. 9; PFEIFFER, *Stell. d. Parm. Lehrged.*, p. 84.
⁶ PATIN, *Parm.*, p. 647; MANSFELD, *Offenb.*, p. 222 sgg. Ma così già aveva letto STEIN, *Die Fr. d. Parm.*, p. 771. Si vedano anche le considerazioni di PFEIFFER, *loc. cit.* alla n. precedente.
⁷ DEICHGRÄBER, *Parm. Auffahrt.*
⁸ UNTERSTEINER, *Parm.*, p. 121.
⁹ UNTERSTEINER, *Parm.*, pp. LVIII-LIX.
¹⁰ BOWRA, *Esper. gr.*, pp. 227-228.
¹¹ Sotto la voce θυμός LIDDEL-SCOTT registra anche *mind, temper, soul as seat of thought* e riporta vari esempi da Omero, Eschilo, Sofocle, Platone. Tra i piú significativi ci sembrano questi: ἤδεε γὰρ κατὰ θυμόν (*Il.* 2.409; cfr. 4.163) = sapeva in cuor suo; ἕτερος δέ με θυμὸς ἔρυκε (*Od.* 9.302) = un'altra riflessione mi tratteneva; τοὺς λόγους θυμῷ βαλεῖν (AESCH. *Prom. Vinc.* 706) = mettere nell'animo (nella mente) delle parole. Del resto una rassegna anche rapidissima dell'uso del termine in Omero e nella lirica preparmenidea ci mostra come in esso non sia assente il senso della *consapevolezza* di quel « moto interiore » che appunto in θυμός si esprime. Su ciò si veda il bel saggio di Bruno Snell, *Dichtung und Gesellschaft*, col quale però non concordiamo in alcune conclusioni troppo meccanicamente ricavate e giustificate. Quando Achille, di fronte all'ambasceria che gli chiede di desistere dall'ira, inveisce contro Agamennone che gli ha tolto Briseide, usa a proposito di quest'ultima l'espressione ἐκ θυμοῦ φίλεον, cioè « l'amavo per un moto interiore » (*Il.* IX, 335 sgg.). Analogamente, poco dopo (IX, 480), Fenice, parlando dell'amore

che Peleo gli portava, usa ancora l'espressione «amare dal *thymòs*». SNELL, *Poes. e soc.*, pp. 20-22, vede nel θυμός «un organo interno che trasmette all'uomo i suoi 'moti'», un «organo interno di movimento» (p. 29) e quindi lo identifica con un qualcosa che mette sempre in moto *un'attività*, ma un'attività che è già «spirituale», cioè non un puro e semplice impulso completamente irrazionale od inconscio (cfr. pp. 29-32). SNELL continua esaminando il senso di *thymòs* in Teognide (pp. 35-36), nella lirica della prima età arcaica (pp. 47-94), e in quella tardo-arcaica (pp. 95-121), per esaminare poi la tragedia, la commedia e la poesia ellenistica. Ma noi vorremmo richiamare l'attenzione su un passo dell'*Odissea* (III, 127 sgg.) che a noi sembra importante e che lo Snell — a nostro modesto avviso — non ha sottolineato abbastanza. Parlando di sé e di Odisseo Nestore dice come ἕνα θυμὸν ἔχοντε νόῳ καὶ ἐπίφρονι βουλῇ φραζόμεθ᾽ Ἀργείοισιν, ὅπως ὄχ᾽ ἄριστα γένοιτο. È interessante notare qui come «un solo *thymòs*» possa manifestarsi non soltanto nella βουλή — e questo si comprende più facilmente — ma addirittura anche nel νόος: il che sta appunto a dimostrare quello che andiamo dicendo, e cioè che i due concetti (*thymòs* e *nòos*, passione e intelletto) nella poesia preparmenidea, e quindi in Parmenide (dove la tesi a nostro avviso è provabile), non sono affatto separati o separabili, ma *costituiscono due aspetti fondamentali, distinti ma connessi, di quell'unità che è appunto l'uomo*. Cfr. ancora SNELL, *Cult. gr.*, pp. 36-40.

[12] BOWRA, *Esper. gr.*, p. 227.
[13] Come nota giustamente l'UNTERSTEINER, *Parm.*, p. LII n. 3.
[14] Cfr. PATIN, *Parm.*, pp. 642-643. Ma il Patin, come anche BOWRA, *Parm.*, p. 50, preferisce leggere ὁδὸς δαίμονος perché in tal modo essa meglio si contrapporrebbe alla via erronea degli uomini, tesi che noi non accettiamo (cfr. pp. 75-79). Per una rassegna e discussione delle varie lezioni ed interpretazioni si veda UNTERSTEINER, *loc. cit.* alla nota precedente, e PFEIFFER, *Stell. d. Parm. Lehrged.*, pp. 86-87 e nn. 2-3.
[15] HEITSCH, *Parm.*, p. 9.
[16] FRÄNKEL, *Parm.*, p. 4: il corsivo è nostro. Interessanti considerazioni anche in PFEIFFER, *Stell. d. Parm. Lehrged.*, pp. 114-121: «Figure mitiche e tendenze all'astrazione si mostrano in Parmenide legate le une alle altre. Egli adopera forme divine per presentare come necessario il punto essenziale della sua dottrina, la perfezione dell'Essere come il suo non aver né inizio né fine... Non sono delle pure finzioni poetiche, ma, in quanto lo aiutano a raggiungere una comprensione ed una rappresentazione dell'Essere, delle importanti forze vitali per il suo pensare ed agire» (p. 116). Comunque, sulle figure mitiche e sulla funzione della divinità nel poema parmenideo, si veda oltre, a pp. 158-161.
[17] ALBERTELLI, *Parm.*, p. 269.
[18] UNTERSTEINER, *Parm.*, p. 123. Cfr. p. LXXIV: «perciò πύλαι sono αἰθέριαι in quanto si aprono nell' αἰθήρ costituente il confine tra il

mondo dello spazio e del tempo e quello dell'aspazialità e dell'atemporalità ». Si veda anche la n. 90 alla stessa pagina e poi a p. CXC.
[19] DEICHGRÄBER, *Parm. Auffhart*, p. 33. Ma su ciò si veda BOLLACK, « *Gnomon* », p. 321: non è possibile dare al viaggio « le caractère d'une ascension ».
[20] PASQUINELLI, *Pres.*, p. 227.
[21] PFEIFFER, *Stell. d. Parm. Lehrged.*, p. 57 e nn. 3-4.
[22] Si vedano sopra le note 1 e 19.
[23] HEITSCH, *Parm.*, p. 11.
[24] Cfr. WOLF, *Griech. Rechtsd.*, p. 158 sgg.
[25] PROCLO, *Comm. ad Plat. Resp.* II, 144,29 Kr. = 158 Kern. La traduzione è di ARRIGHETTI, *Orf.*, p. 84; cfr. COLLI, *Sapienza*, 4 [B 55], p. 265.
[26] Si veda TARÁN, *Parm.*, p. 15. Cfr. anche UNTERSTEINER, *Parm.*, per il quale Dike « opera soprattutto come potenza logica » (p. LXXV) e nell'epiteto non c'è altro che « la ripetizione del concetto compreso in Δίκη » (p. LXXV): « ποινή è infatti una legge logica » (p. LXXVII). Si veda anche quanto dice PFEIFFER, *Stell. d. Parm. Lehrged.*: « Dal fatto che l'espressione Δίκη πολύποινος si trova nel frammento orfico 158 K. non si deve dedurre che Parmenide qui si attenga alla rappresentazione orfica della dea Dike. Né si trovano nel proemio parmenideo specifici elementi orfici » (p. 97 e n. 2).
[27] FRÄNKEL, *Parm.*, p. 11.
[28] Giustamente FRÄNKEL, *Parm.*, nota come nelle parole della dea si può ravvisare il fatto che l'ammissione di Parmenide al cospetto della dea — e quindi il « privilegio » di poter ascoltare le sue parole — non sia una specie di « grazia divina », come potrebbero far pensare la guida e l'intercessione delle ʽΗλιάδες κοῦραι, bensì anche il riconoscimento dei meriti propri del filosofo: « Having one's own merit and being divinely gifted are not mutually exclusive when it is a question of things which reach into the nature and substance of man. The greater a man's nature the more of the Divine exists in it and enters into it. *Merit and good fortune are in this sense linked essentially and rightly, not by blind chance* » (p. 11); il corsivo è nostro.
[29] « Significa perfetta, coerente, senza contraddizioni o manchevolezze » (ALBERTELLI), e richiama l'immagine della sfera in B 8.43. εὐκυκλέος è in Simplicio (D E; εὐκύκλιος è in Simplicio A), che è l'unico che riporta i vv. 28-32 (*de cael.* 557,20); mentre Sesto, Plutarco, Clemente e Diogene — che non riportano i versi — hanno εὐπειθέος e Proclo (*in Tim.* I 345, 18 D) εὐφεγγέος (cfr. DIELS, *Parm.*, p. 55). Alcuni studiosi tra i piú recenti preferiscono la lezione εὐπειθέος, come il MOURELATOS, che traduce « persuasivo », così che il verso « gives us the epistemological corollary to the ontological 'mighty hold of πίστις, applied directly to the what-is » (*The route*, pp. 154-155). Così anche lo HEITSCH (*Parm.*, p. 13), che traduce « überzeugend ». A noi non sembra

necessario abbandonare la lezione di Simplicio, sia per il fatto che è appunto colui che riporta tutto il contesto di questi versi, sia perché c'è una corrispondenza tra la «perfezione» dell' ἀλήθεια e la «perfezione» della σφαίρη di B 8.43.

[30] Scrive giustamente il REALE (Eleati, p. 333): «I due ultimi versi del proemio costituiscono un vero enigma. Praticamente la loro esegesi dipende interamente dall'interpretazione generale del significato e del valore della δόξα parmenidea. Infatti dal punto di vista grammaticale sopportano svariate costruzioni, e, quindi, traduzioni». E piú recentemente il RUGGIU (Parm., p. 133 n. 14): «È chiaro comunque che la traduzione dipende dall'interpretazione complessiva del passo, non dalla particella [ἔμπης] in se stessa considerata». Noi daremo in seguito la nostra interpretazione della δόξα parmenidea; a questo punto vorremmo solo notare come tutti gli studiosi abbiano reso ἀλλ᾽ ἔμπης con «tuttavia», anche quelli che danno un'interpretazione positiva della δόξα parmenidea. Si vedano, per citare solo alcuni esempi, DK I, p. 230: «trotzdem»; ALBERTELLI, Eleati, p. 270; PASQUINELLI, Pres., p. 227; UNTERSTEINER, Parm., p. 127; CAPIZZI, Pres., p. 41; CURI, Pres., p. 140; OWEN, El. quest., p. 53; TARÁN, Parm., p. 211; MOURELATOS, The route, p. 209; HÖLSCHER, Parm., p. 75; SCHWABL, Sein u. Doxa, p. 402, traduce semplicemente «aber du sollst auch das erfahren»; mentre HEITSCH, Parm., traduce di nuovo «gleichwohl» (p. 13). Il senso che si dà, quindi, generalmente a questi ultimi versi è questo: è vero che nelle δόξαι degli uomini non c'è πίστις ἀληθής, tuttavia le si apprenderanno. Ma questo senso concessivo — a nostro avviso — non è affatto presente nel testo: la dea ha appena finito di sottolineare la necessità di apprendere sia ἀλήθεια sia δόξα. Per questa ragione crediamo che si debba rendere ἀλλ᾽ ἔμπης con «ad ogni costo», dando all'espressione appunto un senso rafforzativo, come abbiamo sopra detto. Per ἔμπης = ὁμοίως si veda Il. 17.632 (Ζεὺς δ᾽ ἔ. πάντ᾽ ἰθύνει); Il. 14.174 (ἔ. ἐς γαῖάν τε καὶ οὐρανὸν ἵκετ᾽ ἀϋτμή); Pindaro Pit. 5.55 (ἔ. τὰ καὶ τὰ νέμων). Per ἔμπης dopo ἀλλά, e non nel senso di «tuttavia», ma proprio di «a qualunque costo», «ancora», «in più», «in ogni caso», si veda Eschilo Prom. Vinc. 189; Euripide Alcesti 906. Per altre considerazioni si vedano le seguenti note 32 e 33.

[31] Si riferisce alle δόξαι del verso precedente. Discussione in OWEN, El. quest., p. 53.

[32] Significa «esperienze», in quanto τὰ δοκοῦντα è il complesso delle δόξαι degli uomini. Dal momento che giustifichiamo altrove la nostra interpretazione di δόξα = esperienza (pp. 123-127), e dal momento che è ovvio che la resa di δοκοῦντα, di δοκίμως e di περῶντα dipende appunto da questa interpretazione, qui daremo soltanto alcune indicazioni di posizioni significative (diverse dalla nostra) che la critica

piú recente ha assunto sul problema costituito da questi ultimi due versi del *Proemio*.

Deichgräber nel 1959 ha inteso *ta dokounta* con «das den Menschen Dünkende, ihre Annahmen» e quindi *dokìmos* con «annehmbar» e *perònta* con «bis zum Ende durchgehende» (*Parm. Auffahrt*, p. 81 e n. 1). Successivamente Owen, *El. quest.*, pp. 51-54, criticando quanti avevano reso δοκίμως con «accettabilmente» e ricordando che δοκίμως attestato altrove (p.e. Aesch. *Persae* 547 e Xenoph. *Cyr.* 1.6.7.) giustamente viene tradotto in genere con «really, genuinely» (e δόκιμος infatti è «l'uomo attendibile, fidato, non quello che è all'altezza di alcuni standards ma fallisce il test essenziale»), dichiara che questo è proprio il senso che quel termine *non può* avere nel testo parmenideo. Se infatti δοκίμως εἶναι vale *assuredly to exist*, «this is what the phenomenal world can never do for Parmenides' goddess» (p. 51). Il senso di B 1.31-32 quindi è «Still, you shall learn (at second-hand from me) these things too (*sc.* the content of mortal opinions), *namely* (still at second-hand and giving the general content of those opinions) how the things-that-seem had to have genuine existence (δοκίμως εἶναι in the only possible sense), being indeed the whole of things — or, if we read περῶντα, ... and to pervade everything without exception» (p. 53). L'Owen comunque preferisce leggere περ ὄντα (attestato da Simplicio D E F) invece di περῶντα (Simplicio A; anche Zafiropulo, *L'éc. él.*, pp. 295-297, aveva seguito la lezione di D E F e aveva tradotto: «mais tu apprendras aussi ceci: comment l'apparence devait apparaître solidement établie devenant absolument tout pour toujours», quindi in un altro senso). La posizione di Owen a questo proposito è caratteristica: da un lato si avverte l'insostenibilità di certe traduzioni-interpretazioni del passato che tendono a svalutare completamente la *doxa* parmenidea sul filo della tradizionale lettura «sensazioni opposte a pura ragione»; dall'altro, proprio in continuità con quella tradizione e nonostante quanto egli stesso si accorge dover significare i versi di cui stiamo discutendo, sente alla fine quasi il bisogno di ... giustificare le parole della dea. Infatti poco dopo egli dice che la «goddess, we can now say, is not inconsistent in her denunciation of the mortal opinions she surveys; there is, after all, no saving clause. Her account of those opinions is not introduced as a contribution to early science» (p. 54). Per Owen, in conclusione, la dea di Parmenide non rivendica alcun livello di verità alla cosmologia; al contrario l'Eleata dev'essere considerato come un «philosophical pioneer of the first water» intento proprio a distruggere la tradizione cosmologica: in questo consiste la sua «prova piena di argomentazioni polemiche» di B 7.5 (cfr. p. 68). Si richiama all'Owen ora anche Jantzen, *Parm.*, p. 49 e n. 44, che traduce «Die Dinge, wie sie angenommen werden», «wobei das deutzsche Wort die Doppelsinnigkeit des griechischen widerspiegelt», e intende δοκίμως con «angenommen, akzeptiert», «dasjenige, was akzeptiert wird, insofern es, wie es erscheint, akzeptabel ist».

Sulla stessa linea dell'Owen, ma con delle notazioni in piú, si muove il saggio (del 1969) di Raymond J. Clark. Il CLARK, *Parm*., pp. 18-19, sostiene infatti, a proposito di B 1.31-32: «Here, for the first time in philosophical thought, δόξαι is used as a tecnical term in contrast with 'Αλήθεια (i.e. ἐπιστήμη) to denote a kind of knowledge which is to be differentiated from that obtained through νόος, which is divine understanding». τὰ δοκοῦντα sono insomma «un'altra specie di realtà»: Parmenide distingue infatti «between sensory reality and rational reality» (p. 27) e quindi asserisce «the superiority of intelligible over sensible reality» (p. 28). In questo anzi consiste proprio l'originalità di Parmenide: la sua teoria della conoscenza è la scoperta che «δόξα è una specie di comprensione differente da quella che risulta da νοεῖν. La distinzione è il contributo di Parmenide alla filosofia» (p. 28). In conclusione, sono qui delineati due vie e due metodi; δόξα e νοεῖν indicano rispettivamente fenomeni (αἰσθητά) e realtà (νοητά): «'Αλήθεια is a contemplative method which, by contemplating ἔστιν, enables direct apprehension through νόος of the nature of ἐόν. This is goddess' way. Δόξα, the way of mortals, proceeds the moment one starts 'naming' things, i.e. through the medium of sense-perception (αἴσθησις)» (pp. 28-29). Alla tesi del Clark si potrebbe obiettare che nessun appiglio c'è, *nei frammenti parmenidei*, ad una distinzione tra νοητά ed αἰσθητά (anzi, questo termine, come quello che il Clark traduce con *sense-perception*, e cioè αἴσθησις, non compare affatto nell'opera dell'Eleata). Questa distinzione-opposizione appare solo in alcuni commentatori, cioè in alcune testimonianze che iniziano o seguono una certa linea interpretativa, ed è smentita da altre testimonianze e — soprattutto e fondamentalmente — dal frammento 16.

Ma questa stessa interpretazione (e svalutazione delle opinioni dei mortali) dei vv. 31-32 di B 1 la ritroviamo ancora in un piú recente, ma interessante ed intelligente, studio di MOURELATOS, *The route*. Dopo aver sostenuto che χρή e χρεών ἐστι nel greco arcaico non significano «è necessario», ma «è giusto», Mourelatos dice che tradurre χρῆν *it hat to be* significa far concedere dalla dea una certa validità alle opinioni degli uomini, il che costituisce un'interpretazione implausibile e stravagante (p. 207; ma cfr. anche l'*Appendix* III, pp. 277-278). In B 1.31-32 non c'è alcuna concessione alle opinioni dei mortali. Né si può pensare che il *kouros* deve apprendere le opinioni dei mortali come dovrebbero essere e non come sono, né che le apparenze dovrebbero essere in maniera diversa da come sono (p. 211): «La promessa della dea è mostrare come le cose ritenute accettabili dai mortali dovrebbero essere in realtà» (p. 212). Così, il Mourelatos traduce: «But, nevertheless, this also you shall learn, how it would be right for things deemed acceptable to be acceptably: just being all of them altogether» (p. 216; anche il Mourelatos accetta infatti il περ ὄντα di Simplicio D E F: cfr. pp. 212-214). A proposito di questa tesi possono valere le brevi osservazioni che abbiamo fatto sopra, anche se il Mourelatos piú coerentemente di altri respinge un'interpretazione che pretenda di distinguere tra vere e false apparenze, e ripropone quindi — in sostanza — la tradizionale ed in effetti, a nostro avviso, insostenibile opposizione tra *apparenza* e *realtà*.

[33] Significa «convenientemente» e sta appunto ad indicare il vero valore che bisogna (χρῆν) dare a τὰ δοκοῦντα. Non sono mancate invero di questi versi interpretazioni che li pongono in relazione ad una valutazione positiva della *doxa*. Senza parlare delle classiche di un Reinhardt o di un Riezler (sulle quali comunque ritorneremo), tanto per fare due nomi, anche in questa nota accenneremo soltanto ad alcune che piú specificamente riguardano B 1. Già il Verdenius, nel porsi il problema di δοκίμως, pensava che il termine non doveva avere un significato completamente negativo e lo rendeva con «acceptably», anche se poi specificava «acceptably *to mortals*» e così glossava questi versi: «How mortals starting from a certain principle were able to explain reality in detail in a manner satisfactory to them» (VERDENIUS, *Parm.*, pp. 49-51). Ma c'è uno studio importantissimo di Cornford, del 1933, che imposta in maniera originale e suggestiva il problema delle «vie» in Parmenide e conseguentemente il problema della δόξα, e di τὰ δοκοῦντα. A proposito di questi due termini e della loro comprensione, il saggio di Cornford, anche se non ci appare accettabile in tutte le soluzioni che offre, apre davvero nuove prospettive. Lo studioso indica innanzi tutto tre diversi livelli di significato per questi termini (in relazione alla sua interpretazione delle tre — e non due — vie di cui parla Parmenide e quindi del passaggio dal «regno della qualità» al «regno della quantità»: tesi queste delle quali peraltro discutiamo altrove, cfr. pp. 267-268 n. 147). Traducendo dunque βροτῶν δόξας «what seems to mortals», CORNFORD, *Parm.*, p. 100, suggerisce che *doxa* e *dokounta* di B 1.30-31 includano «*a*) what *seems real* or '*appears*' to the senses; *b*) what *seems true*; what all men, misled by sensible appearances, believe, and the δόγματα philosophers have thought on the same basis (for in the mouth of a goddess 'mortals' includes philosophers); and *c*) what has *seemed right* to men, the decision they have laid down to recognize appearances and the corresponding beliefs in the conventional institution of language». Usando *doxa* in questo senso ampio Parmenide vuol significare che tutti gli uomini credono nella realtà ultima del mondo che i sensi ci mostrano, del mondo cioè della diversità nel tempo e nello spazio, in cui le cose «sono e non sono», passano dalla non-esistenza all'esistenza e viceversa. Orbene, divenire, cambiamento, diversità, sono appunto gli assunti fondamentali di ogni cosmogonia, e il problema che immediatamente si pone è questo: «How can a thing

exist and yet not be wholly real? How can we think or say something which has a meaning and yet is not true?» (p. 101). Noi siamo completamente d'accordo con il Cornford nel ritenere effettivamente questa la domanda fondamentale che ogni studioso della *doxa* parmenidea si trova dinanzi ed alla quale deve dare una risposta coerente all'insieme dei frammenti parmenidei; e siamo anche d'accordo nel vedere la diversità dei due piani della δόξα e dell' ἀλήθεια sotto il profilo della distinzione tra un mondo in cui ci si attiene all'aspetto qualitativo ed un altro in cui ci si attiene all'aspetto quantitativo — tesi questa che è in certa misura anche la nostra, pur se situata in tutt'altra prospettiva. Ma il Cornford istituisce a questo punto un parallelo Parmenide-Platone la cui analisi lo porta a delle conseguenze che non ci sentiamo piú di accettare. Egli infatti nota che i due filosofi «hanno in comune la convinzione che il Reale, qualunque sia la sua natura, deve essere razionale o 'intelligibile' (νοητόν) e che il mondo come si presenta ai nostri sensi non è razionale» (p. 102). E dopo aver riconosciuto che Parmenide «fu il primo a formulare un principio che ha governato tutto il seguente corso della scienza», cioè che è la stessa cosa pensare ed essere (fr. 3), il Cornford aggiunge che Parmenide ha visto anche, con ciò, «che la diversità nel tempo e nello spazio ed il divenire o il cambiamento sono irrazionali» (p. 102). È proprio quest'affermazione dell'*irrazionalità* del mondo del cambiamento che noi non ci sentiamo di condividere. Cornford infatti cita due passi, *Resp.* 477-478 e *Soph.* 236-237, nei quali a suo avviso Platone, nell'istituire la differenza tra ignoranza, scienza e opinione, rispecchia la distinzione parmenidea delle tre vie. Così che la via della verità e la via dell'apparire «are no more parallel and alternative systems of cosmology, each complete in itself, than are Plato's accounts of the intelligible and the sensible worlds» (p. 102). In effetti anche noi crediamo che i passi citati da Cornford siano molto importanti; quello che non riusciamo a vedere — e negli stessi passi platonici — è appunto la non-razionalità, o per dire piú correttamente la non-razionalizzabilità della δόξα. Che l'apparenza sensibile sia contrapposta alla verità razionale o pura scienza (ma ad ἐπιστήμη, nella *Repubblica*, si contrappone ἀγνωσία e non δόξα, che è appunto un μεταξύ τι), è ciò che potrebbe esser dimostrato per Platone, ma non per Parmenide. Ma anche ammettendo una contrapposizione — meglio: una distinzione — non si vede come un'attività razionale possa dispiegarsi se non esercitandosi — agendo — su di una realtà che razionale non è, per portarla appunto alla razionalità. *In questo senso la* δόξα *parmenidea ed il* μεταξύ *platonico rappresentano la sfera del non-(ancora)-razionale, ma non certo dell'irrazionale.* Cornford poco dopo dice che lo sforzo della scienza è diretto «to passing behind these unaccountable data to a metaphysical or mathematical region of unseen reality». Ora, se per Parmenide è certo, secondo la nostra tesi, che l' ἀλήθεια si costruisce appunto *sulla* e *con la* δόξα, il problema per Platone è invece di vedere se tra i due piani ci sia effettivamente un «passaggio», un rapporto di continuità, oppure se il piano della verità si conquista con atto noetico che nulla ha a che fare con la «ricognizione» dianoetica delle δόξαι e che ne prescinde completamente: ma questo problema qui non possiamo affrontare.

Un'altra «rivalutazione» della *doxa* parmenidea, anche se da un punto di vista diverso da quello del Cornford, è contenuta in un importante saggio del 1953 di Hans Schwabl. Dopo aver criticato la posizione di Verdenius da noi riportata sopra ed aver ribadito che «χρῆν heisst 'musste' und drückt eine Notwendigkeit aus» (SCHWABL, *Sein u. Doxa*, pp. 400-401), lo studioso tedesco continua: «In δοκοῦντα dobbiamo intendere non soltanto le 'opinioni' degli uomini, ma ancora molto di piú 'ciò che si mostra e appare agli uomini', cioè il mondo così come è per gli uomini. Poiché *ogni opinione*, che deve ora essere esposta, *ha in Parmenide non un significato soltanto soggettivo, ma anche la sua obiettiva corrispondenza alla realtà*» (p. 401; il corsivo è nostro). Ora, se è giusto che Parmenide poteva dire: la luce è, la notte è (cfr. B 8.53-61; B 9), doveva anche poter dire: τὰ δοκοῦντα ἔστιν. E questo anche se «der Schein nicht auf eine absolute, sondern eine bedingte, wenn auch durchaus gültige Weise 'ist'» (p. 402). Infatti lo Schwabl così rende B 1.31-32: «aber du sollst auch das erfahren, wie der Schein auf gültige Weise sein muss (eig. musste, d.h. die ganze Dauer der menschlichen Welt sein muss; vgl. B 19,1 f), völlig alles durchdringend» (p. 402; sulle riserve che si possono fare a questo relegare l'«apparire» su di un piano diverso dall'«essere» — cosa che non sarebbe consentita sulla base del dettato parmenideo — si veda REALE, *Eleati*, p. 314 e p. 319; cfr. anche quanto dice RUGGIU, *Parm.*, p. 248). A nostro avviso, la difficoltà è superabile se si distinguono due diversi livelli dell'«essere» a questo proposito. Cioè, da un lato, un livello per così dire «esistenziale»; da questo punto di vista certamente non si può fare una differenza tra i fenomeni che costituiscono l'apparire e la realtà nel suo complesso, oggetto dell' ἀλήθεια: sia gli uni che l'altra effettivamente «sono» allo stesso titolo ed alla stessa maniera — in questo senso Schwabl diceva che l'opinione ha una sua oggettività reale. E, dall'altro lato, un livello per così dire «conoscitivo»; da questo punto di vista l'apparire, il mondo fenomenico del divenire e della molteplicità, non possiede certamente lo stesso grado di «verità», di coerenza logica e di rigorosa certezza, che è proprio del διάκοσμος ordinato e sistemato dal νόος: quindi non «è» allo stesso titolo di questo (ma di ciò si veda alle pp. 106-112).

Anche per un interprete che genericamente potremmo definire «esistenzialista» «les δοκοῦντα de Parménide ne sont absolument pas des illusions voisines du non-être, mais les choses mêmes de ce monde-ci» (BEAUFRET, *Le poème*, p. 32). Lo scarto (*écart*) del pensiero «n'a nullement pour résultat de nous transpatrier platoniquement, religieusement, extatiquement d'une monde dans un autre monde, mais uniquement de faire régner une pleine lumière sur notre implantation et notre séjour dans ce monde-ci, qui serait décidément le seul et unique monde». «Les δοκοῦντα étant ainsi non plus de simples apparences, mais les choses mêmes» (p. 33). Una valutazione ancora positiva del significato di questi versi è nel bel libro di LLOYD, Polar. a. Anal., dove tra l'altro si legge che quando Parmenide distingue tra conoscenza e mera opinione, e associa la prima generalmente a ragione e intuizione, la seconda a sensazione, «the difference is a difference in kind between two types of cognition» (p. 425). E ancora, in un libro recentissimo, il Ruggiu nota come il termine *doxa* in nessuno dei luoghi in cui appare sembra avere una valenza negativa (RUGGIU, *Parm.*, p. 128). «La doxa suppone come proprio fondamento l'essere e solo a questa condizione essa è momento ineliminabile della verità» (p. 132). All'esperienza pertanto bisogna dare una sua validità, realtà e giustificazione: «Non esiste contraddizione tra principio ed esperienza: l'esperienza non si costituisce sul nulla, né essa attesta il nulla né il nulla deve essere introdotto perché i fenomeni abbiano razionalità e spiegazione adeguata alla loro manifestazione; luce e notte, realtà che sono, sono sufficienti a fornire la ragione dei fenomeni» (RUGGIU, *Parm.*, pp. 318-319).

Infine, un nuovo tentativo di leggere la *doxa* di Parmenide nell'ambito di una logica arcaica che spiega i fenomeni nei termini delle loro funzioni strutturali e simboliche è compiuto dal PRIER, *Arch. Logic*. Per il Prier «the difference between the world of Δόξα and the world of Truth is that this symbolic mixture characterizes the former while a clear cut logical dichotomy characterizes the latter» (p. 111). E infatti: «In the realm of human Δόξα, with its deceptive ordering, mortals make a total dichotomy between opposites that is unwarranted. They do not see an underlying unity or a third term — i.e. Being (...). ' οὐ χρέων ' must indicate here [*scil.* B 8.54] the position of the people being criticized and 'μίαν', I think, refers to the unifying term or the logic of Being whose existence they refuse to see. In other words, for them there is no area of identity between opposites» (p. 111).

[34] Sui concetti di *moira, dike, ananke* si veda oltre a pp. 158-161.

[35] Nelle parole della dea in verità questo è il «programma» del sapere che la dea rivelerà nel seguito del suo discorso a Parmenide. Ma è ovvio che questa finzione poetica sta a significare appunto che il filosofo ha raggiunto una verità, quella verità che ora esprime nel suo poema e che gli permette di individuare e criticare gli errori degli altri. Senza rivestimenti poetici Spinoza avrebbe detto che la verità è metro di se stessa e dell'errore.

[36] È noto che, tra gli antichi, Sesto Empirico, che ci riporta i vv. 1-30 di B 1, è l'autore di una famosa parafrasi del frammento, nella quale quasi

ogni verso viene assunto a segno di un significato piú o meno recondito. Così le cavalle del v. 1 sono « gli impulsi e le brame irrazionali dell'anima »; la via della dea dei vv. 2-3 è il ragionamento filosofico che « a modo di dea che accompagna guida alla conoscenza di tutte le cose »; le fanciulle del v. 5 sono le sensazioni, e in particolare l'udito: perché le due ruote del carro che si muovono (vv. 7-8) sono gli orecchi che ricevono il suono; lo spingere verso la luce del v. 10 significa l'uso della vista; e così via (cfr. Sext.Emp. *adv. math.* VII, 112-114). La parafrasi di Sesto è però giustamente criticata da quasi tutti gli studiosi, che hanno notato come essa sia senz'alcuna relazione col mondo concettuale parmenideo. Su alcune altre interpretazioni simbolico-allegoriche torniamo a p. 16 sgg. e relative note.

[37] Secondo Plutarch. *amat.* 13 p. 756 F, e Simplic. *phys.* 39,18. Diversamente Platone ed Aristotele. Ma per il commento a B 13 vedi in seguito.

[38] Sul significato di Dike « vendicatrice » si veda sopra a p. 5 e le note da 24 a 27.

[39] Di questo aspetto logico-conoscitivo discutiamo appunto alle pp. 158-161.

[40] Sui rapporti tra il « poema » parmenideo ed il filone della poesia epica, in cui si inserirebbe, molto si è discusso. Già il Diels, *Parm.*, pp. 7-22, aveva posto il problema delle fonti mitologiche del *Proemio,* indicandole in Omero, nella poesia e nella tradizione orfica (si pensi a Dike « vendicatrice » di B 1.14), nelle pratiche del pitagorismo, ma specialmente in Esiodo, con l'opera del quale molti anche puntuali accostamenti era possibile fare. Alcuni studiosi hanno poi approfondito l'influsso dell'orfismo o del pitagorismo. Tra questi ricordiamo Mondolfo (in Zeller-Mondolfo I, II, p. 82), per il quale « Parmenide si aggira evidentemente sullo stesso terreno orfico-pitagorico, su cui si muove Platone nel mito di Er ». In Parmenide ci sarebbe « l'affermazione di una funzione mistica del sapere... Il saggio è anche per Parmenide l'iniziato, condotto dalle figlie della luce al sacro mistero della Verità... La via della verità è la via della salvazione ». Questa « mistica pitagorica della scienza » Mondolfo la vede confermata addirittura nella « necessità di coerenza del pensiero », poiché « questa stessa esigenza è in Parmenide considerata ispirazione o rivelazione divina » (p. 83). E proprio in questo aspetto, inoltre, Mondolfo scorge una differenza fondamentale tra Senofane, che « rivendicava la σοφία nel suo valore etico-politico, quale nuovo concetto di ἀρετή », e Parmenide che passava « dalla valutazione razionale alla mistica, vedendo e cercando nella σοφία la salvazione spirituale » (pp. 82-83). Su questo punto il Mondolfo accettava le tesi dello Jaeger (delle quali discutiamo alle pp. 51-56) e dello Schuhl, *Essai,* p. 285, che notava come nei versi del proemio parmenideo ricorresse due volte l'immagine della σχίσις cioè della biforcazione del cammino della salute di cui parlavano gli Orfici

e che i Pitagorici rappresentavano nel simbolo mistico della lettera Y. Ha molto insistito sui rapporti tra Parmenide e la setta pitagorica lo ZAFIROPULO, *L'éc. el.*: le parole della dea stanno a significare una iniziazione simbolica (p. 67); il prologo simboleggia l'aspetto esoterico del sistema parmenideo: se qualcosa non ci è chiaro, questa oscurità per i non-iniziati fu certamente voluta da Parmenide (p. 71). Pur riconoscendo un parallelismo tra il poema di Parmenide e quello di Esiodo (*Opere e giorni*), lo Zafiropulo sottolinea che il proemio simboleggia l'iniziazione che era di regola nella setta pitagorica (pp. 94-95). Lo JAEGER, *Teol.*, aveva sostenuto che il poema didascalico di Parmenide « non si rifà direttamente a Omero, bensì alla *Teogonia* di Esiodo » (p. 150), e solo alla *Teogonia* e non alle *Opere e Giorni* (p. 151). In *Teog.* 22 sgg. infatti le dee appaiono ad Esiodo e gli danno l'ispirazione che nessun'altro poeta prima di lui aveva ricevuto: « Dev'essere stato questo punto a suggerire a Parmenide di presentarsi come successore e superatore di Esiodo » (p. 151).

Oggi si tende in genere a sottolineare da un lato l'influsso della poesia epica — e in particolare appunto di Esiodo — sul linguaggio parmenideo, ma d'altro lato a riconoscere finalmente l'originalità, se non della « poesia » o delle « forme poetiche » dell'Eleata, del contenuto concettuale e di pensiero della sua opera. Già il PASQUINELLI, *Pres.*, del resto, a proposito dell'uso delle formule epiche, aveva notato come il complesso delle immagini della poesia epica « vien teso — nel caso di Parmenide — ad un significato piú ricco ed interiore, anche se qualche volta a scapito della plasticità e dei valori estetici originali » (p. 393, n. 27). Così mentre lo HEITSCH, *Parm.*, rapporta il viaggio dell'Eleata al costume epico di far « rivelare » ad una dea la Verità (pp. 55-56), e raffronta le parole della dea in Esiodo con quelle in Parmenide (pp. 63-64), per concludere che è viva anche in quest'ultimo quell'abitudine dei primi epici greci di presentare la propria opera non come una propria creazione od invenzione, ma un dono delle Muse o della divinità (pp. 132-133); il TOWNSLEY, *Parm.*, sottolinea lo stile della poesia epica presente in Parmenide e le motivazioni estetiche del poema, ivi compresa la scelta del metro (p. 347). Per questo studioso « Parmenides desired to adopt the traditional language of religion in order to express his new and divinely revealed view of life » (pp. 347-348). Anche il MOURELATOS, *The route*, è convinto che « Parmenides uses old words, old motifs, old themes, and old images precisely in order to think new thoughts in and through them » (p. 39). Ancora il RUGGIU, *Parm.*, parla di una « coincidenza della logica mitica con la forma del ragionamento razionale » (p. 10), di una « forza ideativa che coglie e pone i concetti immediatamente come immagini » (p. 11), e vede in Parmenide « l'uso di una dualità di registri », una coincidenza — come in Esiodo — del modulo mitico-religioso e di quello concettuale, dell'universo linguistico del *mythos* e di quello del *logos* (pp. 12-13). Sui rapporti tra pensiero mitico, pensiero religioso e pensiero filosofico in Parmenide, si veda anche FRANKFORT, *Concezioni*, pp. 436-437, e VEGETTI, *Il dio filosofo*, p. 4.

Ma il quadro forse piú completo dei rapporti tra il poema didascalico di Parmenide e la tradizione epica è dato dal recentissimo lavoro dello PFEIFFER, *Stell. d. Parm. Lehrged.* Lo Pfeiffer esamina in Parmenide l'uso delle forme epiche (pp. 16-28), l'uso degli epiteti, sia nel proemio che nei frammenti piú importanti (pp. 29-51), l'uso di motivi, rappresentazioni, quadri e situazioni dell'epica — p.e. le case della notte del v. 10, il viaggio, e così via — (pp. 52-121). Lo studioso tedesco afferma che anche se una grossa parte di aggettivi e di epiteti sono derivati dalla poesia omerica, Parmenide li ha usati in una nuova connessione ed ha ampliato l'ambito del loro uso ed il loro significato: il poema è una vera e propria « wissenschaftliche Dichtung », e in esso « finden sich ... die Kennzeichen der epischen Dichtung und die der wissenschaftlichen Prosa » (p. 51). « Nell'uso di figure, motivi, forme e locuzioni epiche con un notevole grado di libertà, egli si distingue di fronte alla tradizione epica ... Così il suo Proemio rispecchia da un lato il suo adoperarsi per dar forma alla tipicità o essenzialità di un avvenimento, e dall'altro lato il suo sforzo per accentuare l'eccezionalità del suo *Erlebnis* » (p. 106). Lo Pfeiffer conclude col rivendicare — giustamente, a nostro avviso — la piena ed autentica originalità dell'Eleata e la sua coscienza di non sentirsi affatto legato alla tradizione epica: « Kurz, er verwendet episches Sprach- und Gedankengut so frei, dass er mit ihm neue, d.h. spezifisch gedankliche Inhalte zum Ausdruck bringen kann » (p. 189). In altre parole, poeta e pensatore, poesia greco-arcaica e prosa scientifica sono strettamente connesse nell'opera parmenidea e questo costituisce forse la sua piú grande originalità: « In diesem Lehrgedicht sind ' dichterisches Sagen ' und ' philosophisch-wissenschaftliches Denken ' miteinander eine Einheit eingegangen, und nur aus der Stellung des Gedichtes an der Grenze zwischen Poesie und Prosa lässt sich Eigenart begreifen » (p. 191).

[41] BOWRA, *The Proem*, p. 106.

[42] BOWRA, *The Proem*, pp. 109-110.

[43] ZAFIROPULO, *L'éc. él.*; il proemio simboleggia l'iniziazione religiosa che era di regola nella setta pitagorica (p. 94). Il viaggio s'identifica con il cammino che tutti i mortali debbono percorrere prima d'attingere la vera conoscenza: in linguaggio animista, l'adepto deve essere iniziato alla contemplazione dell'anima delle cose (p. 95) e tutte le sue conoscenze non sono che uno sforzo preparatorio alla visione finale (p. 95). È di questa opinione ora anche CASINI, *Natura*, p. 30, che a proposito del proemio parla di una « tipica scena d'iniziazione, di indubbia ascendenza orfica ».

[44] MONDOLFO, *loc. cit.* alla nota 40.

[45] SNELL, *Cult. gr.*: Parmenide « respinse il sapere ' umano ', l'espe-

rienza sensibile, cercando un accesso diretto al sapere 'divino'»; «è la divinità a mostrargli la verità» (p. 203). Il proemio è una vera e propria «rivelazione» e «l'*emozione religiosa* di fronte al fatto che il sapere divino e *la conoscenza dell'essere supremo si dischiude all'uomo*, in Parmenide è piú forte che in Omero e anche in Esiodo» (p. 204); «egli stesso è giunto al sapere per una specie di *grazia divina*» (p. 205). I corsivi sono nostri.

[46] FARRINGTON, *Scien. gr.*: Parmenide, «il secondo dei filosofi religiosi della Grecia», condusse un vero e proprio attacco ai sensi (p. 66); egli «protesta contro le conseguenze ateistiche della filosofia ionica che bandiva il divino dalla natura» (p. 69).

[47] THOMSON, *Primi filos.*: il proemio è «il resoconto veritiero di una esperienza religiosa che aveva assunto la forma tradizionale dell'iniziazione mistica»; come confutazione del pitagorismo, tutto il poema ha «avuto anche il carattere di una professione di fede fatta con fervore analogo a quello della dottrina a cui si opponeva» (p. 297).

[48] HEITSCH, *Evidenz*: «Der göttlichen Allmacht kontrastieren die menschliche Ohnmacht» (p. 414). Anche il frammento 6, per esempio, deve essere messo in relazione a quella critica della conoscenza che, sul finire dell'epoca arcaica, trova il suo fondamento teoretico nell'affermazione che solo gli dei conoscono la verità, mentre gli uomini possono solo supporre (pp. 414-415). Per questa ragione «Parmenides hat für sein Werk die Form einer Offenbarungsrede gewählt» (p. 416). Una posizione analoga a questa di Heitsch ed a quella di Farrington è sostenuta da CAMBIANO, *Plat.*, quando scrive: «L'eleatismo costituisce una frattura netta nel corso di questo processo, opponendosi radicalmente alle tecniche. Parmenide, nel proemio del suo poema, attribuisce alla dea l'iniziativa della ricerca: è la dea che fornisce la rivelazione iniziale, anche se poi l'uomo può proseguirla» (p. 29).

[49] HYLAND, *Origins*: Parmenide, padre del razionalismo, è il distruttore dell'evidenza dei sensi (p. 180). Il viaggio «richiede l'intervento e il costante aiuto del divino» (p. 183). È precisamente nei termini di questo accesso alla verità che si rivela la costante connessione tra *vero, filosofia* e *divino*, come stabilirono Gabriel Marcel [!!] e Platone (p. 183). Delle alquanto strane teorie di questo studioso parleremo anche altrove (pp. 16-17 e n. 83); qui vorremmo solo indicare, per pura curiosità, i titoli significativi di alcuni capitoli di questo libro: IV. La battaglia dei giganti. Eraclito. Il sostenitore del divenire; V. La battaglia dei giganti. Parmenide. Il sostenitore dell'essere; VII. Risposte alla battaglia dei giganti. Empedocle; VIII. Risposte alla battaglia dei giganti. Anassagora. Noi abbiamo sempre diffidato delle ricostruzioni storiche fatte per schemi e contrapposizioni, in cui ogni autore ha una sua casella ben precisa e ben costruita, e cosí prepara e richiama quelle in cui sono costretti altri

autori — specialmente posteriori —; e la lettura di questo libro in effetti ci ha confermati nella nostra opinione.

⁵⁰ TOWNSLEY, *Parm.*: «Parmenides, prior to commencing to write his poem, has already received the superhuman experience and he is now telling the story of his miraculous transcelestial journey». Di piú: «il mondo del soprannaturale non è puramente una proiezione della coscienza propria del poeta. La soggettività della visione... non esclude la realtà del mondo divino» (p. 345). «The goddess aids the kouros' ascent to the Light only because she is divine, a sort of 'saint' who knows the truth and can relate to him» (p. 346).

⁵¹ JAEGER, *Paid.*, pp. 331-332.

⁵² REINHARDT, *Parm.*, p. 256. Ma è tutta l'impostazione dell'opera del Reinhardt che vede in Parmenide il puro razionalista, sostenitore dei diritti della pura ragione, al di fuori della problematica teologica.

⁵³ JAEGER, *Teol.*, pp. 154-155.

⁵⁴ JAEGER, *Teol.*, p. 155.

⁵⁵ JAEGER, *Teol.*, p. 156.

⁵⁶ MANSFELD, *Offenb.*, p. 260 sgg.

⁵⁷ MANSFELD, *Offenb.*, p. 225 sgg. Accetta oggi questa interpretazione il RUGGIU, per il quale i vv. 1-10 descrivono non il viaggio verso la dea, ma il ritorno dopo la rivelazione (*Parm.*, pp. 21-22), in accordo con lo schema della descrizione di un processo di iniziazione ai misteri (pp. 23-25); il ritorno quindi «indica il ripercorrimento della totalità dell'esperienza» compiuto dall'uomo che sa perché ha ricevuto la rivelazione (p. 26).

⁵⁸ MANSFELD, *Offenb.*, p. 240 sgg.

⁵⁹ Contro i tentativi di localizzare il viaggio si veda, fra l'altro, il saggio di FRÄNKEL, *Parm., passim.* Si veda anche quanto dice il REALE, *Eleati*, p. 325: «È troppo evidente, in base alla semplice lettura del testo parmenideo, che la localizzazione del viaggio è impossibile, a causa dell'estrema vaghezza delle indicazioni: voler determinare l'ecologia del viaggio significa andar contro le intenzioni di Parmenide che volutamente deve aver lasciato il luogo nel vago, in contrasto netto con la particolareggiata minuzia con cui descrive ad esempio i mozzi infuocati o la porta che si apre, e, invece, in tutta coerenza con la indeterminatezza in cui sono lasciate le figure delle cavalle, delle figlie del sole e della stessa dea».

⁶⁰ Vedi sopra a pp. 40-44 e le note 16, 27 e 28.

⁶¹ FRÄNKEL, *Parm.*, p. 12.

⁶² DE SANTILLANA, *Prol.*, p. 8.

⁶³ VERDENIUS, *Parm. Light*, accetta la tesi dello Jaeger di una «autentica esperienza religiosa», ma vede nel viaggio, o meglio nella descrizione del viaggio, il resoconto di una esperienza personale del filosofo e quindi una valorizzazione dell'iniziativa umana: la «via» infatti non indica altro che il «processo» del pensiero di Parmenide stesso. La «grazia divina» quindi non esclude l'iniziativa umana; anzi si deve parlare

di una vera e propria «collaborazione» tra uomo e dio (p. 120 sgg.).
[64] UNTERSTEINER, *Parm.*, riprende l'idea della collaborazione dell'uomo con dio di Verdenius, è d'accordo col Bowra che nel proemio non vi sia allegoria (BOWRA, *Parm.*, p. 98) e con il Fränkel che la via non possa essere localizzata (FRÄNKEL, *Parm.*, p. 5), e sottolinea anch'egli il carattere razionale del proemio, notando infine giustamente che «il pensiero greco, proprio nell'epoca di Parmenide, manifesta la tendenza a servirsi dello stile e degli schemi del pensiero religioso, allo scopo di esprimere concetti che religiosi non sono più (p. LVII; ma si veda tutto il primo paragrafo del cap. II e specialmente a pp. LXIV-LXV).
[65] RUGGIU, *Parm.*, p. 31: «La verità non è il frutto dell'attività del soggetto, ma è il soggetto stesso che si pone nella verità. Uomo e dio cioè sono unificati all'interno dell'assolutezza dell'essere. La verità dell'essere o Dike si pone come unico e comune terreno di incontro fra uomo e dio; non solo la norma si impone ugualmente su tutti, ma tutti, uomini e dei, sono ' uguagliati ' dall'universalità e valore assoluto della norma». Cfr. anche a p. 84: «Uomo e Dio, natura e società, ordinamento cosmico e umano, destino individuale e necessità del tutto costituiscono solo momenti differenti che sono governati dall'unica e medesima dea e quindi dall'identica e onnicomprensiva norma».
[66] PFEIFFER anzitutto sottolinea con forza che in «nessun luogo noi troviamo nei versi di Parmenide un'indicazione che la dea abbia prodotto il mondo degli elementi» (*Stell. d. Parm. Lehrged.*, p. 104). Tra parentesi, nota giustamente il Pfeiffer, questa teoria non risolverebbe affatto la questione — a nostro avviso mal posta — del perché, dopo aver esposto la verità, la dea esponga anche una *doxa*, dal momento che con essa si «sposterebbe soltanto la questione» perché bisognerebbe poi «chiederci perché la dea ha prodotto questo mondo» (*ibidem*). La dea infatti ha solo «il compito di proclamare la verità» (p. 105). È interessante quanto Pfeiffer nota in seguito: «Per Parmenide i suoi pensieri sull'essere erano qualcosa di interamente nuovo, la cui verità per lui poteva esser fondata solo in una ispirazione divina. Ma questa esperienza egli non la poteva ascrivere a nessuna delle forme divine tradizionali. Noi crediamo di poter chiarire e comprendere il proemio soltanto se supponiamo che la dea per Parmenide sia stata una forza reale, dalla quale egli ha visto ispirato il suo pensiero» (p. 114). Così, se da un lato dobbiamo guardarci dal ritenere le forme divine come il prodotto di una pura costruzione razionalistica, dall'altro lato è anche «difficile, se non impossibile, per quanto riguarda le forme divine, dividere l'esperienza di una forza divina da quella che è una personificazione filosofica» (p. 115). E dal momento che la dea fonda la verità della sua dottrina su di una «Folgerichtigkeit ihrer Argumentation», «fondamento e garanzia della dottrina parmenidea è infine non la dea, ma *Geist und Vernunft*» (p. 135). In questo appunto consiste la vera differenza tra Omero ed Esiodo e Parmenide: «Garanti

della verità erano in Omero le Muse, in Esiodo le Muse e la persona del poeta prescelto. Nel poema didascalico parmenideo la dea dà soltanto l'impulso, cioè ispira il pensatore. Garante della verità, in ultima analisi, nella dottrina divulgata, è la verità stessa» (p. 136). Per concludere, Parmenide è perfettamente «cosciente del suo pensiero che egli sa, da un lato, ispirato da una dea, e dall'altro legato al Logos. Due maniere, per fondare il sapere, sono connesse tra di loro nel poema didascalico parmenideo, quella del 'poeta' e quella del 'pensatore'» (p. 190).

[67] Come fa lo stesso BOWRA, *The Proem*, per il quale l'allegoria del proemio è il simbolo «dell'esperienza personale del poeta e della scoperta della verità» (p. 106 sgg.). Cfr. LESKY, *Lett. gr.*, p. 283: «In questi versi Parmenide ha raffigurato la sua esperienza spirituale». Vedi anche PFEIFFER, *Stell. d. Parm. Lehrged.*, pp. 106, 114, 147-148. Il Pfeiffer conclude che «ciò che è rappresentato nel proemio non è autentico *Erlebnis*, ma finzione letteraria nella sua raffigurazione; il proemio non è «un puro rivestimento decorativo, bensì rappresenta, per dirlo ancora una volta, la configurazione di una vivente personale esperienza attraverso l'impiego di un ambito linguistico e di motivi dell'epica» (p. 149). Al contrario per SOMVILLE, *Parm.*, p. 51, il «ruolo del pensiero individuale si presenta... come eminentemente passivo; esso consiste nell'accettazione incondizionata d'un ordine superiore».

[68] Già ZELLER I, III, pp. 234-235 e nn. 17 e 18, notando come in nessun frammento l'essere viene designato come divinità, aveva detto che Parmenide «era completamente e puramente filosofo, e la sua filosofia non dava nessun motivo alla posizione di determinazioni teologiche». Così KRANZ, *Aufbau u. Bedeutung, passim*, parla di una costruzione puramente razionale del proemio e dell'opera tutta di Parmenide e sottolinea il significato conoscitivo del «viaggio», che è un viaggio verso la verità. DE RUGGIERO, *Filos. gr.*, p. 132, sostiene che il proemio «serve da poetico scenario e insieme da sugello di veridicità a una filosofia di schietto stile razionale». PAGALLO nega che si possa dare un'interpretazione misticheggiante del proemio, poiché quelle che in esso sono contenute non sono che indicazioni metodiche connotanti un atteggiamento schiettamente logico. CALOGERO, *St. eleat.*, p. 12, parla di un «crollo del mito del Parmenide mistico dell'Essere di fronte alla constatazione del Parmenide logico-metafisico dell'essere». Anche per MOURELATOS, *The route*, p. 44, è «surely an exaggeration to speak of a 'genuine religious experience' or of a 'mistery of Being' or of 'salvation' in connection with Parmenides». Non solo questi non chiama «divino» il «what-is», ma anche non gli «attribuisce alcun epiteto tradizionalmente usato per gli dei» (p. 44).

[69] JAEGER, *Teol.*, p. 167.
[70] JAEGER, *Teol.*, p. 155.
[71] JAEGER, *Teol.*, p. 156.
[72] Non si capisce tra l'altro perché Jaeger parli a questo punto di

un mistero; o meglio, si capisce, dal momento che egli mette in relazione il proemio parmenideo con la religione dei misteri, ma è proprio questa relazione che non appare giustificata. Lo stesso Jaeger parla a proposito di Parmenide di una « pura ontologia » e certamente questa ontologia, con le sue rigorose deduzioni, con le sue logiche dimostrazioni, di tipo addirittura matematico, quasi formalizzata, poco ha a che vedere con i « fatti misteriosi » celebrati nei riti magico-religiosi.

[73] La distinzione non era netta, certo, ma ci doveva pur essere: è vero che la religione « ufficiale » era qualcosa che interessava il cittadino piú che il singolo nella sua interiorità, ed è vero che nelle religioni « misteriche » l'uomo veniva coinvolto principalmente in questo secondo aspetto, ma è vero anche che una differenza tra il sacerdote capo del culto pubblico o il « santone » trascinatore di folle da un lato ed il filosofo che parlava della φύσις — anche *nel momento stesso* in cui affermava che « tutto è pieno di dei » — dall'altro pur c'era, e le due figure non venivano confuse: le testimonianze di Aristotele, per esempio, anche quando parlano dei θεολόγοι, riguardano appunto uomini della seconda specie e non della prima.

[74] VLASTOS, *Theol. a. philos.*, p. 118. Ma già il BURCKHARDT, *Civ. gr.*, notava che gli Eleati « protestano come Eraclito contro la religione popolare » (vol. II, p. 26).

[75] VLASTOS, *Theol. a. philos.*, p. 119.

[76] CASERTANO, *Parm.*, p. 420.

[77] VLASTOS, *Theol. a. philos.*, pp. 119-120. « They took a word which in common speech was the hallmark of the irrational, unnatural, and unaccountable and made it the name of a power which manifests itself in the operation, not the disturbance, of intelligible law » (p. 120).

[78] Vedi sopra la nota 36.

[79] ZAFIROPULO, *L'éc. él.*, p. 67 e p. 72.

[80] ZAFIROPULO, *L'éc. él.*, pp. 94-95.

[81] GILARDONI, *Parm.*, p. 23 nota 6.

[82] HYLAND, *Origins*, pp. 180-181.

[83] HYLAND, *Origins*, p. 181. Poco dopo l'autore precisa che « the erotic desire for the wholeness of wisdom becomes in Plato virtually definitive of the philosophic life »: il proemio di Parmenide anticipa quindi quella scelta « esistenziale » che Platone compie nei suoi dialoghi (p. 181). Alcuni studiosi parlano anche di « femminilismo » di Parmenide. Lo JOËL, *Gesch. d. an. Philos.*, notando come tutte le figure divine, le personificazioni allegoriche, le cavalle, sono femminili (unica eccezione, Eros), ne deduce che questo aspetto è derivato in Parmenide o da reminiscenze pitagoriche o dal carattere erotico-femminile di ogni misticismo, compreso quello parmenideo (pp. 451-452). Contro questo voler vedere troppo in fondo a questo « femminilismo », si veda CALOGERO, *St. eleat.*, pp. 49-51.

Anche il Merlan sottolinea questo aspetto e se lo spiega col fatto che anche le donne avrebbero fatto parte del corpo insegnante della scuola eleatica (Merlan, *Parm.*, p. 276). Così il De Santillana, *Prol.*, p. 7 e p. 8, parla di un principio femminile che si rivela non solo nel prologo, ma in tutto il poema: « Persino quando parla della costrizione universale che spinge ' la femmina a unirsi al maschio, e di converso il maschio a unirsi alla femmina ' egli si oppone al modo di pensare abituale che ha presente alla mente in primo luogo il maschio che corteggia ». Cfr. ora anche Somville, *Parm.*, pp. 34-35.

[84] Imbraguglia, *Ordin. assiom. nei fr. parm.*, p. 57 e n. 11. A dimostrazione degli eccessi cui può portare la puntigliosa ricerca di significati simbolici, vale la pena di leggere anche un altro brano di questo libro, chiedendo scusa per la lunga citazione: « Le *solari ragazze* ed il *cocchio* sono due simboli legati da una qualche reciprocità: le prime sono le entità luminose che snebbiano il cervello, i principi di solare evidenza, e il secondo è un simbolo adeguato dell'attenzione intelligente. Il *cocchio* è il nûs in cui consiste l'identità cosciente di Parmenide, che normalmente risiede in case notturne: abita nel mondo dei sensi, dove non è strada maestra, ma un calpestamento, un intrico di orme che portano in nessun posto, e dove non è luce, ma la notte dei sensi. Ma per il capo di Parmenide passano cavalle di pensieri suscitatori e insieme principi di solare evidenza snebbiano il capo dal fumo dei sensi, sicché l'attenzione di Parmenide, trascinata dalle cavalle che gli passano per la testa e guidata dalle solari evidenze, è strappata dal mondo notturno dei sensi e sospinta via via fino alla soglia degli occhi, lungo i sentieri della vista, procedendo in senso contrario. Sono questi occhi perciò le porte dei sentieri del giorno e della notte, che l'attenzione di Parmenide oltrepasserà dall'esterno verso l'interno, per trovarsi sulla strada maestra del pensiero logico, abbandonato il calpestamento dei sensi. Questo processo di interiorizzamento dell'attenzione dal mondo sensibile al pensiero logico, attraverso gli occhi che vengono attraversati in senso contrario, è ciò che Parmenide sembra descrivere proiettandolo nelle forme di un mito quasi cosmico » (p. 58 n. 11). Assicuriamo il lettore di aver fedelmente trascritto, senza nulla togliere o aggiungere.

[85] Già nell'antichità Porfirio, *de antr. nymph.* 23, aveva identificato queste πύλαι con le δύο θύραι di Omero. E così il Gilbert, *Die Δαίμων*, pp. 25-45, aveva affermato che le porte erano due, l'una ad Occidente (κάθοδος) e l'altra ad Oriente (ἄνωδος), e dividevano il mondo terreno da quello d'oltretomba. Ma l'Untersteiner ha dimostrato, sulla scia di Kranz, *Aufbau u. Bedeutung*, p. 1160, che πύλαι è la porta *per la quale passano* i due sentieri del Giorno e della Notte (o che divide i due sentieri). Πύλαι è infatti un « plurale per esprimere il duale di una coppia di cose: cioè significa i due battenti della porta »; « La porta è unica, ma viene designata col plurale perché in essa si fondono e con-

fondono Giorno e Notte» (UNTERSTEINER, *Parm.*, p. 122 e LXXIV, n. 89).

[86] «... la natura, così com'è percepita dai sensi, è un'illusione, perché è contraria alla ragione. È chiaro che tale concetto di ragione non ha alcuna corrispondenza nel mondo esterno della natura: si tratta piuttosto — esattamente come il suo universo di puro essere, spogliato di tutti gli aspetti qualitativi, è il riflesso mentale del lavoro astratto impersonato dalle merci — di un concetto-feticcio spogliato di qualsiasi aspetto qualitativo che riflette la forma monetaria del valore» (THOMSON, *Primi filos.*, p. 324).

[87] CAPIZZI, *Parm.*; CAPIZZI, *La porta, passim.*
[88] CAPIZZI, *La porta*, p. 35.
[89] CAPIZZI, *La porta*, p. 41.
[90] CAPIZZI, *La porta*, pp. 75-88.
[91] CAPIZZI, *La porta*, pp. 93-112.
[92] L'abbiamo fatto in CASERTANO, *Discutendo, passim.* Sulle tesi di Capizzi si veda anche MONTANO, *Una proposta*, e ISNARDI PARENTE, *Parm. e Socr.*, alla quale risponde vivacemente CAPIZZI, *Appunti.*

[93] A proposito del discorso di Dike, per esempio, Capizzi distingue «il *piano linguistico di partenza*, dove la dea distingue il *giusto* uso delle parole da quello scorretto; il *piano ontologico di passaggio*, dove essa insegna la *giusta* concatenazione dei concetti e condanna quella errata; infine il *piano politico di arrivo*, dove la Giustizia suggerisce tacitamente (ma eloquentemente) le *giuste* misure da prendere nella contingenza» (CAPIZZI, *Parm.*, p. 35). Piú oltre si dice: «la *premessa semantica* delle assurdità lessicali e sintattiche presenti nella lingua fenicia portava alla *conseguenza logica* del rifiuto della loro doppiezza e del loro ' circolo vizioso '; ma da tale *conseguenza logica* scaturiva poi il *suggerimento politico*, sottinteso ma assai percettibile alle orecchie dei Velini, di non tentare neanche di difendersi dai Siracusani ricorrendo ai loro nemici sconfitti, i Cartaginesi» (pp. 52-53); si veda ancora alle pp. 55-57.

[94] Su questo punto torneremo specialmente nel commento a B 8.

NOTE B 2 - B 3

[1] I due frammenti, come ammettono quasi tutti (cfr. p.e. CALOGERO, *St. eleat.*, p. 14 sgg.), sono strettamente connessi: B 3 conclude e completa l'argomentazione di B 2.7-8.

[2] Il discorso in prima persona è appunto quello della dea, che parla per tutto il corso del poema; tuttavia UNTERSTEINER, *Parm.*, p. LXXX, sostiene che « non si può del tutto escludere che Parmenide parli in prima persona, rivelando come proprio verbo la verità della dea ormai immedesimata nel suo spirito ». *Contra*, vedi TARÁN, *Parm.*, p. 22 sgg.

[3] Cfr. per tutti SNELL, *Cult. gr.*, p. 335 sgg. e JAEGER, *Teol.*, p. 159: la parola greca (ὁδός) « da Omero in poi non indica soltanto il sentiero tracciato o la strada, ma anche il percorso verso una meta ». Cfr. anche JAEGER, *Paid.*, p. 329.

[4] Altri termini che Parmenide usa sono κέλευθος (B 1.11, B 2.4, B 6.9), ἀταρπός (B 2.6); ἁμαξιτός (B 1.21).

[5] Il MOURELATOS, *The route*, pp. 67-68, nota come « logically speaking, the metaphor of δίζησις is appropriate for questions of explicative or speculative import. It is not appropriate for existential questions, nor it is appropriate for questions of ἱστορία, 'knowledge about', θεωρία, 'a viewing of things', or διαίρεσις, understood as 'classification' ». E poco prima aveva detto: « In δίζησις ther is desire *for* and interest *in* the object of δίζησις ; it is a 'quest' » (p. 67). Giustamente HUSSEY, *Pres.*, p. 80, nota: « È naturale cominciare con l'assumere che il viaggio rappresenti un progresso lungo una via d'indagine, poiché più avanti nel poema parole che significano 'strada' o 'sentiero' sono continuamente usate per significare 'linea di ragionamento' ».

[6] Così intendono, fra altri, ZELLER (I, III, pp. 178-179, 183 e n. 4), REINHARDT (*Parm.*, p. 35), DIELS (*Parm.*, p. 33), UEBERWEG-PRAECHTER (*Grundriss*, p. 82), MONDOLFO (*Pens. ant.*, p. 75), ALBERTELLI (*Eleati*, p. 131 n. 3; p. 271 n. 35 del I vol. de *I presocr.*), ZAFIROPULO (*L'éc. él.*, p. 132), MADDALENA (*Pitag.*, p. 23). Il CORNFORD (*Parm.*, p. 98 e n. 2; p. 99. Cfr. *Pl. a. Parm.*, pp. 30-31 e n. 2) anzi emenda il testo in ἡ μὲν ὅπως ἐόν ἐστι καὶ ὡς κτλ. e legge « one that ⟨that which is⟩ is, and it is impossible for it non to be » (*contra* ALBERTELLI, *loc. cit.*, e VERDENIUS, *Parm.*, p. 31 n. 1).

[7] VERDENIUS, *Parm.*, p. 82 n. 3.
[8] VERDENIUS, *Parm., B 2.3*, p. 237. Su questa linea si muove KOJÈVE, *Essai*, p. 219, che per eliminare la «tautologia» di Parmenide, suppone che «il soggetto sottinteso del discorso nel quale la dea parla a Parmenide della buona o della non-buona o cattiva maniera di parlare... è un morfema... che ha il senso CONCETTO, equivalente al senso UN-TUTTO-SOLO-IMMOBILE o al senso ETERNITÀ, che gli è identico». Le due vie, dunque, nella interpretazione di questo studioso, diventano queste due maniere: la buona «consiste à dire que cela vaut la peine de rechercher la Sagesse, parce que le Savoir, au sense d'une parfaite 'Convinction' ou 'Certitude [subjective]' ' ... est possible, vu qu'il y a une absolue 'Vérité [objective]'» (p. 219); l'altra, che è dei mortali, «consiste à dire que le Concept n'est qu'un vain mot, tout connue l'Éternité qu'il est censé être» (p. 220).

[9] LOENEN, *Parm.*, p. 15: soggetto non è l'«essere», ma un «it», un τί indefinito. Il Loenen propone anche di leggere al v. 3 ἣ μέν, ὅπως ἔστιν τι κτλ., vedendo confermata questa sua lettura da un altro codice di Sesto che a B 8.1 invece di μόνος δ' ἔτι ha μόνος δέ τι.

[10] CALOGERO, *St. eleat.*, p. 17: «Ma considerare qui soggetto di tutti gli ἔστιν l'ἐόν significa aggiungere nel testo una parola che assolutamente non vi si trova». E poco dopo si dice: «... anche in questo caso l'ἔστι non sarà dunque riferito a un soggetto determinato come espressione specifica dell'esistenza di una data realtà, bensì sarà usato in quell'assoluta indeterminatezza, che è propria dell'essere in quanto puro elemento logico e verbale dell'affermazione» (p. 18). La tesi generale del Calogero è che l'«essere» parmenideo «non è che l'ipostatizzazione ontologica di quell'essere dell'affermazione che per la sua assoluta indeterminatezza verrà poi chiamato da Aristotele col nome di ὃν μοναχῶς λεγόμενον. Ipostatizzazione, s'è detto; purché, naturalmente, la parola non sia presa in senso specifico, visto che in Parmenide la constatazione dell'essere logico non è tanto un punto di partenza per salire all'affermazione dell'essere ontologico quanto il campo della stessa realizzazione di quest'ultimo, e che l'ontologicità del logico è appunto in funzione di una distinzione specifica tra i due piani di considerazione» (p. 20). Ma l'interpretazione logico-linguistico-ontologica del Calogero rimane ancora legata all'interpretazione classica che vedeva nettamente contrapposte verità e opinione. E infatti per Calogero la via del non-è di B 2 «è dunque quella stessa della particolare conoscenza delle cose sensibili, la via del molteplice e del differente, che è una cosa non essendone un'altra: quella via, come s'è detto, che intanto è della negazione dell'essere puro in quanto è dell'affermazione dei particolari predicati, e così può presentarsi senz'altro come il mondo degli infiniti 'nomi', di contro all'unità indifferenziata dell'essere che li sorregge asserendoli» (p. 33).

Sulla scia del Calogero, anche KRANZ, a partire dalla 5ª edizione dei

Vorsokratiker (1934), traduce «eine Weg, dass IST ist... andere aber, dass NICHT IST ist» (DK p. 231; cfr. pp. 235, 236 e 238). Così Riezler, *Parm.*, p. 51, sostiene che si potrebbe dire τὸ ἐστί ἐστί, cioè l'«È» è: ciò che esiste è solo il *das Seiendsein*. Anche Martano, *Contr. e dial.*, p. 95 n. 2, accetta la proposta del Calogero, sottolineando l'«inconducibilità dell' ἔστι ad un determinato soggetto». Così Giannantoni, *Pres.*, p. 46. Infine Capizzi, *Pres.*, p. 42 n. 9, nega che vi sia un soggetto sottinteso a B 2.3 e 5, avvicinandosi all'interpretazione del Calogero. Per alcune obiezioni grammaticali a quest'ultima, si vedano Loenen, *Parm.*, p. 7; Tarán, *Parm.*, p. 36; obiezioni alla traduzione del Kranz in Cornford, *Pl. a. Parm.*, pp. 30-31 n. 2 e Verdenius, *Parm.*, p. 32 e n. 5.

Recentemente Mourelatos ha così riassunto la questione: «a) the first ἔστι and the εἶναι have existential force; b) the absence of a subject for these verb-form is intentional, and we are not to supply a specific subject, either by emendation or mentally; c) the absence of the subject does not warranthe view that the ἔστι and εἶναι in question are 'impersonal'» (Mourelatos, *The route*, p. 47). Per questo studioso b) e c) possono essere accettati mentre a) dev'essere negato (cfr. p. 49 e *Appendix* II, pp. 269-276); al contrario, secondo noi, è a) che deve essere accettato. Giustamente, comunque, Mourelatos sostiene che il significato può essere determinato solo da un'analisi filosofica e non puramente grammaticale (p. 53). Bisogna pensare all' ἔστι come ad una «speculative predication» (p. 58): «Parmenides clearly wants us to think of the two routes as *constituted* by the positive and negative ἔστι -clauses respectively, not as *leading up to* them» (p. 59).

Per una discreta rassegna delle interpretazioni, e per un tentativo di collegare B 2 e B 3 con Protagora (specialmente il fr. 1) e Platone, si veda ora il lavoro di Jantzen, *Parm.*, pp. 107-120.

[11] «Il est» nella traduzione francese dalla quale citiamo. Conformemente alla sua interpretazione (ciò che è, per Parmenide «c'est premièrement ce que, dans le langage populaire, on appelle matière ou corps»: Parmenide non dice una sola parola dell'«essere»), il Burnet così spiega: «L'assertion que *il est* revient précisément à dire que l'univers est un *plenum*, et qu'il n'existe aucune chose telle que l'espace vide, ni à l'intérieur ni à l'extérieur du monde» (Burnet, *L'Aurore*, pp. 200, 205-206). Anche Pasquinelli (*Pres.*, p. 228 e pp. 396-397 n. 30), pur intendendo l'essere come soggetto della via, traduce semplicemente «l'una che è e che non è possibile che non sia... l'altra che non è e che è necessario che non sia». Così anche Jaeger, *Teol.*; e Gigon, *Urspr.*, pp. 251-252, sostiene che non si può parlare di un «essere» sostantivato ma solo di un «c'è». Un'ulteriore discussione sull'argomento in Owen, *El. quest.*, pp. 55-61.

[12] Fränkel, *Dicht. u. Philos.*, p. 457 e n. 9. Per Fränkel il verbo

è usato impersonalmente, come nell'espressione « es regnet ». Anche per Tarán non si può sottintendere alcun soggetto all' ἔστι e οὐκ ἔστι dei vv. 3 e 5, che sono impersonali (TARÀN, *Parm.*, p. 36 sg.). Cfr. ancora RUGGIU, *Parm.*, pp. 186-187, 193, 208.

[13] UNTERSTEINER, *Parm.*, p. LXXXV. L'Untersteiner sostiene anche che l'ὅπως del v. 3 ha un valore interrogativo (« come ») e non dichiarativo, perché in questo senso viene usato dopo un verbo di dire o di opinare solo se preceduto da negazione. Quest'interpretazione è stata criticata dal MONDOLFO, *Discussioni*, p. 310 sg., sia con ragioni di ordine grammaticale, sia con ragioni di ordine filosofico: si insiste sul valore dichiarativo di ὅπως, e si sottintende il soggetto ἐόν. Al Mondolfo l'Untersteiner ha replicato ribadendo le sue tesi (*Ancora su Parm.*, p. 52). Noi siamo d'accordo con l'Untersteiner che l'ἔστιν e l' οὐκ ἔστιν dei vv. 3 e 5 non abbiano alcun soggetto sottinteso, perché dal contesto — a nostro avviso — risulta abbastanza chiaro che il soggetto dei due verbi sono proprio le ὁδοί del v. 2, ma non ci sentiamo di accettare fino in fondo le dimostrazioni dello studioso, specialmente per quanto riguarda il valore interrogativo di ὅπως e per quanto egli afferma in seguito sulla « creazione », non certo sotto il rispetto ontologico, ma sotto quello gnoseologico, dell'ἐόν da parte della ὁδός (p. LXXXVII sgg.). Che la ὁδός, cioè il « buon metodo », *crei* la conoscibilità dell' ἐόν ci pare per lo meno un'espressione non molto felice se collocata sullo sfondo del discorso parmenideo, dal quale appare chiaro che non si tratta di un *pensiero* che dia essere — sia pure soltanto conoscitivamente — ad una *realtà*, ma al contrario che il pensiero (e quindi il metodo giusto, proprio in quanto è giusto) *riconosce* la realtà, ne individua il giusto metro per interpretarla, ed è proprio questo esatto riconoscimento, questa « coincidenza » tra essere e pensare che è la ragione della giustezza o meno del metodo — cioè di esso si può dire: è, esiste come metodo, oppure: non è, non esiste come metodo. Altre critiche alla tesi dell'Untersteiner si vedano in MOURELATOS, *The route*, p. 75.

[14] Anche MOURELATOS, *The route*, p. 67, ha messo in rapporto B 2.4 con B 8.18, sostenendo che ἀλήθεια e τὸ ἐόν sono equivalenti. Ma questo per lo studioso è una ragione della « trascendenza » della via: « Taken together, ' course of Persuasion ' and ' veridical route ' reinforce the suggestion that the route is *toward* truth, that the speculative ' is ' is the conveyer from the proximate but ' latent ' to the transcendent but ' non-latent ' identity of things » (pp. 66-67). Per il Mourelatos che la via positiva sia una via *a* ciò che è e *alla* verità significa che c'è una distanza tra il viaggiatore e la sua meta: « In altre parole, l'immagine della via non è di immanenza ma di trascendenza » (p. 75). Su questa « trascendenza » della via, come si può vedere da ciò che andiamo dicendo, non siamo d'accordo. Recentemente (ma riprendendo due suoi precedenti sag-

gi, *Gegenwart u. Evidenz* e *Evidenz*) lo Heitsch ha proposto la traduzione «*Evidenz*» per ἀλήθεια in luogo della classica «*Wahrheit*» (da ricordare però che «Evidenz» era stato proposto già da Fränkel, *Parm.*, p. 9 e n. 24 a p. 39, per rendere Πειθώ del v. 4). Lo Heitsch, *Parm.*, pp. 97-98, aggiunge che Parmenide non ha saputo vedere a fondo nell'ambiguità del suo concetto di «evidenza»: tra l'evidenza logica e l'evidenza come non-oscurità (*Unverborgenheit*), Parmenide non ha saputo distinguere.

[15] Calogero, *St. eleat.*, p. 24.
[16] Gigon, *Urspr.*, p. 252.
[17] Untersteiner, *Parm.*, p. 129.
[18] Pasquinelli, *Pres.*, p. 228.
[19] Jaeger, *Paid.*, p. 330: «Parmenide è il primo pensatore che abbia posto consapevolmente il problema del metodo filosofico, distinguendo chiaramente le due vie principali, percezione e pensiero, nelle quali si scinde quind'innanzi la filosofia... La salvezza si fonda unicamente sul passaggio dal mondo dell'opinione a quello della verità». Secondo quest'autore, inoltre, le due vie hanno anche un chiaro significato religioso: «Le due vie, la giusta e la sbagliata, hanno molta parte nel simbolismo religioso del più tardo pitagorismo», la via vera «è la via della salvezza introvabile su questa terra, come era indicata dalla religione dei misteri» (Jaeger, *Teol.*, pp. 157-158). De Ruggiero, *Filos. gr.*, p. 132: «La dea si limita a indicare due possibilità aperte alla ricerca: l'una è quella del pensiero, della scienza, della verità...; l'altra è quella dell'opinione... non guidata dalla logica». Robin, *Pens. gr.*, p. 155: «Due vie o metodi, dunque: l'una, della *verità* immutabile e perfetta, a cui si addice il pensiero logico; l'altra, dell'*opinione* e delle sue apparenze diverse e mutevoli, dominata dalla consuetudine e dall'esperienza confusa dei sensi». Thomson, *Primi filos.*, p. 297. Snell, *Cult. gr.*, p. 203: Parmenide «respinse il sapere 'umano', l'esperienza sensibile, cercando un accesso diretto al sapere 'divino'». Farrington, *Scien. gr.*, pp. 66-68: Parmenide conduce un attacco ai sensi e ad un metodo di ricerca, quello basato sulla pratica della scienza d'osservazione: «il suo problema era quello della conoscenza sensibile e della conoscenza razionale, ed era convinto che si dovesse seguire esclusivamente la ragione». Sainati, *Parm. e Prot.*, pp. 11-12: «di fronte al mondo della comune e della molteplice esperienza» Parmenide rivendica l'atteggiamento «critico-razionalistico, che, revocando in questione — in nome di una πίστις ἀληθής, irreperibile nelle contingenze empiriche — la fondatezza stessa di quel dato, propone l'istanza metodologica della 'via' come catarsi dall'empiria e come tecnica di scoperta di una struttura ontologica necessaria»; «La 'via' parmenidea è l'*itinerarium mentis in Deum* dell'ontologo greco primitivo, che, sdegnoso della precaria anomia del ritmo temporale dell'esperienza, cerca ancoraggio e salvezza nell'intuizione

intellettuale di forme esemplari e trascendenti». MARTANO riporta questa opposizione ad una delle forme che nel piú antico pensiero greco assunse l'ἐναντίωσις: «È qui che avviene l'ἐναντίωσις tra *ragione* tendente al fisso e all'immobile, e *sensi* generatori della mutevole opinione» (*Contr. e dial.*, p. 98). Identificando essere con verità e non-essere con opinione, la SOMIGLIANA, *Le due vie di P.*, pp. 273-274, ha messo in relazione il fr. 2 con la sapienza indiana, assiro-babilonese, egiziana, ebraica e greca, notando: «Giova a questo punto ricordare che il nome Logos nel linguaggio di questi antichi filosofi non è usato per indicare la 'ragione', nel senso che oggi siamo soliti attribuire a tale termine... La parola *Logos* indica invece una particolare forma d'intelletto di ordine superiore, presente nell'essere nostro e in stretta connessione con l'ente divino»; precisazione e interpretazione con le quali, proprio in base a quanto andiamo dicendo, non siamo d'accordo.

[20] GILARDONI, *Parm.*, pp. 41-44 e relative note. Il Gilardoni così traduce-interpreta: «... l'una secondo la quale è e non è possibile non essere... l'altra secondo la quale non è e si addice non essere», donde scaturirebbe la necessità di dover asserire sempre qualcosa di positivo. È noto che l'impossibilità dell'errore e quindi di affermare il falso, per lo meno a livello della conoscenza sensibile, fu una tesi caratteristica di alcuni sofisti, per esempio Protagora e Gorgia. Per un'analisi del rapporto tra le vie di Parmenide e le tesi gorgiane in DK 82 B 3 e 82 B 3a, si veda REINHARDT, *Parm.*, p. 35 sgg.

[21] ENRIQUES-DE SANTILLANA, *St. d. pens. sc.*, p. 99: «Le due ipotesi che si mettono di fronte l'una all'altra sono l'ipotesi che tutto sia pieno o che esista il vuoto: la Verità dell'autore è che la materia estesa deve riempire lo spazio, e identificarsi con esso, perché il vuoto, cioè il non-esistente, è inconcepibile».

[22] LLOYD, *Pol. a. Anal.*, p. 104. Sarà interessante leggere tutto il passo: l'«è» e il «non-è» sono trattati da Parmenide «as mutually exclusive and exhaustive alternatives». La scelta, secondo Parmenide, è tra: «1) it is impossible that it should not be (i.e. it is necessary that it should be» e «2) it is necessary that it should not be». Ma niente è detto qui, né altrove, sulle rispettive *contraddittorie* di queste due proposizioni, cioè «3) it is not necessary that it should be (i.e. it is contingent that it should be», oppure «it may be», e «4) it is not necessary that it should not be (i.e. it is contingent that it should not be», oppure «it may not be». In conclusione, «the 'propositions' which Parmenides expresses are not contradictories (of which one must be true and the other false), but contraries, both of which it is possible to deny simultaneously, and it is clear that from the point of view of strict logic they are not exhaustive alternatives».

[23] Così MONDOLFO, *Comprensione*, p. 126: Parmenide dà «per la prima volta espressione ai principi d'identità (dell'essere con se stesso:

B 2, verso 3) e di contradizione (inconciliabilità dell'essere con il nonessere: B 7, verso 1; B 8, verso 20) e al postulato di ragion sufficiente »; DE RUGGIERO, *Filos. gr.*, p. 135: « La vera scoperta parmenidea è quella del principio d'identità », « la sua ontologia ha un carattere essenzialmente logico, perché è una pura oggettivazione del principio d'identità »; CHERNISS, *Criticism*, pp. 383-384: Parmenide afferma quel principio d'identità che Platone riprenderà nel *Parmenide* e nel *Sofista*; PRETI, *St. d. pens. sc.*, pp. 42-43: Parmenide « fissa due principi supremi del discorso, due condizioni formali a cui il linguaggio deve obbedire perché siano in generale possibili le sue funzioni di fissazione e comunicazione delle esperienze: *il principio d'identità*, per cui un nome deve mantenere costante il suo significato attraverso tutto il discorso; e *il principio di non-contraddizione*, per cui due proposizioni contrarie o contraddittorie non possono essere entrambe vere ». Si veda anche PRETI, *Log. el.*, pp. 82-84. Cfr. ancora ROBIN, *Pens. gr.*, p. 157, DAL PRA, *Storiogr. an.*, p. 36; MARTANO, *Contr. e dial.*, p. 98; VACCARINO, *Orig. d. logica*; ROSSETTI, *Aporie di Parm.* Anche MANSFELD, *Offenb.*, p. 44 sgg., vede in Parmenide la prima formulazione del principio di non-contraddizione, come caratteristica, però, di quella « logica disgiuntiva » fondata (e non-fondante) sulla « rivelazione » della dea che sarebbe tipica dell'Eleata (p. 122 sgg., p. 156 sgg., 220 sgg., 260 sgg.). Piú cauto il CALOGERO, *St. eleat.*, che parla di un « inconsapevole fondatore dell'antica logica » che « in nome della sua unità scevra di contraddizione condanna ... la dualità vivente nella contraddizione » (p. 41); Parmenide non sa ancora nulla dei principi di identità e non-contraddizione, « la sua identità è immediata », è quella del termine unico, « del termine che non ha alcuna determinazione »; solo dopo la sofistica, Socrate, Platone e Aristotele si distinguerà l'essere dell'identità da quello dell'esistenza, quello della verità da quello della predicazione, quello della necessità logica da quello della necessità reale (p. 56). L'importanza del discorso parmenideo per lo sviluppo della matematica è stata messa in luce da SZABÒ, *Scienze*, per il quale la matematica sistematica e deduttiva dei Greci si deve appunto alla filosofia eleatica: « Secondo la mia ipotesi i matematici hanno preso a prestito questo metodo di dimostrazione dai filosofi eleatici ... Non era la filosofia quella che ha preso a prestito questi termini dalla matematica, ma inversamente la matematica deve le sue espressioni ed il suo metodo alla filosofia eleatica » (pp. 35-36, vedi anche pp. 33-34). Su questo vedi VERNANT, *Mito*, pp. 272-273, e DE SANTILLANA, *Origini*, pp. 106-107. Infine PACI, *Pens. pres.*, sottolinea il fatto che l'affermazione dell'essere-uno in Parmenide comporta la necessità della contraddizione e la dialettica insopprimibile negatività-positività: « ... per lui il contraddittorio, fin dall'inizio, è necessario alla verità »; « Parmenide nega il mondo per la verità ma considera necessaria per la verità l'esistenza del mondo che nega »; « Così quelle stesse antitesi che i primi pitagorici avevano conciliato nell'armonia del numero Parmenide le vedrà come profonda e necessaria contraddizione, contraddizione tanto piú necessaria in quanto l'uno parmenideo non può porsi che contro il molteplice » e questa relazione pitagorica è, per Parmenide, « la dialettica insopprimibile tra la negatività del molteplice e la fatale positività dell'uno » (pp. 67-70). Sulla linea di questa precisazione può in fondo leggersi anche l'interpretazione che di Parmenide dà il Martano, *Contr. e dial.*, pp. 94-110. Ancora recentemente Heitsch, *Parm.*, ha visto nel fr. 2 la formulazione del principio del III escluso: « Come Parmenide scopre, l' ' o-o ', che sta fra i due concetti contraddittori, ha così una forza esclusiva: oltre alle due possibilità ' ἔστιν ' e ' οὐκ ἔστιν ' non c'è alcun'altra possibilità: tertium non datur... Questa alternativa fondamentale è chiaramente nient'altro che la proposizione del terzo escluso » (p. 87; cfr. pp. 56-57).

[24] Hegel, *Lezioni*, p. 279.

[25] Ricordiamo che già Plotino, *Enn.* V 1,8 = DK 28 B 3, al quale del resto Hegel esplicitamente si richiama, nel riportare il verso parmenideo così interpretava: « Anche Parmenide fu, prima d'ora, di quest'opinione, in quanto identificò l'essere e l'intelletto e non pose l'essere tra i sensibili. Dicendo: ' Infatti...', lo dice anche immobile, nonostante che, avendogli aggiunto il pensare, gli venga a togliere ogni movimento corporeo ».

[26] Per una rassegna delle interpretazioni su questo punto si veda la lunga nota 13 in Reale, *Eleati*, pp. 218-224, rispetto alla quale vorremmo fare alcune precisazioni o aggiunte. Innanzi tutto notiamo come il Mondolfo sia ancora sotto l'influenza di una esegesi di tipo idealistico quando (nello stesso passo che il Reale riporta, ma solo in parte) afferma che in Parmenide si deve vedere non già « l'identità fra pensiero ed essere alla maniera plotiniana, ma per lo meno l'equivalenza e reciprocità fra l'esistenza nel pensiero e l'esistenza nella realtà: cioè *l'assunzione del pensiero a prova dell'esistenza del suo oggetto*, per essere pensabile solo il reale, e, quindi, *necessariamente reale il pensato* (Mondolfo, *Problemi*, p. 158; il corsivo è nostro). Ancora piú chiaramente, parlando della indistinzione ingenua tra verità e realtà, l'illustre studioso afferma: « La conversione dell'esigenza implicita (ionici) in esplicita (eleati) porta con sé l'uscita dall'indistinzione, e la costruzione cosciente di un'*identità tra verità e realtà, che nasce dalla sottomissione dichiarata della seconda alla prima* » (Mondolfo, *Comprensione*, p. 125; il corsivo è nostro); « La ragione determina le condizioni della concepibilità e la concepibilità si erige a criterio della realtà: *le esigenze interiori del soggetto pensante si convertono in arbitre dell'esistenza oggettiva* » (p. 126; il corsivo è nostro); si tratta insomma non di un *cogito ergo sum*, ma di un *cogito ergo est*, cioè dell'« affermazione che la concepibilità (...) è criterio e prova della realtà di ciò che è concepito » (p. 127). Ora, è vero che il Mondolfo combatta alcune interpretazioni di

tipo idealistico come quelle del Reinhardt, del Von Arnim, dello Stenzel, ma in effetti la sua stessa esegesi, anche se molto piú coerente al testo parmenideo e molto piú accorta, cade nello stesso errore. In effetti, che il pensiero sia la prova dell'esistenza del pensato può intendersi solo nel senso che, attraverso il pensiero che lo pensa, del pensato si può affermare l'esistenza reale; così come che il pensato sia necessariamente reale, perché pensabile è solo il reale, può intendersi solo se aggiungiamo che la necessaria realtà del pensato vale per esso solo *in quanto* e *come* pensato, cioè che la realtà del pensato vale « necessariamente » solo per il fatto che esso è un reale oggetto del pensiero e non « necessariamente » è anche un oggetto reale. Ma non è questo il senso che assume il Mondolfo, che esplicitamente parla di una sottomissione della realtà alla verità e della concepibilità come criterio della realtà: dove è facile vedere il privilegiamento del piano del pensiero rispetto a quello della realtà. È vero infatti che il concepire e l'esprimere sono le condizioni del riconoscimento della realtà (è ovvio che la realtà non può essere riconosciuta se non dal pensiero, per lo meno in un senso « filosofico »): ma, appunto, del « riconoscimento », e se è il pensiero che riconosce la realtà è chiaro che è la realtà che in certo modo determina e condiziona il pensiero. Questa, secondo noi, è proprio la prospettiva parmenidea; laddove, se si accetta col Mondolfo la prospettiva di un soggetto pensante *arbitro* dell'esistenza oggettiva, di un *cogito ergo est*, non si esce ancora dall'ambito interpretativo proprio dell'idealismo.

Chiaramente — e secondo noi giustamente — asseriscono la dipendenza della verità della conoscenza dalla realtà ROBIN, *Pens. gr.*, pp. 156-157: « Ciò che regola la verità della conoscenza è, pertanto, la realtà ontologica: la realtà dell'oggetto. Tale il significato della celebre formula, spesso fraintesa: ' La stessa cosa è pensare ed essere '... La legge ontologica fissa dunque al pensiero la sua ' via ', vale a dire la sua regola »; PASQUINELLI, *Pres.*, p. 398 n. 32: « la traduzione tradizionale è ancora la migliore... ci atteniamo anche noi al modo tradizionale d'intenderlo: l'identità di essere e pensare, e cioè la risoluzione del secondo nel primo »; WOODBURY, *Parm.*, p. 152: « It is evident that Parmenides finds in being a limitation upon thought and cannot therefore have held any view that reduced being to thought »; GILARDONI, *Parm.*, p. 47: « il tema della riflessione parmenidea è dunque sempre quello della ricerca della verità, quale specchio della realtà » (cfr. anche pp. 48-49, 63, 69); RUGGIU, *Parm.*, p. 198: « Il pensiero e la parola non hanno ormai piú in se stessi la garanzia del proprio essere, ma questa risiede in altro, e cioè nella cosa stessa ... La cosa non dipende piú dal pensiero, ma è il pensiero e la parola a dipendere dalla cosa » (cfr. anche a pp. 193, 197 e 211). Vedi anche quanto dice HEITSCH, *Parm.*, pp. 119-120 e 144-145. Caratteristico è poi il ragionamento che fa HYLAND, *Origins*, p. 187, a proposito di B 3 e di B 8: l'« essere » per Parmenide non può significare ciò che esiste. Infatti Platone considerò Parmenide suo padre filosofico e, poiché per quello le idee sono l'aspetto intelligibile delle cose, per Parmenide l'essere « is that which is *intelligible* to thinking, that which has that *affinity* with thinking... It is thus Being as the *intelligibility* of things which is one whole, changeless, eternal, not created or destroyed, and, of course, finite in the sense of de-finite». Simpatica è anche la conclusione di questo studioso, che vale la pena di leggere: «Questa concezione della 'permanenza' degli oggetti di conoscenza... è la vera fondazione della concezione occidentale di scienza, di conoscenza in generale, e di verità. Essa riceve la sua più seria sfida dalla posizione presente in Eraclito e nei sofisti greci, ma è popolarizzata specialmente oggi da pensatori otto-novecenteschi come Marx, Nietzsche e Heidegger, come 'storicismo', quel punto di vista secondo il quale verità, natura umana, e perfino l'essere 'cambiano nella storia'» (pp. 187-188): dove è da notare, oltre alla «precisione» storica ed alla «sfumatura» delle prospettive, anche l'incoraggiante ed illuminata distinzione dei pensatori in buoni e cattivi.

Per concludere, notiamo come le diverse interpretarioni di B 3 si possono basare anche sulla diversa lettura determinata dalla scelta tra ἐστί (= è) ed ἔστι (= è possibile). Lo ZELLER, I, III, p. 183 n. 4, infatti leggeva in questa seconda maniera. Comunque, siamo d'accordo col REALE, *Eleati*, p. 221, quando afferma che «occorre prospettare il problema anche (e soprattutto) nella sua angolatura squisitamente filosofica (in questo caso, infatti, non è la grammatica ad avere la parola ultima: le sollecitazioni alla soluzione del problema derivano da motivi di chiara indole speculativa)».

[27] Sul problema ritorniamo nel commento a B 8.34-36.

Note B 6

[1] UNTERSTEINER, *Parm.*, pp. CVIII-CIX. Una collocazione di B 6 dopo B 2 e B 3 è stata fatta anche da GILARDONI, *Parm.*, p. 47 (cfr. pp. 36-52 e specialmente p. 36 n. 1, 37 n. 1, 45 n. 1, 47 n. 1), ma con motivazioni diverse dalle nostre. Inoltre questo studioso colloca questi frammenti nell'ordine: B 5-B 4-B 2-B 3-B 6, mentre per noi B 4 e B 5 non possono venire prima di B 2 e B 3: cfr. quanto detto sopra nel par. 1.

[2] La *ripetizione* come caratteristica del poema parmenideo, in collegamento con la *ripetizione* in tutto lo stile epico, è stata studiata da PFEIFFER, *Stell. d. Parm. Lehrged.*, p. 107 sgg. Cfr. specialmente a p. 111: «Attraverso la ripetizione di intere parti di versi, di versi e locuzioni i primi poeti intendevano articolare la materia trattata e renderla facilmente ricordabile». Un filosofo molto vicino a Parmenide, in seguito, teorizzò il concetto in questo verso: «... è bello ripetere, infatti, anche due volte, ciò che è necessario» (EMPEDOCLE, B 25; cfr. PLAT. *Gorg.* 498 e.).

[3] Diamo alcuni esempi di traduzioni italiane. «Bisogna che il dire e il pensare sia l'essere: è dato infatti essere» (ALBERTELLI, *Eleati*, p. 272); «Bisogna che il dire e il pensare siano Essere» (STEFANINI, *Parm.*, p. 49); «Per la parola e il pensiero bisogna che l'essere sia: solo esso infatti è possibile che sia» (PASQUINELLI, *Pres.*, p. 229); «Di necessità segue che esiste il dire [logicamente] e l'intuire l'essere — infatti esiste la loro esistenza» (UNTERSTEINER, *Parm.*, p. 135); «È necessario che sia l'esprimere e il pensare l'essere; (bisogna) infatti che sia è» (SALUCCI in GILARDONI, *Parm.*, pp. 47-48); «Questo bisogna dire e pensare: ciò che è, è. Essere, infatti, è reale» (CAPIZZI, *Pres.* p. 43). Cfr. le osservazioni di PASQUINELLI, *Pres.*, p. 399 n. 35, con le quali peraltro non concordiamo, e la rassegna delle interpretazioni in UNTERSTEINER, *Parm.*, CVIII-CXI nn. 28-29.

[4] DIELS, *Parm.*, p. 35.

[5] DK I, p. 232.

[6] COVOTTI, *Pres.*, p. 103 n. 3: «è necessario il dire e il pensare che l'essere è».

[7] Come giustamente ha visto PAGLIARO, *Log.*, p. 3. Cfr. HEITSCH, *Parm*, p. 23, che così traduce: «Notwendigerweise gibt es Sagen und

Erkennen von Seiendem » e commenta: «L'ente è definito da Parmenide come ciò che è conosciuto e del quale si può parlare. Come al μὴ ἐόν i predicati ἀνόητον e ἀνώνυμον, così all' ἐόν appartengono i termini νοεῖν e λέγειν .... ἐόν è oggetto dei verbi λέγειν τε νοεῖν τε» (p. 149).
[8] Cfr. PASQUINELLI, Pres., p. 399 n. 36.
[9] Gli interpreti di Parmenide hanno in genere sorvolato su questa difficoltà del come possa essere «ignota» una via che comunque «è pensabile». Calogero, per esempio, a proposito delle due lezioni παναπευθέα (Simplicio) e παναπειθέα (Proclo) di B 2.6, osserva che se il primo termine (παναπευθέα) «può quadrare con l'idea dell' ἀταρπός (una via in cui non ci si raccapezza affatto) e soprattutto con l'argomentazione che segue sull'inconoscibilità, a sottilizzarci presenta poi la stranezza che vi si affermerebbe ignota (...) quella via che comunque ἔστι νοῆσαι » (CALOGERO, St. eleat., p. 17 n. 1). In effetti, a nostro avviso, non c'è alcuna «stranezza» nel dettato parmenideo; si tratta al contrario di rivedere interpretazioni che fin ora sono state accettate indiscussamente (o con poche discussioni).
[10] REINHARDT, Parm., pp. 36, 43-44, 71. È d'accordo col Reinhardt, p.e., lo ZAFIROPULO, L'éc. él., pp. 101 sgg.
[11] La questione dei rapporti tra Parmenide ed Eraclito è ancora oggi dibattuta ed è in effetti assai complessa, investendo sia la cronologia sia il contenuto stesso dei loro scritti. L'argomentazione cronologica è servita allo Zeller per affermare l'impossibilità di un rapporto tra i due filosofi. Infatti nel fr. 121 di Eraclito si parla della cacciata di Ermodoro da Efeso e questa non può essere posta prima del 478. Mentre lo scritto di Eraclito è dunque posteriore a questa data, il poema di Parmenide deve essere un po' piú antico o al massimo contemporaneo (ZELLER, I, IV, n. 2 a pp. 6-9, p. 384 sgg.; cfr. anche la nota del MONDOLFO, pp. 392-401). Accettano questa tesi della mancanza di un rapporto di dipendenza tra i due filosofi TANNERY, Pour l'histoire, p. 227; WILAMOWITZ, Der Glaube, p. 208 sgg.; ENRIQUES-DE SANTILLANA, St. d. pens. sc., p. 69; GIGON, Urspr., p. 45 e pp. 244-245: «Sie geben nicht auf diesselbe Frage entgegensetzte Antworten, sondern stellen ganz verschiedene Fragen»; JAEGER, Teol., pp. 160, 170 n. 35, 198 n. 54; PASQUINELLI, Pres., n. 37 a p. 400; VERDENIUS, Parm., p. 60. Cfr. ora anche PRIER, Arch. Logic, p. 90: «One cannot argue with any degree of certainty from the *ipsissima verba* of Parmenides that he attacked Heraclitus, thereby setting up an opposition between his views and those of the earlier philosopher. The strong opposition between the two was developed by Plato, Aristotle, and subsequent writers strongly influenced by them». L'argomentazione cronologica dello Zeller è stata criticata dal Diels, che riprende e sviluppa la tesi della polemica antieraclitea di BERNAYS, Herakl., p. 62 n. 1. DIELS, Parm., p. 69 sgg., mantenendo ferma la data della composizione del poema par-

menideo intorno al 480, anticipa di almeno dieci anni la composizione dello scritto eracliteo in quanto la cacciata di Ermodoro da Efeso sarebbe avvenuta intorno al 500-490. Parmenide, quindi, sarebbe esplicitamente in polemica con Eraclito. La tesi è stata ripresa da PATIN, *Parm.*, *passim*, che sostiene che tutta l'opera di Parmenide, e non solo il fr. 6, è una polemica antieraclitea; LOEW, *Lehrged.*, p. 209 sg.; GOMPERZ, *Pens. gr.*, p. 257, 259; KRANZ, *Aufbau. Bedeutung*, p. 1174, e poi *Vorsokr.*, pp. 114-119; UEBERWEG-PRAECHTER, *Grundriss*, p. 83 sg., ALBERTELLI, *Eleati*, p. 41; CALOGERO, *St. eleat.*, pp. 35-38, 41; COVOTTI, *Finitezza*, p. 5; COVOTTI, *Pres.*, p. 102, 127; LEVI, *Parm.*, p. 3 sgg.; ROBIN, *Pens. gr.*, p. 160; CHERNISS, *Charact.*, pp. 19-20; STEFANINI, *Parm.*, p. 57 e n. 2; MONDOLFO, *Comprensione*, p. 126; MONDOLFO, *Eracl.*, pp. 185-189, p. XLVI sgg.; HYLAND, *Origins*, capp. IV e V; GIANNANTONI, *Pres.*, p. 44.

Un capovolgimento di questa tesi e quindi una dipendenza di Eraclito da Parmenide ha sostenuto invece il REINHARDT, *Parm.*, p. 208 sgg., in quanto l'opposizione che gli Eleati non riuscivano a conciliare, negando validità al mondo dei contrari, sarà risolta proprio da Eraclito. Questa tesi è stata ripresa da SZABÓ, *Gesch. d. Dial.*, pp. 17-57, il quale ipotizza questo schema (piú o meno hegeliano) di successione: 1) ionici - credenza ingenua nella molteplicità della realtà (tesi); 2) Parmenide - realtà unica (antitesi); 3) Eraclito - realtà una e molteplice insieme (sintesi). Lo schema in realtà è alquanto artificioso ed aprioristico, ed è stato infatti criticato da THOMSON, *Primi filos.*, pp. 305-306. Per la nostra opinione, si veda piú avanti a pp. 87-92.

[12] Pensano ad una polemica antipitagorica od antiionica RAVEN, *Pythag. a. El.*, pp. 25-26; MADDALENA, *Pitag.*, p. 24 n. 39; ZAFIROPULO, *L'éc. él.*, p. 79; GADAMER, *Retrakt.*, p. 60; SCHWABL, *Sein u. Doxa*, pp. 407-408, 421-422; UNTERSTEINER, *Parm.*, p. CXVII; ZEPPI, *Tradizione*, pp. 76-77.

[13] Ricordiamo, per esempio, CALOGERO, *St. eleat.*, p. 38 sgg.; JAEGER, *Teol.*, p. 159: « La terza via dunque non è una strada a sé accanto alle due altre, a quella esplorabile e a quella inesplorabile, ma consiste soltanto nella (illecita) combinazione delle due vie che in verità si escludono ».

[14] Sulle interpretazioni della *doxa* parmenidea, sul suo significato, sul suo valore positivo o negativo e sulla sua identificazione con la prima o la seconda delle vie da non seguire, si veda oltre, a pp. 123-127 e la n. 133 a p. 263. Qui notiamo che alcuni interpreti, rifiutando i tentativi di individuare troppo puntualmente l'oggetto della polemica parmenidea, preferiscono parlare di una critica generale al « modo di vedere degli uomini ». Così, per esempio, già ZELLER, *loc. cit.* alla nota 11; REINHARDT, *Parm.*, p. 66 sgg.; GIGON, *Urspr.*, pp. 258-259; VERDENIUS, *Parm.*, pp. 56-57, 78; JAEGER, *Teol.*, p. 160; FRÄNKEL, *Parm.*, p. 42 n. 52; FRÄNKEL, *Dicht. u. Philos.*,

p. 404; PASQUINELLI, *Pres.*, p. 400; LONG, *Principles*, pp. 85-86; HUSSEY, *Pres.*, p. 87. Altri hanno notato, anche nel tono stesso che usa Parmenide in questo frammento, un intento ironico e paradossale; così per esempio FRÄNKEL, *Parm.*, p. 42 n. 52, vede in B 6.5-6 una espressione ironica e un paradosso cosciente ed autocontraddittorio, dal momento che le espressioni ἰθύνει e νόος, che portano a una visione «giusta» o «vera», sono collegate ai due termini ἀμηχανίη e πλακτόν, che indicano l'errore. Al Fränkel il VON FRITZ, *Rolle d.* νοῦς, p. 309, ha obiettato che, se questa interpretazione «enthält einen Kern Wahrheit, kann aber schwerlich genügen, denn an einer anderen Stelle, die zweifellos eine ernsthafte Erklärung geben will, erscheint der νόος wiederum als abhängig von der κρᾶσις μελέων πολυπλάγκτον» del frammento 16. MOURELATOS, *The route*, pp. 175-176, dopo aver sottolineato che *noein* e *nòema* sono necessariamente legati ad *eòn*, e «il νοεῖν degli uomini comuni non meno che quello della rivelazione privilegiata al *kouros*», osserva che il πλακτὸν νόον di B 6.6 non contraddice a questa relazione, dal momento che parlare della necessaria relazione mente-realtà «does not mean that these two entities exist all along and for all men in the same relation which was established for the kouros as a result of the revelation». Mettono ancora in relazione B 6 alla contrapposizione tradizionale ignoranza umana-sapere divino, relatività del sapere umano-assolutezza di quello divino, JAEGER, *Teol.*, p. 160 sg. (ma cfr. anche a p. 147, 157); HEITSCH, *Evidenz.*, p. 414: «die Menschen immer nur ihre Erfahrungen haben um den Kreis dieser ihrer Erfahrungen grundsätzlich nie verlassen können: Auch neue und erweiterte Erfahrung bleibt *ihre* Erfahrung. So ist all ihr Vermuten und Urteilen relativ, da bedingt durch das, was sie selbst gesehen und erlebt haben: Andere sind von anderen Erfahrungen bestimmt, und so sind bei ihnen andere Anschauungen in Geltung»; MANSFELD, *Offenb.*, p. 8 sgg., che nota come tutte le espressioni di B 6 ricordino quelle della lirica precedente che definiva la conoscenza umana un nulla a paragone della scienza divina. Ma già CORNFORD, *Pl. a. Parm.*, p. 32 n. 1 (rifacendosi del resto a DIELS, *Parm.*, p. 68), aveva detto che questa «denunciation of 'mortals who know nothing' (uninitiate, in contrast with οἱ εἰδότες, οἱ σοφοί) may be a traditional feature borrowed from the literature of mystic revelation»; e JAEGER, *Teol.*, p. 157: l'uomo che sa «è un uomo che ha avuto in dono un sapere di superiore provenienza, come nelle iniziazioni religiose si distingueva il sapiente o mistico dal non-iniziato». Ricordiamo infine l'interpretazione di KOJÈVE, *Essai,* pp. 221-222, per il quale Parmenide direbbe che non bisogna «contraddire i detti dei Mortali, ma soltanto ri-dirli completamente»: «allorché ci si avvia sulla via cattiva, si trovano opinioni multiple e varie, tali che si finisce sempre per trovare, presto o tardi, non soltanto l'opinione che si cerca, ma ancora quella che è la contraria e che contraddice ciò che quella dice »; bisogna quindi « ri-dire tutto ciò che dicono i Mortali impegnati nella via cattiva, per vedere e mostrare, cioè di-mostrare, che *nell'insieme* essi non dicono assolutamente nulla, i loro se-dicenti ' discorsi ' non essendo altro che dei suoni molteplici senza alcun senso ». Recentemente il Capizzi, dopo aver anch'egli inteso in un primo momento B 6 come una polemica antieraclitea (Capizzi, *Pres.,* p. 43 n. 13) ha sostenuto che B 6 e B 7 vadano inquadrati nella tematica cara ai Greci dell'eteroglossia: la dea mette in guardia Parmenide dallo studiare una lingua straniera, e cioè il fenicio (Capizzi, *Parm.,* pp. 10-11, 40-46), al quale bene si applicano le espressioni marinaresche del frammento (Capizzi, *La porta,* pp. 93-94; cfr. pp. 73-75, 82-88, 94-103). Questa interpretazione del Capizzi è naturalmente legata alla sua lettura di tutto il poema parmenideo, sulla quale vedi sopra, pp. 17-19, e nn. 87-93.

[15] Uno studioso che invece insiste sulla « inconsapevolezza » delle scoperte parmenidee è il Calogero, *St. eleat., passim,* nella parte che riguarda Parmenide. Cfr. in particolare, a proposito della connessione essere-pensiero: « Parmenide... non avendo ancora alcuna consapevolezza di una simile distinzione ... (p. 7); « la possibilità dell'essere è per lui inconsapevolmente la sua pensabilità » (p. 19); « ... l'inconsapevole fondatore dell'antica logica .. » (p. 41; v. anche p. 56).

[16] Che vero metodo e vera dottrina della realtà siano strettamente connessi è affermato giustamente da Untersteiner, *Parm.,* p. LXXXVIII sgg., ma che « il buon metodo crea la conoscenza dell' ἐόν », che questo « si costituisca man mano che si procede nella ὁδός veramente esistente » e quindi « la realtà della ὁδός finisca col creare la consapevolezza dell' ἐόν », in una parola che « il metodo logicamente esatto fa sorgere l'essere logicamente pensato », ci pare che non possa a rigore essere affermato. Si veda anche Mourelatos, *The route,* p. 75, che critica questa tesi dell'Untersteiner. Come vedremo in seguito, è forse piú esatto dire che è la realtà con le sue leggi che fa sorgere il metodo giusto, e questo, con i suoi σήματα, con le sue leggi logiche, con il suo « pensare », in tanto è giusto in quanto rispecchia e si adegua a quelle leggi dell'« essere » che Δίκη e Ἀνάγκη tanto strettamente determinano.

[17] Bene l'Adorno, *Filos. an.,* p. 55: « Le due famose vie di Parmenide (...) si risolvono in effetto in una sola via legittima, quella del pensiero, che è l'unica che svela il reale ».

[18] Si veda in particolare il commento a questi passi.

[19] Fra i tanti filosofi che Parmenide avrebbe anticipato è stato indicato in effetti anche Cartesio. Cfr. per esempio, Robin, *Pens. gr.,* p. 160: l'« essere » di Parmenide è « un'estensione intelligibile e senza parti, quale sarà la *res extensa* cartesiana »; Tannery, *Pour l'histoire,* p. 229: « L'être de Parménide, c'est la substance étendue et objet des sens, c'est la matière cartésienne »; Zafiropulo, *L'éc. él.,* pp. 100-101: « L'Être Par-

ménidien se réduisant à une extension spatio-temporelle du moi, au lieu de dire avec Descartes ' je me pense moi-même, donc moi je suis ', l'Éléate dira ' je LE pense, donc IL est ' oú LE englobe maintenant et le moi et tout ce qui pour nous se situe à l'extérieur du moi, mais qui pour Parménide faisait encore partie de la projection de son égo». Questa trasposizione nel sistema di Parmenide del ragionamento cartesiano è stata ripresa anche dal MONDOLFO, *Comprensione,* p. 127, dove, a proposito di B 8.34, si dice che «non può certo tradursi con un *cogito ergo sum,* bensí con un *cogito ergo est* ». Ancora recentemente l'avvicinamento è stato proposto da OWEN, *El. quest.,* p. 61, dove, a proposito della questione del soggetto di B 2.3 e 5, si dice: «The comparison with Descartes' *cogito* is inescapable: both arguments cut free of inherited premisses, both start from an assumption whose denial is peculiarly self-refuting»; e da MOURELATOS, *The route,* p. 167 sgg., che, a proposito sempre di B 8.34, richiama la distinzione cartesiana fra realtà «oggettiva» e realtà «formale». La vicinanza di Parmenide a Cartesio è stata infine riproposta da SOMVILLE, *Parm.,* per il quale i due pensatori si pongono «su una stessa linea di razionalismo idealista» (p. 38); per questo studioso anzi le piú naturali «ipotiposi» parmenidee sono costituite, nell'ordine, da Kant (pp. 61-64), da Cartesio (pp. 65-71) e da E. Meyerson (pp. 71-79). La critica di questa tesi, che per un verso o per l'altro si fonda su di una prospettiva idealistica, l'abbiamo data sopra a p. 66 e nella nota 26 a p. 225; qui aggiungiamo soltanto che l'avvicinamento Parmenide-Cartesio è improponibile storicamente per l'enorme distanza che separa sia le prospettive proprie dei due filosofi, sia le caratteristiche degli ambienti culturali ed ideologici nei quali essi operano. Anche ammettendo che la prospettiva cartesiana è molto piú vicina ad un atteggiamento aristotelico-realistico che idealistico, essa rimane pur sempre molto lontana da quella parmenidea: se l'unità essere-pensare ha il sigificato che noi crediamo dovervi scorgere, un'estensione puramente intelligibile come proiezione del pensiero del soggetto pensante non ha alcun senso nella dottrina di Parmenide, per la quale, un ente, per essere *pensabile* come estensione deve essere anche e prima di tutto *realmente* estensione.

[20] Si veda, fra altri, HYLAND, *Origins,* p. 180, oltre naturalmente a buona parte della critica esistenzialistica.

[21] Cfr. B 1.28-32 e il nostro commento.

[22] Bene il GILARDONI, *Parm.,* p. 8: «La consapevolezza piena di questa esigenza metodologica è forse la novità piú dirompente del pensiero parmenideo; è questa una prospettiva che Parmenide ha in comune con il ' contemporaneo ' Eraclito... La norma del pensiero è la norma della realtà; è questa l'intuizione fondamentale della maggior parte del pensiero classico e in Parmenide questa postulazione assume quasi il valore di un atto di fede».

NOTE B 5 — B 4

[1] REINHARDT, *Parm.*, p. 60. Cfr. anche ZAFIROPULO, *L'éc. él.*, p. 102; e ora GILARDONI, *Parm.*, p. 36 n. 2: « Sembra difficile poter rifiutare a questo frammento un'intonazione programmatica, in relazione, cioè, al metodo che la dea intende seguire nella sua esposizione ». Non condividiamo però quanto questo studioso aggiunge subito dopo: « è, tuttavia, il metodo, potremmo dire, del non-metodo, se, appunto, è indifferente il punto di partenza della esposizione ». L'affermazione di B 5 è invece giustificata proprio da quanto si dice in B 4: è indifferente il punto di partenza perché ogni aspetto della realtà è strettamente connesso agli altri ed un discorso logico-conoscitivo su ciascuno di essi coinvolge pur sempre la realtà tutta.

[2] Cfr. quanto abbiamo detto sopra a pp. 69-71 e alla n. 2 a p. 228.

[3] LOEW, *Verhältnis*, p. 9. A proposito di ξυνός ci pare giusta la notazione di PASQUINELLI, *Pres.*, p. 396 n. 29: « Pensiamo che ξυνόν abbia un senso pregnante e giochi sul duplice significato di 'uguale, indifferente' e di 'comune'; come se la dea dicesse: 'Mi è indifferente di dove cominciare, giacché ogni punto può servire da inizio, essendo 'comuni' tutti i punti del mio discorso' ».

[4] PLUTARCH. *de tranq. an.* 2 p. 465c, STOB. IV 39,25 = DK 68 B 3: « chi vuol vivere con l'animo tranquillo non deve troppo darsi da fare né per le faccende private né per le pubbliche (μήτε ἰδίηι μήτε ξυνῆι); STOB. IV 1,43 = DK 68 B 252: « È necessario porre l'interesse dello Stato al di sopra di tutti gli altri, perché lo Stato sia governato bene, e non cercar continui pretesti di andare contro l'equità né permettersi di tentare sopraffazioni contro il bene comune (παρὰ τὸ χρηστὸν / τὸ τοῦ ξυνοῦ) ».

[5] UNTERSTEINER, *Parm.*, p. XCV, che però non ammette l'intonazione programmatica e metodologica del frammento 5.

[6] Cfr. UNTERSTEINER, *Parm.*, p. XCV n. 175.

[7] Tra le interpretazioni a cui piú ci sentiamo vicini ricordiamo quelle di ADORNO, *Filos. an.*, pp. 54-55: « E allora quella stessa realtà, che nell'immediatezza dell'esperienza sensibile e nella definizione puntuale appare molteplice e disarticolata, .. non appena si colga il pensiero, che è discorso e unità comprensiva (mente), quella realtà molteplice è essa stessa unità »;

GILARDONI, *Parm.*, p. 39: « Parmenide, a nostro parere, sollecita a considerare appunto un aspetto metodologico dell'indagine: per la mente è apprezzabile la stretta connessione di quegli elementi che ai sensi apparirebbero lontani »; RUGGIU, *Parm.*, p. 166: « Il concetto di assenza e di lontananza ha perso completamente il suo carattere spaziale, per acquistare il significato di estraneità al logo, di distacco da ciò che costituisce il senso della realtà, delle parole e delle azioni ». PFEIFFER, *Stell. d. Parm. Lehrged.*, p. 92, vede nel frammento 4 un altro esempio della parmenidea *Kontinuität des Seienden* e della *Gebundenheit des Seienden an das Denken*: « Dem Denkenden ist das Seiende immer ' gegenwärtig ', weil dort, wo Seiendes ist, auch immer Denken oder besser Gedachtes, und dort, wo gedacht wird, auch immer Seiendes ' anwesend ' ist..., weil Seiendes und Gedachtes identisch sind ». Non crediamo che si possa dire, come fa UNTERSTEINER, *Parm.*, pp. XCVIII-XCIX, che Parmenide « con questo primo verso del fr. 4 prefigura la platonica παρουσία dell'essere ». Cfr. ora quanto dice PRIER, *Arch. Logic*, p. 107: « It is νόος that connects the phenomenon of Being in its unchanging realm and Being in the mixed realm of perception or Δόξα [...]. Νόος — a third term drawn from the realm of intellectual experience — connects Simple Perception and Truth ».

[8] COLLI, *Physis*, pp. 126-127: « Guarda tuttavia come le cose tra di loro distanti risultino saldamente vicine per opera dell'interiorità. Infatti non scinderai (isolerai) l'essere dalla sua connessione (dall'essere contiguo, confinante) con l'essere ».

[9] UNTERSTEINER, *Parm.*, p. 133: « Osserva per mezzo dell'intuizione come del pari le cose lontane siano secondo verità vicine ». Vicini a questa interpretazione si dichiarano anche GILARDONI, *Parm.*, p. 38 n. 2; RUGGIU, *Parm.*, p. 168 (cfr. pp. 162-172).

[10] HEITSCH, *Parm.*, p. 19: « Sieh aber mit der Vernunft gleichermassen die entfernten Dinge, die durch sie fest gegenwärtig sind »; cfr. pp. 103-105.

[11] GOMPERZ, *Pens. gr.*, p. 270 e nota.

[12] DK I, p. 232; RIEZLER, *Parm.*, p. 45; HEITSCH, *Parm.*, p. 146.

[13] UNTERSTEINER, *Parm.*, p. 133, p. C n. 195.

[14] ZELLER I, III, p. 209 n. 10.

[15] DIELS, *Parm.*, p. 64. Cfr. ALBERTELLI, *Eleati*, p. 133; PASQUINELLI, *Pres.*, p. 229; GILARDONI, *Parm.*, pp. 38-40 e n. 4; CAPIZZI, *Pres.*, p. 42.

[16] Cfr: UNTERSTEINER, *Parm.*, pp. XCIX-C e note; REALE, *Eleati*, pp. 212-213.

[17] Molto bene a questo proposito scrive il RUGGIU, *Parm.*, p. 151: « In questo contesto non si tratta in Parmenide di contrapposizione tra i fatti attestati dall'esperienza e il ragionamento che si affida solamente alle parole e alla ragione, bensì di penetrazione del reale al di là della sua superficiale apparenza per coglierne l'intima legge. Pertanto, se di contrapposizione si deve parlare tra logos e sensazione, non si tratta di antitesi che scaturisce

tra due ambiti che non si toccano ma si oppongono, da fonti della conoscenza reciprocamente separate ed escludentisi, bensí piú correttamente si deve intendere il rapporto tra fondamento e fondato, tra norma e legge dell'accadere registrato nella sua fattualità e non relazionato alla legge che lo sorregge e lo guida. Il *logos* di cui parla Parmenide è insieme la forma di ragionamento opposta alla pura attestazione dei sensi e la legge immanente del reale».

[18] Paci, *Pens. pres.*, p. 65.
[19] Cfr. sopra a p. 73 e n. 11 a pp. 229-230.
[20] Una sostanziale vicinanza tra Parmenide ed Eraclito è stata sostenuta, anche se in prospettive diverse, da Farrington, *Scien. gr.*, pp. 65-67 («Come il suo contemporaneo, Eraclito di Efeso, all'estremo opposto del mondo di lingua greca, il suo problema era quello della conoscenza sensibile e della conoscenza razionale, ed era convinto che si dovesse seguire esclusivamente la ragione»); Beaufret, *Le poème*, p. 15 («Peut-être Parménide et Héraclite, bien queu leurs paroles soient apparemment disparates, ne disent-ils cependant d'un et l'autre qu'une *même* chose, dans la mesure où l'un et l'autre sont à l'écoute d'un *même* λόγος»); Pagallo, *Parm.* (a proposito della identità di pensiero ed essere); Lesky, *Lett. gr.*, pp. 283-284; Hussey, *Pres.*, p. 87 («The invective [di B 6 e B 7] is very like that of Heraclitus, for Parmenides like Heraclitus takes it that he has seen deeper into the structure of things than other men, by the aid of something which goes beyond sense-perception and reveals its insufficiency: by reasoning»).
[21] Stob. *flor.* I 179 = DK 22 B 114.
[22] Stob. *flor.* I 179 = DK 22 B 113.
[23] Plutarch. *de superst.* 3 p. 166c = DK 22 B 89.
[24] Sext. Emp. *adv. math.* VII 133 = DK 22 B 2.
[25] Cosí Spinoza: «Solo in quanto gli uomini vivono sotto la guida della ragione, sempre per natura di necessità essi convengono», *Ethica*, parte IV, prop. XXXV; cfr. anche la prop. XVIII: «...gli uomini che si governano con la ragione, cioè gli uomini che ricercano il proprio utile con la guida della ragione, non desiderano nulla per sé che non desiderino anche per gli altri uomini», e perciò «Non si può dire che gli uomini, in quanto sono soggetti alle passioni, convengano per natura» (prop. XXXII).
[26] Sext.Emp. *adv. math.* VII 132 = DK 22 B 1.
[27] Clem.Alex. *strom.* II 8 = DK 22 B 17.
[28] Marc.Anton. IV 46 = DK 22 B 72.
[29] Clem.Alex. *strom.* II 24 = DK 22 B 19.
[30] Clem.Alex. *strom.* V 116 = DK 22 B 34.
[31] Procl. *in Alcib.* I p. 525,21 = DK 22 B 104.
[32] Che l'attività dello ξυνεῖναι del resto fosse una caratteristica propria della specie umana, *basata sull'* αἰσθάνεσθαι ma da esso *distinta*, era un concetto che già aveva una sua diffusione (si pensi, per esempio,

alla filosofia ionica) e che fu espresso in maniera estremamente chiara da Alcmeone: «l'uomo differisce dagli altri animali perché esso solo comprende (ξυνίησι); gli altri animali percepiscono (αἰσθάνεται), ma non comprendono (οὐ ξυνίησι)» (THEOPHR. *de sens.* 25 = DK 24 B 1a). Comunque, noi crediamo che la vicinanza tra Parmenide ed Eraclito vada al di là di un atteggiamento metodologico e spirituale (si pensi, per esempio, a Parmenide B 8.11-25 e B 2 e ad Eraclito B 30; a Parmenide B 10.6-7 e ad Eraclito B 94), ma non possiamo qui affrontare il discorso. Sull'atteggiamento comune ai due filosofi si veda anche quanto ha scritto JASPERS, *Gross. Philos.*, pp. 742-743: «Il tratto comune è questo: la loro certezza di sé si presenta sotto forma profetica. Se essi non si richiamano all'autorità di un dio ma alla forza della loro intellezione, questa tuttavia nel pensiero esposto è così assoluta e così prepotente nell'avvincere gli uomini che Parmenide la pone sulla bocca di una dea. È vero che Eraclito non si richiama ad una rivelazione, ma depone il suo scritto nel tempio di Artemide ad Efeso. Ambedue non danno per fondamento alla loro verità la voce di un dio, ma la capacità persuasiva del loro pensiero. Non già dunque l'ubbidienza ad una parola divina, ma il rivelarsi della verità nel pensiero è ciò che ha qui un valore decisivo. E tanto piú potente si fa la loro autocoscienza che si eleva al di sopra di tutti gli uomini... Essi avvertono l'incolmabile distanza tra la loro intellezione del fondamento delle cose e il modo di pensare comune di tutti gli altri uomini». Non possiamo però essere d'accordo con lo Jaspers né per quanto riguarda la «pretesa di dominare sugli altri», che sarebbe propria dei due filosofi e si sarebbe perpetuata poi nel nostro tempo a partire da Nietzsche, né sulla interpretazione in generale che egli dà della filosofia dell'Eleata.

NOTE B 7 — B 8

¹ Per quanto riguarda B 7 e il suo significato, si veda quanto abbiamo detto sopra, a pp. 29-33 e 41. Sulla collocazione di questo frammento molto si è discusso ed alcuni studiosi lo hanno addirittura smembrato distribuendone i versi da B 1 a B 8: sullo *status quaestionis* si veda PASQUINELLI, *Pres.*, p. 401 n. 39; UNTERSTEINER, *Parm.*, pp. CXXVI sg. n. 52; REALE, *Eleati*, pp. 193-194 n. 4; GILARDONI, *Parm.*, p. 53 sg. n. 1; HEITSCH, *Parm.*, p. 152 sgg. Noi crediamo che B 7 preceda immediatamente B 8, ma non debba necessariamente seguire B 6, e abbiamo giustificato questa opinione a pp. 27-28. Qui aggiungiamo soltanto che gli argomenti che adduce MANSFELD, *Offenb.*, p. 92 e n. 1, che cioè il frammento 2 di Empedocle sarebbe una prova indiretta della giusta connessione B 6-B 7, non ci sembrano convincenti, dal momento che Empedocle B 2 — pur presentando indubbiamente la stessa problematica parmenidea — potrebbe benissimo venir accostato al solo B 7. Osserviamo infine che, se è vero che ἔλεγχος di B 7.5 anticipa un metodo di dimostrazione della verità che sarà utilizzato ampiamente da Aristotele, non si può affermare però che in Parmenide esso sia sostenuto solamente «da una serie di proposizioni negative» (UNTERSTEINER, *Parm.*, p. CXXXIII e n. 65) o «solamente mediante l'esclusione del contraddittorio» (REALE, *Eleati*, p. 195 n. 4), dal momento che nelle «prove piene di argomentazioni polemiche già addotte» (B 7.5) sono presenti anche in forma affermativa principi logici ed ontologici fondamentali per l'Eleata: cfr. infatti B 3, B 4.1, B 5, B 6.1. Per ἔλεγχος = prova basata sul ragionamento, si veda CORNFORD, *Pl. a. Parm.*, pp. 34-35; VERDENIUS, *Parm.*, p. 164; UNTERSTEINER, *Parm.*, p. 143; PASQUINELLI, *Pres.*, p. 233; HEITSCH, *Parm.*, p. 25 (che traduce: «die streitbare Beweisführung», sulla scia di GIGON, *Untersuch.*, p. 19).

² Sul rapporto ἀλήθεια-δόξα in Parmenide si veda a pp. 122-127. Per quanto riguarda l'«essere», daremo solo qualche esempio delle interpretazioni che di esso sono state date, mostrando come gli studiosi abbiano spesso sottolineato il carattere pienamente scientifico del discorso parmenideo. Già ZELLER I, III, pp. 236-242, aveva sostenuto che Parmenide l'essere «se lo rappresenta spazialmente esteso e non ha ancora

assolutamente afferrato il concetto di un essere privo di spazialità. Giacché ben lungi dall'escludere come inammissibili le determinazioni spaziali, egli descrive esplicitamente l'essere come una massa continua e omogenea » (p. 236). « Il reale per lui è il pieno, ossia ciò che riempie lo spazio; la distinzione fra il corporeo e l'incorporeo non solo gli è estranea, ma è inconciliabile con tutto il suo punto di vista » (pp. 237-238). « ... quando egli dice: solo l'essere è, intende dire: noi raggiungiamo una giusta visione delle cose se facciamo astrazione dalla divisibilità e mutevolezza delle apparenze sensibili, per tener fermo al loro sostrato semplice, indivisibile e immutabile, come sola realtà. Già questa astrazione è abbastanza potente; ma tuttavia con essa Parmenide non esce fuori dall'orientamento anteriore delle indagini filosofiche così interamente come sarebbe il caso se egli, senza nessun riguardo ai dati sensibili, avesse cominciato con un concetto puramente metafisico » (p. 242). Questi giudizi zelleriani (che possano essere condivisi o no, in tutto o in parte, per ora non interessa), a nostro avviso, si polarizzano comunque intorno ad alcuni aspetti importanti del pensiero dell'Eleata: 1) il fatto che quando Parmenide parla di τὸ ἐόν si riferisce alla realtà concreta e corporea che lo circonda; 2) il fatto che non è possibile — storicamente e metodologicamente — attribuire una distinzione tra corporeo ed incorporeo a Parmenide, come non è possibile intendere le sue enunciazioni come degli enunciati meta-fisici; 3) il fatto che il suo discorso su τὸ ἐόν è un discorso che non nega τὰ ἐόντα né ne prescinde né si pone in opposizione ad essi, ma ne vuole ricercare la verità, al di là dell'esperienza immediata, in un processo astrattivo, con conclusioni non metafisiche ma scientifiche.

È stata questa, del resto, una prospettiva ermeneutica sempre presente agli studiosi che, sia pure con tinte e sfumature talora profondamente diverse, hanno affrontato il problema. Così, per esempio, per BURNET, *L'Aurore*, p. 205, ciò che è, per Parmenide, è ciò che chiamiamo « matière ou corps; seulement, ce n'est pas la matière en tant que distinguée d'autre chose. Elle est certainement regardée comme étendue dans l'espace, car la forme sphérique lui est tout à fait sérieusement attribuée ». Così per TANNERY, *Pour l'histoire*, p. 229, « L'être de Parménide, c'est la substance étendue et objet des sens ... ; le non-être, c'est l'espace pur, le vide absolu, l'étendue insaisissable aux sens. Avec cette clef, le poème tout entier devient d'une clarté limpide; sans elle, tout reste obscur et incompréhensible ». Cfr. anche MILHAUD, *Les Philos.*, pp. 127-128. Per LEVI, *Parm.*, p. 279, l'essere è spazialità piena, corpo, ma oggetto del puro pensiero e non dell'esperienza. Per COVOTTI, *Finitezza*, p. 4, l'essere è il mondo che si presenta semplicemente come τὸ ὄν. Ma questo non è il soprasensibile di Platone: « L'ὄν di Parmenide, pure spoglio da tutto quello che ne conosciamo nelle nostre sensazioni, rimane sempre per Parmenide qualche cosa di sensibile... Solo che dinanzi alla nostra ragione non appare che nella sua esistenza»; «... giacché l'*essere* per Parmenide equivale a *mondo*, noi siamo sicuri dell'esistenza del mondo stesso» (pp. 4-5). Cfr. Covotti, *Pres.*: l'essere è il mondo, il non essere è lo spazio vuoto (pp. 71,101). L'essere uno e immobile è l'essere sensibile, fisico (p. 137): «Il mondo non è piú un κόσμος oppure un οὐρανός, come nelle cosmologie contemporanee: ma è semplicemente τὸ ὄν » (p. 123). L'essere come «essere purificato del mondo» è affermato anche da Reale, *Problemi*, p. 140: «Tuttavia è chiaro che l'essere parmenideo è l'essere del cosmo, immobilizzato e in gran parte purificato, ma ancora chiaramente riconoscibile; è, per quanto ciò possa suonare paradossale, l'essere del cosmo senza il cosmo». Anche per Robin, *Pens. gr.*, p. 156, l'essere è tutto il reale: «Se l'essere non ha relazione che con sé, esso è tutto il reale». Tra gli studiosi piú recenti che hanno sottolineato il carattere di realtà corporea o di totalità di τὸ ἐόν parmenideo, ricordiamo Millán Puelles, *Ente de Parm.*, per il quale l'ente è «materia identica in se stessa»; Bloch, *Ontol. d. Parm.*, p. 28, per il quale l'ente è *das Körperliche* (su questo studio si veda Capizzi, *Eleatismo*); Bollack, *Parm. 4 et 16*, per il quale continuità, coerenza e pienezza sono attributi dell'essere fisico; Adorno, *Filos. an.*, p. 56: «Pensare l'essere, e non si può non pensare che l'essere, implica che l'essere è finito, cioè compiuto... onde l'essere è *totalità*»; Gilardoni, *Parm.*, p. 10, per il quale l'essere è «un'integra totalità spaziale e temporale» (cfr. anche a p. 34).

La tesi per cui l'«essere» di Parmenide è l'ipostatizzazione ontologica dell'*essere* del linguaggio, cioè dell'essere dell'affermazione, del giudizio, è stata sostenuta da Calogero, *St. eleat.*: «... ci si accorge subito che c'è pure un essere di cui si può dire non già che sia espresso, significato dal pensiero, bensí che ' esprima, pronunci, dica ' lo stesso pensiero» (p. 6). «La connessione del pensiero con l'essere risulta dal fatto che esso non può attuarsi senza prender corpo in un'affermazione, di cui il verbo essere è costitutivo essenziale, perché è la forma comune ed universale di ogni possibile qualificazione o predicato, che non può essere pensata se non con quella, mentre quella può viceversa esser pensata di per sé e senza alcun'altra aggiunta. La vera realtà sarà quindi quella di questo puro essere, in cui il pensiero universalmente si esprime, a prescindere da ogni altra sua determinazione; ... così s'intende come questo essere, scoperto come universale nella forma verbale del giudizio, sia da lui senz'altro riconosciuto come la stessa assoluta realtà del vero» (p. 7). Questa tesi, della quale già abbiamo detto (cfr. pp. 219-220 n. 10) e sulla quale ritorneremo ancora, si risente nelle affermazioni di Preti, *Pres.*, p. 37: «Se l'Idea, il puro principio logico, è identità con sé, essa non è passibile di alcuna determinazione, ma è invece l'unità logica di ogni predicazione che determini la copula: l'Essere. *L'Essere è*: questa è l'unica affermazione positiva che su di esso possa farsi... e il giudizio esprime, nella sua forma tautologica, la pura identità con sé dell'Idea in se stessa»; di VARVARO, *Studi su Pl.*, I, p. 57, per il quale l'essere parmenideo «era uno, perché la parola essere è una. La logica degli Eleati (...) era puramente verbale e tautologica: non poteva cercare fuori dell'essere una ragione della sua immobilità»; di VITALI, *Gorgia*, p. 77: «il problema dell'essere comincia a profilarsi come problema del linguaggio».

L'UNTERSTEINER, *Parm.*, ha caratterizzato τὸ ἐόν parmenideo come un mondo fuori del tempo, il mondo dell'eterno presente, e della verità, rispetto alle δόξαι che rispecchiano sì la realtà, ma nella temporalità: «La caratteristica del mondo della δόξα ...è che le sue manifestazioni si attuano nella precisa cornice di passato, presente e futuro. Le δόξαι si attuano nella temporalità... Ecco il problema della δόξα: il reale nella temporalità» (pp. CLXXX-CLXXXI). «La Δόξα e l'Ἀλήθεια di Parmenide stanno in modo indubbio sulla medesima e unica via che comprende la temporalità e l'atemporalità...: perciò i due mondi, quello della temporale δόξα e quello dell'atemporale ἀλήθεια, sono complementari e del pari necessari» (p. CLXXXII). Cfr. VARVARO, *Studi su Pl.*, p. 97: «Qui dunque Parmenide non intende dire se non che l'essere non si genera e non si distrugge (non diviene) perché è fuori del tempo, tutto presente a se stesso»; MONDOLFO, *Eracl.*, pp. LVIII-LIX: il testo parmenideo significa «l'affermazione di un'idea dell'eternità come eterno presente extratemporale»; «Parmenide oppone un'eternità dell'essere che non può conciliarsi col divenire, perché come eterno presente extratemporale esclude la successione dei tempi»; RUGGIU, *Parm.*, p. 251: «...l'essere non può essere concepito altrimenti che nella pura presenzialità del presente»; MOURELATOS, *The route*, pp. 107-111, sull' ἐόν come entità atemporale. Cfr. SAINATI, *Parm. e Prot.*, p. 19: la δόξα è errore perché «cerca di scorgere nel fluente ritmo del tempo e nella dispersione dello spazio quella ferrea legge unitaria e necessitante, che trascende invece spazio e tempo»; CHALMERS, *Parm.*, pp. 16-22: è tutta la cosmogonia che ci presenta il mondo dal punto di vista del tempo contro quello dell'eternità (*contra* vedi LONG, *Principles*, p. 95). Si veda inoltre, anche se non è del tutto convincente, lo studio di OWEN, *Pl. a. Parm.* Il concetto dell'«essere» di Parmenide è stato messo in relazione all'equazione «perfetto:finito=imperfetto:infinito» propria del pensiero greco antico da FAGGI, *Parm.*, pp. 295 sgg. (su cui vedi MONDOLFO, *Infinito*, p. 8 n. 1). Ma già GOMPERZ, accennando al fatto che, a proposito dell'essere parmenideo, ci si troverebbe di fronte ad una lacuna dal momento che tutta la filosofia dell'Eleata ci farebbe supporre un essere illimitato mentre ci troviamo di fronte ad un essere limitato (lacuna che sarebbe poi stata colmata da Melisso), asseriva che lacuna non c'è, poiché «il senso plastico, il temperamento poetico dell'Elleno si sono ribellati contro le conseguenze logiche che sembrano derivare necessariamente dalle sue premesse. A ciò si aggiungeva la circostanza che nella classificazione pitagorica degli opposti l'illimitato si trovava dalla parte delle perfezioni» (*Pens. gr.*, p. 272). Un recentissimo tentativo infine di leggere l'«essere» di Parmenide nel quadro di una logica simbolica e strutturale è stato fatto dal PRIER, *Arch. Logic*: «Fragment 8 contains the most detailed descriptions of Parmenides' Being in symbolic and structural terms. It is a good proof that symbolism exerted a strong influence over Parmenidian thought. Beig is described in archetypal terminology in the sense that it is separated into a class distinguishable from patterns of the objective world» (p. 109).

Non sono mancati però studiosi che, pur nell'ambito a volte delle interpretazioni tradizionali di Parmenide, hanno messo in luce il carattere scientifico del metodo e dell'elaborazione concettuale dell'«essere» propri del pensatore di Elea: cfr. MIELI, *Le scuole*, pp. 398-399, che sostiene che Parmenide ha una grande importanza dal punto di vista del pensiero scientifico, perché pone con chiarezza il problema della verità: «Dopo Parmenide... chiunque vuole enunciare un principio generale intorno al mondo o intorno ai fenomeni che in esso avvengono, deve domandarsi chiaramente se la via per la quale egli si è messo può condurlo a riconoscere la verità» (p. 399). Parmenide stabilisce che ciò che percepiamo con i sensi è solo apparenza e la verità è diversa dall'immediata percezione: «Questo punto di partenza nell'investigazione scientifica... ha avuto conseguenze incalcolabili»; oggi noi «riconosciamo che nelle varie teorie scientifiche quasi sempre viene assunto come un principio saldamente acquisito il fatto che bisogna arrivare a scoprire *dietro* i fenomeni falsi ciò che è veramente vero» (p. 399). Per ZAFIROPULO, *L'éc. él.*, p. 76, «La chiave di volta di tutto l'edificio parmenideo consiste in una dualità continuo-discontinuo, corrispondente rispettivamente all'Essere e all'Apparenza, dualità che lo differenzia dai pitagorici ortodossi che applicano il concetto di discontinuo sia all'Essere che all'Apparenza» (cfr. anche a p. 83-84). Per ABBAGNANO, *St. d. filos.*, p. 36, l'essere di Parmenide è ciò che costituisce la struttura necessaria della natura e dell'uomo al di là delle apparenze empiriche.

Aveva del resto già parlato chiaramente, a proposito di Parmenide, di una cultura rigorosamente scientifica il GOMPERZ, *Pens. gr.*, pp. 261-269. Il Gomperz riporta, a nostro avviso giustamente, la dottrina parmenidea dell'essere a quella «dottrina della materia originaria», che non nasce né perisce, la quale, secondo Aristotele, sarebbe stata la «dottrina comune dei fisici», cioè dei filosofi naturalisti a partire da Talete. Parmenide si pone quindi come fondamento ad «una cultura rigorosamente scientifica». Anche il «rifiuto dei sensi» va visto quindi nell'ambito della prospettiva propria della scienza: «Il rifiuto della testimonianza dei sensi che cos'è altro se non la controparte del postulato dell'immutabilità della materia, postulato implicito nella dottrina della materia primordiale... ? » (p. 269). Anche il CORNFORD, *Parm.*, dopo aver notato che la via della verità si apre («like a theorem in geometry») con la enunciazione degli attributi positivi e negativi dell'Essere, «confutando le assunzioni contrarie del senso comune e della filosofia del sesto secolo», osserva che il punto essenziale «is that all the attributes possessed by this Being belong to the categories of extension and quantity, the mathematical categories» (p. 103), mentre gli attributi della via dell'apparenza sono tutti della «sensible *quality*» (p. 108). In conclusione per il Cornford Parmenide avrebbe affermato il principio fondamentale della scienza, e cioè il rapporto essere-pensiero (p. 102); le sue due vie sarebbero, l'una, quella della quantità, delle categorie matematiche, degli attributi geometrici (pp. 102-103, 106, 107), l'altra quella del senso comune, delle qualità sensibili (pp. 108-110); l'«essere», quindi, sarebbe in tal modo il fondamento logico permanente della realtà (p. 111). Si veda anche quanto dice a questo proposito il VERNANT, *Mito*, p. 271: «in Parmenide, per la prima volta, l'Essere si esprime con un singolare, *to on*: non si tratta piú di questi o quegli esseri, ma dell'Essere in generale, totale ed unico. Questo cambiamento di vocabolario traduce l'avvento di una nuova nozione dell'Essere: non piú le cose diverse, che coglie l'esperienza umana, ma l'oggetto intelligibile del *logos*, cioè della ragione, che si esprime attraverso il linguaggio, conformemente alle sue proprie esigenze di non contraddizione». «La riflessione matematica ha avuto, sotto questo rapporto, una parte decisiva... Formulato in questa forma categorica, il nuovo principio, che presiede al pensiero razionale, consacra la rottura con l'antica logica del mito» (p. 272). Ma lo studioso che meglio di tutti, a nostro avviso, ha evidenziato la diretta appartenenza di Parmenide al pensiero scientifico, è stato il De Santillana. Questi aveva già sostenuto, insieme all'Enriques, che il problema della sostanza originaria impostato dagli antichi era stato risolto da Parmenide col lasciarle soltanto «la proprietà di *esistere*, e di occupare uno spazio. Perciò l'autore designa appunto il soggetto delle sue discussioni come l'*esistente*»: la teoria di Parmenide è fondata non, come per gli ionici, su delle analogie sensibili, «ma sopra un concetto razionale della materia stessa», una materia «cui s'accordano soltanto gli attributi geometrici» (ENRIQUES-DE SANTILLANA, *St. d. pens. sc.*, pp. 99-101). In seguito il DE SANTILLANA, ne *Le origini del pensiero scientifico*, chiarisce che il termine «Essere» in Parmenide non è «una misteriosa potenza verbale», ma «una parola tecnica che designa qualcosa che il pensatore aveva in mente ma non poteva ancora definire»: è il concetto del «puro spazio geometrico», «applicato per la prima volta coscientemente come strumento fondamentale della logica scientifica» (p. 103). Il grande problema della scienza era stato quello di trovare il substrato comune di tutte le cose, l'Uno che unifica i Molti, substrato formale per i pitagorici, materiale per gli Ioni: «Parmenide, trovandosi alla confluenza delle due tradizioni, fu il primo a capire che i due problemi erano in realtà uno solo. La vera concezione dello spazio geometrico, una volta formulata, si adatta ugualmente bene a fungere da substrato alla forma fisica, data la sua rigidità ed impassibilità, e alla materia, qualora si adotti di essa una concezione che la trasformi in una proprietà accidentale e contingente dello spazio da essa ' occupato ' » (p. 105). Pertanto, il « regno della Verità è quello della matematica nella sua formulazione piú ampia », mentre sul mondo della fisica, che non è il mondo dell'illusione, ci si può limitare soltanto « a fare ragionevoli congetture » (pp. 106-109; ma si veda fino a p. 111). Infine, nel saggio *Prologo a Parmenide*, ribadendo e completando le sue tesi, il De Santillana così conclude: « Al di là delle danze, dei gridi, delle orgie e dei riti sanguinosi che noi associamo istintivamente alle età primitive, è bene che si percepisca la salda parola della rigorosa immaginazione astratta » (p. 48); « Possiamo apprezzare meglio l'originalità del pensiero di Parmenide se consideriamo che ha fatto della geometria il nucleo fondamentale della realtà in una maniera del tutto diversa dai suoi predecessori. Lo spazio geometrico stesso, la pura e assoluta estensione tridimensionale, diviene il substrato, la *physis*, delle cose » (p. 50).

[3] Così il CAPIZZI, *Pres.*, pp. XI-XII. Non siamo però d'accordo con questo studioso quando caratterizza l'antitesi Parmenide-Eraclito come derivata dal fatto che i due filosofi non avrebbero « colto la precisa limitatazione semantica delle rispettive asserzioni ». Come abbiamo detto sopra a pp. 87-92 noi non crediamo né ad una polemica tra i due né ad una vera e propria opposizione — tantomeno semantico-linguistica — tra le due dottrine.

[4] COVOTTI, *Pres.*, p. 124, 137; JAEGER, *Teol.*, p. 166.
[5] GIGON, *Urspr.*, p. 260.
[6] UNTERSTEINER, *Parm.*, p. LXXXVII.
[7] PAGALLO, *Parm.*
[8] CAPIZZI, *Parm.*, pp. 60-61, sulla scia dell'interpretazione calogeriana.
[9] GADAMER, *Retrakt.*, p. 61.
[10] Come già ha visto RUGGIU, *Parm.*, p. 233, anche se non accettiamo la sua affermazione che queste « predicazioni costituiscono solamente il dispiegarsi della ricchezza semantica dell'essere »: non si tratta infatti solo di una ricchezza semantica, ma proprio delle determinazioni reali e vere di τό ἐόν.
[11] SAINATI, *Parm. e Prot.*, p. 13.
[12] HEITSCH, *Parm.*, pp. 163-164, sostiene che questi termini siano usati per la prima volta da Parmenide, dal momento che l' ἀγένετον di Eraclito B 50 è difficilmente autentico e l' ἀνώλεθρον di Anassimandro B 3 non è la formulazione autentica: Parmenide quindi assumerebbe e svolgerebbe, adattandole al proprio concetto di « essere », quelle « asserzioni che Omero ed Esiodo avevano fatto sugli dei e Anassimandro sul suo concetto fonda-

mentale». Ma già MOURELATOS, *The Route*, p. 44 n. 108, aveva notato che la connessione dei due termini col vocabolario religioso è molto tenue: « Parmenides appears to be our earliest incontrovertible source for these words, and I suspect they were heard as neologism».

[13] È la lezione accettata già dal Burnet e ripresa da LOEW, *Verhältnis*, p. 154 n. 1; FREEMAN, *Pre-socr.*, p. 148 n.d.; RAVEN, *Pythag. a. El.*, p. 27; UNTERSTEINER, *Parm.*, pp. XXVII-XXX; PASQUINELLI, *Pres.*, p. 233 e p. 401 n. 40.

[14] Già COVOTTI, *Pres.*, pp. 124 e 138-139, l'aveva accettata, senza tradurre naturalmente « unigenito», bensì « uniforme dappertutto», dappertutto egualmente essere, cioè « omogeneo» (cfr. COVOTTI, *Finitezza*, p. 6). Anche MONDOLFO, *Infinito*, pp. 94-95, rende μουνογενές con « il solo esistente», ciò che ha tutto in sé. Oggi ripropongono questa versione OWEN, *El. Quest.*, p. 76; KAHN, *Anaxim.*, p. 157 n. 1; TARÁN, *Parm.*, pp. 88-93; MOURELATOS, *The route*, p. 95, che rende con « whole, of a single kind» (cfr. p. 114); HEITSCH, *Parm.*, p. 164, che rende con « ganz, einzig». Un altro studioso propone una versione « intermedia»: WILSON, *Parm. B 8.4*, pp. 32-34, che legge οὖλον μουνομελές e rende « single-limbed, which is an effective and logical amplification of οὖλον» (p. 34), con questa giustificazione: « Plutarch's οὐλομελές could be the result of a conflation of the preceding οὖλον with μουνο-. The corruption μουνογενές in Simplicius and other *testimonia*, the earliest of which is Clement, can best be explained as the substitution of the familiar Christian epithet ' only begotten ' for that strange and perhaps puzzling ' single limbed '» (p. 34).

[15] Così anche REALE, *Eleati*, n. 5 a p. 197.

[16] Così per esempio COVOTTI, *Finitezza*, p. 8, proponeva di leggere ἠδὲ τελεστόν = e finito. Cfr. COVOTTI, *Pres.*, p. 125: « Invece, quindi, di leggere come ultima caratteristica *e infinito*, crediamo bisogni leggere *e finito*: ristabilendo, così, la corrispondenza necessaria fra la enunciazione delle diverse caratteristiche dell'*essere* o *mondo* e la susseguente loro dimostrazione». Tra gli studiosi piú recenti, riprende questa lezione il TARÁN, *Parm.*, mentre OWEN, *El. quest.*, p. 77, propone ἠδὲ τέλειον così giustificando: « a copist was seduced by the reiteration of negative prefixes (ἀγένητον ... ἀνώλεθρον ... ἀτρεμές) into writing ἠδ' ἀτελεῖον and this was corrected to the ortodox Homeric clausola ἠδ' ἀτέλεστον (*Il.* 4.26)». ἀτέλεστον invece è inteso da CORNFORD, *Parm.*, p. 103, come « senza fine (nel tempo)»; così anche in DK I, p. 235, « ohne Ziel in der Zeit»; LEVI, *Parm.*, p. 274; MONDOLFO, *Infinito*, intende il termine come « infinito, che non ha termini» (p. 93), esprimente cioè l'infinità del permanere (p. 95), una eternità = infinità in senso sia spaziale che temporale (pp. 95-96, 366); UNTERSTEINER, *Parm.*, p. 145 e pp. XXX-XXXI, intende « privo di fine temporale»; ZEPPI, *Limitatezza*, p. 59, intende il termine

sul piano temporale, perché è situato in un contesto che tratta dell'ente appunto sul piano temporale; Varvaro, *Studi su Pl.*, I, p. 97, intende «compiuto, completo»; e così pure Heitsch, *Parm.*, p. 25, «in sich vollendet» (cfr. p. 165, dove si dice che questi predicati riguardano lo «ideal Seiende, das vom real Seienden... streng zu unterscheiden ist»).

[17] Pasquinelli, *Pres.*, n. 41 a p. 401. È d'accordo su questa interpretazione anche Gilardoni, *Parm.*, p. 57 e n. 8, che rende «non tendente a un fine».

[18] Pasquinelli, *Pres.*, n. 42 a pp. 401-402.

[19] La tesi fu sostenuta in un articolo del 1955, apparso nella «Rivista critica di Storia della Filosofia», che ora costituisce il cap. I di Untersteiner, *Parm.*, pp. XXVII-L; ma si veda anche pp. CLXXXVIII-CXXXIX e n. 124.

[20] Ricordiamo solo, per i primi, Pagallo, *Parm.*, e, per le seconde, Lesky, *Lett. gr.*, I, p. 288 n. 6.

[21] Cfr. Mondolfo, *Discussioni, passim*, e la risposta dell'Untersteiner, *Ancora su Parm.*

[22] Robin, *Pens. gr.*, pp. 156-157.

[23] Per questo, si veda anche sopra a B 2, B 3, B 6.

[24] Cfr. quanto abbiamo detto a pp. 66-67. È un principio che è alla base del pensiero scientifico; ma è anche un principio fortemente radicato nel pensiero dei presocratici. Così, per esempio, nel caso di pensatori che certamente non possono essere indicati come i propugnatori di un metodo e di un linguaggio scientifici, quali un Protagora e un Gorgia. Per quanto riguarda il primo, se è vero che «ognuno è misura di tutte le cose» (Sext. Emp. *adv. math.* VII,60 = DK 80 B 1), è altresì vero che «Protagora dice dunque che la materia è scorrevole e continuamente si sostituisce qualcosa a qualcosa che va via, e così le sensazioni si trasformano e si modificano secondo l'età e secondo le diverse disposizioni del corpo. Dice anche che le ragioni di tutti i fenomeni risiedono nella materia, di modo che la materia in se stessa realmente è tutto ciò che appare a ciascun uomo. Gli uomini d'altra parte ne colgono aspetti differenti a seconda delle disposizioni differenti in cui si trovano» (Sext.Emp. *pyrrh. h.* I,216 sgg. = DK 80 A 14). La sensazione — e il giudizio, che per Protagora è strettamente legato ad essa — non determina la qualità e tanto meno l'esistenza della cosa: il fatto che ognuno fermi, in una realtà perennemente mutevole, un aspetto particolare, non significa che è il singolo uomo a «dare realtà a ciò che gli sta di fronte secondo il modo in cui si rapporta con esso», bensì proprio che «la cosa o il fatto, che esistono prima e indipendentemente dal rapporto con l'uomo, e sono anzi il presupposto di questo rapporto, cioè della sensazione e del giudizio umani, racchiudono in sé la possibilità delle diverse sensazioni, ed ogni singolo uomo ne attuerà quella a lui stesso più congeniale» (Casertano, *Natura*, p. 83; cfr. Zeppi, *Protagora*, p. 44: ciò «ci

fornisce la prova che la materia per l'appunto preesiste alle sensazioni e ne è il presupposto ».

Con Gorgia ci troviamo di fronte alla stessa prospettiva: « La parola, infatti, dice Gorgia, è il risultato dell'influenza dei fatti esterni, cioè delle cose sensibili, su di noi... Non è la parola infatti che è indicativa del fatto esterno, ma è il fatto esterno che può spiegare la parola » (SEXT.EMP. *adv. math.* VII,85 = DK 82 B 3). E nell'*Encomio di Elena*, dice ancora: « Le cose che vediamo infatti possiedono una natura non quale noi la vorremmo, ma quale è toccata da sempre a ciascuna di esse; per mezzo della vista, l'anima ne viene impressionata anche nei suoi atteggiamenti » (Ἑλένης ἐγκώμιον, 15). Anche il relativismo — e non il nichilismo — gorgiano non mette affatto in dubbio l'esistenza di una realtà data, indipendente dall'esistenza e dalla volontà e dalla conoscenza dell'uomo: una natura che ingloba nell'assolutezza e necessità delle sue leggi anche la realtà dell'uomo, determinandone impressioni sensazioni giudizi pensieri (cfr. CASERTANO, *Natura*, pp. 159-176).

Ciò che è importante notare, a nostro avviso, è che la sostanziale concordanza di Parmenide e dei due sofisti in questa prospettiva si traduce in due atteggiamenti completamente diversi. Da un lato l'Eleata rivendica l'assolutezza della verità scientifica di τὸ ἐόν inteso appunto come concetto astratto e formalizzato della realtà, rivendica l'universalità del discorso scientifico che non può che essere uno e uno solo, perché deve prescindere dalla variabilità e dall'immediatezza delle esperienze singole proprio per poterne dare una spiegazione razionale e soddisfacente; dall'altro lato Gorgia e Protagora rilevano la non-significatività per l'uomo di una verità astratta, l'impossibilità anzi di raggiungere una siffatta verità assoluta, e rivendicano invece proprio una conoscenza relativa e limitata, quella conoscenza che si può costruire solo partendo dalle esperienze reali e concrete e sempre rimanendo nel loro campo, perché sono proprio queste esperienze, nella loro apparente banalità, che costituiscono l'unica verità, l'unico dato significativo per l'uomo.

In altre parole, potremmo dire che *la scelta dei sofisti è per la vita*: per ciò che piú ci tocca da vicino, per ciò che ci commuove e ci appassiona, per ciò che è e sentiamo piú tenacemente, irripetibilmente, imprescindibilmente nostro; *la scelta di Parmenide è per la scienza*: per ciò che uccide la vita ma è per la vita, per ciò che la immobilizza ma per trovare la ragione del suo fluire, per ciò che prescinde e astrae dal quotidiano ma per ricomprenderlo e riconquistarlo a un piú alto livello. Quei sofisti in effetti ci attraggono per il loro forte e pieno senso dell'umano; Parmenide ci seduce per l'arditezza, la purezza e l'entusiasmo con cui prospetta il ricercare della scienza, la piú bella avventura e il piú bel « bisogno » dell'uomo.

[25] ἐκ μὴ ἐόντος del v. 12 è una correzione del Diels dal testo di Simplicio, *phys.* 78,21 e 145,12, che presenta μὴ ὄντος nei codici D E ed

ἐκ γε μὴ ὄντος nel codice F. Il testo offerto da Simplicio è parso giustamente troppo moderno al Diels. Hanno accettato questa correzione del Diels — che anche a noi sembra giusta — oltre a ZELLER ed a BURNET, anche CALOGERO, St. eleat., pp. 63-64; CORNFORD, Pl. a. Parm., p. 37 e n. 1; ZAFIROPULO, L'éc. él., pp. 300-301; RAVEN, Pythag. a. El., p. 30; GADAMER, Retrakt., p. 63; UNTERSTEINER, Parm., pp. CXL-CXLI e n. 88; CAPIZZI, Pres., p. 44; HEITSCH, Parm., p. 26. Corregge invece, sulla scia del KARSTEN, ἐκ τοῦ ἐόντος il REINHARDT, Parm., p. 42, seguito da RIEZLER, Parm., p. 32 e p. 60; ALBERTELLI, Eleati, p. 144 n. 16; GIGON, Urspr., p. 262 n. 105; PASQUINELLI, Pres., p. 233 e n. 44 a p. 402; GILARDONI, Parm., p. 62 e n. 13. Noi non crediamo che ἐκ μὴ ἐόντος non dia senso o sia contrario alla stessa impostazione generale di Parmenide, ma, al contrario, crediamo che serva in effetti a rafforzare il concetto che la realtà una « exists always as a whole; nothing more and nothing different can be added » (CORNFORD, Pl. a. Parm., p. 37).

[26] Per esempio RAVEN, Pythag. a. El., p. 28, vi vede una esplicita polemica antipitagorica.

[27] ARISTOT. metaph. 983 b 6. Si veda sopra a p. 34 e n. 6 a p. 192.

[28] ARISTOT. phys. 187a (trad. Laurenti); cfr. metaph. 1062 b 24-25: « È dottrina comune a quasi tutti i filosofi naturalisti che nulla derivi da ciò che non è e che tutto derivi da ciò che è » (trad. Reale, Aristot.).

[29] ARISTOT. metaph. 984 a 27, aggiunto da ALBERTELLI a DK 28 A 24. Cfr. la nota 16 a p. 192. Su Aristotele e l'universo increato e indistruttibile vedi ora CHROUST, Observations.

[30] I rapporti di Empedocle con Parmenide sono molti e complessi e non si limitano a questo aspetto: vi accenniamo sotto a pp. 305-306 n. 55.

[31] SIMPLIC. phys. 163-18 = DK 59 B 17: « Ma il nascere e morire non considerano correttamente i Greci: nessuna cosa infatti nasce e muore, ma a partire dalle cose che sono si produce un processo di composizione e di divisione; così dunque dovrebbero correttamente chiamare il nascere comporsi e il morire dividersi » (trad. Lanza). La derivazione del frammento di Anassagora da Parmenide è stata sostenuta da diversi autori, come pure il suo rapporto con Empedocle B 8. Non ci sembra del tutto corretto quanto sostiene il LANZA, Anassagora, p. 240, quando dice che il frammento « non dimostra infatti piú del fatto che anche Anassagora partecipa dell'evoluzione del pensiero del suo tempo come si era determinata sotto l'influsso della logica eleatica». Non si può parlare infatti di una evoluzione del pensiero al tempo di Anassagora dopo la logica eleatica, dal momento che il concetto « né nascita né morte » è molto piú antico. Del resto lo stesso Lanza aveva detto, e giustamente, a proposito di quella κοινὴ δόξα τῶν φυσικῶν di cui stiamo trattando: « come Aristotele qui esplicitamente dichiara, il principio non è di derivazione parmenidea, ma patrimonio comune di ogni posizione intellettuale del pensiero presofistico » (LANZA, Anassagora, p. 102).

[32] HIPPOCR. *de victu* I 4: « Di tutte le cose, dunque, nessuna perisce, nessuna nasce, che non fosse anche prima: e si alterano componendosi e separandosi » (trad. Laurenti).
[33] EURIP. *Chrysippus* fr. 839 N[2]: « Indietro ritornano i nati dalla terra alla terra, ma i nati dal seme etereo alla celeste cupola tornano: nulla muore di quel che diviene, ma divisosi l'uno dall'altro un nuovo aspetto dimostra » (trad. Lanza).
[34] Cfr. MXG, 1-2, *passim* = DK 30 A 5; SIMPLIC. *phys.* 162,24 = DK 30 B 1; SIMPLIC. *phys.* 29,22; 109,20 = DK 30 B 2. Su Melisso si vedano i recenti lavori di REALE, *Melisso* e VITALI, *Melisso*.
[35] Cfr. DIOG.LAERT. IX,44 = DK 68 A 1; SIMPLIC. *de cael.* 294,33 = DK 68 A 37; SIMPLIC. *phys.* 28,15 = DK 68 A 38; [PLUTARCH.] *strom.* 7 [*Dox.* 581] = DK 68 A 39; ARISTOT. *phys.* 4.203 a 16 = DK 68 A 41; ARISTOT. *phys.* 9.265 b 24; SIMPLIC. *phys.* 1318,33 = DK 68 A 58; etc.
[36] Cfr. GOMPERZ, *Pens. gr.*, pp. 71-72. Si vedano anche le interessanti considerazioni che nella n. 1 a pp. 63-64 il Gomperz fa sui rapporti filosofia-scienza.
[37] Cfr. BURNET, *L'Aurore*, p. 13: « Le mot ἀρχή, par lequel les premiers cosmologistes passent d'habitude pour avoir désigné l'object de leur recherche, est, dans ce sens, purement aristotélicien »; «... ce que les premiers cosmologistes cherchaient, c'etait beaucoup plus qu'un commencement, c'etait le fond *eternel* de toutes choses » (p. 14).
[38] Cfr. BURNET, *L'Aurore*, p. 11: « Le grand principe qui est à la base de tout leur [dei primi cosmologi] pensée — quoiqu'il n'ait pas été formulé avant Parménide — c'est que *rien ne naît de rien*, et que *rien ne se réduit à rien* ». Si veda anche ciò che segue, fino a p. 13. Piú di recente, un altro studioso ha notato che la polemica di Parmenide contro le nozioni del nascere e del perire, proprie del senso comune, ha una grande efficacia contro ogni tipo di concezione vitalista, « against the supposition that the world may ' grow ' or evolve as a living organism » (LLOYD, *Pol. a. Anal.*, p. 241); mentre RUGGIU, *Parm.*, p. 185, rileva « che in Parmenide vale come principio non l'*ex nihilo nihil*, ma il valore del principio parmenideo è tale che si pone come base per la fondazione dello stesso principio dell'*ex nihilo nihil*, che quindi non è piú l'originario ».
[39] Si veda sopra a pp. 69-70.
[40] Altri non traducono affatto, come per esempio ALBERTELLI, *Eleati*, *ad loc.*
[41] È di questo stesso avviso — ma non ne dà una giustificazione — DE SANTILLANA, *Origini*, p. 100.
[42] UNTERSTEINER, *Parm.*, p. 147 nota.
[43] Se ne vedano i numerosi esempi in LIDDEL-SCOTT, *s.v.*
[44] « Incomprensibili » i due concetti, ma non « irreali », come vuole SAINATI, *Parm. e Prot.*, p. 15: « γένεσις e ὄλεθρος, come processi

temporalmente condizionati, risultano razionalmente inesplicabili, e per ciò stesso irreali ». Non sono irreali, i due processi, perché riguardano appunto il campo delle esperienze umane; risultano appunto incomprensibili se da quel campo si pretende di trasportarli al campo di τὸ ἐόν.

[45] Questa indubbia relazione ha indotto taluni studiosi a proporre vari tipi di inserimento di B 4 e anche di B 5 dopo il verso 21 o dopo il verso 25 di B 8. Si veda lo *status quaestionis* in UNTERSTEINER, *Parm.*, pp. CXLVI-CXLVII n. 107, e in REALE, *Eleati*, pp. 209-210 n. 10.

[46] DE SANTILLANA, *Prol.*, p. 22.

[47] *Ibidem*, pp. 21-22 e 23.

[48] Cfr. CASERTANO, *Parm.*, pp. 387-391. In effetti riteniamo la tesi del De Santillana non solo molto suggestiva, ma anche molto utile sia per cercare di intendere Parmenide in quella grandezza che tutti quegli antichi che ne hanno letto per intero il poema non possono fare a meno di riconoscergli, sia per cercare di evitare di attribuirgli — come pure crediamo sia necessario e da un punto di vista storico e da un punto di vista semplicemente ermeneutico — quella inutile e fastidiosa tautologia con la quale è passato alla storia.

[49] Altre differenze tra la posizione del De Santillana e la nostra, come fin qui delineata e come continueremo a svilupparla, sono queste: 1) la rivendicazione dell'aspetto metodologico della dottrina parmenidea; 2) la discussione puntuale dei frammenti con la quale cerchiamo di giustificare la nostra tesi; 3) il richiamo a tutte quelle interpretazioni che in un certo senso hanno « preparato» la nostra; 4) la prospettiva piú ampia nella quale cerchiamo di inquadrare la figura intellettuale e la « filosofia » di Parmenide.

[50] Per i rapporti di Parmenide con la tradizione ionica e pitagorica si veda a pp. 135-144.

[51] HUSSEY, *Pres.*, p. 96.

[52] Pensiamo ad alcuni passi del cap. 8 e del famoso cap. 9 del *de caelo*: per l'unità e l'unicità del mondo, finito e limitato, ma contenente in sé la possibilità dell'infinito, cfr. ARISTOT. *de cael.* 276 a 23-b 21; per l'universo come totalità della materia fisica e percepibile (ὕλη γὰρ ἦν αὐτῷ τὸ φυσικὸν σῶμα καὶ αἰσθητόν), un unico perfetto (εἷς καὶ μόνος καὶ τέλειος), che non ammette fuori di sé né luogo né vuoto né tempo (οὐδὲ τόπος οὐδὲ κενὸν οὐδὲ χρόνος ἐστιν ἔξω τοῦ οὐρανοῦ), cfr. 279 a 7-b 3. Molto bene il DÜRING, *Aristot.*, p. 409: « L'universo è la somma totale della nostra scienza dell'universo, ed è perciò la totalità dell'essere. È un sistema concluso, in cui tutto è collegato in un complesso organico; per questa ragione noi lo chiamiamo un *holon kai pan*, cioè l'universo. Le parole 'infinito', 'spazio', 'movimento' e 'tempo' hanno un senso soltanto in questo sistema concluso assunto come sistema di riferimento. Il vocabolo *apeiron* può essere valido soltanto se è applicato a

certi determinati processi entro questo sistema in sé concluso. L'universo è dunque qualcosa di compiuto, *teleion,* e di limitato, *horismenon,* ma i processi nell'universo sono infiniti ». Come si vede, è, quella aristotelica, una prospettiva molto vicina alla chiara intuizione parmenidea. Del resto, lo stesso « principio d'indifferenza » formulato da Aristotele (*de cael.* 283 a 11-12: « Ancora: per qual ragione è proprio in questo istante che, mentre prima era sempre, si corrompe, oppure, mentre per un tempo infinito non era, viene ad essere? », trad. Longo; cfr. anche *phys.* 203 b 25-30: « Perché infatti vi dovrebbe essere piú corpo in una parte del vuoto che in un'altra? », trad. Cambiano, *Filos. e sc.*, p. 115) si riferisce proprio all'ingenerabilità e incorruttibilità del mondo e non allo spazio euclideo, cosa che in vero lo stesso DE SANTILLANA, *Prol.*, p. 21, riconosce.

[53] BURNET, *L'Aurore,* pp. 209-210. La decisa negazione di uno spazio vuoto da parte di Parmenide viene dal Burnet messa in relazione con le testimonianze di Platone (PLAT. *Theaet.* 180 e = DK 28 A 26) e di Aristotele (ARISTOT. *de cael.* 298 b = DK 28 A 25). Si veda anche TANNERY, *Pour l'histoire,* p. 229.

[54] ARISTOT. *metaph.* 1091 a 13; cfr. anche *metaph.* 1080 b 16 sgg., in cui si svolge — da un punto di vista caratteristicamente aristotelico — una critica all'aporia pitagorica costituita dal tentativo di spiegare l'estensione come derivante dall' ἀριθμὸς μοναδικός (cfr. REALE, *Aristot.*, II, p. 412 e 326 con la nota 17 a p. 370).

[55] ARISTOT. *phys.* 213 b (trad. Russo, *Aristot.*, p. 95).

[56] Così, per esempio, MONDOLFO in ZELLER I, II, pp. 652-655; cfr. ora ZEPPI, *Tradizione,* p. 76. Sulla polemica antipitagorica di Parmenide si veda sotto a pp. 133-134. La polemica sul continuo-discontinuo, comunque, continuerà, nel pensiero presocratico, anche dopo i pitagorici e Parmenide. Accenniamo soltanto ad Anassagora, per il quale, stando ad Aristotele (*phys.* 4.203 a 19 = DK 59 A 45), l'infinito è continuo per contatto (τῆι ἁφῆι συνεχὲς τὸ ἄπειρον); a Leucippo, per il quale il corpo è discontinuo (ARISTOT. *phys.* 6.213 a = DK 67 A 19); a Gorgia, che riproponeva l'antitesi tra quantità e continuità: ἤτοι ποσόν ἐστιν ἢ συνεχές ἐστιν (SEXT. EMP. *adv. math.* VII, 73 = DK 82 B 3). Interessantissima è poi l'osservazione di Democrito, che notava come ciò che appare *uno,* per esempio un unico fascio luminoso, risulti in effetti dalla composizione della luce di tante piccole stelle poste l'una vicina all'altra (AËT. III, 1,6 = DK 68 A 91): in altre parole, continuo e discontinuo potrebbero benissimo essere in relazione semplicemente al nostro livello d'indagine.

[57] FRÄNKEL, *Parm.*, p. 32: il termine « dev'essere tradotto con la doppia espressione 'senza movimento e senza cambiamento', poiché non abbiamo una parola che copra ambedue i significati ». Per il Fränkel, poi, tutti

questi versi, come pure quelli da 42 a 49, sono diretti contro la dottrina di Anassimandro (cfr. pp. 27-33).

[58] Come per esempio il Kranz, in DK I, p. 237: « unbeweglich-unveränderlich », e il Tarán, *Parm.*, p. 110: « κίνησις for Parmenides covers what we call locomotion and change, but one most bear in mind that he could not draw a very sharp distinction between both ».

[59] Come vuole lo stesso Tarán nel passo riportato alla nota precedente. Si veda su ciò Mourelatos, *The ruote*, p. 117, che sostiene che non c'è ragione di supporre che i presocratici abbiano confuso cambiamento e movimento, e cita B 8.40.

[60] A proposito di questo verso qualche studioso ricorda Lucrezio I, 880: « quod tamen a vera longe ratione repulsumst », e II, 82: « avius a vera longe ratione vagaris ».

[61] Mondolfo, *Infinito*, p. 366; cfr. pp. 93-96. L'idea del πείρας espressa in questo verso, come nel verso 26, è stata dall'Owen, *El. Quest.*, pp. 64-65, intesa come « the mark of invariancy ».

[62] Così Untersteiner, *Parm.*, p. CLIV n. 139, riportando la notazione del Workman, *Termin. sculpturale*, p. 46.

[63] Già il Fränkel, *Parm.*, p. 33 aveva notato, a proposito di ἀτελεύτητον, come « in archaic Greek the word never refers to a *spatial* end; it always means ' unfinished, not carried out, not having attained its goal ' ». Cfr. Mansfeld, *Offenb.*, pp. 99 sg.; Tarán, *Parm.* p. 119; Guthrie II, p. 35 n. 1. Anche recentemente Mourelatos, *The route*, p. 121; scrive che il significato « of the τελος- attribute is, of course, not ' finite ' or ' limited ', but ' complete ' ». Cfr. Gilardoni, *Parm.*, p. 67 n. 21. Interessante è quanto scrive Varvaro, *Studi su Pl.*, I, p. 98: « L'interminato non è; si fa, va in cerca di un termine che non trova, tende ad espandersi indefinitamente, non consiste nel suo essere. Essere-immobilità nel tempo-immobilità nello spazio-compiutezza-sfericità son tutti concetti strettamente connessi. Non è neppure una progressione per Parmenide, non è un ragionamento: son tutte identità ch'egli pone istintivamente, da vero greco che è; perché per il greco l'interminato e incompiuto è imperfetto ».

[64] De Santillana, *Prol.*, pp. 22-23. Non siamo però d'accordo con questo studioso, come abbiamo piú sopra accennato, quando intende τὸ ἐόν come puro spazio geometrico e quindi vede la mancanza dei limiti del v. 33 come la mancanza di determinazioni particolari, cioè delle proprietà geometriche dello spazio; cfr. De Santillana, *Origini*, p. 107.

[65] Sulle figure di Moira, Dike, Ananke, si veda quanto abbiamo detto a p. 43 sgg., e quanto diciamo piú sotto nel commento a B 10.

[66] Per le difficoltà inerenti alla traduzione dei versi 34-35, difficoltà che si incentrano soprattutto nell' οὕνεκεν del v. 34 (è da intendersi come τὸ οὗ ἕνεκα, come οὗ ἕνεκα, o come ὅτι ?) e nell' ἐν ὧι πεφατισμένον

ἐστιν del v. 35, come per le diverse interpretazioni dei due versi, rimandiamo ai piú volte citati lavori dell'Untersteiner, Reale, Heitsch. Per quanto ci riguarda vogliamo solo fare alcune considerazioni. Innanzi tutto crediamo che il senso da attribuirsi ad οὕνεκεν sia τὸ οὗ ἕνεκα (del resto testimoniato da SIMPLICIO, *phys.*, 87, 17 e ripreso da DIELS, *Parm.*, p. 85), perché in effetti l'oggetto del pensare è pur sempre l'essere, pur potendo sostenersi un οὗ ἕνεκα, nel senso che la causa, il fondamento del pensare è ancora l'essere. A proposito della tesi del CALOGERO, che traduce «la stessa cosa è il pensare e il pensiero che è, giacché senza l'essere, in cui si trova espresso, non troverai mai il pensare» e commenta: «dove questo 'essere'... nonostante l'esteriore forma ontologizzata dell' ἐόν non può essere (...) altro che quello dell'affermazione logica» (*St. eleat.*, p. 11); a proposito di questa tesi, vorremmo segnalare come forse un antecedente storico si trovi nel commento del Covotti. Scrive infatti COVOTTI, *Pres.*, pp. 102-103, «È la stessa cosa pensare e (affermare) ciò per cui il pensiero è possibile: senza dell'essere, in cui trovasi espresso, non troverai il pensare... Vale a dire: il giudizio *si esprime* nella copula *è*: dunque senza l'«essere» non è possibile giudicare, pensare». Il pensare, o meglio il «pensiero dell'uomo», come fondamento della realtà, è ancora la proposta del recente lavoro di K. BORMAN, *Parm.*, che così traduce: «Dasselbe ist möglich zu denken und (ist) das, weswegen das Denken ist. Denn nicht ohne das Seiende, in welchem es ausgesprochen ist, wirst du das Denken finden» (p. 43), e poi intende: «Rein menschliches noeîn ist Grund für die scheinbare Realität» (p. 125); (sul libro di Borman si veda JANTZEN, *Nachrichten*). Simile a questa traduzione è quella dello HEITSCH, *Parm.*, p. 31: «Dasselbe aber ist Erkennen und das, woraufhin Erkenntnis ist. Denn nicht ohne das Seiende, in welchem es ausgesprochen ist, wirst du das Erkennen finden», che sostiene che qui Parmenide non ha voluto dire altro che «das Erkennen im Sein, d.h. mittels des Wortes 'Sein' ausgesprochen wird» (p. 123). Si veda ancora la recentissima tesi dello JANTZEN, *Parm.*, p. 99: «das Denken ist nicht zu finden ohne das, im Hinblick auf welches es überhaupt erst ist. Es ist aber erst als Ausgesagtes, d.h. als ἐστιν, nähmlich im Hinblick auf das Seiende Ausgesagtes. Wenn das aber so ist, dann kann das Denken sich unmöglich entfernen von demjenigen, durch das, dieses nennend, es selbst ist... Das Denken muss darum mit dem νόημα ἔστιν identisch sein; in jedem anderen νόημα zerstört es sich selbst». Il FRÄNKEL, *Parm.*, nella stesura del 1930, a p. 190, capovolgeva il senso della frase relativa del v. 35 mettendola in relazione al νοεῖν che seguiva e non all' ἐόντος precedente, e così traduceva: «Denn nicht ohne das Seiende wirst du das (τὸ νοεῖν) worin es (τὸ ἐόν) ausgesprochen ist, finden: das Erkennen». Quest'interpretazione incontrava le riserve del RIEZLER, *Parm.*, p. 70, del VERDENIUS, *Parm.*, p. 39, del von FRITZ, *Rolle d.* νοῦς, p. 308, che definiva la sua traduzione «eine grammatikalische Gewalttour». La critica fu accolta nelle successive edizioni del suo studio dal FRÄNKEL, *Parm.*, p. 34, che così ora parafrasa: «For not without Being, within which it (= the object known) is expressed (or 'Is') will one find knowledge». Comunque, già il von FRITZ, *Rolle d.* νοῦς, pp. 308-309, ricordando il significato di chiarire, disvelare, esprimere (specialmente con parole) di φατί-ζειν, sottolineava la stretta connessione tra il νοεῖν ed il suo oggetto: «Senza un oggetto il νοεῖν sarebbe completamente vuoto, o nella terminologia dello stesso Parmenide un μὴ ἐόν. Il significato della frase è perciò chiaramente che non si dà nessun νοεῖν senza il suo oggetto, lo ἐόν, in cui esso stesso si spiega». Anche per UNTERSTEINER, *Parm.*, pp. CXXIV-CXXV, «L'ἐόν (causa od oggetto di νόημα (...) e costituente il presupposto di νοεῖν (...), poiché νοεῖν in esso si esprime secondo la verità logica, è identico a νοεῖν, cioè costituiscono ἐόν e νοεῖν un'unità indissolubile». Non ci sembra giusto invece quanto l'Untersteiner aveva detto poco prima, identificando il νοεῖν con «l'intuire astratto universale» ed il νόημα con «il pensiero del singolo uomo, di ogni uomo» (pp. CXX-CXXIII), dal momento che la problematica del rapporto pensiero singolo—pensiero universale ci pare non sia assolutamente riscontrabile in nessun passo di Parmenide, oltre ad essere molto probabilmente estranea all'orizzonte culturale dell'Eleata. Interessanti sono poi le osservazioni del WOODBURY, *Parm.*, pp. 151-155, anche se non tutte corrette, a nostro avviso, le sue conclusioni. Il Woodbury afferma che il pensiero di Parmenide è «that reality is expressed in a certain thought and name» (p. 155), notando come questi versi sono aperti sia ad una conclusione idealistica che ad una realistica, pur non essendo nessuna delle due propria di Parmenide (p. 151). Segnaliamo infine l'intelligente analisi che si fa dei versi di cui stiamo trattando nel saggio di MOURELATOS, *Mind*, anche se non concordiamo con tutte le sue affermazioni. È giusto però quanto dice il Mourelatos (contro TARÁN, *Parm.*, p. 121, che sostenendo l'esegesi οὕνεκεν = ὅτι, criticava le altre come «tautologiche» e tali da dare «no sense in the context of Parmenides' argument»): «Io francamente non vedo la tautologia nella traduzione citata da Tarán: l'idea che il complemento intenzionale e la causa del pensato siano una sola e stessa cosa non è un truismo, ma una tesi metafisica» (p. 167). Mourelatos sostiene poi che l' ἕν in relazione all' εἶναι del v. 35 ha il senso idiomatico di «to depend on, to rely upon, to be under the authority of», per cui l'espressione va tradotta «to which it stands committed» (pp. 170-172); e così conclude: «The conclusion reached is that ἐόν is the actual and implicit object of all thought because nothing else could possibly be its object... So ἐόν is not only a possible but a necessary object of mind» (pp. 174-175).

⁶⁷ Così Pasquinelli, *Pres.*, p. 235; ma anche Albertelli, ed ora Capizzi, *Pres.*, p. 45. Così, del resto, già DK I, p. 238.

⁶⁸ Anche superando la difficoltà del futuro ἔσται sulla base delle notazioni del Diels, *Parm.*, p. 87, che ricordava come questo *futurum consequentiae* fosse un fatto abbastanza comune, resta comunque la difficoltà della trasformazione di ὄνομα in un plurale che non trova giustificazione nel contesto parmenideo. Alcuni studiosi invero hanno lasciato il termine al singolare (cfr. per esempio Untesteiner, *Parm.*, p. 149: « Quindi saranno nome tutte le cose che i mortali hanno determinato »; Salucci-Gilardoni, *Parm.*, p. 70: « Perciò nome soltanto saranno tutte le cose... »), ma vi hanno pur sempre incluso quella carica di illusorietà che nel testo parmenideo non c'è.

⁶⁹ Il testo offerto dal DK non può trovare una sua giustificazione in Plat., *Theaet.*, 180 d-e (οἷον — oppure οὖλον — ἀκίνητον τελέθει τῶι παντ(ὶ) ὄνομ᾽ εἶναι), poiché quest'ultimo citava a memoria o addirittura « completando arbitrariamente », come del resto riconosce lo stesso Diels, *Parm.*, p. 86. Cfr. anche Diès nel suo commento al dialogo (Paris 1924, p. 214 n. 3); Valgimigli nella sua traduzione italiana (Bari 1961, p. 115 n. 5).

⁷⁰ Fu presentato infatti al *Meeting* della « Society for Ancient Greek Philosophy » tenuto in quell'anno a Washington e poi pubblicato per la prima volta negli « Harvard Studies in Classical Philology » 63 (1958), pp. 145-160, in onore di Werner Jaeger.

⁷¹ Accettiamo quindi il suggerimento del Woodbury, *Parm.*, pp. 149-150, che così traduce: « With reference to it (the real world) are all the names given that mortal men have instituted, in the belief that they were true », e commenta: « The names that mortal men give *must* be given to that-which-is, because there *is* nothing else to which they can refer »

⁷² Diverso è il caso del νομίζειν di B 6.8. Qui l'attività del considerare πέλειν τε καὶ οὐκ εἶναι come ταὐτόν κοὐ ταὐτόν non è riferita ai concetti astratti di « essere » e « non essere », ma all'accettazione o meno di un metodo. Il discorso è infatti chiaramente collegato alla condanna di quegli uomini incapaci di esercitare il proprio giudizio (ἄκριτα φῦλα), ai quali è completamente indifferente il problema della via giusta da seguire, discorso finalizzato appunto all'esclusione della via « impercorribile ». (Si veda comunque il nostro commento *ad loc.*). Potremmo dire che l'« errore » non consiste tanto nel νομίζειν in sé, quanto in un uso scorretto che di esso si fa, analogamente a quanto viene detto in B 8.53 sgg. (per cui cfr. sotto).

⁷³ È questa la tesi del Calogero, *St. eleat.*, per il quale vero è solo l'ente, mentre tutte le determinazioni particolari sono puri nomi: « questi nomi non sono appunto nient'altro che i predicati particolari degl'infiniti giudizi che si possono recare sulle cose, inessenziali ed anzi, vedremo,

contraddittori rispetto a quel puro essere, che universalmente in quei giudizi si afferma» (p.8). I *nomi* per Parmenide, secondo il Calogero, sono « tutto quel che s'aggiunge al puro è, l'unica parola che ontologizzandosi come reale nega con ciò che possa aver significato nel reale ogni altra parola, e condanna il mondo come parola proprio mentre esso stesso non è che l'ipostatizzazione di una parola, scoperta nella parola e controllata nella parola. Così *coerentemente contraddittoria* è la linguistica-logica-ontologia parmenidea!» (p. 34). Il corsivo è nostro. « Nominalista alla rovescia, egli nega come nomi la realtà delle molte cose per asserire nel verbo la realtà unica dell'essere, scoprendo il reale assoluto nell'espressione del pensiero e ontologizzando rigorosamente questa realtà logico-verbale: ed ecco che trova insieme come tutto il mondo si divide nella sfera dell'unico è, vero necessario e quindi reale, e in quella dei molti è a cui segue una determinazione specifica, che sono insieme i molti non è, e quindi il mondo dell'errore, dell'impossibile, dell'irreale» (p. 55). La tesi del Calogero sul problema del « nominare» in Parmenide è certamente molto coerente e discende molto conseguentemente dall'interpretazione generale che egli dà della filosofia dell'Eleata. Per alcune nostre riserve a quest'interpretazione si veda a p. 229 n. 9. Qui notiamo soltanto che a questo proposito il Calogero, per non entrare in contraddizione con se stesso, cioè con la sua tesi generale, e di fronte alle esplicite affermazioni parmenidee che si dice solo ciò che è e che il pensiero si esprime solo *nell'*essere, è costretto ad attribuire la contraddizione allo stesso Parmenide, pur non potendogli negare, in generale, una forte coerenza. In effetti a questo punto, a nostro avviso, risulta chiaro che è la stessa interpretazione calogeriana a non poter piú essere sostenuta: come, infatti, in essa rimane pur sempre in piedi, nonostante tutto, quella vecchia contrapposizione ἀλήθεια - δόξα che una buona parte della critica piú recente ha ormai — e giustamente — criticato e abbandonato, così in essa tutta l'importanza e la « terribilità» parmenidea si ridurrebbe ancora una volta alla assillante e monotona tautologia dell'« è» che non potrà mai essere « è un fiume», « è un uomo», « è bianco», « è bello». In altre parole, la linea calogeriana linguaggio-logica-ontologia dev'essere capovolta, e non mancano secondo noi in Parmenide chiare indicazioni in questo senso.

74 È questa la tesi dell'UNTERSTEINER, *Parm.*, pp. CLVIII-CLIX, che, notando come solo di « ciò che è» si può parlare, pone « nel dominio di ὄνομα tutte le altre determinazioni contraddittorie, perché ipotetiche, degli uomini, che seguono la terza via». L'Untersteiner vede infatti, nei versi 38-41, l'allusione alla terza via di B 6.

75 Si veda per esempio ZAFIROPULO, *L'éc. él.*, pp. 121-122, che sostiene giustamente che Parmenide usa il verbo « nominare» quando parla del mondo sensibile, e se ne serve sempre per indicare l'operazione di presa di conoscenza. Per Zafiropulo Parmenide in tal modo sottolinea la sogget-

tività delle operazioni effettuate dall'osservatore, ma anche l'importanza dei nomi delle cose, simboli che designano sempre oggetti. Anche per il WOODBURY, *Parm.*, la cui traduzione dei versi in questione abbiamo già ricordato, « i nomi che i mortali stabiliscono, sebbene falsi e ingannevoli, non sono pure fantasticherie o illusioni della mente » (p. 150). « They are accounts of the one real world, to the existence of which men's beliefs are at times committed » (p. 150). La variante di B 8.38 e la relativa interpretazione proposte dal Woodbury hanno trovato consensi in LONG, *Principles*, p. 88, che dopo aver detto che « the names which men give to phenomena..., are really all applied to Being, for there is nothing else to which speech can refer », sostiene che l'errore degli uomini consiste nel crederli veri in se stessi, cioè come delle realtà separate: « Poiché il nome, che in se stesso contiene un barlume di realtà, è subito escluso dal suo contrario che afferma l'opposto », e fa riferimento a B 8.50 sgg.; il che è giusto, ma significa cogliere solo un aspetto della questione. Consensi ancora in OWENS, *A history*, p. 65; VLASTOS, *Names*; MOURELATOS, *The route*, pp. 180-185. Ampie riserve invece, alla variante di B 8.38, in TARÁN, *Parm.*, p. 129 sgg.; OWEN, *El. quest.*, pp. 53-54; VERDENIUS, *Heraklit u. Parm.*, che pur dichiarandosi d'accordo sulla visione generale del Woodbury (p. 114 n. 51), rigetta l'interpretazione del v. 38 perché a suo avviso incompatibile con la distinzione parmenidea tra mondo dell'essere e mondo del divenire. Pur riconoscendo che gli ὀνόματα **non** possono essere « puri (o privi di significato) nomi », il Verdenius distingue tra « realtà assoluta e realtà relativa » (p. 117), distinzione che a nostro avviso non può essere ritrovata nella dottrina parmenidea. Indeciso, a proposito di B 8.38, tra il testo offerto da DK e quello offerto da Woodbury, si mostra il RUGGIU, *Parm.*, pp. 289-290, ma la sua interpretazione del passo è comunque interessante. Essa è fondamentalmente corretta (« Le parole quindi sono vere in quanto esse esprimono il reale, ma possono anche mantenersi lontane dalla verità », p. 291; « L'oggetto della loro denominazione non è il nulla, ma l'essere; tuttavia, poiché ... non sanno l'essere come essere, ciò che effettivamente nominano è quanto pure non era contenuto della loro persuasione », p. 293; « Ciò che ... vogliono nominare non è quello stesso che ... nominano », p. 293; « Pertanto ogni nome ... non può sottrarsi a questo orizzonte totale dell'essere, anche se esso non nomina con verità l'essere », p. 295), anche se a nostro avviso non sembra sottolineare in tutto il suo significato la presenza, in questi versi, del gioco dialettico ἀλήϑεια-δόξα. Perciò la sua traduzione (condotta sul testo DK) può risultare ambigua: « Ad esso sarà nome quanti (sott. nomi) i mortali assegnarono », cioè: « Esso avrà come nome tutti quei (nomi) che i mortali assegnarono » (p. 290). Dove c'è da notare che esso, cioè l' ἐόν (qui Ruggiu accetta Woodbury) *non può* avere come *propri* nomi tutti quelli che gli uomini gli assegnano: il nome (o i nomi) dell' ἐόν ci sono, e sono quelli *veri* (οὖλον, ἀκίνητον, ξυνεχές ...) mentre questi che qui sono elencati (γίγνεσθαι, ὄλλυσθαι...) sono chiaramente indicati da Parmenide come *creduti* veri, ma, evidentemente, non veri.

[76] PLUTARCH. *adv. Col.* 10 p. 1111 F sg.; AËT. I 30, 1 = DK 31 B 8.
[77] PLUTARCH. *adv. Col.* 11 p. 1113 A-B = DK 31 B 9. Si veda anche PLUTARCH. *adv. Col.* 12 p. 1113 C = DK 31 B 11: « Fanciulli: non certo solleciti sono i loro pensieri, / essi che si aspettano che nasca ciò che prima non è / o che qualcosa muoia e si distrugga del tutto ». Corretto, a questo punto, è il commento di Plutarco che così chiosa: « Questi sono i versi infatti di uno che grida forte a chi ha orecchie, che nega non la nascita, ma la nascita dal non-essere, né la morte del tutto, ma quella che distrugge fino al non essere ».
[78] Per la discussione di questa caratteristica dell'ἐόν si veda sopra quanto abbiamo detto nel par. 3 e note relative.
[79] PASQUINELLI, *Pres.*, p. 403 n. 50. ἄσυλος («indenne, inviolato, sicuro») è termine che, se anche usato per qualificare santuari, o magistrati, non ha però necessariamente senso sacrale: cfr. EURIP. *Med.* 728 (μενεῖς ἄσυλος); PLAT. *Leg.* 866 d (ἐκμεμπέτω ἄσυλον).
[80] È quanto sostiene CORNFORD, *Pl. a. Parm.*, p. 44 n. 2: « I understand ἄσυλον, 'inviolable', as negating Anaximander's doctrine that things pay the penalty of their unjust invasions of one another's provinces and suffer reprisals (which could be expressed by σῦλαι, σῦλον) ». Sui rapporti tra Parmenide ed Anassimandro si veda quanto diciamo a pp. 138-140.
[81] A titolo d'esempio citiamo JOËL, *Gesch. d. an. Philos.*, p. 426; COXON, *Parm.*, p. 140; ALBERTELLI, *Eleati*, p. 148 n. 38; CURI, *Pres.*, p. 153 n. 39; GUTHRIE, *Gr. Philos.*, p. 45; ZAFIROPULO, *L'éc. él.*, p. 113; FRÄNKEL, *Parm.*, p. 35; JAEGER, *Teol.*, p. 107; GIGON, *Urspr.*, p. 268; UNTERSTEINER, *Parm.*, p. CLXIII; MANSFELD, *Offenb.*, p. 102; TARÁN, *Parm.*, p. 155; MOURELATOS, *The route*, pp. 123-124, ma si veda fino a p. 130; HEITSCH, *Parm.*, pp. 175-176.
[82] Vedi sotto a pp. 115-116 e nn. 101-103.
[83] Sebbene, anche in questo secondo caso, Parmenide potrebbe essere stato appunto il primo ad avere una simile intuizione.
[84] Cfr. HIPPOL. *ref.* I 6,3 = DK 12 A 11; AËT. III 10,2 = DK 12 B 5; [PLUTARCH.] *strom.* 2 = DK 12 A 10.
[85] [PLUTARCH.] *strom.* 2 = DK 12 A 10.
[86] HIPPOL. *ref.* I 6,4 = DK 12 A 11.
[87] HIPPOL. *ref.* I 6,5 = DK 12 A 11; cfr. AËT. II 20,1 = DK 12 A 21; AËT. II 25,1 = DK 12 A 22.
[88] DIOG. LAERT. II 1 = DK 12 A 1. La testimonianza è invalidata dal MADDALENA, *Ionici*, pp. 106-107.
[89] SUID. *s.v.* = DK 12 A 2.

⁹⁰ Per il problema che ora ci interessa, non è importante distinguere tra i piú antichi ed i piú tardi: quello che ci preme sottolineare è la permanenza di una certa dottrina in un certo ambiente culturale.
⁹¹ Cfr. MADDALENA, *Pitag., passim*, e il luogo riportato alla nota 88.
⁹² DIOG. LAERT. VIII 25 = DK 58 B 1a.
⁹³ AËT. II 6,5 = DK 44 A 15; THEO SMYRN. [STOB. *ecl.* I *pr.* 3 p. 18,5] = DK 44 B 12; PORPHYR. *v. Pyth.* 30 = DK 31 B 129.
⁹⁴ ARISTOT. *phys.* 218 a 33, AËT. I 21,1 = DK 58 B 33.
⁹⁵ Cfr. a titolo d'esempio AËT. I 78,28 = DK 31 A 32; AËT. II 23,3 = DK 31 A 58; AËT. II 25,15, PLUTARCH. *de fac. in orb. lun.* 5,6 p. 922 c = DK 31 A 60.
⁹⁶ DIOG. LAERT. VIII 54 = DK 31 B 129.1.
⁹⁷ DIOG. LAERT. IX 19 = DK 21 A 1; MXG c. 3,7 = DK 21 A 28; SIMPLIC. *phys.* 22,8 = DK 21 A 31; HIPPOL. *ref.* I 14, p. 17, 12 = DK 21 A 33; CIC. *ac. pr.* II 37,118 = DK 21 A 34; SEXT. EMP. *pyrrh. h.* I 224 = DK 21 A 35; THEODORET. IV 5 = DK 21 A 36. Naturalmente non possiamo discutere in questa sede della storicità e del significato di questa sfericità del primo principio e del dio, né delle contrastanti spiegazioni che ne sono state date, fino a mettere in dubbio le stesse testimonianze (cfr. p. e. DREYER, *Astronom.*, p. 17: « in ogni caso non sono da intendere nel senso che l'universo abbia forma sferica (...) e Senofane intendeva forse esprimere in forma poetica il fatto che l'influenza della divinità si estende in tutte le direzioni »). Sullo *status quaestionis* si veda comunque UNTERSTEINER, *Senofane* e REALE, *Eleati*, pp. 121-126. Si veda inoltre DEL BASSO, *Senofane*.
⁹⁸ HIPPOL. *ref.* I 15, p. 18 = DK 51.1.
⁹⁹ AËT. II 2,2 = DK 67 A 22.
¹⁰⁰ Nel suo libro *Sulla filosofia degli Egizi* (o Αἰγυπτιακά) Ecateo di Mileto la riferisce appunto alle dottrine di quei sapienti; cfr. DIOG. LAERT. I 11 = DK 73 B 6.
¹⁰¹ Su questo si veda il primo cap. e le note relative. Non si dimentichi che, secondo una testimonianza di Diogene Laerzio (IX, 22), anche la terra, per Parmenide, era sferica. Su questo problema vedi UNTERSTEINER, *Parm.*, note ad A 44. La corporeità, la « fisicità » della sfera di Parmenide, in B 8.43, è del resto sottolineata anche dal termine ὄγκος, che sta ad indicare proprio la massa, il peso, il volume.
¹⁰² Così, per esempio, ZELLER I, III, p. 237 sgg.; DIELS, *Parm.*, p. 82; PATIN, *Parm.*, p. 579; CORNFORD, *Parm.* p. 103 e p. 106 e *Pl. a. Parm.* p. 44; BURNET, *L'Aurore*, p. 205 sgg.; GOMPERZ, *Pens. gr.*, p. 261; PRAECHTER in UEBERWEG-PRAECHTER, *Grundriss*, pp. 84-85.
¹⁰³ Così MOURELATOS, *The route*, p. 124: anche se « desideriamo evitare i paradossi di un'interpretazione letterale, dobbiamo alla fine concedere che Parmenide sta pensando alla realtà in termini di una sfera ».

[104] Si veda, per esempio, Joël, *Gesch. d. an. Philos.*, p. 426 sg.; Loew, *Lehrged.*, p. 17 sg.; Hyland, *Origins*, p. 180 sgg.; Robin, *Pens. gr.*, pp. 164-165 (in realtà il Robin sostiene che Parmenide non fu propriamente idealista, ma aprì le porte all'idealismo).

[105] Burnet, *L'Aurore*, p. 210: « Ce qui *est* est un *plenum* corporel fini, sphérique et immobile, et il n'y a rien en dehors de lui ... Ce qu'Empédocle dénommera plus tard ses éléments, les soi-disant ' homéoméries ' d'Anaxagore et les atomes de Leucippe et de Démocrite sont exactement l' ' être ' de Parménide. Parménide n'est pas, comme quelques-uns l'ont dit, le ' père de l'idéalisme '; bien au contraire, il n'est pas de matérialisme qui ne dépende de sa conception de la réalité ». Seguono, con diverse sfumature, questa tesi gli autori citati nella nota 102, ad eccezione del Gomperz, per il quale vedi alla nota seguente.

[106] Sono di quest'avviso, pur con varie sfumature, Gomperz, *Pens. gr.*, p. 273: « L'essere materiale di Parmenide è, con certezza, altresì un Essere spirituale. Esso è insieme materia universale e spirito universale »; De Ruggiero, *Filos. gr.*, p. 136: « Parmenide rappresenta dunque l'unità ancora indifferenziata del materialismo e dell'idealismo »; Tannery, *Pour l'histoire*, p. 227 sgg.; Calogero, *St. eleat.*, p. 55: « egli può insieme apparire e come un idealista e come un realista »; De Santillana, *Prol.*, p. 5: « È assurdo usare termini come idealismo e materialismo prima che si siano posti soggetto e oggetto, contenuto e forma, materia e spirito come coppie ben caratterizzate di opposti »; Kafka, *Vorsokr.*, che, dopo aver notato che la filosofia di Parmenide è la prima, anche se oscura, *Identitätsphilosophie* (« Sein ist Gedachtsein, Sein ist aber zugleich Denken, und obwohl das Denken nur in materialistisch-sensualisticher, das Gedachtsein nur in idealistisch-rationalistischer Bedeutung mit dem Sein gleichgesetzt wird, so erschein doch gerade infolge dieser Unklarheit Denken und Gedachtsein gewissermassen nur als zwei ' Attribute ' derselben Realität », p. 71), conclude col dire che Parmenide può essere inteso al massimo « als Verläufer, nicht aber als bewussten Vertreter einer ausgesprochen idealistischen Anschauung », p. 76; Beaufret, *Le poème*, p. 67: essere e pensiero, per Parmenide, non debbono realizzare una concordanza esteriore a partire da uno stato di pretesa scissione artificiale, ma sono più prossimi alla filosofia di Kant e della fenomenologia che ogni metafisica, anche se quest'unità non debbono ritrovarla con una « rivoluzione copernicana » o una « riduzione fenomenologica », « tant elle se tient naturellement en elle! »; Bernhardt, *Pres.*, p. 27: « L'eleatismo sarebbe dunque, per lo meno, un monismo tendente verso il dualismo » e, comunque, tutti questi primi grandi pensatori della Grecia vanno trattati non come dei « precursori » ma come degli « iniziatori » (p. 13); Untersteiner, *Parm.*, p. CLXIII n. 174; Reale, *Eleati*, pp. 241-242; Mourelatos, *The route*, p. 133: il monismo di Parmeide è da intendersi « in the sense in

which we speak of idealists or materialists als ' monists ' », il che naturalmente non significa che egli possa essere classificato sotto l'una o l'altra etichetta; GEYMONAT, *St. d. pens.*, p. 55: « Entrambe queste interpretazioni [idealismo o materialismo] svisano, però, il pensiero del grande eleata, non tenendo conto che esso antecede, in realtà, ogni consapevole distinzione tra idealismo e materialismo »; MARTANO, *Contr. e Dial.*, p. 108: « Materialismo? Spiritualismo? Né questo né quello, o l'uno e l'altro insieme, per Parmenide, perché le categorie *materia* e *spirito* nella loro chiara distinzione sono state elaborate dalla filosofia posteriore ».

[107] Come giustamente nota GILARDONI, *Parm.*, n. 27 a pp. 72-73.
[108] ABBAGNANO, *St. d. filos.*, p. 35.
[109] CALOGERO, *St. eleat.*, p. 27.
[110] MONDOLFO, *Problemi*, pp. 159-160; v. anche *Infinito*, pp. 364-366.
[111] DE SANTILLANA, *Origini*, p. 107; v. anche *Prol.*, p. 31.
[112] MARTANO, *Contr. e dial.*, pp. 105-106. Così anche GIANNANTONI, *Pres.*, p. 48.
[113] Altri vi ha visto l'idea della *indifferenza spaziale*: cfr. OWEN, *El. quest.*, p. 66: « here again is the equality which is τὸ ἰσοπαλές, spacial indifference ... So the phrase has an exact sense: to the πείρατα of temporal invariance Parmenides has added the ὁμῶς of invariance in space »; altri la caratteristica spaziale dell'*isotropia*: cfr. DE SANTILLANA, *Prol.*, pp. 22-24. È interessante anche leggere quanto scrive il MOURELATOS, *The route*, p. 127: « The word ἰσοπαλές ... does not, of course, mean ' radiating equally '. But it does envisage an equal growth, burgeoning, bulging, or expansion in every direction; or, to reverse the geometry, an equal trimming and polishing of all protrusions ».
[114] PLAT. *Tim.* 62 e: στερεὸν κατὰ μέσον τοῦ παντὸς ἰσοπαλές. Ma si veda tutto il passo, 62 d-63 a, dove è chiaramente espressa l'idea che, in un universo sferico, non si può parlare né di alto né di basso, perché ogni denominazione in tal senso è assolutamente relativa, data la completa uniformità ed omogeneità dell'universo. Si veda anche l'altro famoso passo, sulla composizione del mondo, in *Tim.* 32 c-34 a, fortemente permeato della concezione parmenidea.
[115] μέγας non sta qui a significare un'estensione, e non può essere reso ambiguamente con « grande ». Qui è in opposizione a βαιός = scarso, rado (per esempio di una κύλιξ: cfr. LYCOPHR. fr. 3, TGF p. 817), ed indica probabilmente una qualità o un grado. Questo significato era presente, del resto, già in Omero (*Il.* 13.120; 23.593), e, poiché Parmenide sta parlando di una omogeneità che non sopporta soluzioni di continuità al suo interno, il termine va reso, a nostro avviso, con « denso », « compatto », come del resto provano tutti gli altri passi del frammento che abbiamo più di una volta richiamato. Di quest'avviso era anche FRÄNKEL, *Parm.*, p. 36: « And in our passage the following lines show that we

have to rule out the sense of the spatial extent. For the further explanation which Parmenides gives of Not-μεῖζον, Not-βαιότερον points unambiguously to inner dynamics, not to extent: μᾶλλον is an adverb of degree, not an adjective of extent ».

[116] In questi due versi il Covotti, *Pres.,* pp. 139-140, ha voluto vedere una polemica di Parmenide contro la teoria della rarefazione e della condensazione enunciata da Anassimene.

[117] Cfr. per esempio De Ruggiero, *Filos. gr.*, p. 137 n. 116. Cfr. anche Tarán, *Parm.*, p. 156, che respinge la tesi calogeriana perché la concezione dello « essere » parmenideo sarebbe assolutamente incompatibile con una concezione dinamica. L'obiezione però non è valida, come vedremo fra poco.

[118] Cfr. per esempio Van Hagens, *Parm.*, p. 74 e nota, dove dice che si affaccerebbe in tal modo, con la tesi del Calogero, l'idea prematura di un « universo in espansione ». A rigore, però, l'universo di Parmenide — nella tesi di Calogero — non darebbe affatto l'idea di un universo in espansione, quanto quella di un universo finito e illimitato, cioè, nell'ipotesi di Einstein, di un « universo chiuso » e non « aperto ». Su questo, si veda Casertano, *Parm.,* pp. 387-391, dove però accettavamo la tesi calogeriana, che ora non ci sembra piú sostenibile. Sull'universo chiuso cfr. Einstein-Infeld, *Fisica*, parte III; Infeld, *Einstein*, p. 87 sgg.; Coleman, *Cosmo*, cap. I; Bonnor, *Universo*, parte II e III.

[119] Plat. *Soph.,* 244 e.

[120] Come si vede dal passo del *Timeo* riportato alla n. 114.

[121] In questo senso sono giuste le osservazioni del Mourelatos, *The route*, pp. 129-130: la realtà come sfera è un'anticipazione di Platone; possiamo guardare ad una sfera da molteplici direzioni, piú vicini o piú lontani, ma la sfera è sempre tale. Così per il reale: possiamo avvicinarci o allontanarci, « but it is the same for all men and for all situations ». C'è il germe, quindi, secondo lo studioso, della platonica « metaphysics of the image »: l'idea che il reale è indipendente da ogni prospettiva, e all'inverso la nozione del confinarsi in una prospettiva è drammatizzata nel mito della prigionia, nell'allegoria della caverna. Il che è giusto; solo c'è da notare: piuttosto che di un'apertura di Parmenide a Platone, piuttosto che di una anticipazione, tutto ciò è proprio il frutto della lettura platonica di Parmenide.

[122] Vlastos, *Equality,* p. 65 n. 50.

[123] Vlastos, *Equality,* p. 66. La notazione è stata giustamente ripresa dal Gilardoni, *Parm.*, p. 73 n. 28: l'*essere* di Parmenide « ha come una interiore energia che si manifesta dal suo centro verso i suoi limiti estremi, con egual tensione in ogni punto. Pensando ad un'energia statica non si viene, del resto, ad escludere, ma viene ad essere implicata proprio l'i-

dea... di un bilanciarsi delle parti, motivo indubbiamente consono al quadro generale della prospettiva parmenidea».

[124] HIPPOL. *ref.* I 7,3 = DK 13 A 7.
[125] SIMPLIC. *phys.* 22,9; SIMPLIC. *phys.* 24,26 = DK 13 A 5.
[126] SIMPLIC. *phys.* 1121,12 = DK 13 A 11.
[127] SIMPLIC. *phys.* 41, 17 = DK 12 A 10; cfr. anche ARISTOT. *phys.* 203 b 3 sgg = DK 12 A 15.
[128] DIOG. LAERT. II 1 = DK 12 A 1. Cfr. HIPPOL. *ref.* I 6,1 = DK 12 B 2; ARISTOT. *phys.* 203 b 13 = DK 12 B 3; SIMPLIC. *phys.* 24,13 = DK 12 B 1. Su Anassimandro si veda tra l'altro MADDALENA, *Cosmologia*; MADDALENA, *Ionici*; LAURENTI, *Introduzione*; ZELLER I, II; CARBONARA NADDEI, *Uno-molti*. Sui rapporti di Parmenide con Anassimandro si veda in particolare LLOYD, *Hot and Cold*, pp. 226-228 e nn. 27-29; FRÄNKEL, *Parm.*, pp. 27-30, che vede in B 8.26-33 e 62 ed in B 9 una polemica proprio con l'ἄπειρον di Anassimandro.
[129] DÜRING, *Aristot.*, p. 238.
[130] TESTA, *Essere e divenire*, pp. 41-42.
[131] MOURELATOS, *The route*, p. 133; cfr. anche RUGGIU, *Parm.*, pp. 255-256.
[132] RUGGIU, *Parm.*, p. 273.
[133] Si veda in particolare il commento a B 1.28-32 con le relative note, e specialmente la n. 32 e la n. 33; si veda il commento a B 5 — B 4 e in particolare il paragrafo 2 con le note relative.
[134] Se ne vedano comunque degli schizzi attenti e precisi in REALE, *Eleati*, pp. 292-319, e CAPIZZI, *Parm.*, pp. 95-114.
[135] Vedi sopra i richiami fatti alla n. 133.
[136] Per il senso di δοκίμως a B 1.32 si veda la n. 33 del commento a B 1.
[137] Cfr. RUGGIU, *Parm.*, p. 128: «Nel poema 'doxa' compare solamente in tre luoghi: B 1.30; B 8.51; B 19.1; in nessuno di questi passi esso sembra avere una valenza in se stessa negativa. L'attività a cui il concetto rinvia è certamente positiva, ma essa può assumere anche una carica di tipo negativo».
[138] Per l'interpretazione di ἀπατηλός di B 8.52 si veda a pp. 127-128.
[139] Sostengono questa tesi, sia pure con varie sfumature, WINDELBAND, *St. d. filos.*, p. 66; PASQUINELLI, *Pres.*, pp. 406-407 n. 52; PRETI, *Pres.*, p. 37; CANTARELLA, *Lett. gr.*, p. 192; ZAFIROPULO, *L'éc. él.*, pp. 72-75; ZUCCHI, *Parm.*, pp. 12-13: per quest'autore anzi è necessario sottolineare come in Parmenide «la ontología (doctrina racional del ente)... está precedida por una *medenología* (doctrina racional de la nada o del no-ser)», p. 16; di quest'avviso sembra essere anche SOMVILLE, *Parm.*, p. 46, che vede nella *doxa* una specie di «logique de la classe nulle», cioè «le paradoxe du monde négativement accepté» (p. 39). Cfr. inoltre LASCARIS,

Parm.; Hussey, *Pres.*, p. 99; Long, *Principles*, pp. 82-83, p. 93, p. 95; Cherniss, *Charact.*, p. 22; oltre a numerosi altri studiosi di cui abbiamo in varie occasioni riferito nelle nostre note.

[140] Sono di quest'avviso, per esempio, Diels, *Parm.*, p. 63 sgg.; Burnet, *L'Aurore*, p. 213 sgg.; Robin, *Pens. gr.*, p. 161; Tannery, *Pour l'histoire*, p. 233; Levi, *Parm.*, p. 283 sgg.; Mondolfo, *Infinito*, p. 288, 323; Covotti, *Pres.*, p. 72; Capizzi, *Parm.*, pp. 72-81. Per quanto riguarda la critica di Parmenide ad Eraclito, ed i rapporti tra i due pensatori, si veda sopra il par. 3 del commento a B 5 — B 4 e le note relative. Una svalutazione della *doxa* è in effetti anche il risultato della tesi « verbalista » del Calogero: « il mondo della *doxa* non è che il mondo apparente dei nomi di fronte al mondo vero del verbo, dove poi e gli ὀνόματα e l' ἐστίν non restano soltanto i predicati nominali e la copula ma si ontologizzano oggettivandosi » (Calogero, *St. eleat.*, p. 33; cfr. pp. 29-30).

[141] Diels, *Parm.*, p. 100.

[142] Mourelatos, *The route*, p. 222 sgg. Vale la pena di riportare piú estesamente le ipotesi di questo studioso. La netta opposizione tra l'*aletheia* e la *doxa* si evidenzierebbe anche in una serie di contrasti verbali e concettuali (pp. 226-227), dei quali viene data una particolareggiata tavola (pp. 232-234). Che la *doxa* si riveli in espressioni paradossali e in ossimori è provato, secondo lo studioso, da una serie di esempi, come in B 14 (νυκτιφαές), in B 8.52 (κόσμος-ἀπατηλός), in B 15a, in B 10.23 (pp. 235-240). Anche questi contrasti a suo avviso inequivocabili e questi paradossi sono elencati in una tavola ed in uno schema (pp. 242-245). Tutti i concetti base, quindi, e i principi che governano la *doxa* sono ambigui: i casi di similarità tra i termini che si ritrovano nella *doxa* e quelli che si ritrovano nell'*aletheia* sono appunto di una similarità ingannevole (pp. 246-251). Certo, non tutti questi contrasti, similitudini, ambiguità, ironie, erano intenzionali: Parmenide si è messo nella struttura mentale dell'« ingannevole ordine delle parole ». Tradotto in direttive mentali questo significava: a) parlare in maniera direttamente intelligibile agli uomini comuni; b) parlare in maniera da indicare l'attrattiva del ciò-che-è; c) scegliere parole che indicassero il ciò-che-non-è; d) scegliere parole con un senso familiare-ma-incoerente e non-familiare-ma-illuminante; e) scegliere parole equivoche anche a livello ordinario; f) parlare ironicamente, sì da smentire le credenze proprie dei mortali (p. 260). Tutto ciò ha una grande importanza filosofica ed è ciò che noi chiameremmo « uso speculativo od euristico dell'ambiguità »: la *doxa* è quindi in una doppia relazione di confronto e somiglianza con la verità (p. 261). Mourelatos conclude dicendo che la « dialogic practice of Socrates was not the only source for Plato's conception ... The goddess of Parmenides' poem was also one who had spoken as an ironist » (p. 263). La tesi del Mourelatos è certamente ingegnosa e ben costruita ma, a nostro avviso,

non riesce a convincere, non solo per l'artificiosità con cui si costruiscono a volte i « contrasti » nel corpo semantico-concettuale del poema parmenideo (si veda per esempio, a p. 261 a proposito di B 9.3-4, B 10.5-7, B 12.1-4, B 13, B 18), ma anche perché riesce alquanto difficile, nonostante tutto, pensare ad un atteggiamento « ironico » di tipo socratico-platonico, o di altro tipo, nel discorso della dea, anche ammettendo che nella seconda parte del poema la dea stia elencando nient'altro che errori e falsità.

[143] Si vedano, p.e., PASQUINELLI, *Pres.*, pp. 394-396 n. 28; PRETI, *St. d. pens. sc.*, p. 43; RAVEN, *Pythag. a. El.*, p. 37; ZAFIROPULO, *L'éc. él.*, p. 96; CLARK, *Parm.*, p. 25; REINHARDT, *Parm.*, p. 25 sg. (la falsità sta « nicht in dem, das sie [la dea] lehrt, sondern in dem, worüber sie lehrt »); POPPER, *Pres.*, pp. 258-259, cfr. pp. 250-252. In questo gruppo di interpretazioni possono essere inclusi ancora ZELLER I, III, pp. 243-244 e 291-292; KRANZ, *Aufbau u. Bedeutung*, p. 1170 sg.; PAGALLO, *Parm.*; HEITSCH, *Evidenz*, p. 416; DIÈS, *Autour*, pp. 472-475. Non si può essere d'accordo, infine, con questo giudizio dello ZAFIROPULO, *L'éc. él.*, p. 116: « Quant au but de la science, il demeurait fort probablement à ses yeux d'ordre cathartique, non didactique, car pour les pythagoriciens la science représentait un moyen de purification et d'édification, non un instrument de connaissance pure et nous n'avons aucune raison de supposer que, sur ce point, Parménide se soit opposé à ses maîtres ».

[144] Per il REINHARDT, *Parm., passim* e specialmente pp. 66-88, la dea non può esporre « errori »; il suo discorso allora è un discorso vero, ma è un discorso vero su di un argomento illusorio: ammesso l'errore della *doxa* che si occupa del mondo, la dea insegna la verità su quest'errore.

[145] Così per esempio PACI, *Pens. pres.*, p. 65 sgg.; MANSFELD, *Offenb.*, cap. III; MONTERO MOLINER, *Parm.*, cap. V e VI. Nell'ambito di questa prospettiva veniva spontaneo il richiamo a Kant, e infatti il REINHARDT, *Parm.*, p. 29 e altrove, l'ha fatto. Noi crediamo che (pur non considerando la prospettiva generale dei due pensatori, enormemente distante se non opposta, oltre che naturalmente la diversità dei loro ambienti storici e culturali), se un avvicinamento tra Parmenide e Kant può essere fatto, potrebbe avvenire nell'ambito di quanto Kant dice nella *Logica trascendentale*, e più precisamente nell'*Analitica dei principi*, a proposito di intelletto e sensibilità. Apparire ed essere, in effetti, sono strettamente uniti come risultati della rappresentazione sensibile e di quella intellettuale, e richiedono sempre come condizione della loro possibilità l'*unione* e la *connessione* degli oggetti loro propri. Cfr. KANT, *Ragion pura*, vol. I, pp. 264-265: « Se noi dunque diciamo: i sensi ci rappresentano gli oggetti come appaiono, ma l'intelletto come sono, — l'ultima espressione è da prendere non in senso trascendentale, ma semplicemente empirico, cioè: come essi in quanto oggetto dell'esperienza devono essere rappresentati nella connessione totale dei fenomeni; e non per ciò che

possono essere indipendentemente dalla relazione con una possibile esperienza, e, perciò, coi sensi in generale, e quindi come oggetti dell'intelletto puro... L'intelletto e la sensibilità possono, in noi, determinare gli oggetti solo nella loro unione». Ma, ripetiamo, l'accostamento va fatto con molta cautela e non sottovalutando la grande differenza di prospettiva tra i due pensatori: in Parmenide l'ordine è reale e mentale nel senso che il secondo rispecchia il primo; in Kant l'ordine e la connessione tra i fenomeni è mentale nel senso che è l'intelletto ad 'ordinare', e solo per ciò è reale.

[146] Questa tesi è sostenuta con molta chiarezza dallo SCHWABL, *Sein u. Doxa*. Lo Schwabl, sulla base di B 1.28 sgg., dimostra che il discorso della dea coinvolge tre punti e non due: 1) la verità; 2) le opinioni erronee degli uomini (esposte specie in B 6); 3) l'esposizione corretta della vera cosmologia (p. 399 sgg.). Ne deriva che la dottrina di Parmenide, lungi dal negare il mondo del molteplice e del divenire in nome di un «Essere» assolutizzato ed astratto, vuol essere proprio una sua ri-comprensione nella sola giusta prospettiva: «Ciò che Parmenide nega è la significazione incondizionata, per principio, del nostro vivere e morire, ciò che combatte è la posizione assoluta di questo mondo di vicende effimere nel quale viviamo; quello che dimostra, è un mondo di ciò che è imperituro e di ciò che è stabile dietro questo mondo dell'incostante e del mortale, che perciò può avere una sua validità anche se soltanto apparente e condizionata»; «e così la Doxa è più che una mera illusione degli uomini; essa è certamente non vera, poiché la verità è soltanto nell'eterno, nell'immutabile, nell'essere, ma ha nondimeno una sua validità ed esistenza» (pp. 404-405). Su questa linea interpretativa si possono collocare UNTERSTEINER, *Parm.*, p. CLXX sgg., che contrappone le γνῶμαι di B 8.53 alle δόξαι βροτείαι, erronee le prime, rispecchianti il mondo reale le seconde; HEITSCH, *Parm.*, per il quale le δόξαι βροτῶν sono «'opinioni degli uomini' in quanto impressioni di cose, e riflettono queste cose come uno specchio. Le δόξαι sono il quadro del mondo, così come esso deve necessariamente risultare» e non come frutto della «soggettività dell'uomo, nella sua insufficienza» (p. 75). Esse dunque «non sono 'illusioni degli uomini' nel senso di opinioni, la cui inadeguatezza trova il suo presupposto nella natura umana, bensì 'impressioni' che gli uomini invero hanno, ma che derivano dai fatti empirici. La dea vuole esporre una cosmologia non per riferire degli errori umani, ma per descrivere il mondo e renderlo comprensibile» (p. 137). Le opinioni dei mortali, quindi, per Heitsch, hanno un fondamento oggettivo, sono quindi delle *verità*, anche se di un ordine diverso da quelle del puro pensiero: «Sul mondo si fanno di massima solo congetture; ed anche la dea può riferire soltanto un 'ordinamento verosimile'. La verità invece ha la sua collocazione in un ambito completamente diverso, nell'ambito del puro pensiero (...); e

quest'ambito è accessibile all'uomo» (p. 80; cfr. anche pp. 74, 81, 129, 165, 177). Cfr. anche RUGGIU, *Parm.*, p. 385: «Laddove però normalmente gli interpreti ravvisano contrapposizione e dualismo, a nostro parere occorre invece porre unità e continuità dei contenuti, anche se manifestati a differenti livelli. Se infatti è vero l'apparire e la doxa non può rivelare la verità dell'essere, affidata al logos e non ai sensi, non per questo però si deve ravvisare fra essi insanabile contraddizione. Tra verità e doxa infatti intercorre il medesimo rapporto che passa tra essere e apparire, tra nous e conoscenza sensibile» (si veda anche a pp. 121, 123, 126, 132, 248, 318-319, 338). Di una «astrazione logico-metafisica» e di «una spiegazione plausibile dell'origine del mondo» parla PACCHI, *Materia*, p. 16. Di una diversità di «livelli» nel discorso della dea e tuttavia di una legittimità di ambedue parla GILARDONI, *Parm.*, p. 76 n. 33: «il discorso che ora terrà la dea darà spiegazione del sorgere delle opinioni dei mortali, opinioni che appaiono avere una loro legittimità e sono tuttavia illegittime sul piano dell'assoluta verità». Che, infine, la *doxa* rappresenti — fino a Platone — il modello di un «pensare concreto» di fronte a quello astratto, è sostenuto da HAVELOCK, *Cultura orale*, p. 204: «La *doxa* o opinione (o 'credenza') è la parola che nella *Repubblica* viene prediletta come etichetta della mentalità non astratta»; «l'uso in Eraclito e Parmenide è particolarmente evidente» (p. 310 n. 40).

[147] Cfr. GOMPERZ, *Pens. gr.*, pp. 267-269, che vede Parmenide inquadrato nella prospettiva di una «cultura rigorosamente scientifica»: i principi validi per la scienza non sono immediatamente riscontrabili nell'esperienza sensibile, così come, in Parmenide, il «rifiuto» dei dati sensibili deve essere visto proprio nella prospettiva della scienza. Così per il TANNERY, *Pour l'histoire*, p. 230, bisogna distinguere tra le verità necessarie e le congetture plausibili: «La différence entre les deux domaines consiste pour Parménide en ce qu'il considère sa thèse comme rigoureusement démontrée, comme établie par la seule force de la raison de manière à entraîner une conviction absolue; l'explication des phénomènes particuliers, au contraire, n'est pas à ses yeux susceptible de démonstration; là-dessus on peut atteindre la probabilité, non la certitude; mais l'explication n'est pas pour cela nécessairement fausse». Anche per il CORNFORD, *Parm.*, essendo pacifico che la cosmologia esposta nella II parte del poema è la cosmologia propria di Parmenide (pp. 110-111), la scoperta fondamentale dell'Eleata è quella del principio fondamentale della scienza, l'identità delle leggi dell'essere con quelle del pensiero (p. 102). Il processo mentale quindi di Parmenide è proprio quello scientifico che va dalla qualità alla quantità: «Il punto essenziale è che tutti gli attributi posseduti da questo Essere appartengono alle categorie dell'estensione e della quantità, le categorie matematiche» (p. 103). Così la critica di Parmenide ai Pitagorici avviene proprio perché questi non hanno saputo distinguere matematica da fisica (p. 107), e tutta la seconda parte del poema dimostra

proprio questo errato passaggio dalla quantità alla qualità (pp. 108-110). La conclusione è che la « Sphere of Being, as the permanent ground of reality within or behind the visible world, would have stood in the place of that rational nature of things which has been so variously conceived by science as numbers, invisible atoms, extension, energy, waves, electrical charges, and so forth. These entities seems to common sense as far removed as the Parmenidean Sphere from the appearances they profess to support and explain; and man of science are not always able to decide whether they have a physical existence or are convenient figments of the reason, persisting in its demand that the real shall be rational » (p. 111). Per la nostra opinione sulle tesi del Cornford si veda la n. 33 a B 1. È stato comunque il DE SANTILLANA, *Origini*, a mostrare in maniera piú chiara e precisa l'appartenenza di Parmenide al pensiero scientifico. Per il De Santillana l'« Essere » indica il puro spazio geometrico, usato per la prima volta come strumento della logica scientifica (p. 103). Per questo l'« Essere » non può essere visualizzato: possiamo costruirlo solo mentalmente, perché il regno della verità è quello della matematica (pp. 106-107); esso è quindi il risultato di un processo di astrazione, pur essendo esistente e reale (p. 108). Il mondo della fisica perciò non è il mondo delle illusioni: di esso si possono fare delle ragionevoli congetture, dare delle spiegazioni razionali, ed è naturale che su di esso si possano avere opinioni diverse, così come è naturale che nel mondo della matematica, della verità, debba esservi sempre un accordo (pp. 109-111). Cfr. anche DE SANTILLANA, *Prol., passim.* Sul rapporto tra la nostra interpretazione e quella del De Santillana vedi sopra a pp. 102-103 e n. 49 a p. 250.

[148] PASQUINELLI, *Pres.*, p. 235.

[149] CAPIZZI, *Pres.*, p. 46. Comunque l'espressione sembra molto antica e si ritrova nell'antica poesia orfica: cfr. il κόσμος ἀοιδῆς di Orfeo (DK 1 B 1; e ora COLLI, *Sapienza* 4 [A 45], p. 158) e il κόσμον ἐπέων ᾠδήν di Solone (D 2,2; cfr. PONTANI, *Lirici*, p. 26).

[150] Sono vicine a questa nostra interpretazione le notazioni del DE SANTILLANA, *Prol.*, pp. 11-12, e *Origini*, pp. 110-111 (questo studioso traduce però ἀπατηλός con *ingegnoso*, per cui vedi CASERTANO, *Parm.*, p. 397 n. 56); GILARDONI, *Parm.*, p. 73 n. 33: « Il discorso della Dea rimane, allora, in sé verace, non riguarderà piú, tuttavia, la verità assoluta, ché attorno ad essa non si farà piú parola; si avrà invece una giustificazione, una comprensione del punto di vista dei mortali così vera da essere capace di affascinare il lettore e farla scambiare per una prospettiva vera in assoluto »; RUGGIU, *Parm.*, p. 302: « l'aggettivo esprime la tensione di fiducia che tale *kosmos* provoca ma insieme l'inganno che esso cela ». Non accettabile ci sembra invece la tesi di UNTERSTEINER, *Parm.*, p. CLXIX n. 9, che traduce « l'arte fantastica delle mie parole » e interpreta ἀπατηλός in un ordine di idee determinato dalla poetica invece che dalla logica: è

« l'espressione di un'attività creatrice, un atto dello spirito che trasforma una cosa in un'altra »; a noi sembra che questo tipo di problematica e di prospettiva non risulti dal contesto dell'opera parmenidea. Come non accettabile è la notazione di SOMVILLE, *Parm.*, p. 40, per il quale il κόσμος ἐπέων « marque la distance devenue ici consciente entre le mot et la chose ». È interessante leggere invece quanto a questo proposito scrive HEITSCH, *Parm.*, p. 73: « la dea chiama ' l'ordine delle sue parole ', cioè la sua esposizione, ἀπατηλός, ' illusorio, ingannevole '. Naturalmente ella non vuole con ciò significare la sua volontà di ingannare gli ascoltatori. Questo ' illusorio ' non si fonda sul soggettivo parere — o incapacità — della dea che parla, ma su presupposti oggettivi. ' Illusorio ' è l'esatto corrispondente di ' verisimile '; poiché dove c'è fondamentalmente solo verosimiglianza, lì c'è sempre anche la possibilità dell'errore ».

[151] Si veda per questo il primo capitolo.

[152] Già KRANZ, *Aufbau u. Bedeutung*, p. 1165, aveva inteso μορφαί = elementi. Cfr. anche LEVI, *Parm.*, p. 13: « Queste due forme sono gli elementi costitutori di tutti gli esseri singoli »; ALFIERI, *Atom. Id.*, p. 37: « già gli elementi pitagorici primitivi (fuoco e ombra, aria densa e terra) erano probabilmente detti μορφαί, come è lecito dedurre dal fatto che così li chiama Parmenide »; UNTERSTEINER, *Parm.*, p. CLXX e p. 151; GILARDONI, *Parm.*, pp. 76-77 e note.

[153] Questo è il senso dell'espressione; inutile quindi l'emendamento, proposto da JOËL, *Gesch. d. an. Philos.*, p. 437 n. 1, di γνώμας in γνώμης: due « forme di conoscenza ». Si veda del resto DIELS, *Parm., ad loc.*

[154] Sul senso positivo del « nominare » in Parmenide si veda quanto abbiamo detto al paragrafo 4 e note.

[155] Le testimonianze di Aristotele sono in *phys.* 188 a 19, *de gen. et corr.* 330 b 13 (= DK 28 A 35), *de gen. et corr.* 336 a 3 (= DK 28 A 35); la sua interpretazione è in *metaph.* 986 b 27 (= DK 28 A 24). Su ciò vedi la nota 17 del primo capitolo.

[156] ZELLER I, III, pp. 244-256.

[157] Oltre allo Zeller hanno sostenuto questa tesi BURNET, *L'Aurore*, p. 203 n. 4; BODRERO, *Parm.*, p. 10; LEVI, *Parm.*, p. 13; ALBERTELLI, *Eleati*, p. 142 e 149 n. 47; MONDOLFO, *Pens. ant.*, p. 80; PRETI, *Pres.*, p. 145; GIGON, *Urspr.*, pp. 271-272; MADDALENA, *Pitag.*, pp. 25-26; DEICHGRÄBER, *Parm. Auffahrt*, p. 682 sg.; LONG, *Principles*, pp. 90-91; HUSSEY, *Pres.*, p. 97; MARTANO, *Contr. e dial.*, pp. 108-109; GIANNANTONI, *Pres.*, p. 48. Il DIELS, *Parm.*, p. 93, dopo aver criticato la traduzione dello Zeller, vi aderì poi in DK I, p. 239.

[158] Come fu notato già dal DIELS, *Parm.*, p. 93. Cfr. CORNFORD, *Parm.*, pp. 108-109; TARÁN, *Parm.*, p. 218; MANSFELD, *Offenb.*, p. 124; SCHWABL, *Sein u. Doxa*, p. 393 sgg. Quest'ultimo studioso nel suo importante saggio ha dato una nuova traduzione e interpretazione di

B 8.53-54. Dopo aver criticato la tesi dello Zeller, che «an keinem der uns erhaltenen Fragmente eine Stütze findet» (p. 394), lo Schwabl così traduce: «dem sie legten ihre Meinung dahin fest, zwei Formen zu benennen, von denen eine Eine (d.h. eine einheitliche, die beiden zusammenerfassende Gestalt) [zu benennen] nicht notwendig ist; in diesem Punkte sind sie in die Irre gegangen» (p. 395). μίαν dev'essere intesa quindi come l'unità delle δύο μορφαί, una forma unitaria, comprendente in sé le altre due, ma la cui posizione non è possibile poiché la forma unica, la «zusammenfassende Gestalt» per Parmenide può essere solo il «Sein» (p. 395 sg.). La lettura dello Schwabl è certamente ingegnosa e ben costruita e presenta inoltre il grande vantaggio di avere alle sue spalle un'interpretazione nettamente positiva della δόξα (si veda quanto abbiamo detto sopra a p. 126 e alla n. 146). Tuttavia, a nostro modesto avviso, non può reggere: da un lato perché verrebbe ad assumere l'«Essere» parmenideo come una «unità di contrari», laddove questa ipotesi non è fondata — ci sembra— sui testi, dai quali traspare chiara la distinzione metodologica di livello tra il discorso sull' ἀλήθεια e quello sulla δόξα (discorso vero-discorso verosimile, discorso certo-discorso probabile, discorso rigoroso-discorso accettabile), restando esclusa quindi la possibilità di trasportare semplicisticamente i termini dell'uno nell'altro (si veda per questo la nostra nota 33 a B 1); dall'altro lato perché la traduzione offerta non è strettamente coerente alla dimostrazione che si vuol portare a termine, essendo utilizzabile, al limite, perfino da coloro che accettano l'interpretazione aristotelico-zelleriana. E infatti, pur nella diversità delle prospettive, accettano la traduzione dello Schwabl Mansfeld, *Offenb.*, p. 125, che così parafrasa: «nehmen zwei Formen an, von denen es eine Einheit (τῶν μίαν) gibt, welche sie umfasst und welche nicht notwendig ist» (p. 129) e commenta: «Die Einheit ist keine Einheit, weil sie eine Zweiheit voraussetzt, die Zweiheit keine Zweiheit, weil sie Einheit voraussetzt. Die zwei Formen sind *als* Einheit nicht notwendig, weil ihre Einheit, die ihr Formsein bedingt, als Einheit zweier Formen zu sich selbst durch dieses 'zwei' im Widerspruch steht» (p. 130); Tarán, *Parm.*, p. 86: «two forms, a unity of which is not necessary», e p. 220: «a unity of which is not necessary (to name)»; Mourelatos, *The route*, p. 84, che traduce «two forms of which it is not right to name a one (= unity of the two)», ma poi (p. 85) aggiunge che «the natural and the most plausible sense is: 'one of which it is not right to name'»; Ruggiu, *Parm.*, p. 309.

[159] Cfr. tra altri Tannery, *Pour l'histoire*, p. 234, e Pasquinelli, *Pres.*, p. 406 n. 52: «niente ci autorizza a identificare, nell'ambito dell' ἀλήθεια, l'essere con la luce».

[160] Questa tesi è stata sostenuta dal Cornford, *Parm.*, p. 109 e *Pl. a. Parm.*, pp. 46-47; dall'Untersteiner, *Parm.*, p. 151, CLXX-CLXXI

e n. 15; dal Pasquinelli, *Pres.*, p. 235 e n. 52 a pp. 404-407; dal Capizzi, *La porta*, p. 106, mentre Capizzi, *Pres.*, p. 46, sembrava accettare la traduzione zelleriana; dallo Jantzen, *Parm.*, p. 74.

[161] Simplic. *phys.* 31,7. Ecco alcuni esempi di questo tipo di traduzione: Hölscher, *Studien*, p. 106 n. 40, sostenendo che «das 'nur' liegt in μίαν», difende la traduzione «nur eine einzige» (p. 107) che già era stata prospettata dal Mullach, dal Karsten e da altri, ma criticata dallo Zeller. Cfr. ancora Hölscher, *Parm.*, p. 104; Riezler, *Parm.*, p. 37: «Denn sie kamen überein, zwei Gestalten zu benennen — denn nur eine könne nicht sein»; Raven in Kirk-Raven, *Pres. Philos.*, p. 278: «For they made up their minds to name two forms, of which they must not name one only», e p. 281: «two forms, of which it is not right to name one only — i.e. without the other»; Verdenius, *Parm.*, p. 62: «Two forms must be named, and it is not permitted to name only one of them»; Heitsch, *Parm.*, p. 35, che traduce: «von denen (nur) *eine* zu nennen nicht erlaubt ist», e così chiarisce: «Die beiden Prinzipien können nur zusammen genannt werden; eines allein zu nennen, ist nicht möglich bzw. nicht erlaubt» (p. 178).

[162] Schwabl, *Sein u. Doxa*, p. 396.

[163] Vedi quanto abbiamo detto sopra a pp. 74-78.

[164] Anche se non concordiamo completamente con la sua interpretazione, ci pare però giusto quanto scrive a proposito di questi versi il Gilardoni, *Parm.*, pp. 79-80 n. 36: «L'empiricità che sta alla base della prospettiva puramente umana non è l'assolutamente ingenua empiricità; essa ha un suo certo grado di riflessione; non si è proposto, infatti, come spiegazione della realtà la pura molteplicità delle cose, non si è detto, cioè, semplicemente: ci sono le cose, ma si è cercata una spiegazione del loro esserci, della loro esistenza e si è valutata la loro dinamicità come risultato di una opposizione, di una tensione tra elementi opposti».

[165] Aristot. *metaph.* 986 a 15 = DK 59 B 5.

[166] La «tavola» dei contrari riportata da Aristotele non appartiene probabilmente ai piú antichi pitagorici, ma rispecchia certamente anche il loro pensiero; sicché oggi si ritiene generalmente con lo Zeller che, pur essendo quest'enumerazione piú recente, forse del tempo di Filolao, essa si rifaccia a dottrine molto piú antiche. Cfr. Zeller I, II, pp. 452-453: «che tutto sia composto di elementi opposti... è stato universalmente ammesso dai Pitagorici; i quali pertanto debbono certamente aver anche ricondotto tutti i fenomeni dati a queste e a consimili opposizioni. Allorché dunque fu composta una tavola di tali opposizioni, si è trattato di uno svolgimento puramente formale... in quanto anche nella tavola a dieci membri singoli... sono enumerati seguendo una scelta, spesso arbitraria, di quante fra le opposizioni date empiricamente, apparivano piú cospicue». Sull'argomento si vedano le note del Mondolfo in Zeller I, II e specialmente a p. 651 sgg.

Cfr. inoltre Mondolfo, *Infinito*, pp. 286-288, 323; Maddalena, *Pitag.*, pp. 15-16: « La concezione dell'antitesi lega i Pitagorici antichi ai filosofi ionici (Pitagora era, del resto, ionico di Samo) ma la concezione dell'antitesi come antitesi di uno e di molteplice, di dispari e di pari, di bene e di male, di limite e di illimitato, li differenzia. I Pitagorici antichi, si può dunque dire, accolsero il problema dell'antitesi dai filosofi ionici, ma lo risolsero in un modo che, pur non disforme dalle antiche soluzioni, era nuovo: portarono alle estreme conseguenze l'analisi della contrarietà, perfezionarono le soluzioni di Anassimandro e di Anassimene »; p. 21: « Svolgendo la filosofia ionica dell'antitesi, i Pitagorici mantenevano separati i termini dell'antitesi accolta » (è da ricordare però — v. sopra la n. 157 — che per il Maddalena dev'essere negata ogni realtà ad una delle due μορφαί di B 8.54); cfr. anche le nn. 13 e 16 a pp. 258-260; Timpanaro Cardini, *Pitag.* III, pp. 24-25 (ma si veda tutta l'Introduzione), pp. 334-335, dove si nota « l'antitesi di fondo tra la realtà parmenidea e la realtà pitagorica »; Martano, *Contr. e dial.*, p. 34 e n. 23: per i primi Pitagorici « i contrarî sono ancora contrapposti e sussistenti sul piano cosmologico », « inconciliabili e non armonizzabili ».

[167] Cfr. Diog.Laert. IX 21 = DK 28 A 1; Procl. *in Parm.* I p. 619,4, Phot. *bibl.* c. 249 [*v. Pyth.*] p. 493 a 36 = DK 28 A 4; Strab. VI p. 252 = DK 28 A 12; Jambl. *v. Pyth.* 267 = DK 58 A.

[168] Oltre agli autori citati alla nota 166, si veda il piú volte citato articolo dello Schwabl, *Sein u. Doxa* e in particolare a pp. 421-422: storicamente la critica di Parmenide si colloca « 1) contro gli Ionici e 2) contro i Pitagorici. Entrambi si sbagliano perché prendono il loro mondo umano per l'Essere, ponendo Luce e Notte come Essere e Non-essere. Inoltre gli Ionici spiegano nascita e morte con un continuo trapassare l'uno nell'altro e con uno star separati di Essere e Non-essere, il che è completamente irrazionale, paradossale e senza criterio; i Pitagorici (che erano giunti alla propria concezione attraverso le difficoltà degli Ionici) attraverso la mescolanza dei due contrari rigorosamente contrapposti, completamente inconciliabili. ... Parmenide... dimostra soltanto che questi contrari non sono Essere e Non-essere in un senso assoluto, ma qualcosa di molto ' umano ', di condizionato, e che essi, poiché ' sono ' ambedue allo stesso modo, trovano il loro annullamento e la loro riunione nell'Essere... L'annullamento di Luce e Notte nell'Essere deve intendersi nel senso di una ' logica ' arcaica e trova in generale il suo retroterra culturale nell'amore dell'astrazione propria del tempo ». Su questa « Aufhebung » di Luce e Notte nell'Essere si veda quanto abbiamo detto alla n. 158. Vedono inoltre, nella dottrina di Parmenide, una chiara polemica antipitagorica Burnet, *L'Aurore*, p. 213 sgg.; Levi, *Parm.*, p. 15 e n. 2; Tannery, *Pour l'histoire*, p. 229, p. 233; Covotti, *Finitezza*, p. 5: per i Pitagorici « uno spirito infinito, che... equivale al vuoto (al *non-essere*) penetra nella materia cosmi-

ca (nell'*essere*) e determina la natura e i luoghi dei singoli corpi »; cfr. ora anche ZEPPI, *Tradizione*, p. 76. Ricordiamo che anche CORNFORD, *Parm.*, p. 107, era dell'idea che Parmenide avesse criticato i Pitagorici, incapaci di operare la necessaria distinzione tra matematica e fisica. Che la fisica parmenidea rispecchi comunque la fisica pitagorica hanno sottolineato COVOTTI, *Pres.*, pp. 72, 130-136; MIELI, *Le scuole*, pp. 412-415; ABBAGNANO, *St. d. filos.*, p. 34; ZAFIROPULO, *L'éc. él.*, *passim*, per il quale l'eleatismo non costituisce che una branca della scuola pitagorica, con la sola differenza che preconizza « une conception continue au lieu de la discontinuité que la secte de Crotone avait mise en honneur en partant de ses spéculations sur les nombres » (p. 17); per lo Zafiropulo anzi non si giustifica affatto l'opinione di una rottura tra Parmenide e i Pitagorici: gli eleati e i crotoniati ortodossi sono in contrasto su un punto preciso delle proprie dottrine (continuo-discontinuo), ma di qui a una rottura c'è molto. Tutto quel che sappiamo, al contrario, suggerisce eccellenti rapporti che non escludono naturalmente le piú serrate discussioni (p. 288). Cfr. THOMSON, *Primi filos.*, pp. 296-297, per il quale Parmenide sarebbe stato prima pitagorico e poi antipitagorico; BOUSSOULAS, *Structure*, p. 3, per il quale Parmenide era un pitagorico « et sa physique fut marquée par des conceptions pythagoriciennes » e cioè da una dottrina integralmente strutturata sulla mescolanza. Molto piú correttamente impostano invece il problema del rapporto Parmenide-Pitagorici sul piano della mentalità scientifica, pur non ignorando i contrasti, GOMPERZ, *Pens. gr.*, pp. 256-257: « la costruzione dottrinale di Parmenide presenta dei tratti che la pongono in rapporto col pensiero pitagorico... Si addiceva indubbiamente ad un discepolo di Pitagora il costruire in una forma rigorosamente deduttiva, ispirata al metodo delle matematiche, la dottrina dell'Uno-Tutto, ma, realmente, quello che di essa costituisce la direzione vera e propria, il punto di orientamento del suo pensiero, mostra con la piú piena evidenza che il contenuto della filosofia pitagorica non era affatto di sua soddisfazione »; ROBIN, *Pens. gr.*, p. 158: « Questa specie di estenuazione del reale, ridotto alla piú astratta e alla meno comprensiva delle nozioni, e, ancor piú sicuramente, il metodo per dedurre dalla essenza gli attributi contenuti in essa, sembrano, per una parte almeno, attestare l'influsso del formalismo matematico dei Pitagorici ». Rapporti, infine, tra il programma politico di Parmenide e quello dei Pitagorici stabilisce il CAPIZZI, *La porta*, p. 49 e p. 67.

[169] πάντα : esprime il fatto che l'esposizione deve abbracciare tutti i campi della realtà se vuole essere realmente un διάκοσμος. Cfr. HEITSCH, *Parm.*, p. 35: « in ihrer Gesamtheit »; JANTZEN, *Parm.*, p. 85: « in jeder Hinsicht geziemend, richtig »: « die Anordnung und Aufstellung der beiden Formen ist in sich richtig und konsequent ». MOURELATOS, *The route*, p. 172, coerentemente alla sua interpretazione di πεφατισμένον di B 8.

35 (per cui vedi sopra a p. 254), sostiene che anche in B 8.60 φατίζω significa « not only ' I explain, I show, I make plain ', but also ' I give, I bestow, I commit, I entrust '. Corrispondingly, a πεφατισμένον νόημα would be a thought not only ' spoken ' or ' declared ', but also ' bestowed ' or ' committed '.

[170] Si noti come il διάκοσμος del v. 60 riprenda il κόσμος ἐπέων del v. 52, sottolineando così il fatto che l'ordine delle parole, per non divenire ἀπατηλός, deve effettivamente rispecchiare il piú possibile l'ordine reale delle cose. Per διάκοσμος = *Welteinrichtung* cfr. DK I, p. 240. Lo STEFANINI, *Parm.*, p. 58 n. 3, ricorda che « κόσμος ha ancora per gli antichi il senso di ' ordine ', e non quello moderno di ' universo ' o di ' mondo '; ma, se dall'uno all'altro senso si passa per gradi, chi può farci progredire verso il secondo significato piú di Parmenide, in cui l'ordine descritto reca la visione unitaria e totale della realtà sensibile,... strutturata internamente secondo rapporti precisi? ». Cfr. UNTERSTEINER, *Parm.*, p. CLXXVII, n. 41: « La parola διάκοσμος, come designazione per l'ordine armonico del mondo è piú antica di κόσμος che poi fu piú comune: da Parmenide l'atomistica deve aver tratto questo termine per designare un tale ordine (cfr. E. ROHDE, *Über Leukipp und Demokrit*, in *Kleine Schriften*, Tübingen, 1901, p. 226)».

[171] Cfr. per esempio ALBERTELLI, *Eleati*, p. 150 e n. 54; CAPIZZI, *Pres.*, p. 46.

[172] PASQUINELLI, *Pres.*, p. 236.

[173] Cfr. per esempio KRANZ, *Aufbau u. Bedeutung*, p. 1170; RIEZLER, *Parm.*, pp. 46-47; GIGON, *Urspr.*, p. 274.

[174] Così LONG, *Principles*, p. 96, che intende sottolineare il « Parmenides' contrast between truth and appearance », sulla base della distinzione propria al pensiero del quinto secolo « between what is ἀναγκαῖον and δόξα or εἰκός » (cfr. anche la n. 48 a p. 101).

[175] Cfr. HOFFMANN, *Sprache u. Logik*, p. 13 e n.; CORNFORD, *Pl. a. Parm.*, p. 46 n. 2. Il Cornford ha inteso il passo di Platone che riportiamo alla nota seguente come una « Plato's paraphrase of *l.* 61 ».

[176] PLAT., *Tim.* 29 c. Riportiamo tutto il passo (29 b-d) nella traduzione di C. Giarratano: « Ora in ogni questione è di grandissima importanza il principiare dal principo naturale (ἄρξασθαι κατὰ φύσιν ἀρχήν); così dunque conviene distinguere fra l'immagine e il suo modello (περί τε εἰκόνος καὶ περὶ τοῦ παραδείγματος), come se i discorsi abbiano qualche parentela con la cosa (ὡς ἄρα τοὺς λόγους ὧνπέρ εἰσιν ἐξηγηταί), delle quali sono interpreti (τούτων αὐτῶν καὶ συγγενεῖς ὄντας). Pertanto quelli intorno a cosa stabile e certa e che risplende all'intelletto (τοῦ μονίμου καὶ βεβαίου καὶ μετὰ νοῦ καταφανοῦς) devono essere stabili e fermi e, per quanto si può, inconfutabili (ἀνελέγκτους) e immobili, e niente di tutto questo deve mancare. Quelli poi intorno a cosa, che raffi-

gura quel modello ed è a sua immagine, devono essere verosimili e in proporzione di quegli altri (εἰκότας ἀνὰ λόγον τε ἐκείνων)... Se dunque, o Socrate, dopo che molti han detto molte cose intorno agli dei e all'origine dell'universo, non possiamo offrirti ragionamenti in ogni modo seco stessi pienamente concordi ed esatti, non ti meravigliare; ma, purché non ti offriamo discorsi meno verosimili di quelli di qualunque altro, dobbiamo essere contenti, ricordandoci che io che parlo e voi, giudici miei, abbiamo natura umana: sicché intorno a queste cose conviene accettare una favola verosimile, né cercare più in là ».

[177] Alcuni studiosi hanno inteso l' ἐοικότα di B 8.60 come «conveniente», «coerente» in un senso oggettivo e non soggettivo; cfr. VERDENIUS, *Parm.*, p. 51, che intende «fitting» richiamandosi a Omero, *Od.*, 4,239 e 3,125; così pure UNTERSTEINER, *Parm.*, p. 153, pp. CLXXVII-CLXXVIII n. 43, GILARDONI, *Parm.*, p. 80.

[178] POPPER, *Parm.*, p. 690. Cfr. anche UNTERSTEINER, *Parm.*, p. 153 e n. 46 a p. CLXXIX; GILARDONI, *Parm.*, p. 82. CAPIZZI, *Pres.*, p. 46, traduce «indurti in errore».

[179] Per lo meno se intendiamo metafisica nel senso per noi ormai tradizionale di una dottrina relativa ad un mondo «al di là» di quello sensibile, reale, e ontologia nel senso di una dottrina dell'ente (o dell'essere) nella sua pura essenza; e noi crediamo sommessamente che non sia corretto intendere quei termini in altro modo, pena la perdita del loro concreto valore semantico e concettuale. Se dovessimo intendere, per esempio, oggi, metafisica come dottrina dei principi primi della conoscenza (come per Aristotele), tutta la scienza entrerebbe di diritto nel suo dominio dal momento che essa fa uso continuamente di concetti come atomo, forza, energia: concetti che sono effettivamente «principi» di un certo tipo di conoscenza e che servono effettivamente a dar ragione di notevoli campi di fenomeni. Ma questo, oltre a suscitare probabilmente i risentimenti e degli scienziati e dei filosofi, sia pure per motivi diversi, non ci aiuterebbe, crediamo, in una rigorosa determinazone concettuale del termine che volevamo definire.

[180] Per la tesi contraria alla nostra cfr. GENTILE, *Metafisica*; CARBONARA NADDEI, *Scienza e metaf.*

[181] Per la cronologia di Parmenide rimandiamo allo *status quaestionis* tracciato da REALE, *Eleati,* pp. 169-171.

[182] Su questo problema cfr. CASERTANO, *Nascita*, e la bibliografia ivi riportata.

[183] Su questo problema vedi per esempio PLANCK, *Mondo fisico*, pp. 213-225, 276-280; DE BROGLIE, *Scienza*, pp. 166-200; EINSTEIN-INFELD, *Fisica*, specialmente la parte IV. Cfr. anche HEISENBERG, *Fisica e filosofia*; CASERTANO, *Fisica e filosofia*.

[184] La bibliografia sull'argomento è vastissima, e praticamente non c'è

autore che abbia affrontato la cultura greca delle origini che non abbia discusso il problema. Ci limitiamo perciò a segnalare solo pochissime opere: BOWRA, *Esp. gr.*; BURNET, *L'Aurore*; CAMBIANO, *Filos. e sc.*; CORNFORD, *From religion*; DE SANTILLANA, *Origini*; DETIENNE, *I maestri*; ENRIQUES-DE SANTILLANA, *St. d. pens. sc.*; FARRINGTON, *Scien. gr.*; FINLEY, *Ant. gr.*; FRÄNKEL, *Dicht. u. Philos.*; GIGON, *Urspr.*; KIRK, *Miti*; JESI, *Mito*; NESTLE, *Mythos*; PACI, *Pens. pres.*; PRETI, *St. d. pens. sc.*; RIVERSO, *Natura*; ROBIN, *Pens. gr.*; ROBINSON, *Introduction*; RODIER, *Études*; SAMBURSKY, *Mondo fisico*; TANNERY, *Pour l'histoire*; VERNANT, *Mito*; VERNANT, *Origini*; LLOYD, *Scien. d. Gr.*

[185] ARISTOT. *metaph.* 983 b 17 = DK 11 A 12.
[186] PLIN. *nat. hist.* XXXVI 82 = DK 11 A 21; cfr. DIOG. LAERT. I 27 = DK 11 A 1.
[187] PLUTARCH. *conv.* VII *sap.* 2 p. 147 a = DK 11 A 21.
[188] CIC. *de div.* I 50,112 = DK 12 A 5a.
[189] DIOG. LAERT. II 1-2 = DK 12 A 1; SUID. *s.v.* = DK 12 A 2.
[190] AGATHEMER. I 1, STRAB. I 7 = DK 12 A 6.
[191] SIMPLIC. *phys.* 24,13 = DK 12 A 9.
[192] Si vedano le testimonianze in DK 12 A 11,30.
[193] [PLUTARCH.] *strom.* 2 [*Dox.* 579] = DK 12 A 10.
[194] Un metodo induttivo proprio della «scuola» ionica è rivendicato anche da LLOYD, *Scien. d. Gr.*, p. 19, a proposito di Anassimandro: «Ma quel che è importante non è tanto il reale o presunto fondamento empirico della teoria anassimandrea, quanto *il tipo di ragionamento che portò Anassimandro a privilegiare tale ipotesi*» (corsivo nostro); e a proposito di Anassimene: «Ma l'importante è che Anassimene associava a una teoria genetica delle cose una puntuale descrizione del processo di rarefazione e condensazione mediante il quale avveniva il loro sviluppo ... A differenza della brillante, ma arbitraria concezione anassimandrea di un mondo che si sviluppa da un Infinito indifferenziato, *la sua teoria si basava sull'osservazione di processi operanti in natura*» (p. 23, corsivo nostro). Per la compresenza dei due metodi, induttivo-empirico e deduttivo-matematico, nei Pitagorici, si veda a p. 29 sgg.
[195] GALEN. *de medic. emp.* fr. ed. H. Schöne 1259,8 = DK 68 B 125. A proposito della posizione scientifica degli eleati e della loro razionalizzazione dell'empirico, si veda ENRIQUES, *St. d. logica*, pp. 9-10 e p. 33; ENRIQUES-DE SANTILLANA, *St. d. pens. sc.*, pp. 99-103; GOMPERZ, *Pens. gr.*, pp. 266-269; cfr. anche ALFIERI, *Atom. id.*, p. 37: «In ogni caso, è certo che tutta la scienza greca è processo di ascensione dal caos informe, animato da un movimento variamente concepito ma per lo piú rotatorio, alle forme determinate che da quello emergono: riduzione delle forme complesse alle forme-unità, conciliazione delle proprietà dell'essere-in-sé con le esigenze dell'esperienza». Le ricerche parmenidee, quindi, non rap-

presentano la posizione isolata di un metafisico, ma si inseriscono a pieno diritto nell'ambito di quella «mirabile introduzione alla cultura scientifica», di quella «validissima educazione al pensiero razionale» (FARRINGTON, *Sc. e politica,* p. 52) che è costituita dal dibattito di idee che si viene sviluppando da Talete a Democrito ed il cui risultato piú importante, anche per noi, oggi, è l'aver abbozzato «per la prima volta nella storia l'immagine di un uomo che agisce in modo perfettamente razionale di fronte alla natura, fiducioso che le leggi della natura non sono superiori alle possibilità della conoscenza umana, pieno di meraviglia per la scoperta delle leggi della natura, libero dalla superstizione dell'animismo, sereno nella sua volontaria soggezione alla legge» (FARRINGTON, *loc. cit.*). Su ciò cfr. TANNERY, *Pour l'histoire,* p. 227; MIELI, *Le scuole,* pp. 398-399; DE SANTILLANA, *Prol.*, pp. 48-49: «Al di là delle danze, dei gridi, delle orgie e dei riti sanguinosi che noi associamo istintivamente alle età primitive, è bene che si percepisca la salda parola della rigorosa immaginazione astratta, che pone i valori dove meno ce li saremmo aspettati, derivando norme da precise misurazioni... Se noi ci rifacciamo indietro nel tempo — almeno alcuni millenni fa — non troviamo dappertutto, come ci aspetteremmo, una rappresentazione della divinità rozzamente antropomorfica o teriomorfica. Finiamo invece tra i numeri, in una trama di unità temporali proiettata nello spazio, che indicano una origine astronomica». Cfr. VERNANT, *Mito,* pp. 257-258: «L'essere autentico che la filosofia vuole raggiungere e rivelare, al di là della natura, non è il soprannaturale mitico, ma una realtà di tutt'altro ordine: la pura astrazione, la identità, il principio stesso del pensiero razionale, oggettivato nella forma del *logos*... La nascita della filosofia appare dunque solidale di due grandi trasformazioni mentali: di un pensiero positivo, che esclude ogni forma di soprannaturale e rifiuta l'assimilazione implicita, stabilita dal mito, fra fenomeni fisici ed agenti divini; e di un pensiero astratto, che spoglia la realtà di quella potenza di cambiamento che le attribuiva il mito e rifiuta l'antica immagine dell'unione degli opposti a vantaggio d'una categoria formulazione del principio d'identità»; vedi anche pp. 259-265; la nascita di questo pensiero filosofico e scientifico è collegata dal Vernant alla nascita della città: «Come la filosofia si sviluppa dal mito, come il filosofo trae origine dal mago, la città si costituisce a partire dall'antica organizzazione sociale: essa la distrugge, ma al tempo stesso ne conserva la cornice» (p. 266). In questo processo, la dottrina di Parmenide, col suo rifiuto del soprannaturale, con il suo rifiuto della logica dell'ambivalenza, consacra la rottura con l'antica logica del mito, anche se, in questo, essa ha contribuito a costruire una matematica, prima formalizzazione dell'esperienza sensibile, ma non ha cercato di utilizzarla nell'esplorazione del reale fisico: «Fra il matematico e il fisico, il calcolo e l'esperienza, è mancato il nesso; la matematica è rimasta solidale della logica» (pp. 272-273). Su questo problema vedi anche Koyré, *Dal mondo,* pp. 90-91. Su una scienza ed una filosofia che si distinguono sempre piú dalle pratiche e dai dogmi religiosi, perdendo l'antico carattere sacro e diventando indipendenti dal culto degli dei, cfr. anche *Storia d. sc.,* vol. I, pp. 42-45; ed ora Lloyd, *Scien. d. Gr.,* pp. 10-13: «Due importanti caratteristiche della speculazione dei filosofi milesi ci consentono tuttavia di distinguerla da quella dei piú antichi pensatori greci e non greci. La prima consiste in quella che possiamo definire la scoperta della natura; la seconda nell'esercizio del dibattito critico-razionale». «Per 'scoperta della natura' intendo la consapevole distinzione fra 'naturale' e 'soprannaturale', il riconoscimento cioè che i fenomeni naturali non sono prodotti dal caso o dall'arbitrio ma regolati e governati da accertabili successioni di cause ed effetti»; per quanto riguarda l'esercizio del dibattito, possediamo «testimonianze attendibili del fatto che molti dei primi filosofi greci conoscevano e criticavano le teorie altrui»: mentre un cantore di miti «non era obbligato a prestare attenzione alle altre credenze..., e difficilmente sarebbe stato turbato dalla loro incompatibilità. E si può pensare che non avvertisse il contrasto esistente fra la propria spiegazione e le altre»; tutt'altra cosa è per gli antichi filosofi: «molti di loro affrontano gli stessi problemi e indagano sui medesimi fenomeni naturali, ma col tacito presupposto che le diverse teorie e spiegazioni da essi proposte *sono* in diretta competizione». In questo, in fondo, consiste l'originalità dei pensatori greci di questo periodo rispetto alle notevoli eredità culturali d'Egitto e di Babilonia, sia quando, con Parmenide, «ereditarono quelle conoscenze e le trasformarono... in un complesso culturale insieme piú semplice, piú astratto e piú razionale» (Bernal, *St. d. scienza,* vol. I, p. 136), sia quando, con gli Ionici, ci offrirono «una spiegazione dell'universo nei termini delle operazioni familiari con cui han potuto sottoporre a indagini limitate parti di esso» (Farrington, *Lavoro,* p. 11). Nell'un caso come nell'altro, infatti, in una scienza che *giunge* all'esperienza, in termini moderni che deduce teoricamente le leggi sperimentali (come fa Parmenide), o in una scienza che *parte* dall'esperienza (come fanno Talete e Anassimandro), ci sembra giusto sottolineare appunto la novità e l'originalità di tali atteggiamenti mentali e metodologici rispetto alle eredità culturali che i filosofi greci avevano alle spalle: cfr. Bernal, *St. d. scienza,* p. 137: «L'originalità del pensiero e dell'azione dei greci risiede appunto in quel modo di vita che possiamo definire scientifico, intendendo con ciò non tanto la conoscenza e la pratica della scienza, quanto la capacità di discriminare i giudizi effettivi e controllabili da quelli emotivi e tradizionali. In questo tipico modo d'essere e di pensare possiamo distinguere due aspetti: quello del razionalismo e del realismo, cioè la facoltà di argomentare e la capacità di riferirsi all'esperienza reale»; Farrington, *Lavoro,* pp. 11-12: «In Egitto e Babilonia il controllo sulla natura esercitato praticamente gettava scarsa luce sui processi naturali nel loro complesso... Con i filosofi di Mileto, la tecnologia soppiantò la mitologia. Il punto essenziale della intuizione di questi filosofi è che l'universo intero funzioni nello stesso modo in cui funzionano le sue particelle sottoposte al controllo dell'uomo... Ogni esperienza pratica umana acquistò un duplice carattere, poiché, mentre continuò ad essere un metodo tradizionale per raggiungere un delimitato fine pratico, nel tempo stesso divenne una spiegazione della vera natura dei fenomeni cosmici. I processi che gli uomini controllavano sulla terra, divennero la chiave per comprendere l'intera attività dell'universo».

[196] FINLEY, *Ant. gr.*, p. 112.
[197] BOWRA, *Esper. gr.*, p. 193.
[198] VLASTOS, *Theol. a. Philos.*, p. 93.
[199] Ma il frammento è ritenuto spurio: cfr. SNELL, *Pindarus*.
[200] VLASTOS, *Theol. a. Philos.*, p. 96.
[201] VLASTOS, *Theol. a. Philos.*, p. 101.

NOTE B 9

¹ Vedi sopra il primo capitolo.
² SUID. *s.v.* = DK 28 A 2. Ma vedi anche le altre testimonianze ricordate sopra a p. 191 n. 1.
³ DIOG. LAERT. IX 21 = DK 28 A 1.
⁴ THEOPHR. *phys. opin.* fr. 6, *Dox.* 482,5 in ALEX. *metaph.* 31,7 = DK 28 A 7.
⁵ HIPPOL. *ref.* I, 11, *Dox.* 564 = DK 28 A 23.
⁶ ARISTOT. *metaph.* 986 b 27 = DK 28 A 24; cfr. anche altre testimonianze in *phys.* 188 a 19 («... tutti pongono come principi i contrari... infatti anche Parmenide...»); *de gen. et. corr.* 318 b 6 («... come Parmenide che pone una dualità...») e 330 b 13 («coloro che ne pongono due di principi, come Parmenide...»).
⁷ CLEM. ALEX. *protr.* 5,64 = DK 28 A 33.
⁸ SIMPLIC. *phys.* 25,15 = DK 28 A 34; ma vedi anche *phys.* 38,20, aggiunto da ALBERTELLI a DK.
⁹ CIC. *ac. pr.* II, 37,118 = DK 28 A 35.
¹⁰ PLUTARCH. *adv. Col.* 1114 B = DK 28 B 10: «... mescolati quali elementi la luce e la tenebra, da questi e mediante questi ricava tutti i fenomeni».
¹¹ A titolo di esempio, ricordiamo la trasformazione del πῦρ (ὁ φάος) e della νύξ parmenidei in πῦρ e γῆ od in εἶναι ed οὐκ εἶναι nelle testimonianze di Aristotele e degli autori che da lui dipendono; o la netta contrapposizione tra ἀλήθεια e δόξα che un Diogene Laerzio o un Plutarco (*adv. Col.* 13 p. 1114 D. = DK 28 A 34) credono di vedere, sulla scorta della interpretazione parmenidea di Platone (specie nel *Timeo*) o dello stesso Aristotele. Del resto lo stesso Plutarco, nella testimonianza ora citata, sembra essere consapevole che la differenza tra l'intellegibile e l'opinabile è solo una differenza di grado ed il fatto importante consiste proprio nell'assegnare a ciascuno dei due piani «quello che gli compete» senza negare né l'uno né l'altro nella propria specifica φύσις: l'importante è allora cercare e trovare di ciascuno di essi lo specifico κριτήριον. Ecco l'interessante passo: Parmenide ἀναιρεῖ μὲν οὐδετέραν φύσιν [*scil.*

τῶν νοητῶν καὶ δοξαστῶν], ἑκατέραι δ' ἀποδιδοὺς τὸ προσῆκον εἰς μὲν τὴν τοῦ ἑνὸς καὶ ὄντος ἰδέαν τίθεται τὸ νοητόν, ... εἰς δὲ τὴν ἄτακτον καὶ φερομένην τὸ αἰσθητόν, ὧν καὶ κριτήριον ἰδεῖν ἔστιν. Per quanto riguarda, comunque, l'interpretazione aristotelica di πῦρ e νύξ, e quella che secondo noi è la spiegazione piú probabile di tale interpretazione, si veda sopra a pp. 34-36 e n. 17 a p. 192 sgg.

[12] Così è da intendere πάντα. *Naturerscheinungen* intendeva già LOEW, *Verhältnis*, p. 23; cfr. anche UNTERSTEINER, *Parm.*, p. 155; GILARDONI, *Parm.*, p. 84; CAPIZZI, *Pres.*, p. 46.

[13] PASQUINELLI, *Pres.*, pp. 407-408 n. 56. Meno convincente è quanto il Pasquinelli dice nel resto della nota, specie laddove sembra voler attribuire un valore positivo ed un valore negativo all'una e all'altra delle due forme: del resto lo stesso studioso aveva riconosciuto (n. 52 a p. 406) che « niente ci autorizza a identificare... l'essere con la luce ».

[14] Collegano τά ad ὀνόματα DIELS, *Parm.*, p. 101; CALOGERO, *Log. ant.*, p. 151 e n. 63; PASQUINELLI, *Pres.*, p. 236; CAPIZZI, *Pres.*, p. 46.

[15] Così ALBERTELLI, *Eleati*, p. 150 n. 2; REINHARDT, *Parm.*, p. 31 n. 1; STEFANINI, *Parm.*, p. 61 e in genere la maggior parte degli interpreti.

[16] Così avevano già fatto, per esempio, GIGON, *Urspr.*, p. 275; MONDOLFO, *Pens. antico*, p. 80; FRÄNKEL, *Dicht. u. Philos.*, p. 466; RAVEN in KIRK-RAVEN, *Pres. Philos.*, p. 282; sembrano ancora su questa linea, anche se in maniera non del tutto esplicita, GILARDONI, *Parm.*, p. 84; HEITSCH, *Parm.*, p. 37. Un'altra interpretazione è quella offerta dall'UNTERSTEINER, *Parm.*, p. 155 e p. CLXXXIV n. 65, che intende καὶ τά = καὶ ταῦτα = *eaque*, e traduce « e precisamente presenti, conforme alle loro naturali proprietà, in qualsiasi cosa »; non ci sembra però che questo modo di leggere il v. 2 elimini le ambiguità di traduzione e di interpretazione.

[17] Si ricordi il δύο τὰς αἰτίας καὶ δύο τὰς ἀρχάς di *metaph*. 986 b 27 e gli altri luoghi ricordati sopra, alla n. 6.

[18] In questo modo appunto intendiamo la seconda metà del v. 4, comunque di difficile traduzione. Crediamo che il senso da noi dato a questo emistichio sia in armonia col resto del frammento, e con gli ultimi versi di B 8: μηδέν può essere pensato οὐδετέρωι μέτα, quindi nulla non partecipa a nessuno dei due elementi, quindi ogni cosa risulta dall'insieme dei due. Numerose sono state le traduzioni di questo verso, in rapporto naturalmente alle interpretazioni generali del frammento e di tutta la *doxa* parmenidea: non vogliamo qui tracciarne un quadro, ma solo, prima di accennare ad alcune che per un verso o per l'altro risultano piú vicine alla nostra, ricordarne qualcuna emblematica del vecchio modo d'intendere la *doxa* parmenidea, a nostro avviso non piú sostenibile. Inammissibile è innanzi tutto la tesi di chi vuole smembrare il frammento in due parti: i primi tre versi esprimerebbero la dottrina criticata da Parmenide, il

verso 4 esprimerebbe la dottrina di Parmenide della netta separazione e opposizione di luce e notte, ἀμφότερα ἴσα, autonome e parallele l'una rispetto all'altra. Così aveva inteso LOEW, *Verhältnis*, pp. 23-24; questa era anche la tesi del DIELS, *Parm.*, p. 101: «Da es nur zwei Prinzipien gibt und keins der beiden οὐδετέρου μετέχει, so ist ihre Selbständigkeit, ihre ἰσότης in der Reihe anerkannt»: tesi comunque artificiosa e che non trova riscontro né nel frammento 8, dove viene criticata proprio questa astratta opposizione, né nella compatta struttura di B 9: la causale (ἐπεί) del secondo emistichio di B 9.4 è chiaramente una ripresa della proposizione causale del v. 1 ((ἐπειδή), alla quale è strettamente legata *nella spiegazione di uno stesso fatto*. Così non può essere accettata la tesi di chi legge il frammento nella supposta luce negativa che caratterizzerebbe tutta la doxa parmenidea: B 9 sarebbe una critica di quei mortali che assolutizzerebbero due principi invece di uno solo, senza accorgersi con ciò di cadere nell'errore di ammettere il non essere; così ALBERTELLI, *Eleati*, pp. 150-151 n. 4: « le due forme sono concepite dai dualisti come egualmente reali, sullo stesso piano metafisico: si doveva invece comprendere (e questa è la critica fondamentale di Parmenide) che se l'una coincideva con l'essere, l'altra, dal momento che sono opposte, doveva di necessità coincidere col non-essere: il che è assurdo ». Per la critica a questa tesi si veda quanto abbiamo detto sopra sulla non riducibilità delle due μορφαί ad essere e non essere e, più in generale, sulla positività della seconda parte del poema parmenideo. Ambigue ci sembrano anche le traduzioni offerte, per esempio, dall'UNTERSTEINER, *Parm.*, p. 155: « dal momento che nessuna delle due possiede un qualche potere (sull'altra) »; dal LLOYD, *Polar. a. Anal.*, p. 217: « Neither of these two has supreme power »; dallo GILARDONI, *Parm.*, 85: « giacché nessuna delle due nulla ha in comune coll'altra »; dal PAGALLO, *Parm.*: « perché nessuno dei due partecipa dell'altro »; dal MOURELATOS, *The route*, p. 85 e n. 29: « since nithingness partakes in neither »; dal PASQUINELLI, *Pres.*, p. 236: « poiché niente partecipa di nessuna delle due ». Più vicine alla nostra (anche se non sotto tutti i riguardi, ma certo per il fatto che riconoscono in un modo o nell'altro la possibilità della mescolanza dei due elementi, o meglio ancora la necessaria complementarità dei due elementi nella formazione di ogni singola cosa, per cui ogni cosa deve partecipare necessariamente dell'uno e dell'altro) ci sembrano invece le interpretazioni di CORNFORD, *Pl. a. Parm.*, p. 48: « the opposites in each pair ... are separate thinghs, ... but capable of being combined in mixtures »; di SCHWABL, *Sein u. Doxa*, pp. 410-411 e n. 14: « denn das Nichts hat Anteil an keinem der beiden ... Licht und Nacht sind das Sein in seiner Scheinbarkeit — von einem Nichtsein ist nicht die Rede »; di VERDENIUS, *Parm.*, p. 62: « Es gibt kein Ding, das nicht am einem der beiden teilhätte »; di CALOGERO, *St. eleat.*, p. 44 n. 0: « giacché nulla è senza l'una o l'altra », cfr. CALO-

GERO, *Long. ant.*, p. 151 e n. 63; di HEITSCH, *Parm.*, p. 37: « denn jedes ist einem der beiden zugeordnet »; di VLASTOS, *Equality*, p. 66: « these two forms are ' equal '. The meaning of this equality, unspecified in the physical fragments, may be interpreted in the light of Parmenides' use of ' equal ' in dinamic sense as an alternate for ' equally poised ' in the doctrine of Being... In the equipoise of physical opposites in the world of becoming Parmenides would thus find a material parallel to the internal equipoise in Being. This would explain why he thinks of the mock world of Fire and Night as a cosmos, falling, like Being itself, under the sway of Just Necessity ».

[19] Questo afferma, pur se in una prospettiva un po' diversa dalla nostra, anche il RUGGIU, *Parm.*, p. 339 n. 68: « la negazione che il nulla possa avere parte in alcuna delle due forme è insieme la fondazione che il tutto è pieno di luce e notte in modo esclusivo ». A pp. 338-339 n. 66 il RUGGIU stabilisce un confronto tra il frammento 9 di Parmenide e HIPPOCRATES, *de victu* 1,4, nel quale anche si parla di fuoco e acqua come di due potenze originarie, con attributi contrari ed in reciproco rapporto.

[20] Così anche HEITSCH, *Parm.*, p. 68: « Queste forme fondamentali sono concepite in modo tale che si trovano in un rapporto complementare: l'una non è pensabile senza l'altra »; cfr. pp. 178-179 e p. 180: « L'accettazione delle due forme fondamentali era... la condizione sotto la quale poteva esser data una chiara, appropriata, verosimile descrizione del mondo ».

NOTE B 10 — B 11

[1] Vedi sopra a pp. 118-122.

[2] GILARDONI, *Parm.*, p. 90.

[3] DEICHGRÄBER, *Parm. Auffahrt*, p. 64 n. 1. Il Deichgräber non solo ritiene di scorgere un contrasto tra B 10 e B 11, ma dubita anche che i due frammenti appartengano a Parmenide e suggerisce che possano essere attribuiti ad Empedocle. Su questa tesi si vedano le giuste osservazioni di BOLLACK, *Gnomon*. Sulla questione è ritornato poi BICKNELL, *Parm. Fr. 10*, per il quale « it is out of the question that Simplicius who had a complete text of Parmenides' poem at his disposal could be have been mistaken in asserting specifically that the verses of B 11 belonged to the Way of Seeming » (p. 630). Il Bicknell sembra però dar ragione al Deichgräber nel vedere contrapposti B 10 e B 11, ma questo per lui « means that it is B 10 which is wrongly located » (p. 630). Conclusione: B 10 appartiene al prologo e segue immediatamente B 1.32 (p. 631). Per noi la disposizione del Diels di B 10 e B 11 immediatamente dopo B 9 continua ad essere ancora la piú convincente.

[4] Come fanno, per esempio, GADAMER, *Retrakt.*, p. 61, p. 67 n. 11; CALOGERO, *Log. ant.*, p. 133, p. 150.

[5] Cfr. HEITSCH, *Parm.*, p. 187: « Der Äther ist ξυνός, weil er für alle Gestirne das gemeinsame Element ist, in dem sie sich bewegen », che è la spiegazione piú rispondente al testo, oltre che essere la piú logica e naturale. Non così invece per l'UNTERSTEINER, *Parm.*, p. CXCIII, il quale, coerentemente alla sua caratterizzazione dell' ἀλήθεια e della δόξα come il mondo dell'atemporale e del temporale, spiega ξυνός come « comune alla temporalità e all'atemporalità, poiché sta al confine fra l'una e l'altra ». Non è molto chiaro in effetti come il cielo possa costituire il *confine* tra temporale ed atemporale, a meno di non dare a queste due espressioni un significato *fisico*, *locale* addirittura; ed è ciò che l'Untersteiner sembra voler fare quando afferma che il cielo, o olimpo, « rappresenta il confine estremo della temporalità, ... che ... separa là dove stanno πύλαι αἰθέριαι (...) in modo che da una parte stiano πείρατ᾿ ἄστρων costituitisi nel tempo (...) e dall'altra l'atemporale ἐόν » (pp. CXCII-CXCIII).

Il che, oltre a comportare una lettura «localizzata» del viaggio di Parmenide (a nostro avviso non corretta, come abbiamo visto nel commento a B 1), comporta anche l'enorme difficoltà logica e speculativa di pensare ad un cosmo finito, fisico — regno del temporale — *circondato* o *confinante* con la realtà di un ἐόν infinito, meta-fisico — regno dell'atemporale —: e a separare la realtà fisica (astri) da quella meta-fisica (τὸ ἐόν) ci sarebbe appunto «la porta che sta nell'etere». Per questa stessa ragione non è sostenibile l'interpretazione-traduzione dell' οὐρανὸν ἀμφὶς ἔχοντα di B 10.5 come «il cielo che da una parte e dall'altra divide» temporale da atemporale; come pure non convincente appare la trasposizione che l'Untersteiner fa dei due termini Giorno e Notte nelle forme del Sole e della Luna, a segnare un ulteriore passaggio «dalla temporalità... nella realtà cosmica» (pp. CXC-CXCII): non ci pare che nei frammenti parmenidei ci sia alcun elemento che possa giustificare questa tesi, dal momento che sole e luna e la stessa terra appaiono sullo stesso piano di tutti gli altri astri che si trovano nell'etere.

[6] GILARDONI, *Parm.*, pp. 91-93, sostiene, per esempio — invero con prudenza e misura —, un'identificazione di cielo con olimpo ed una loro differenziazione dall'etere. Altre difficoltà per la ricostruzione della cosmologia parmenidea si vedano più sotto, a pp. 169-171.

[7] Cfr. RUGGIU, *Parm.*, p. 67: la dea parmenidea riveste una molteplicità di nomi «i quali tuttavia rappresentano non l'apparire di divinità diverse fra loro e in reciproca opposizione, quanto il dispiegarsi dell'unità dell'unica grande divinità femminile»; cfr. ancora pp. 68-70. Di questo parere sembra essere anche MOURELATOS, *The route*, p. 160: «È ora chiaro che la divinità che controlla l'identità e la coerenza del ciò-che-è non ha tre ma quattro volti». Su questi concetti si veda anche HIRZEL, *Themis*; WOLF, *Griech. Rechtsd.*, pp. 286-296, ma anche sui presocratici in genere.

[8] PFEIFFER, *Stell. d. Parm. Lehrged.*, p. 188.

[9] «Parmenide e Democrito dicono che tutto avviene secondo necessità»: AËT. I 25,3 [*Dox.* 321] = DK 28 A 32. Cfr. RUGGIU, *Parm.*, p. 84: «Uomo e Dio, natura e società, ordinamento cosmico e umano, destino individuale e necessità del tutto costituiscono solo momenti differenti che sono governati dall'unica e medesima dea e quindi dall'identica e onnicomprensiva norma».

[10] ENRIQUES-DE SANTILLANA, *St. d. pens. sc.*, p. 46: «Subito noi sentiamo affermata l'esistenza di un ordine superiore anche ai capricci degli Dei: sia questa la *Moira*, il *Fatum*, la *Nemesi*, oppure la *Necessità*, sempre è presente allo spirito quella legge assoluta della natura di fronte alla quale è vano ogni sforzo dell'uomo, non solo di fletterla, ma sin di conciliarla, ogni illusione di vederne la faccia inscrutabile. Questa virile certezza, lontana da ogni compromesso sentimentale, da ogni meschina super-

stizione, noi la troviamo come un filo conduttore in tutto il pensiero greco, fin nella pienezza della maturità e dello splendore... Bisogna dunque disperare di fronte alla cieca potenza della *Necessità?* No, ma vedere la limitazione delle nostre forze e cercare un ordine di giustizia ».

[11] Cfr. Calogero, *St. eleat.*, p. 24; Gigon, *Urspr.*, p. 252. Bene il Ruggiu, *Parm.*, p. 75: « l'Ananke parmenidea, ipostasi della Dike, manifesta la necessità razionale che promana dalla norma, concepita insieme come sistema di leggi che vincolano il reale... Ananke compare in Parmenide anche come concetto astratto, per esprimere la necessità logica che è propria del ragionamento ». Nega invece che si possa parlare di un'idea astratta, di una legge naturale, a proposito di *Ananke*, prima di Democrito, il Thomson, *Primi filos.*, pp. 243-244, 320, 353: *ananke* esprimerebbe solo il rapporto padrone-schiavo tipico della società greca da Omero in poi.

[12] Esiodo (*Theog.* 615): ἀλλ' ὑπ' ἀνάγκης ... μέγας κατὰ δεσμὸς ἐρύκει.

[13] Simonide (7.115 Diehl): δεσμὸν ἀμφέθηκεν ἄρρηκτον πέδης.

[14] Vlastos, *Equality*, p. 83.

[15] Vlastos, *Equality*, pp. 83-84.

[16] Vlastos, *Equality*, p. 85. Ben poco comunque si può dire sugli antecedenti storici di questa intuizione parmenidea di una ἀνάγκη legge cosmica, al di là della impostazione generale del pensiero scientifico offerta dagli Ionici. In Anassimandro, per esempio, è detto che γένεσις e φθορά hanno una medesima origine, e questi processi di nascita e morte avvengono *secondo necessità*, κατὰ τὸ χρεών (DK 12 B 1). Gli esseri, poi, sono tutti soggetti alla stessa legge, dal momento che pagano l'uno all'altro la pena (δίκην) e l'espiazione dell'ingiustizia (τίσιν τῆς ἀδικίας). Anche nel contesto anassimandreo, dunque, la *giustizia* « is no longer inscrutable *moira*, imposed by arbitrary forces with incalculable effect. Nor is she the goddes *Dike*, moral and rational enough, but frail and unreliable. She is now one with ' the ineluctable laws of nature herself » (Vlastos, *Equality*, p. 84). Vlastos richiama Croiset, *Morale*, p. 587; cfr. piú di recente Wolf, *Dike*, e Zeppi, *Limitatezza*, pp. 62-65 (anche per Esiodo, Orfici, Ionici, Pitagorici, Empedocle). Anche in Eraclito (DK 22 B 94) troviamo *Dike* come regolatrice e garante delle misure (μέτρα) degli astri, e quindi concetto naturale e razionale piú che figura divina vera e propria. Su questo vedi Diels, *Parm.*, p. 78 e Mondolfo in Zeller I, IV, pp. 360-362. Di Eraclito si vedano ancora B 28, B 23, B 114; ma di Eraclito fonte di Parmenide non si può parlare, per le ragioni che abbiamo esposto a pp. 41-45. Sottolineano ancora l'aspetto etico ed il significato logico di *Dike-Ananke* Preti, *Pres.*, p. 10: « Come nella vita sociale è principio ordinatore dei rapporti fra gli uomini, nell'Universo essa diventa principio ordinatore dei fenomeni: ἀρχή. Ma, come abbiamo visto, nella

società essa è... l'ordinamento che sorge spontaneo dall'attività umana e dalla stessa individualità, la quale trova un posto nella società conforme al proprio essere, al proprio valore: così nel Cosmo la Δίκη non è dapprima un principio che regoli *ab extra* le cose, ma l'essenza stessa di esse che le spinge ad ordinarsi; ciò che regola ogni fenomeno (cioè l'essenza) ma contemporaneamente quella forza primordiale che ne stabilisce l'ordine »; CALOGERO, *St. eleat.*, pp. 54-55: « se verbalmente l'Ananke e la Moira possono presentarsi come diverse dall'*eòn* che dominano, è poi evidente che questo non può avere altro accanto a sé e che è esso stesso necessità e fato a se stesso »; ZEPPI, *Limitatezza*, p. 60: « La divinità... intesa come supremo principio di giustizia e necessità, esercita la funzione di *periéchein* e di *kybernân* l'ente ». Non ci sembra però esatto quanto lo Zeppi afferma poco dopo, che cioè Parmenide « dualizza risolutamente ... ente e divinità ... facendo di questa la potenza che, dall'esterno, vigila e domina quello » (p. 61): il circondare e il governare in effetti debbono essere intesi piú come delle immagini plastiche, poetiche, che delle precise immagini fisiche: a noi sembra innegabile che la costrizione, come abbiamo detto poco sopra, sia una costrizione interna, di una necessità logica e razionale. Come pure non ci sembra esatto affermare che *Dike* mantenga il mondo dell'essere nella piú assoluta distinzione per contrasto col mondo quotidiano, come fa PRIER, *Arch. Logic*, p. 109: « Δίκη, the balancing symbol between two worlds, holds Being fast in its permanent condition and maintains it in utter contradistinction to the everyday world »; né ci sembra perspicuo quanto scrive l'UNTERSTEINER, *Parm.*, quando, dopo aver affermato che *Dike* esprime « la conseguenza rigorosamente logica », sostiene che è « notevole che Dike incateni l'Essere e non il nostro pensiero sull'Essere: ciò, a prima vista, può sembrare strano, ma per Parmeide per il quale ὁδός [*cioè la via che il nostro pensiero segue per conoscere l'essere*] ed ἐόν [*cioè l'essere*] tendono a costituire un'indissolubile unità nel fatto della loro esistenza: Dike può, dunque, dominare indifferentemente νόος che domina la 'via' quanto παρεόντα / ἐόν » (p. CXLII).

[17] Cfr. DEICHGRÄBER, *Parm. Auffahrt*, p. 655: « Er versteht auch leichter, als es früher möglich war, dass im altertümlichen Denken Dike mit der Wahrheit und gehobener Erkenntnis identisch sein kann, Recht und Natur eins sind, damit auch Wahrheit und Recht und wahre Lehre und Recht »; DETIENNE, *I maestri*, p. 106: « la 'Verità' di Parmenide è articolata a *Dike*, che qui non è piú solo l'ordine del mondo, ma la correttezza, il rigore del pensiero ». Si ricordi comunque che anche in Platone questo concetto della correttezza e del rigore del pensiero è espresso plasticamente nell'immagine di discorsi tenuti insieme da ragioni « di ferro e di adamanto »: cfr. *Gorg.* 508 e - 509 a.

[18] Vedi sopra a pp. 43-44.

[19] Si ricordi inoltre l'uso frequente di χρή, χρεών, sempre usati ad esprimere una necessità ora logica, ora cosmica, ora conoscitiva: cfr. B 1.28, B 1.32, B 2.5, B 6.1, B 8.9, B 8.11, B 8.45, B 8.54.

[20] Cfr. JAEGER, *Paid.*, p. 327: «la meta suprema cui possa giungere l'indagine umana è la conoscenza di un'assoluta *Ananke*, ch'egli chiama anche *Dike* o *Moira*... La dike di Parmenide, che tiene lontano dal suo Essere ogni divenire e perire, facendolo riposare immobile in se stesso, è la necessità insita *nel concetto* stesso dell'Essere... Nelle proposizioni continuamente inculcate... si esprime per Parmenide quella necessità ideale che deriva dal riconoscimento dell'impossibilità della contraddizione logica». Cfr. ancora REINHARDT, *Parm.*, pp. 29-30; LLOYD, *Polar a. Anal.*, p. 422: i termini ἀνάγκη, χρή, δεῖ, che nei testi pre-platonici sono usati in contesti che esprimono la forza del fato, la costrizione fisica, l'obbligazione morale, acquistano in Parmenide un nuovo uso, in un contesto tipicamente logico; RUGGIU, *Parm.*, p. 77: «Colui che percorre il sentiero della verità per ciò stesso si insedia nel cuore del reale: la legge che vincola il reale insieme regola ed è norma del pensiero»; GILARDONI, *Parm.*, p. 63 n. 14. Ma lo studioso che in maniera piú convincente e precisa ha insistito sull'intima correlazione tra legge della realtà e legge della logica è stato FRÄNKEL, *Parm.*, cap. II; in particolare si veda a p. 8: Dike è, in un senso, «the logical norm for the right decision in thought, and in another, it is the factual law of reality»; Parmenide «cannot distinguish the norm of correct thought from the law of reality... Thus *Dike* is here the 'Rightness' of consequence; a consequence as binding for states of affaires as for thoughts about them»; e a p. 9: «If in addition to the rule of necessary consequences both in thought and in objects there is anything else in this concept of *Dike*, it can be only thing: the dignity and particular majesty of the norm».

[21] Sono di quest'avviso anche MOURELATOS, *The route*, p. 160: «We have in this a complete spectrum from brute force to gentle agreement, from heteronomy to autonomy. So the real is not only an ineluctable actuality but also that which shows good faith»; RUGGIU, *Parm.*, p. 82: *Peithò*, «nella sua connessione con la Dike, appare come necessità razionale e persuasiva perché giusta. Questo dal lato dell'essere. Dal lato del pensiero, testimonia l'adesione dovuta all'essere, alla forza della persuasione e quindi insieme alla fiducia che promana dall'essere e si impone al pensiero nella forma della adesione libera e razionale».

NOTE B 14 — B 15 — B 15a — B 13

[1] Vedi sopra a p. 155 e a p. 156.

[2] I termini φύσις e φύω bene stanno ad indicare il fatto che per Parmenide la caratteristica specifica di ognuno degli ἐόντα (la sua φύσις) è appunto quella che si viene a determinare dinamicamente nel processo del suo φύειν : *è cioè solo nell'esser nati e nell'essere ora e nell'avere una fine che si può individuare il proprio di ciascun fenomeno naturale e ciò che lo distingue da tutti gli altri.* È questo il senso evidente, come ci pare, di questi frammenti, confermato d'altra parte da B 19. Cfr. quanto abbiamo detto sopra a pp. 95-96; vedi anche RUGGIU, *Parm.*, p. 345: «Parmenide usa consapevolmente il verbo φύω come correlato del termine φύσις : cioè φύω è origine dell'essere di una cosa, in quanto insieme l'esistenza di quella cosa è indissolubilmente connessa con la sua φύσις ... Pertanto, nel contesto parmenideo la *physis* rappresenta certo il momento di permanenza di ciascun ente, ma di una permanenza non statica bensì dinamica, di un permanere inalterato della potenza nel suo processo di esplicazione».

[3] Se è vero che tutte le cose sono composte di luce e notte, che entrano in rapporti di equilibrio sempre diversi (B 9), il «come... furono spinti al nascere» del frammento 11 deve essere evidentemente la promessa della descrizione delle *modalità* secondo le quali i due elementi fondamentali entrano nella composizione di ogni cosa, costituendo così la loro φύσις ed il loro ὄνομα. Cfr. LLOYD, *Polar. a. Anal.*, p. 81; RUGGIU, *Parm.*, p. 344.

[4] Qualche altra notizia sul cielo e sulle stelle ci è tramandata dalle testimonianze; ma, avendo scelto di prendere in considerazione solo quelle testimonianze che trovano riscontro preciso nei frammenti, non le commenteremo. Si veda comunque a pp. 36-37.

[5] A proposito di questo νυκτιφαὲς di B 14 riferito alla luna, corpo composto come tutti gli altri dei due elementi fondamentali, FRÄNKEL, *Parm.*, p. 24, ha notato che «its [della luna] mixed double nature is expressed with marvellous precision in the ambiguous and profound epithet 'light of the night'»; cfr. anche MOURELATOS, *The route*, pp. 323-

327, che però vede nel termine una delle espressioni paradossali ed ambigue che dominano nel mondo ingannevole della *doxa*.

⁶ Questa teoria probabilmente derivava a Parmenide dagli Ionici; sta comunque a significare che dottrine particolari di altri filosofi e scienziati (Talete, i Pitagorici) erano certamente riprese nella costruzione parmenidea: il fatto importante è che esse venivano rifuse e riordinate in una costruzione sistematica *secondo un metodo*, ed è questa la novità più importante di Parmenide. Per la dottrina della terra che poggia sull'acqua, in ambiente ionico, si vedano alcune delle testimonianze su Talete (DK 11 A 1,11 A 3), e in particolare ARISTOT. *metaph.* 983 b 17 = DK 11 A 12; SIMPLIC. *phys.* 23,21 = DK 11 A 13; ARISTOT. *de cael.* 294 a 28 = DK 11 A 14; SENEC. *nat. quaest.* III 14 p. 106,9 Gercke = DK 11 A 15.

⁷ SIMPLIC. *phys.* 39,18.

⁸ SIMPLIC. *phys.* 39,12; il frammento 12 (6 versi) è riportato in tre contesti diversi: i primi tre versi nel passo ora citato, il verso 4 in *phys.* 34,14, e i versi 2-6 in *phys.* 31,10.

⁹ SIMPLIC. *phys.* 180,8.

¹⁰ A titolo di esempio, si veda SIMPLIC. *phys.* 38,28 (in cui si cita B 8.50-61): « al termine del suo discorso intorno all'intellegibile... »; *phys.* 30,13 (in cui si cita B 8.50-59): « Parmenide, trapassando dall'intellegibile al sensibile,... là dove dice... »; *phys.* 179,31 (in cui si cita B 8.53-59): «... in quella parte che tratta dell'opinione... ».

¹¹ ARISTOT. *metaph.* 984 b 23.

¹² Secondo la testimonianza di PLUTARCH. *amat.* 13 p. 756 F, questa dea è Afrodite.

¹³ SIMPLIC. *phys.* 39,18: la δαίμων di B 12.3 è chiamata qui θεῶν αἰτία.

¹⁴ Esiodo (*Theog.* 211 sgg.); CIC. *de nat. deor.* I 11,28 = DK 28 A 37.

¹⁵ Se ne veda un resoconto in REALE, *Eleati*, pp. 257-259.

¹⁶ ZELLER I, III, p. 256.

¹⁷ Lo prova il fatto che Eros è appunto πρώτιστων θεῶν πάντων. Del resto altre figure divine appaiono effettivamente nel poema, per esempio in B 1.

¹⁸ Si vedano a titolo d'esempio Esiodo (*Theog.* 116 sgg.); Ferecide (PROCL. *in Tim.* 32 c = DK 7 B 3), per il quale Eros, personificazione di Zeus, è colui che costituisce τὸν κόσμον ἐκ τῶν ἐναντίων; Acusilao (DAMASC. *de princ.* 124 = 9 B 1). Sulle antiche cosmogonie e teogonie si veda la nota del MONDOLFO in ZELLER I, I, pp. 221-235; sul rapporto tra *eros* ed *eris*, in particolare per Eraclito, ed il fr. 12 di Parmenide, si veda MONDOLFO in ZELLER I, IV, pp. 103-104; uno schizzo vivo e denso sul concetto di amore nelle teogonie, nell'antica lirica d'amore, nella tragedia, nella cultura sofistica del V secolo, nelle rappresentazioni dell'arte, è ora in MARTANO, *Plat.*, pp. VII-XXIX.

¹⁹ Da questo punto di vista sono vicini a Parmenide probabilmente Epicarmo (cfr. Diog.Laert. III 9-17 = DK 23 B 1) e sicuramente Senofane (cfr. Simplic. *phys.* 23,19 = DK 21 B 25; ma vedi anche i frr. 11,14-16,23, 24,26).

²⁰ Come giustamente ha visto Schwabl, *Theogonie*; cfr. anche Gilardoni, *Parm.*, pp. 97-98 e Ruggiu, *Parm.*, p. 358.

²¹ Simplic. *phys.* 39,18: è la testimonianza che riporta il fr. 13 e lo collega a B 12.

²² Rohde, *Psiche*, pp. 488-489.

²³ Cfr. Rostagni, *Pitag.*, cap. VI; Mondolfo in Zeller I, II, pp. 560-563; cfr. anche Burnet, *L'Aurore*, pp. 221-222; Gigon, *Urspr.*, p. 281; Deichgräber, *Parm. Auffahrt*, pp. 716-719.

²⁴ Come fa per esempio lo Zeller I, III, p. 287, seguito dal Diels, *Parm.*, p. 109. Altri invece, facendo proprio un suggerimento dello stesso Zeller (« le espressioni ἐμφανές e ἀειδές non indicano la luce e l'oscurità, ma ciò che ci è palese e ciò che ci è occulto»), ritengono — e in verità più in armonia con lo spirito della dottrina parmenidea — che le parole di Simplicio abbiano un significato filosofico e conoscitivo e non religioso e che la dea quindi mandi le anime non dal mondo sotterraneo a quello terreno e viceversa, ma dalla verità all'apparenza e dall'apparenza alla verità: cfr. Riezler, *Parm.*, p. 75; ma anche così in effetti si attribuirebbe esclusivamente alla dea — e non all'uomo — la possibilità della conquista della vera conoscenza, cosa che, a nostro avviso, non è sostenibile, come abbiamo visto commentando B 1. Rifiutano ancora la tesi di una trasmigrazione e di una immortalità dell'anima-sostanza individuale Tarán, *Parm.*, pp. 248-249 n. 51, e Ruggiu, *Parm.*, pp. 323-328.

²⁵ La δαίμων di B 12.3 appartiene chiaramente al novero delle figure divine e non può essere intesa affatto come l'anima individuale e nemmeno come un'anima cosmica.

²⁶ νόος : B 4.1, B 6.6, B 16.2; νόημα : B 7.2, B 8.34, B 8.50, B 16.4; (ἀ)νοητόν : B 8.8, B 8.17; νοεῖν B 2.2, B 3, B 6.1, B 8.8, B 8.34, B 8.36; φρονεῖν : B 16.3.

²⁷ Vedi quanto abbiamo detto sopra a p. 118 sgg.

²⁸ Antifonte, fr. 50 (= Stob. IV 34,63).

NOTE B 12 — B 18 — B 17

[1] Aët. II 7,1 (*Dox.* 335) = DK 28 A 37: « Parmenide dice che vi sono delle corone (στεφάνας) che si avvolgono tutt'intorno, una sull'altra, delle quali una è formata di sostanza rarefatta, l'altra di sostanza densa; fra mezzo a queste ve ne sono altre miste di luce e di tenebra. E ciò che le avvolge tutte a guisa di un muro è solido e al di sotto di esso c'è una corona di fuoco, e così pure è solido ciò che sta piú al centro e intorno ad esso c'è di nuovo una corona di fuoco. Delle corone miste quella di mezzo è per tutte ⟨il principio⟩ e ⟨la causa⟩ del movimento e della generazione, e Parmenide la chiama anche demone che governa e tiene le chiavi, Giustizia e Necessità. L'aria è secondo Parmenide una secrezione della terra, esalata in seguito ad una compressione molto forte, mentre il sole e la via lattea sono un'esalazione del fuoco. L'etere si volge tutto intorno nel cerchio estremo; lo spazio sotto di esso è occupato dall'elemento igneo, vale a dire da ciò che abbiamo chiamato cielo, e al di sotto ancora vi è quel che circonda la terra » (trad. Pasquinelli).

[2] Cioè non mescolato (alla notte): o qui ἄκρητον è semplicemente un altro σῆμα di πῦρ, come αἰθέριον, ἤπιον, ἐλαφρόν di B 8.56-57?

[3] Sulla sfericità della terra vedi sopra a pp. 114-115.

[4] E nonostante che il πυκνόν di Aezio corrisponda perfettamente al σῆμα della notte in B 8.59: Aezio presenta qui infatti in termini di netta distinzione ciò che Parmenide ha espressamente e piú volte detto non potersi mai separare assolutamente.

[5] Sulle difficoltà poste da B 10 e B 11 alla ricostruzione della cosmologia parmenidea si veda quanto abbiamo detto sopra a pp. 157-158.

[6] Pasquinelli, *Pres.*, p. 391 n. 19. Cfr. anche Reale, *Eleati*, p. 264: « La testimonianza A 37, che dovrebbe essere un chiarimento del fr. 12, è, in verità, assai oscura, e piú ancora l'hanno oscurata i vari tentativi fatti dai moderni per spiegarla ». A render conto di questi tentativi « occorrerebbe ormai una piccola monografia, utile piú a mostrare l'ingegnosità di questi interpreti, che non a far luce sul pensiero parmenideo ». Diamo tuttavia l'indicazione di alcune di queste ricostruzioni: Diels, *Parm.*, p. 105 e in DK I, p. 242; Reinhardt, *Parm.*, p. 10 sgg.; Gigon,

Urspr., p. 276 sgg.; FRÄNKEL, *Parm.*, pp. 22-25; UNTERSTEINER, *Parm.*, pp. 83-84 e 174 sgg.; HEITSCH, *Parm.*, pp. 188-189; RUGGIU, *Parm.*, pp. 350-352; GILARDONI, *Parm.*, pp. 93-97; alcuni grafici di queste ricostruzioni in BACCOU, *Histoire*, p. 174 e PASQUINELLI, *Pres.*, pp. 390-391.

[7] ἐν δὲ μέσωι : non è una localizzazione concreta; cfr. HEITSCH, *Parm.*, p. 189: « Die Angabe ἐν δὲ μέσῳ (Vers 3) meint so wenig einen konkreten Punkt, der sich lokalisieren liesse, wie etwa ἔνθα in B 1.11. Also nicht ' in der Mitte ' sondern ' mitten unter ihnen ' ». Cfr. anche REINHARDT, *Parm.*, p. 12 sg.; FRÄNKEL, *Parm.*, p. 25.

[8] SIMPLIC. *phys.* 39,12 = DK 28 B 12.

[9] SIMPLIC. *phys.* 34,14. Per la critica della testimonianza di Simplicio, basata su una parafrasi di Teofrasto, si veda FRÄNKEL, *Parm.*, p. 23.

[10] UNTERSTEINER, *Parm.*, p. CXLVII.

[11] A proposito del verso 4 c'è da notare che ⟨ ἥ ⟩ è una inserzione del DIELS, che riteneva inutili e superflue le vecchie congetture (del Mullach, per esempio, o dello Stein) di πάντων, πᾶσιν, πάντῃ. Contro il Diels, FRÄNKEL, *Parm.*, p. 44 n. 75, obiettava che « porre la ἥ congetturale dopo πάντα e perfino dopo γάρ, è impossibile », sostenendo che « ' between ' is a very common sense of ἐν μέσῳ with the genitive. This ' among ' does not imply any fixed location » e la dea « forces the elements to mixing and the sexes to mating and ' loathsome child-bearing ' » (p. 25).

[12] GILARDONI, *Parm.*, p. 96 n. 2.

[13] Le testimonianze sulla cosmologia ionica si possono leggere, per Talete, in DK 11 A 13 c, A 17, A 17 a-b, A 18, A 19; per Anassimandro in DK 12 A 5, A 6, A 10, A 11, A 16, A 17, A 17 a, A 18, A 19, A 20, A 21, A 22, A 25, A 26, A 27, B 5; per Anassimene in DK 13 A 6, A 7, A 12, A 13, A 14, A 15, A 16, A 20, B 2 a.

[14] Quest'interesse scientifico di Parmenide per la natura in generale e per l'uomo in particolare è stato riconfermato recentemente da una testimonianza archeologica, che viene perciò ad aggiungersi a quelle letterarie già in nostro possesso. Dal 1958 in poi è stata compiuta una serie di scavi sistematici a Velia, che hanno ampliato le nostre conoscenze storiche ed hanno messo in luce una serie di iscrizioni — in genere del I sec. d.C. — sui ἰατροὶ φώλαρχοι di quella città. Gli scavi hanno dato origine ad una fioritura di studi sulla geografia, sulla storia e sulla politica di Elea, la maggior parte dei quali sono stati raccolti nei fascicoli 108-110 (1966) e 130-133 (1970) de « La parola del passato » (un resoconto bibliografico è in CAPIZZI, *Parm.*, parte VII). Nel 1962 è stata scoperta l'iscrizione Πα[ρ]μενείδης Πύρετος Οὐλιάδης φυσικός che, se non lasciava dubbi sulla qualifica di φυσικός (già attestata, come abbiamo visto, da numerose testimonianze letterarie), poneva però qualche problema circa il termine οὐλιάδης. Due sono state fondamentalmente le interpretazioni del

termine; la prima è stata proposta da Pugliese Carratelli, Φώλαρχος, p. 385 sgg.; *Ancora su* φώλαρχος, pp. 243-248; Παρμ. φυσ., p. 306. Secondo questo studioso il termine è da porre in connessione con ᾽Απόλλων Οὔλιος e testimonia dell'esistenza di una scuola medica ad Elea di ispirazione pitagorica, della quale nelle iscrizioni si celebrano gli scoliarchi, accomunati dal nome Οὖλις, e il capostipite Parmenide Οὐλιάδης. Accettano questa ipotesi Calogero, *Filos. e med.*, pp. 69-71; Merlan, *Parm.*, pp. 267-276 (ma, *contra*, si veda Cantarella, *Importanza*, p. 9). L'altra ipotesi è stata avanzata da Gigante, *Velina gens*, pp. 135-137; *Parm. Ul.*, pp. 450-452; *Parm. e i med.*, pp. 487-490. L'ipotesi del Gigante è questa: «... potrebbe Οὐλιάδης φυσικός indicare piuttosto il filosofo naturalista che aveva concretamente affermato l'essere come οὖλον, 'un tutto nella sua struttura', 'un tutto nella sua natura'? Potrebbe cioè nascondersi in Οὐλιάδης φυσικός un'interpretazione del I[d] che riscattava Parmenide da quella aristotelica, ambivalente, di Parmenide στασιώτης τῆς φύσεως καὶ ἀφύσικος 'stabilizzatore della natura e non naturalista' perché la natura è principio di movimento?» (Gigante, *Velina gens*, p. 136). In effetti, se è da ammettere la connessione Οὐλιάδης - Οὖλις, non si può nemmeno mettere in dubbio l'altra Οὔλιος - οὖλος, già additata da Macrobio (*sat.* I 17,21 Willis; cfr. Gigante, *Parm. Ul.*, p. 452). Il fatto è che, se «l'attribuzione a Parmenide dell'epiteto di φυσικός dopo quello di οὐλιάδης potrebbe significare l'intento di sottolineare il punto che Parmenide, pur essendo anche medico (οὐλιάδης) e quindi specialista di un certo aspetto della natura, era insieme φυσικός, cioè teorico generale della sua realtà» (Calogero, *loc. cit.*, p. 131), e se l'interesse di Parmenide per quella che oggi chiameremmo embriologia è testimoniato almeno da un frammento (B 17); è anche vero però che φυσικός non può essere equivalente di ἰατρός, che la relazione di Parmenide con i medici è quanto meno «problematica» (Gigante, *Parm. e i med.*, p. 489), non essendo confortata da alcun'altra testimonianza, e che, infine, ad Elea nel I sec. d.C. «Parmenide è considerato pur sempre φυσικός, non ἰατρός» (Gigante, *ibid.*, p. 490). Su questo problema, e in generale su *Filosofia e scienze in Magna Grecia*, si veda il volume miscellaneo dallo stesso titolo che raccoglie gli Atti del V Congresso di studi sulla Magna Grecia (Taranto, 10-14 ottobre 1965), Napoli 1966, con una relazione introduttiva di Szabò, *Scienze*, la relazione citata di Calogero, gli interventi di M. Lejeune, S. Ferri, G. Pugliese Carratelli, B. Bilìnski, M. Isnardi Parente, J.N. Théodoracopoulos, M. Napoli, M. Gigante, R. Cantarella.

[15] Cfr. sopra a p. 37.

[16] Tesi del resto non insueta nella filosofia scientifica preplatonica: basti pensare ad Empedocle (Aët. V 19,5 *Dox.* 430; Censorin. *de d. nat.* 4,7 = DK 31 A 72).

[17] Sono da ritenersi genuini i versi in latino di Celio Aureliano, il

quale dichiara esplicitamente che, poiché Parmenide scriveva in versi, *latinos enim ut potui simili modo composui.* Cfr. ZELLER I, III, p. 277 n. 64.

[18] Cfr. B 9.2 e vedi DK I, p. 245.

[19] CENSORIN. *de d. nat.* 5,3 = DK 28 A 53.

[20] Oppure, uomini se i semi discendono dalla parte destra degli organi genitali maschili e femminili, donne se discendono dalla parte sinistra; cfr. sotto la n. 22. Anche per questa concezione, oltre a numerose testimonianze letterarie, per Parmenide come per gli autori citati sotto alle note 23-31, disponiamo di testimonianze archeologiche. A Paestum, per esempio, sono numerosi uteri fittili con accentuazione dell'ovaia destra: sono doni votivi offerti a qualche dea della fecondazione per invocare il concepimento di un figlio maschio; e dunque « Parmenide per il primo inseriva in un sistema scientifico la millenaria concezione popolare indo-mediterranea (« freddo-caldo » « destra-sinistra » « maschio-femmina »); ne spiegava il meccanismo biologico » (P. EBNER, *Il culto di Hera e Posidonia, la dea dispensatrice di fecondità,* in « Panorama medico Sandoz », num. 6, nov.-dic. 1964, p. 15). Riprendiamo notizia e citazione da REALE, *Eleati,* p. 278.

[21] E non ermafroditi, come pensava Diels: cfr. FRÄNKEL, *Parm.*, p. 43 n. 64. Si veda del resto la testimonianza di Lattanzio (*de opif. d.* 12,12 = DK 28 A 54).

[22] Anzi tutto, non è molto chiaro, allo stato delle fonti, se si debba pensare ad una differenziazione dei sessi che derivi dal coinvolgimento di una parte destra o sinistra dell'utero, o di una parte destra o sinistra degli organi genitali maschili e femminili. Il problema si pone in base ad una testimonianza di Aezio (V 7,4 [*Dox.* 420] = DK 28 A 53), secondo la quale i semi « di destra discendono nella parte destra dell'utero, quelli di sinistra a sinistra». Alla prima ipotesi fanno pensare AËT. V 11,2 (*Dox.* 422) = DK 28 A 54 e GALEN. *in Hipp. epid.* XVII A 1002 Kühn = DK 28 B 17; alla seconda CENSORIN. *de d. nat.* 5,2 = DK 28 A 53, e CENSORIN. *de d. nat.* 6,8 = DK 28 A 54. Un fraintendimento è forse quanto sostiene CENSORIN. *de d. nat.* 6,8, allorché dice che « quando i semi escono da destra, allora i figli somigliano al padre, quando escono da sinistra, alla madre » (cfr. ZELLER I, III, p. 277 n. 64); mentre non ci sembra in armonia col testo parmenideo quanto sostiene sempre Censorino (*de d. nat.* 6,5 = DK 28 A 54) e cioè che secondo Parmenide il seme di entrambi i genitori lotta per il predominio e che i figli finiscono per somigliare a quella parte che ottiene di predominare: nel frammento 18 si dice infatti chiaramente che ogni nuovo nato è sempre il risultato (che può essere armonico o no) di una μῖξις delle forze generative dell'uomo e della donna e non del predominio di quelle dell'uno su quelle dell'altra; né dal frammento si può dedurre qualcosa sulla somiglianza dei figli all'uno o all'altro dei genitori.

[23] AËT. V 5,3 = DK 38 A 13.
[24] CENSORIN. *de d. nat.* 5,4 (Dox. 190) = DK 64 A 27.
[25] NEMES. *de nat. hom.* c. 25 p. 247 = DK 68 A 143.
[26] *ibidem.*
[27] CENSORIN. *de d. nat.* 5,3.
[28] CENSORIN. *de d. nat.* 5,3 = DK 24 A 14.
[29] Si vedano le numerose testimonianze raccolte in DK 31 A 81.
[30] CENSORIN. *de d. nat.* 5,3 = DK 59 A 107.
[31] *ibidem.*

NOTE B 16 — B 19

[1] Aristot. *metaph.* 1009 b 21-25 = DK 28 B 16. Il frammento è riportato, oltre che da Aristotele, anche da Theophr. *de sens.* 1-3 (*Dox.* 499) = DK 28 A 46. Per il contesto aristotelico e quello teofrasteo nei quali è inserito il frammento parmenideo si veda piú sotto, a pp. 180-184.

[2] Cfr. Fränkel, *Parm.*, nella prima redazione, a p. 172 n. 1; ma poi il Fränkel si è ricreduto (vedi nota seguente). Cfr. anche Kranz in DK I, p. 244; Albertelli, *Eleati*, p. 155 n. 1; Gadamer, *Retrakt.*, p. 65; Loenen, *Parm.*, p. 54; Pasquinelli, *Pres.*, p. 239 e p. 408 n. 61; Bollack, *Parm. 4 et 16*, p. 67.

[3] È la lezione di Teofrasto e di due codici della *Metafisica* aristotelica, ed è seguita da Diels, *Parm.*, p. 112; Calogero, *St. eleat.*, p. 45 n. 1; Verdenius, *Parm.*, p. 6 e *Parm. Light.*, p. 127 n. 52; Fränkel, *Parm.*, p. 16 e *Dicht. u. Philos.*, p. 470 n. 1; Schwabl, *Sein u. Doxa*, p. 416; Untersteiner, *Parm.*, p. 166, p. CC n. 123; Mansfeld, *Offenb.*, p. 175; Tarán, *Parm.*, pp. 146-163; Heitsch, *Parm.*, p. 48, p. 191; Mourelatos, *The route*, p. 253; Ruggiu, *Parm.*, p. 389 n. 54.

[4] Cfr. per esempio Calogero, *St. eleat.*, p. 45 sg., nota; Verdenius, *Parm.*, p. 14.

[5] Come fa per esempio Schwabl, *Sein u. Doxa*, p. 416 n. 22, per il quale «das Subject ist 'einer', 'der betreffende Mensch'».

[6] Cfr. per esempio Pasquinelli, *Pres.*, p. 239, p. 408 n. 61; Untersteiner, *Parm.*, p. CCI e p. 167; Tarán, *Parm.*, p. 170.

[7] Cfr. Albertelli, *Eleati*. Diels, *Parm.*, p. 112, seguito dal Reinhardt, *Parm.*, p. 77, interpretavano μέλεα con «organi di senso». Ha difeso questa interpretazione con molta vivacità Popper, *Parm.*, pp. 692-696, richiamando Aristot. *de part. an.* 645 b 36-646 a 1, dove il *naso* e l'*occhio* sono chiamati appunto «membri» (= μέλος).

[8] Rostagni, *Pitag.*, p. 109 n. 1. Il Rostagni si richiama anche ad Empedocle B 35.11. Cfr. anche Rohde, *Psiche*, p. 488; Verdenius, *Parm.*, pp. 6-7 (ma in *Parm. Light.*, p. 126 n. 51 si intende ancora μέλεα = membra); Varvaro, *Studi su Pl.*, II, p. 1607.

[9] Così Fränkel, *Parm.*, p. 16; Pasquinelli, *Pres.*, p. 408 n. 61;

GUTHRIE, *Gr. Philos.*, II, p. 67; cfr. HOM. *Il.* 17,211; *Od.* 10,432; 6,140. La tesi è combattuta però da POPPER, *Parm.*, p. 693 e n. 27, che sostiene che *soma* era usato anche dai presocratici e compare anche in Esiodo, Teognide e Pindaro.

[10] Cfr. SCHWABL, *Sein u. Doxa*, p. 417: « Wir müssen uns dabei klarmachen, dass die Schwierigkeit, unter den μέλεα das eine Mal die 'Elemente' (so Rostagni), das andere Mal den menschlichen 'Leib' verstehen zu sollen, eine nur scheinbare ist und aus dem Griechischen des Parmenides nicht entstehen konnte: denn Mensch wird hier 'kosmisch' gesehen, ebenso wie der Kosmos 'menschlich', beide bestimmt durch dieselben Glieder, und in einer mikromakrokosmischen Entsprechung heisst das Gesamt beider einfach die μέλεα ».

[11] Vedi sopra a pp. 163-166.

[12] Così, per esempio, FRÄNKEL, *Parm.*, p. 16: « By 'mixture' Parmenides undoubtedly meant the relative amount of light and dark in the constitution of the limbs »; p. 17: « the ratio of the two elements of which a person consists (Light and Dark, Being and Not-Being) is subject to great fluctuations »; SCHWABL, *Sein u. Doxa*, p. 416: « Unter den μέλεα V.1 verstehe ich die beiden 'Weltglieder' Licht und Nacht, die wie alle Dinge (sofern sie nicht eben schlechthin reines Licht oder reine Nacht sind) so auch den Menschen gliedern, und so 'das Gesamt des Leibes', besser des menschlichen Individuums bilden ». Cfr. anche UNTERSTEINER, *Parm.*, p. 167, pp. CC-CCIII; RUGGIU, *Parm.*, pp. 375-377.

[13] THEOPHR. *de sens.* 1-3 = DK 28 A 46.

[14] È questa la lezione di Teofrasto preferita all'aristotelica πολυκάμπτων (= flessibili). L'UNTERSTEINER, *Parm.*, pp. CCI-CCII n. 124, propone invece di tornare a quest'ultima (così pure LOENEN, *Parm.*, p. 51) per evitare il senso negativo di πολυπλάγκτων. Ma la proposta ci sembra inutile, dal momento che, come osserva giustamente RUGGIU, *Parm.*, p. 377, « se tale termine, in B 6, vv. 5-6; B 8,28 ha sottolineato l'errore dei mortali (i quali vagano lontano dalla *odòs*, per la loro incapacità sia ad immettersi come a rimanere nella retta via), tuttavia non si vede perché questo concetto in altri contesti non possa avere un significato positivo, come avviene ad esempio per il termine ὀνομάζειν, in cui s'era voluta vedere una valenza esclusivamente negativa. Con questo vogliamo dire che il senso negativo o positivo del significato va ricavato dal contesto generale ». Si può aggiungere che questi μέλεα « molto mobili » trovano un'eco nella testimonianza di Censorino (*de d. nat.* 4,7-8) che attribuisce, a Parmenide come ad Empedocle, la dottrina secondo la quale « dapprima le singole membra sparsamente vennero fuori dalla terra che ne era come pregna; poi si unirono e formarono la materia dell'uomo completo ».

[15] L'aveva già notato ZAFIROPULO, *L'éc. él.*, p. 119, ma la sua osservazione non è stata opportunamente sviluppata.

[16] La dottrina di Parmenide appare in questo punto originale, anche rispetto a quelle pitagoriche, e sarà ripresa da Empedocle: cfr. DK 31 B 8, 9, 21, 23, 26, 31, 35, 62, 71, 96, 98. Su questo si veda MARTANO, *Emp.*, p. 63: « Μῖξις, μίγνυμι hanno un senso generico, lato; κρᾶσις, κεράννυμι hanno un'accezione di carattere più specifico. La differenza di carica semantica tra i due termini e i relativi *abgeleitete Wörter*, sembra chiara: la prima famiglia rende indiscriminatamente il senso di miscuglio, mescolanza, l'altra invece vale fusione, legame particolare di due sostanze secondo un particolare rapporto quantitativo, che non offre le caratteristiche di un miscuglio ma quelle di una nuova sostanza con sue nuove peculiari qualità »; « Κρᾶσις vale, cioè, fusione: più di μῖξις che denota unione di cose che possono rimanere distinte, ... κρᾶσις indica un processo di unione produttiva di una sostanza nuova ». In questo saggio il Martano compie un'analisi attenta e allo stesso tempo molto suggestiva dei due concetti in Empedocle; ma si veda anche MARTANO, *Contr. sicel.* e MARTANO, *Contr. e dial.*, pp. 135-137 e n. 21.

[17] A puro titolo d'esempio, ricordiamo ROHDE, *Psiche*, p. 488: « quanto alla natura dei pensieri, essa è determinata in ciascuno dalla prevalenza d'uno dei due elementi fondamentali... Non si può irretire l' 'anima' nel corpo più strettamente di quel che ha fatto qui l'audace pensatore, il quale pure negava così recisamente la percezione mediante i sensi del corpo »; ALBERTELLI, *Eleati*, p. 114 n. 1: Parmenide, che « scava un abisso tra ragione e senso », « non seppe trasferire in espliciti termini di gnoseologia quell'antitesi che pure gli era così chiara in termini di metafisica ». Significativo è poi questo ragionamento, che ci appare proprio come frutto di « amor di tesi », di COXON, *Parm.*, p. 136: « Expressed in modern language, Parmenides' meaning is simply 'mind in a function of body'. But that doctrine is not with him a mere crude materialism; its significance for him is that man, as man [ma potrebbe essere altrimenti?], cannot explain rationally the world of experience, because it is just his implicatedness in this world that constitutes his manhood. As physical himself, the ultimate nature of the physical world, its relation to the Being which can be apprehended rationally, must always be a secret to him. That is Parmenides' ground for denying to the physical world a place in logical philosophy ». Il Coxon continua dicendo che « la distinzione del fisico dal metafisico è il più gran servizio di Parmenide allo sviluppo del pensiero umano ». Francamente non molto comprensibile ci appare infine quanto scrive WISNIEWSKI, *Parm.*: dopo aver sostenuto che la *luce* è il mondo del pensiero puro, matematico, e la *notte* è il mondo dei fenomeni fisici, il *visibile* (p. 201), per cui, come per Platone, in Parmenide « l'âme veut se libérer des entraves du corps et atteindre le monde de la pensée pure » (p. 202), e dopo aver detto che noi conosciamo « l'essenza dell'essere con la ragione e quella del mondo dei fenomeni fisici

con i sensi» (p. 203), dopo aver quindi in un certo senso separato due mondi e due organi di conoscenza, questo studioso parla di una «coopération des sens et de la raison», concludendo che nella «concezione dell'essere i sensi hanno un ruolo ausiliario fornendoci le forme geometriche *sulla base delle quali* lo spirito elabora la concezione dell'essere», mentre nella «conoscenza del mondo esteriore i sensi giocano un ruolo dominante nel percepire l'oggetto materiale e lo spirito non fa che *eternizzare nella nostra memoria l'oggetto percepito dai sensi*» (p. 204; i corsivi sono nostri).

[18] Non è esatto, quindi, quanto sostiene il von FRITZ, *Rolle d.* νοῦς, p. 309: «Menschen haben den νόος, der der Mischung ihrer Konstitution entspricht... und diese Konstitution wird als πολύπλαγκτος bezeichnet, weil sie die Menschen zum Irrtum führt»; né è esatto ricavare — da B 16 come da B 4 — una natura «intuitiva» del νόος (come fa ancora il von FRITZ, *Rolle d.* νοῦς, pp. 310-313): vedi sopra a pp. 82-83.

[19] Così hanno inteso anche ALBERTELLI, *Eleati*; PASQUINELLI, *Pres.*; GILARDONI, *Parm.*; per l'altra tesi vedi, tra altri, UNTERSTEINER, *Parm.*, p. 167 e pp. CCIII-CCIV; RUGGIU, *Parm.*, pp. 378-379.

[20] Come fanno ZELLER I, III, p. 279 n. 66: «quello che predomina o prepondera fra i due elementi è pensiero, genera e determina le rappresentazioni»; KAFKA, *Vorsokr.*, p. 155 n. 213; CALOGERO, *St. eleat.*, pp. 46-47 e n.; ALBERTELLI, *Eleati*, p. 156 n. 5; VERDENIUS, *Parm.*, p. 18; KIRK-RAVEN, *Pres. Philos.*, p. 282; PASQUINELLI, *Pres.*, p. 240; POPPER, *Parm.*, p. 691 n. 26; HEITSCH, *Parm.*, p. 49, pp. 198-199.

[21] Vale la pena di leggere quanto giustamente scrive RUGGIU, *Parm.*, p. 380: «Infatti dire che ciò che prevale volta a volta nella mescolanza di Luce-Notte costituisce il pensiero, comporta la conseguenza che quella *krasis* che è il pensiero opera solo in quanto vi sia un'alterazione della *krasis* stessa a favore di uno dei due elementi, il quale da solo effettuerebbe la conoscenza. Ma giacché il mutamento del *nous* avviene in rapporto alla *krasis meleon* e questa muta in relazione alle modificazioni prodotte dall'oggetto, ne scaturirebbe che anche nell'oggetto debba esservi la prevalenza di quello stesso elemento che predomina nel *nous*. Ma il presupposto di fondo di questo discorso è che la conoscenza si attui mediante la relazione di una delle due potenze componenti del *nous* con quella simile prevalente nell'oggetto. Così però si attuerebbe una scissione fra le due potenze, sicché la relazione avviene solo fra Luce in rapporto a Luce e Notte in relazione a Notte, trascurando del tutto il fatto che le due potenze sono inscindibili e polarmente unite, sicché non esiste mai l'una delle due potenze allo stato puro».

[22] Così anche STEFANINI, *Parm.*, p. 49 e n. 2; UNTERSTEINER, *Parm.*, pp. CCV-CCVI n. 134; BOLLACK, *Parm. 4 et 16*, p. 68 sg.; MANSFELD, *Offenb.*, pp. 189-193; TARÁN, *Parm.*, p. 169; RUGGIU, *Parm.*, pp. 380-383. Ricordiamo infine la (non convincente) interpretazione del WINDEL-

BAND, *St. d. filos.*, I, p. 53, per il quale τὸ πλέον è il «corpo cosmico unico ed unitario» che «è insieme il pensiero del mondo»; e l'esegesi del MOURELATOS, *The route*, p. 344, per il quale B 16 offre tre aspetti: una fisiologia del pensiero, una censura del pensiero umano come errante, un sottile ricordo della relazione tra pensiero e realtà, per cui tre saranno le traduzioni di τὸ πλέον corrispondenti a questi tre momenti: «the full» (p. 345), «what preponderates [in the mixture]» (p. 346), «fulfilled» (p. 346).

[23] Il capitolo è diretto, più in generale, contro quanti negano il principio di non contraddizione ed è quindi legato strettamente al capitolo precedente nella difesa di questo principio; ma, per il discorso che qui andiamo facendo, quest'aspetto del problema non sarà preso in considerazione.

[24] ARISTOT. *metaph.* 1009 b 1-2; la traduzione, come quella dei passi che seguono, è quella di REALE, *Aristot.*, I, p. 309 sgg.

[25] ARISTOT. *metaph.* 1009 b 13-14.

[26] Empedocle B 106; vedi DK I p. 350 (tr. it. REALE, *Aristot., loc. cit.*).

[27] Empedocle B 107, vedi DK I, p. 351 (tr. it. REALE, *Aristot., loc. cit.*). Gli stessi due frammenti sono citati anche in ARISTOT. *de an.* 427 a (cfr. la tr. it. di LAURENTI, *Aristot.*, p. 160), dove pure si conferma che νοεῖν e φρονεῖν sono lo stesso che αἰσθάνεσθαι, e si cita HOM. *Od.* 18, 136.

[28] Anassagora A 28; vedi DK II, p. 13 (tr. it. REALE, *Aristot., loc. cit.*).

[29] HOM. *Il.* 23,698 (tr. it. REALE, *Aristot., loc. cit.*).

[30] ARISTOT. *metaph.* 1009 b 33-37.

[31] ARISTOT. *metaph.* 1010 a 1-3.

[32] ARISTOT. *metaph.* 1010 a 34-37.

[33] Cfr. REALE, *Aristot.*, I, p. 348 n. 32.

[34] ARISTOT. *metaph.* 1010 b 30 sgg.: «E in generale, se esiste solamente ciò che è percepibile dai sensi, qualora non ci fossero esseri animati non potrebbe esserci nulla: infatti, in tal caso, non potrebbero esserci sensazioni. Senonché è vero, forse, il dire che, in tal caso, non ci sarebbero né sensibili né sensazioni (le sensazioni sono, infatti, affezioni del senziente); ma è impossibile che gli oggetti che producono le sensazioni non esistano anche indipendentemente dalla sensazione. Infatti, la sensazione non è sensazione di sé medesima, ma esiste qualcosa che è altro dalla sensazione ed al di fuori della sensazione, il quale esiste, di necessità, prima della sensazione stessa. Infatti, ciò che muove è, per natura, anteriore a ciò che è mosso: e questo non è meno vero, anche se si afferma che la sensazione e il sensibile sono correlativi».

[35] E, in fondo, anche dal «relativista» per eccellenza, e cioè da Pro-

tagora: cfr. CASERTANO, *Natura*, pp. 81-108. Su questa utilizzazione delle testimonianze in vista del proprio discorso da parte di Aristotele, si veda sopra la n. 17 a pp. 192-197. Un caso simile, in Platone e in Hegel, a proposito di Protagora, lo analizziamo in CASERTANO, *Nascita*, pp. 12-14.

[36] THEOPHR. *de sens.* 1 sgg. = DK 28 A 46: «Sulla sensazione le molte opinioni generali si riducono a due: gli uni dicono che la sensazione avviene col simile, gli altri col contrario. Parmenide, Empedocle, e Platone, col simile, Anassagora coi suoi seguaci e Eraclito col contrario. Parmenide in generale non ha determinato nulla, ma soltanto che, essendo due i principi, la conoscenza (γνῶσις) è secondo l'elemento prevalente (κατὰ τὸ ὑπερβάλλον). Infatti se aumenta il caldo o il freddo il pensiero (διάνοια) diventa diverso, ed è migliore e piú puro quello che ha luogo mediante il caldo; non solo, ma anche questo ha bisogno di una certa proporzione (δεῖσθαί τινος συμμετρίας): [qui cita B 16]. Infatti identifica sentire e pensare (τὸ γὰρ αἰσθάνεσθαι καὶ τὸ φρονεῖν ὡς ταὐτὸ λέγει), ragion per cui anche la memoria e l'oblio dipendono dal caldo e dal freddo e dalla loro mescolanza (κρᾶσις). Oltre a questo, se è possibile o no il pensare quando i due elementi entrano nella mescolanza nella stessa quantità, e quale stato sia questo, non ha determinato. Che egli ammetta come possibile la conoscenza anche col solo contrario del caldo, è chiaro da quel passo in cui dice che il cadavere non sente il caldo e la voce perché gli manca il caldo, ma sente invece il freddo e il silenzio e questa serie di contrari: così ogni essere indistintamente viene ad avere qualche conoscenza (ὅλως δὲ πᾶν τὸ ὂν ἔχειν τινὰ γνῶσιν). In questo modo dunque egli sembra troncare con affermazioni le difficoltà che nascono dalla sua concezione».

[37] L'osservazione di Teofrasto è in accordo con il senso generale della filosofia parmenidea e con i frammenti rimastici: l'interesse di Parmenide non è tanto rivolto alla soluzione particolare del problema della conoscenza, nei suoi vari aspetti (e principalmente in rapporto alle testimonianze offerte dai vari sensi ed al loro accordo in quella che chiamiamo appunto «conoscenza sensibile»), quanto ad una impostazione generale del rapporto sensi-mente-uomo-natura; e ciò non perché il suo pensiero «ingenuo» o «primitivo» non avesse coscienza della diversità delle testimonianze dei sensi o non sapesse distinguere tra di loro (si ricordi l'*esser sordi* e *ciechi* che impedisce di κρίνειν in B 6.7; si ricordi l'*occhio* che non vede e l'*orecchio* rimbombante che impediscono il κρίνειν λόγωι in B 7.4-5), quanto perché questa problematica non era essenziale ai fini del suo discorso generale. Cfr. le calzanti osservazioni che fa a questo proposito RUGGIU, *Parm.*, pp. 371-372.

[38] Il termine che usa Teofrasto è στοιχεῖον, che, se certamente non può essere un termine parmenideo, ben risponde però al significato fondamentale delle due μορφαί: vedi sopra a pp. 129-130.

[39] RUGGIU, *Parm.*, p. 372. Questa precisazione di Teofrasto non contrasta, a nostro modo di vedere, con il fatto che abbiamo reso τὸ πλέον di B 16.4 con « il pieno », « l'insieme di tutti questi rapporti ». Infatti, il pensiero dell'uomo è, in generale, proprio la totalità dei rapporti tra le sue parti costituenti, e nella nostra traduzione è *implicito* che ci siano alcune parti che « prevalgono » sulle altre, ma è *esplicitamente* resa la tesi che la *krasis* comporta, *sempre*, la presenza variamente articolata di *tutte* le parti, che è il concetto fondamentale per Parmenide.

[40] Si veda sopra la n. 17 a pp. 192-197.

[41] Un'analisi che ci appare non calibrata ed una tesi a nostro avviso non corretta ci sembrano quelle di SOMIGLIANA, *Equivalenza*. Questa studiosa vuole combattere lo Zeller e quanti con lui sulla base dei frammenti e specialmente della testimonianza teofrastea, collegano percezione sensibile e pensiero. « Il nostro filosofo ha un vero culto per il pensiero, che per lui s'identifica con l'Essere (l'Assoluto), mentre tiene in scarsa considerazione il corpo legato al transeunte, che egli chiama ' non-essere ' » (p. 84). Teofrasto, che non era iniziato ai segreti della dottrina e non ne conosceva il linguaggio simbolico, « ha ritenuto che alcune affermazioni parmenidee riguardanti concetti metafisici appartenessero alla fisica » (p. 84). « I verbi *vedere, udire, conoscere* erano molto usati nell'antica speculazione metafisica con questo significato allegorico, e indicavano la percezione diretta nell'ordine della conoscenza trascendente » (p. 85). « Un analogo valore si deve attribuire al verbo αἰσθάνομαι nel discorso parmenideo... L' αἴσθησις rappresenta invece l'intendimento del Divino, che si realizza al di fuori di qualsiasi forma di razionalismo in una presa di coscienza immediata, come sono immediate le percezioni dei sensi » (p. 86). Quello che piú di tutto ci appare poco chiaro è come possa aversi una « percezione » diretta propria delle conoscenza « trascendente ».

[42] πάντα γὰρ ἴσθι φρόνησιν ἔχειν καὶ νώματος αἶσαν: Empedocle B 110.10. Si vedano a questo proposito le osservazioni di VLASTOS, *Equality*, pp. 90-91, sulla non distinzione tra intelligibilità e intelligenza della natura, nella scoperta che la natura è razionale: un atteggiamento che comunque non porta alla « umanizzazione » o « personalizzazione » della natura, ma al contrario ad una « naturalizzazione » di ogni fenomeno, uomo e pensiero compresi.

[43] HOM. *Od.* 18, 136-137: τοῖος γὰρ νόος ἐστὶν ἐπιχθονίων ἀνθρώπων οἷον ἐπ' ἧμαρ ἄγῃσι πατὴρ ἀνδρῶν τε θεῶν τε. L'accostamento a questo passo di Omero, come a quello di Archiloco citato alla nota seguente, è stato fatto da FRÄNKEL, *Parm.*, p. 14 sgg. e ripreso da molti altri studiosi.

[44] Archiloco fr. 68 DIEHL: τοῖος ἀνθρώποισι θυμός, Γλαῦκε, Λεπτίνεω πάι, γίγνεται θνητοῖσ', ὁκοίην Ζεὺς ἐφ' ἡμέρην ἄγῃι, καὶ φρονεῦσι τοῖ', ὁκοίοισ' ἐγκυρέωσιν ἔργμασιν. La traduzione riportata è di PONTANI, *Lirici*, p. 127.

[45] Anche in Omero νόος e θυμός sono «organi» o «funzioni» distinguibili, ma non separabili: piú in generale, gli «organi dell'anima non si distinguono sostanzialmente dagli organi del corpo» (SNELL, *Cult. gr.*, p. 37; ma si veda anche pp. 36-40). Per Archiloco cfr. SNELL, *Cult. gr.*, pp. 92-93. Cfr. anche quanto su Omero e Archiloco in rapporto a Parmenide dicono FRÄNKEL, *loc. cit.* alla n. 43; SCHWABL, *Sein u. Doxa*, pp. 418-421 (p. 419: «Der wesentliche Unterschied ist die abstrakte Sicht, unter der bei Parmenides die 'Weltmächte' gesehen sind»); HAVELOCK, *Cultura orale*, pp. 302-305 n. 17; RUGGIU, *Parm.*, pp. 367-368; PFEIFFER, *Stell. d. Parm. Lehrged.*, pp. 168-169. Sul senso della «situazione» nell'etica greca, dalle origini agli Stoici, si vedano le dense pagine di MARTANO, *Situazione*, e, per una tesi diversa, ISNARDI PARENTE, *Etica*.

[46] Si veda sopra a pp. 43-45 ed a pp. 158-161.

[47] AËT. V 30, 1 (*Dox.* 442) = DK 24 B 4. Cfr. MONDOLFO in ZELLER I, II, pp. 620-623.

[48] THEOPHR. *de sens.* 25 sg. = DK 24 A 5: «Tutte le sensazioni, dice, giungono al cervello e lì s'accordano (ἁπάσας δὲ τὰς αἰσθήσεις συνηρτῆσθαί πως πρὸς τὸν ἐγκέφαλον): ed è appunto per questo che anche s'ottundono quando il cervello si muove e cambia di posto: perché in tal modo ostruisce i canali attraverso i quali passano le sensazioni». Stando a Teofrasto, Alcmeone ha anche analizzato in particolare le singole percezioni ed il meccanismo particolare attraverso cui ogni organo di senso funziona. Inoltre, a differenza ed in piú rispetto a quanto sappiamo di Parmenide, Alcmeone ha stabilito la differenza tra l'uomo e gli altri animali in base al fatto che è propria e solo dell'uomo la facoltà di comprendere — di collegare, di accordare — la molteplicità delle percezioni, mentre agli animali è dato solo il provare sensazioni: «l'uomo differisce dagli altri animali perché esso solo comprende (ξυνίησι); gli altri animali percepiscono (αἰσθάνεται), ma non comprendono (THEOPHR. *de sens.* 25 = DK 24 B 1a)». L'idea dell'armonia, della simmetria come accordo di elementi discordanti era del resto, com'è noto, tipica degli ambienti pitagorici (cfr. a titolo d'esempio Filolao in NICOM. *Arit.* II 19 p. 115,2 = DK 44 B 10) e compare anche nelle notissime obiezioni di Simmia e Cebete nel *Fedone* platonico. Sull'importanza del termine «comprendere» in Parmenide ed Eraclito si veda sopra a pp. 89-91. Su Alcmeone, in particolare, si veda MADDALENA, *Pitag.*; TIMPANARO CARDINI, *Pitag.*; OLIVIERI, *Alcmeone*; WELLMANN, *Alkmaion*; STELLA, *Alcmeone*; LANZA, *Alcmeone*; MARTANO, *Dualità*; CAPRIGLIONE, *Alcmeone*.

[49] DIOG. LAERT. IX 29 = DK 29 A 1.

[50] ARISTOT. *de an.* 408 a 13 = DK 31 A 78; cfr. ARISTOT. *metaph.* 993 a 15.

[51] THEOPHR. *de sens.* 10 e 23 = DK 31 A 86.

[52] SEXT. EMP. *adv. math.* VII 122-124 = DK 31 B 2.

[53] SEXT. EMP. adv. math. VII 124 = DK 31 B 3.

[54] Per comodità del lettore riportiamo i frammenti citati: «Nei flutti del sangue pulsante è nutrito [il cuore], dove principalmente è ciò che negli uomini chiamano pensiero; per gli uomini, infatti, il sangue che circonda il cuore è pensiero» (PORPHYR. de Styge ap. STOB. ecl. I 49,53 = = DK 31 B 105); «Rispetto a ciò che è presente cresce infatti agli uomini la mente» (ARISTOT. metaph. 1009 b 17 = DK 31 8 106); «Da questi elementi tutte le cose risultano connesse e armonizzate e per essi pensano, godono e soffrono» (THEOPHR. de sens. 10 = DK 31 B 107); «Quanto essi diventano diversi, tanto ad essi sempre di pensare cose diverse accade» (ARISTOT. metaph. 1009 b 18 = DK 31 B 108); «Con la terra infatti vediamo la terra, l'acqua con l'acqua, con l'aria l'aria divina, e poi col fuoco il fuoco distruttore, con l'amore l'amore e la contesa con la contesa funesta» (ARISTOT. de an. 404 b 8 = DK 31 B 109); «Se infatti stai saldamente appoggiato grazie al tuo forte senno e benevolmente contempli con attenzione non contaminata, allora tutte queste cose, per tutta la tua vita, ti saranno presenti e molte altre ancora di queste acquisterai; per sé infatti si accrescono queste cose secondo il carattere individuale, ove a ciascuno è la sua vera natura» (HIPPOL. ref. VII 29 = DK 31 B 110,1-5). Il rapporto di questi frammenti con Parmenide B 16 è stato così sottolineato da KAHN, Emp. Soul, p. 26 n. 34: «Both philosophers represent, in a more rigorous way, the general fifthcentury tendency to treat ψυχή as 'the mental correlate of σῶμα' [E.R. DODDS, The Greeks and the Irrational, Berkeley 1956, p. 138]. But both philosophers avoid the ambiguous term ψυχή and speak more concretely of νόος, νοεῖν or φρήν, φρονεῖν».

[55] Sarebbe molto interessante sviluppare un puntuale parallelo tra i due filosofi; ci limitiamo qui a fornire un primo semplice schema, diviso per argomenti, annotando tra parentesi i termini empedoclei che piú esplicitamente richiamano il lessico parmenideo. 1) *Tema della «via»*: Parmenide B 2, B 6, B 8.1-2, B 8.15-18 — Empedocle B 35.15, B 115.8; 2) *Indifferenza del punto d'inizio del discorso*: Parmenide B 5, B 6.9 — Empedocle B 35.1-2 (παλίνορσος); 3) *Necessità d'una esperienza multilaterale*: Parmenide B 1.32, B 8.51-52 e 60, B 19 — Empedocle B 24 (μύθων — cfr. Parmenide B 2.1; ἀτραπόν — cfr. Parmenide B 2.6); 4) *Necessità di un ordine non ingannevole del discorso*: Parmenide B 8.52 — Empedocle B 17.26 (ἀπατηλόν), B 35.1-2; 5) *Né nascita né morte, mutamento-immobilità, ambiguità del concetto di nascita*: Parmenide B 8.13 sgg., B 8.21, B 8.30-49 — Empedocle B 8 (ὀνομάζειν), B 9, B 11 (γίγνεσθαι, οὐκ ἐόν, ἐξόλλυσθαι), B 12 (ἄπυστον), B 13, B 14, B 17.30-35, B 17.3; 6) *Lo Sfero*: Parmenide B 8.42-49 — Empedocle B 26, B 27, B 27a, B 28 (ἴσος), B 29 (ἴσος); 7) *La luna riflette i raggi del sole*: Parmenide B 14, B 15 — Empedocle B 42, B 43, B 47; 8) *Differenziazione dei sessi*: Parmenide B 17,

B 18 — Empedocle B 65, B 67. Non possiamo nemmeno accennare alla abbondante bibliografia su Empedocle; ci limitiamo perciò a ricordare soltanto una recente e suggestiva traduzione dei poemi empedoclei ad opera di GALLAVOTTI, *Emp*. Il Gallavotti offre anche un nuovo ordinamento dei frammenti di Empedocle, dal quale la figura del medico-filosofo-scienziato-poeta acquista una sua fascinosa fisionomia.

[56] ARISTOT. *metaph*. 1009 b 7 = DK 68 A 112.
[57] THEOPHR. *de sens*. 58 = DK 68 A 135.
[58] THEOPHR. *de sens*. 72 = DK 68 A 135.
[59] SEXT. EMP. *adv. math*. VII 135 = DK 68 B 9.
[60] Per l'esame di questo frammento vedi anche alle pp. 124-125.

[61] «Debei versteht man nun gewiss, dass hier von einem Subjektivismus nicht geredet werden kann; weil ja hier nicht das Subjekt Mass der Erkenntnis ist, sondern nur eine strenge Relation zwischen der kosmischen Bedeutung des Subjekts und der kosmischen Bedeutung des vom Subjekt Erfassten aufgestellt ist» (SCHWABL, *Sein. u. Doxa*, p. 417).

[62] Sul valore attivo della conoscenza dell'uomo cfr. sopra a proposito di B 8.51-53. Cfr. ancora MOURELATOS, *The route*, p. 197, a proposito di B 19.3: «In the Parmenides fragments, in the last two of its three occurrences, δόξα is followed and amplified by κατέθεντο (...), an active or volitional rather than a passive or perceptual process».

[63] «Non esiste una differenza di natura tra uomo e mondo: l'uomo è solidale con il mondo, suo momento che muta col variare di quello. In questa luce, compito del fr. 16 è quello di fornire una spiegazione dell'origine dell'uomo, della natura e delle operazioni dei suoi organi e facoltà, conformemente al programma delineato nei frr. 9, 10 e 11» (RUGGIU, *Parm*., p. 384). Sul fondamento «quantitativo» di quel fenomeno «qualitativo» che è l'uomo — a proposito di B 16 — si veda anche quel che giustamente scrive il MANSFELD, *Offenb*., p. 193: dato che gli elementi costitutivi del cosmo sono gli stessi che compongono l'uomo, si può dire che lo «spirito» si muove insieme al mutare del corpo e, quindi, del mondo; questo mutamento quantitativo del rapporto reciproco degli elementi all'interno del composto «uomo» produce perciò un mutamento qualitativo che è l'attività noetica: «Lo spirito è l'aspetto qualitativo delle quantità fisiche, con le quali si identifica».

[64] In questo senso e in questa prospettiva è giusto quanto scrive KAFKA, *Vorsokr*., p. 70: «... non è certamente un caso che la formula della identità di pensiero ed essere, che altrimenti ci serviva, come si poteva matematicamente esprimere, a rappresentare l'Essere (ideale) come funzione del Pensiero (razionale), qui in certo modo viene capovolta nell'inversa formula dalla quale il Pensiero (derivato dai sensi) appare come funzione dell'Essere (materiale)».

INDICE DELLE ABBREVIAZIONI

ABBAGNANO, *St. d. filos.* = N. ABBAGNANO, *Storia della filosofia*, vol. I, Torino 1963².
ADORNO, *Filos. an.* = F. ADORNO, *La filosofia antica*, vol. I, Milano 1961.
ALBERTELLI, *Eleati* = P. ALBERTELLI, *Gli Eleati. Testimonianze e frammenti*, Bari 1939; la traduzione è ora in *I Presocratici*, a cura di G. GIANNANTONI, vol. I, Bari 1969.
ALFIERI, *Atom. id.* = V. E. ALFIERI, *Atomos idea*, Firenze 1953.
ARRIGHETTI, *Orf.* = *Orfici. Frammenti*, a cura di G. ARRIGHETTI, Torino 1959 (1968).
BACCOU, *Histoire* = R. BACCOU, *Histoire de la science grecque de Thalès à Socrate*, Paris 1951.
BEAUFRET, *Le poème* = J. BEAUFRET, *Le poème de Parménide*, Paris 1955.
BERNAL, *St. d. scienza* = J. D. BERNAL, *Science in history*, London 1954; tr. it. di S. B.: *Storia della scienza*, voll. 2, Roma 1956.
BERNAYS, *Herakl.* = J. BERNAYS, *Heraklitische Studien*, in «Rheinisches Museum», Neue Folge 7 (1850), pp. 90-116; poi in *Gesammelte Abhandlungen*, heraus. von H. USENER, 1. Bd., Berlin 1855, pp. 37-73, da dove citiamo.
BERNHARDT, *Pres.* = J. BERNHARDT, *Les présocratiques*, in *Histoire de la Philosophie*, a cura di F. CHÂTELET, vol. I: *La philosophie païenne*, Paris 1972; tr. it. di L. SOSIO, *La filosofia pagana*, Milano 1976, pp. 13-43.
BICKNELL, *Parm. Fr. 10* = P. J. BICKNELL, *Parmenides, Fragment 10*, in «Hermes» 96 (1968), pp. 629-631.
BIGNONE, *Emp.* = E. BIGNONE, *Empedocle*, Torino 1916 (rist. anastatica Roma 1963).
BLOCH, *Ontol. d. Parm.* = K. BLOCH, *Über die Ontologie des Parmenides*, in «Classica et Mediaevalia», 14 (1953), pp. 1-29.
BODRERO, *Parm.* = E. BODRERO, *Parmenide*, in «Sophia» 2 (1934), pp. 3-12.
BOLLACK, *Parm. 4 et 16* = J. BOLLACK, *Sur deux fragments de Parménide (4 et 16)*, in «Revue des études grecques» 70 (1957), pp. 56-71.
BOLLACK, «*Gnomon*» = J. BOLLACK, recensione a K. DEICHGRÄBER,

Parm. Auffahrt, in «Gnomon» 38 (1966), pp. 321-329.
BONNOR, *Universo* = W. BONNOR, *The mistery of the Expanding Universe*, New York 1964; tr. it. di F. BEDARIDA, *Universo in espansione*, Torino 1971.
BORMAN, *Parm.* = K. BORMAN, *Parmenides. Untersuchungen zu den Fragmenten*, Hamburg 1971.
BOUSSOULAS, *Structure* = N. I. BOUSSOULAS, *La structure du mélange dans la pensée de Parménide*, in «Revue de métaphysique et de morale» 69 (1964), pp. 1-13.
BOWRA, *The proem* = C. M. BOWRA, *The proem of Parmenides*, in «Classical Philology» 32 (1937), pp. 97-112; poi in *Problems in Greek Poetry*, Oxford 1953, pp. 38-53. Noi citiamo dall'articolo.
BOWRA, *Esper. gr.* = C. M. BOWRA, *The Greek Experience*, 1957; tr. it. di V. COSENTINO, *L'esperienza greca*, Milano 1962.
BURCKHARDT, *Civ. gr.* = J. BURCKHARDT, *Griechische Kulturgeschichte*, Berlin-Stuttgart 1898-1902; tr. it. di M. ATTARDO MAGRINI, *Storia della civiltà greca*, voll. 2, Firenze 1974².
BURNET, *L'Aurore* = J. BURNET, *Early Greek Philosophy*, London 1892. Noi citiamo dalla tr. francese (condotta sulla II edizione, 1908) di A. REYMOND, *L'Aurore de la philosophie grecque*, Paris 1919.
CALOGERO, *St. eleat.* = G. CALOGERO, *Studi sull'eleatismo*, Roma 1932 e Firenze 1977. Noi citiamo dalla I edizione.
CALOGERO, *Log. ant.* = G. CALOGERO, *Storia della logica antica*, vol. I, Bari 1967.
CALOGERO, *Filos. e med.* = G. CALOGERO, *Filosofia e medicina in Parmenide*, in *Filosofia e scienze in Magna Grecia*, «Atti del V Congresso di studi sulla Magna Grecia» (Taranto, 10-14 ottobre 1965), Napoli 1966, pp. 69-71.
CAMBIANO, *Plat.* = G. CAMBIANO, *Platone e le tecniche*, Torino 1971.
CAMBIANO, *Filos. e sc.* = G. CAMBIANO, *Filosofia e scienza nel mondo antico*, Torino 1976.
CANTARELLA, *Importanza* = R. CANTARELLA, *Importanza della scuola medica salernitana nella cultura dell'Europa medievale*, Salerno 1966.
CANTARELLA, *Lett. gr.* = R. CANTARELLA, *La letteratura greca classica*, Firenze 1967.
CAPIZZI, *Eleatismo* = A. CAPIZZI, *Recenti studi sull'eleatismo*, in «Rassegna di filosofia» 4 (1955), pp. 203-213.
CAPIZZI, *Parm.* = A. CAPIZZI, *Introduzione a Parmenide*, Roma-Bari 1975.
CAPIZZI, *La porta* = A. CAPIZZI, *La porta di Parmenide*, Roma 1975.
CAPIZZI, *Pres.* = A. CAPIZZI, *I presocratici*, Firenze 1972.
CAPIZZI, *Appunti* = A. CAPIZZI, *Appunti di un demistificatore*, in «Rivista critica di storia della filosofia», 32 (1977), pp. 401-405.
CAPRIGLIONE, *Alcmeone* = I. C. CAPRIGLIONE, *A proposito di Alcmeone*

crotoniate, in «Atti del XXVII Congresso Nazionale di Storia della Medicina» (Caserta-Capua-Salerno 1975), Capua 1975.
CARBONARA NADDEI, *Uno-molti* = M. CARBONARA NADDEI, *L'uno-molti nel naturalismo degli Ionici*, in «Sophia» 36 (1968) pp. 56-97 e 224-240.
CARBONARA NADDEI, *Scienza e metaf.* = M. CARBONARA NADDEI, *Scienza e metafisica nei primi filosofi greci*, Napoli 1974.
CASERTANO, *Natura* = G. CASERTANO, *Natura e istituzioni umane nelle dottrine dei sofisti*, Napoli 1971.
CASERTANO, *Introduzione* = G. CASERTANO, *Introduzione ad una nuova lettura di Parmenide*, in «Annali della Facoltà di Lett. e Filos. dell'Università di Napoli», n.s. I (1970-1971), pp. 259-265.
CASERTANO, *Parm.* = G. CASERTANO, *Una nuova lettura di Parmenide*, in «Atti dell'Accademia di Scien. Morali e Politiche della Soc. Nazion. di Scien. Lettere ed Arti in Napoli», LXXXV (1974), pp. 379-421.
CASERTANO, *Fis. e filos.* = G. CASERTANO, *Fisica e filosofia*, Napoli 1975.
CASERTANO, *Discutendo* = G. CASERTANO, *Discutendo di Parmenide*, in «Il Pensiero» 20 (1975), pp. 189-200.
CASERTANO, *Nascita* = G. CASERTANO, *La nascita della filosofia vista dai Greci (morte o rinascita della filosofia?)*, Napoli 1977.
CASINI, *Natura* = P. CASINI, *Natura*, Milano 1975.
CATAUDELLA, *Pres.* = Q. CATAUDELLA, *I frammenti dei presocratici*, Padova 1958.
CHALMERS, *Parm.* = W. R. CHALMERS, *Parmenides and the Beliefs of Mortals*, in «Phronesis» 5 (1960), pp. 5-22.
CHERNISS, *Parm.* = H. F. CHERNISS, *Parmenides and the "Parmenides" of Plato*, in «American Journal of Philology» 53 (1932), pp. 122-138.
CHERNISS, *Criticism* = H. F. CHERNISS, *Aristotle's Criticism of Presocratic Philosophy*, Baltimore 1935.
CHERNISS, *Charact.* = H. F. CHERNISS, *The Chracteristics and Effects of presocratic Philosophy*, in «Journal of the History of Ideas» 12 (1951), pp. 319-345; ora in *Studies in Presocratic Philosophy*, ed. by Furley-Allen, vol. I, pp. 1-28. Noi citiamo da questo volume.
CHERNISS, *History of ideas* = H. F. CHERNISS, *The history of ideas and ancient Greek philosophy*, in «Estudios de historia de la filosofia en homenaje al profesor R. Mondolfo», Tucuman 1957, pp. 93-114.
CHROUST, *Observations* = A.-H. CHROUST, *Some Observations on Aristotle's Doctrine of the Uncreatedness and Indestructibility of the Universe*, in «Rivista critica di storia della filosofia» 32 (1977), pp. 123-143.
CLARK, *Parm.* = R. J. CLARK, *Parmenides and sense-perception*, in «Revue des Études grecques», nn. 389-390/1969, pp. 14-32.
COLEMAN, *Cosmo* = J. A. COLEMAN, *Modern Theories of the Universe*, New York 1963; tr. it. di V. AGOSTINI, *Origine e divenire del cosmo*, Milano 1964.

Colli, *Physis* = G. Colli, *Physis kryptesthai philei*, Milano 1948.
Colli, *Sapienza* = G. Colli, *La sapienza greca*, vol. I, Milano 1977.
Cornford, *Parm.* = F. M. Cornford, *Parmenides' two ways*, in «Classical Quarterly» 27 (1933), pp. 97-111.
Cornford, *Pl. a. Parm.* = F. M. Cornford, *Plato and Parmenides. Parmenides' Way of Truth and Plato's Parmenides translated with an Introduction and a running Commentary*, London 1939 (rist. 1958[4]). Contiene, al cap. II, il saggio sopra citato con alcune modifiche.
Cornford, *Principium* = F. M. Cornford, *Principium Sapientiae*, Cambridge 1952.
Cornford, *From Religion* = F. M. Cornford, *From Religion to Philosophy*, New York 1957.
Covotti, *Finitezza* = A. Covotti, *Intorno alla finitezza dell'essere parmenideo nel testo simpliciano*, in «Atti dell'Accad. di Scien. Mor. e Polit. della Soc. reale di Napoli», 49 (1924). Noi citiamo dall'estratto.
Covotti, *Pres.* = A. Covotti, *I presocratici*, Napoli 1934.
Coxon, *Parm.* = A. H. Coxon, *The Philosophy of Parmenides*, in «Classical Quarterly» 28 (1934), pp. 134-144.
Croiset, *Morale* = M. Croiset, *La Morale et la cité dans les poésies de Solon*, in «Compt. rend. Acad. d. inscrip. et belles lettres», Paris 1903, citato da Vlastos, *Equality*.
Curi, *Pres.* = U. Curi, *I presocratici*, Padova 1967.
Dal Pra, *Storiogr. an.* = M. Dal Pra, *La storiografia filosofica antica*, Milano 1950.
De Broglie, *Scienza* = L. De Broglie, *Sur les sentiers de la science*, Paris 1960; tr. it. di R. Gallino, *Sui sentieri della scienza*, Torino 1962.
Deichgräber, *Parm. Auffahrt* = K. Deichgräber, *Parmenides' Auffahrt zur Göttin des Rechts. Untersuchungen zur Prooimion seines Lehrgedichts*, in «Akad. d. Wiss. und d. Lit. in Mainz» n. 11 (1958); poi in volume, Wiesbaden 1959, da dove citiamo.
Del Basso, *Senofane* = E. Del Basso, *Il divino in Senofane*, in «Atti dell'Accad. di Scien. Mor. e Polit. della Soc. Nazion. di Scienze, Lett. e Arti in Napoli», LXXX (1969), pp. 231-278.
De Ruggiero, *Filos. gr.* = G. De Ruggiero, *La filosofia greca*, vol. I, Bari 1958[8].
De Santillana, *Origini* = G. De Santillana, *The origins of Scientific Thought*, Chicago 1961; tr. it. di G. De Angelis, *Le origini del pensiero scientifico*, Firenze 1966.
De Santillana, *Prol.* = G. De Santillana, *Prologo a Parmenide*, in «De Homine» nn. 22-23/1967, pp. 3-50; poi in *Prologo a Parmenide e altri saggi*, Roma 1971. Noi citiamo dalla rivista.
Detienne, *I maestri* = M. Detienne, *Les maîtres de vérité dans la Grèce*

archaïque, Paris 1967; tr. it. di A. FRASCHETTI, *I maestri di verità nella Grecia arcaica*, Roma-Bari 1977.

DIEHL = E. DIEHL, *Anthologia Lyrica Graeca*, I 1-3 (curante R. BEUTLER), Lipsiae 1949-1952[3]; I 4, II 5, ibid. 1936-1942[2], *Supplementum*, ibid. 1942.

DIELS, *Parm.* = H. DIELS, *Parmenides' Lehrgedicht*, Berlin 1897.

DK = H. DIELS-W. KRANZ, *Die Fragmente der Vorsokratiker*, voll. 3, Dublin/Zürich 1968[13].

DIÈS, *Autour* = A. DIÈS, *Autour de Platon*, Paris 1972 (I ed. 1926).

DREYER, *Astronom.* = J. L. E. DREYER, *Storia dell'astronomia da Talete a Keplero*, Milano 1970.

DÜRING, *Aristot.* = I. DÜRING, *Aristoteles. Darstellung und Interpretation seines Denkens*, Heidelberg 1966; tr. it. di P. DONINI, *Aristotele*, Milano 1976.

EINSTEIN-INFELD, *Fisica* = A. EINSTEIN-L. INFELD, *The Evolution of Physics*, New York 1938; tr. it. di A. GRAZIADEI, *L'evoluzione della fisica*, Torino 1960.

ENRIQUES, *St. d. logica* = F. ENRIQUES, *Per la storia della logica*, Bologna 1922.

ENRIQUES-DE SANTILLANA, *St. d. pens. sc.* = F. ENRIQUES-G. DE SANTILLANA, *Storia del pensiero scientifico*, vol. I, Bologna 1932.

FAGGI, *Parm.* = A. FAGGI, *Parmenide di Elea e il concetto dell'essere*, in « Atti della Reale Accad. delle Scien. di Torino » 67 (1932), pp. 293-308.

FARRINGTON, *Sc. e politica* = B. FARRINGTON, *Science and Politics in the Ancient World*, London 1946; tr. it. di A. ROTONDÒ, *Scienza e politica nel mondo antico*, Milano 1960.

FARRINGTON, *Lavoro* = B. FARRINGTON, *Head and Hand in Ancient Grece*, London 1947; tr. it. di A. OMODEO, *Lavoro intellettuale e lavoro manuale nell'antica Grecia*, Milano 1970[2].

FARRINGTON, *Scien. gr.* = B. FARRINGTON, *Greek Science*, Harmondsworth 1953; tr. it. di G. GNOLI, *Storia della scienza greca*, Milano 1964.

FINLEY, *Ant. gr.* = M. I. FINLEY, *The Ancient Greeks*, London 1963; tr. it. di F. CODINO, *Gli antichi greci*, Torino 1965.

FRÄNKEL, *Parm.* = H. FRÄNKEL, *Parmenidesstudien*, in « Nachrichten der Götting. Gesellsch. der Wissenschaften » 30 (1930), pp. 153-192; poi in *Wege und Formen frühgriechischen Denkens, Literarische und philosophie-geschichtliche Studien*, München 1955 (II ed. 1960); ed ora in *Studies in Presocratic Philosophy,* ed Furley - Allen vol. II, pp. 1-47; noi citiamo da questa traduzione inglese.

FRÄNKEL, *Dicht. u. Philos.* = H. FRÄNKEL, *Dichtung und Philosophie des frühen Griechentums. Eine Geschichte der griechischen Literatur von Homer bis Pindar*, New York 1951 (München 1962).

FRANKFORT, *Concezioni* = H. e H. A. FRANKFORT, J. A. WILSON, TH. JACOBSEN, W. A. IRWIN, *The intellectual Adventure of Ancient Man. An Essay on Speculative Thought in the Ancient Near Est*, Chicago 1946; tr. it. di E. ZOLLA, *La fisolofia prima dei Greci. Concezioni del mondo in Mesopotamia, nell'antico Egitto e presso gli Ebrei*, Torino 1963.

FREEMAN, *Pre-socr.* = K. FREEMAN, *The Pre-socratics Philosophers*, Oxford 1946.

VON FRITZ, *Rolle d.* νοῦς = K. VON FRITZ, *Die Rolle des* νοῦς, in *Um die Begriffswelt der Vorsokratiker*, herausg. von H. G. GADAMER, Darmstadt 1968, pp. 246-363. In questo volume, dal quale noi citiamo, sono ristampati nella tr. ted. di P. WILPERT i tre articoli del von Fritz: NOUΣ *und NOEIN in den Homerischen Gedichten*, apparso in « Classical Philology » 38 (1943), pp. 79-93; ΝΟΥΣ, NOEIN *und ihre Ableitungen in der Vorsokratischen Philosophie (mit Ausschluss des Anaxagoras)*, ibid. 40 (1945), pp. 223-242; *Die Zeit nach Parmenides*, ibid. 41 (1946), 12-34, con l'aggiunta di un *Nachtrag 1967*.

GADAMER, *Retrakt.* = H. G. GADAMER, *Retraktationen zum Lehrgedicht des Parmenides*, in *Varia Variorum. Festgabe für K. Reinhardt*, Münster/Köln 1952, pp. 58-68.

GALLAVOTTI, *Emp.* = EMPEDOCLE, *Poema fisico e lustrale*, a cura di C. GALLAVOTTI, Milano 1975.

GENTILE, *Metafisica* = M. GENTILE, *La metafisica presofistica*, Padova 1939.

GEYMONAT, *St. d. pens.* = L. GEYMONAT, *Storia del pensiero filosofico e scientifico*, vol. I, Milano 1970.

GIANNANTONI, *Pres.* = G. GIANNANTONI, *I presocratici*, in *Storia della filosofia*, diretta da Mario Dal Pra, vol. III, Milano 1975, pp. 3-86.

GIGANTE, *Velina gens* = M. GIGANTE, *Velina gens*, in « La parola del passato » 1964, pp. 135-137.

GIGANTE, *Parm. Ul.* = M. GIGANTE, *Parmenide Uliade*, in « La parola del passato » 1964, pp. 450-452.

GIGANTE, *Parm. e i med.* = M. GIGANTE, *Parmenide e i medici nelle nuove iscrizioni di Velia*, in « Rivista di Filologia e di istruzione classica » 95 (1967), pp. 487-490.

GIGON, *Untersuch.* = O. GIGON, *Untersuchungen zu Heraklit*, Leipzig 1935.

GIGON, *Urspr.* = O. GIGON, *Der Ursprung der griechischen Philosophie von Hesiod bis Parmenides*, Basel 1945.

GILARDONI, *Parm.* = PARMENIDE, *I frammenti*, tr. di B. SALUCCI, intr. e comm. di G. GILARDONI, Firenze 1969.

GILBERT, *Die* Δαίμων = O. GILBERT, *Die* Δαίμων *des Parmenides*, in « Archiv für Geschichte der Philosophie » 20 (1907), pp. 25-45.

GOMPERZ, *Pens. gr.* = TH. GOMPERZ, *Griechische Denker (Eine Geschichte der antiken Philosophie)*, Leipzig 1896-1909; tr. it. di L. BANDINI, *Pen-*

satori greci. Storia della filosofia antica, vol. I, Firenze 1967 (II rist. della 3ª edizione).
GUTHRIE, *Gr. Philos.* = W. K. C. GUTHRIE, *A history of Greek Philosophy*, voll. 5, Cambridge 1965-1978. Di Parmenide si tratta nel vol. II.
VAN HAGENS, *Parm.* = B. VAN HAGENS, *Parmenide*, Brescia s.d.
HAVELOCK, *Cultura orale* = E. A. HAVELOCK, *Preface to Plato*, Cambridge, Mass. 1963; tr. it. di M. CARPITELLA, *Cultura orale e civiltà della scrittura. Da Omero a Platone*, Roma-Bari 1973.
HEGEL, *Lezioni* = G. W. F. HEGEL, *Vorlesungen über die Geschichte der Philosophie*, 1840-44[2]; tr. it. di E. CODIGNOLA-G. SANNA, *Lezioni sulla storia della filosofia*, vol. I, Firenze 1967.
HEISENBERG, *Fisica e filosofia* = W. HEISENBERG, *Physics and Philosophy*, 1958; tr. it. di G. GNOLI, *Fisica e filosofia*, Milano 1963.
HEITSCH, *Gegenwart u. Evidenz* = E. HEITSCH, *Gegenwart und Evidenz bei Parmenides*, in «Abhandlungen der Geistes- und Sozialwissenschaftlichen Klasse. Verlag der Akademie der Wissenschaften und der Literatur. Mainz», Wiesbaden 1970 (n. 4).
HEITSCH, *Evidenz* = E. HEITSCH, *Evidenz und Wahrscheinlichkeitsaussagen bei Parmenides*, in «Hermes» 102 (1974), pp. 411-419.
HEITSCH, *Parm.* = E. HEITSCH, *Parmenides. Die Anfänge der Ontologie, Logik und Naturwissenschaft*, München 1974.
HIRZEL, *Themis* = R. HIRZEL, *Themis, Dike und Verwandtes*, Leipzig 1907.
HOFFMANN, *Sprache u. Logik* = E. HOFFMANN, *Die Sprache und die archaische Logik*, Tübingen 1925.
HÖLSCHER, *Studien* = U. HÖLSCHER, *Anfängliches Fragen. Studien zur frühen griechischen Philosophie*, Göttingen 1968.
HÖLSCHER, *Parm.* = U. HÖLSCHER, *Parmenides: von Wesen des Seienden*, Frankfort a. M. 1969.
HUSSEY, *Pres.* = E. HUSSEY, *The Presocratics*, London 1972; ora anche nella tr. it. di L. RAMPELLO, *I presocratici*, Milano 1977. Noi abbiamo citato e tradotto dall'edizione inglese.
HYLAND, *Origins* = D. A. HYLAND, *The Origins of Philosophy. From Myth to Meaning*, New York 1973.
IMBRAGUGLIA, *Ordin. assiom. nei fr. parm.* = G. IMBRAGUGLIA, *L'ordinamento assiomatico nei frammenti parmenidei*, Milano 1974.
INFELD, *Einstein* = L. INFELD, *Albert Einstein*, New York; tr. it. di O. NICOTRA, *Albert Einstein*, Torino 1962.
ISNARDI PARENTE, *Théophr.* = M. ISNARDI PARENTE, *Théophraste, Metaphysica 6 a 23 sgg.*, in «Phronesis» 16 (1971), pp. 49-64.
ISNARDI PARENTE, *Etica* = M. ISNARDI PARENTE, *Etica situazionale nell'antica Stoa?*, in AA.VV., *L'etica della situazione. Studi raccolti da P. Piovani*, Napoli 1974, pp. 39-54.

ISNARDI PARENTE, *Parm. e Socr.* = M. ISNARDI PARENTE, *Parmenide e Socrate demistificati*, in « Rivista critica di storia della filosofia » 31 (1976), pp. 422-436.
JAEGER, *Paid.* = W. JAEGER, *Paideia. Die Formung des griechischen Menschen*, Berlin 1936[2]; tr. it. di L. EMERY, *Paideia. La formazione dell'uomo greco*, vol. I, Firenze 1970.
JAEGER, *Teol.* = W. JAEGER, *Die Theologie der frühen griechischen Denker*, Stuttgart 1953; tr. it. di E. POCAR, *La teologia dei primi pensatori greci*, Firenze 1967.
JANTZEN, *Nachrichten* = J. JANTZEN, *Nachrichten von einer Seins Kugel*, in « Philosophische Rundschau » 20 (1974), pp. 210-223.
JANTZEN, *Parm.* = J. JANTZEN, *Parmenides zum Verhältnis von Sprache und Wirklichkeit* (Zetemata 63), München 1976.
JASPERS, *Gross. Philos.* = K. JASPERS, *Die Grossen Philosophen*, München 1957; tr. it. (insieme a *Nikolaus Cusanus*, München 1964) di F. COSTA, *I grandi filosofi*, Milano 1973. Citiamo da questa traduzione.
JESI, *Mito* = F. JESI, *Mito*, Milano 1973.
JOËL, *Gesch. d. an. Philos.* = K. JOËL, *Geschichte der antiken Philosophie*, 1. Bd., Tübingen 1921.
KAFKA, *Vorsokr.* = F. KAFKA, *Die Vorsokratiker*, München 1921.
KAHN, *Anaxim.* = H. KAHN, *Anaximander, and the Origins of Greek Cosmology*, New York 1960.
KANT, *Ragion pura* = I. KANT, *Critica della ragione pura*, a cura di G. GENTILE e G. LOMBARDO RADICE, VII ed. riveduta da V. MATHIEU, voll. 2, Bari 1959.
KARSTEN = *Philosophorum Graecorum veterum... reliquiae, recensuit...* S. KARSTEN, vol. I, pars altera: *Parmenides*, Amstelodami 1835.
KIRK, *Miti* = G. S. KIRK, *The Nature of Greeks Myths*, Harmondsworth 1974; tr. it. di M. CARPITELLA, *La natura dei miti greci*, Roma-Bari 1977.
KIRK-RAVEN, *Pres. Philos.* = G. S. KIRK-J. E. RAVEN, *The Presocratic Philosophers: a Critical History with a Selection of Texts*, Cambridge 1961.
KOJÈVE, *Essai* = A. KOJÈVE, *Essai d'une histoire raisonnée de la philosophie päienne*, Tome I, *Les Presocratiques*, Paris 1968.
KOYRÉ, *Dal mondo* = A. KOYRÉ, *Du monde de l'« à-peu-près » à l'univers de la précision*, in *Etudes d'histoire de la pensée philosophique*, Paris 1961; tr. it. di P. ZAMBELLI, *Dal mondo del pressappoco all'universo della precisione*, Torino 1967.
KRANZ, *Aufbau u. Bedeutung* = W. KRANZ, *Ueber Aufbau und Bedeutung des Parmenideischen Gedichtes*, in « Sitzungsberichte der königl. Preussischen Akademie der Wissensch. » 47 (1916), pp. 1158-1176.
KRANZ, *Vorsokr.* = W. KRANZ, *Vorsokratisches*, in « Hermes » 69 (1934), pp. 114-119 e 226-228.

LANZA, *Alcmeone* = D. LANZA, *Un nuovo frammento di Alcmeone*, in «Maia» 17 (1965), pp. 278-280.
LANZA, *Anassagora* = ANASSAGORA, *Testimonianze e frammenti*, a cura di D. LANZA, Firenze 1966.
LASCARIS, *Parm.* = C. LASCARIS, *Parmenides: sobra la naturaleza*, in «Revista de filosofia de la Universidad de Costa Rica» 13 (1975), pp. 1-55.
LAURENTI, *Introduzione* = R. LAURENTI, *Introduzione a Talete, Anassimandro, Anassimene*, Bari 1971.
LESKY, *Lett. gr.* = A. LESKY, *Geschichte der griechischen Literatur*, Berna 1957-1958; tr. it. di F. CODINO, *Storia della letteratura greca*, vol. I, Milano 1973⁴.
LEVI, *Parm.* = A. LEVI, *Sulla dottrina di Parmenide e sulla teoria della* Δόξα, in «Athenaeum» 15 (1927), pp. 269-287. Noi citiamo dall'estratto.
LIDDEL-SCOTT = H.G. LIDDEL-R. SCOTT, *A Greek-English Lexicon*, Oxford, ristampa 1968 della nona edizione (1940).
LLOYD, *Hot and Cold* = G.E.R. LLOYD, *Hot and Cold, Dry and Wet in Early Greek Thought*, in «Journal of Hellenic Studies» 84 (1964), pp. 92-106; ora in *Studies in Presocratic Philosophy*, ed. Furley-Allen, vol. I, pp. 255-280. Citiamo dal volume.
LLOYD, *Polar. a. Anal.* = G.E.R. LLOYD, *Polarity and Analogy*, Cambridge 1966.
LLOYD, *Scien. d. gr.* = G.E.R. LLOYD, *Early Greek Science: Thales to Aristotle*, London 1970; *Greek Science after Aristotle*, London 1973; tradotti in it. da A. SALVADORI e L. LIBUTTI, *La scienza dei Greci*, Roma-Bari 1978.
LOENEN, *Parm.* = J.H.M.M. LOENEN, *Parmenides, Melissus, Gorgias. A Reinterpretation of Eleatic Philosophy*, Assen 1959.
LOEW, *Lehrged.* = E. LOEW, *Das Lehrgedicht des Parmenides. Eine Kampfschrift gegen die Lehre Heraklits*, in «Rheinisches Museum» 79 (1930), pp. 109-214.
LOEW, *Verhältnis* = E. LOEW, *Das Verhältnis von Logik und Leben bei Parmenides*, in «Wiener Studien» 53 (1935), pp. 1-36.
LONG, *Principles* = A.A. LONG, *The Principles of Parmenides' Cosmogony*, in «Phronesis» 8 (1963), pp. 90-107; ora in *Studies in Presocratic Philosophy*, ed. Furley-Allen, vol. II, pp. 82-101. Noi citiamo da questo volume.
LONGO, *Aristot.* = ARISTOTELE, *De caelo*. Introduzione, testo critico, traduzione e note di O. LONGO, Firenze 1962.
MADDALENA, *Cosmologia* = A. MADDALENA, *Sulla cosmologia ionica da Talete a Eraclito*, Padova 1940.
MADDALENA, *Pitag.* = A. MADDALENA, *I Pitagorici*, Bari 1954.

Maddalena, *Ionici* = A. Maddalena, *Ionici. Testimonianze e frammenti,* Firenze 1970.
Mansfeld, *Offenb.* = J. Mansfeld, *Die Offenbarung des Parmenides und die menschliche Welt,* Assen 1964.
Mansfeld, *Parm. B 2.1* = J. Mansfeld, *Parmenides Fr. 2,1,* in «Rheinisches Museum» 109 (1966), p. 95 sg.
Martano, *Emp.* = G. Martano, *Bagliori della chimica moderna in Empedocle d'Agrigento,* in «ΚΩΚΑΛΩΣ» IX (1963), pp. 3-18; poi in *Studi di storia del pensiero antico,* Napoli-Firenze 1968, pp. 53-81. Citiamo dal volume.
Martano, *Dualità* = G. Martano, *La dualità nel pensiero di Alcmeone di Crotone,* in «Atti dell'Accad. di Scienze Mor. e Pol. della Soc. Nazionale di Scienze, Lettere ed Arti in Napoli» 78 (1967); poi in *Studi di storia del pensiero antico,* Napoli-Firenze 1968, pp. 39-52.
Martano, *Contr. sicel.* = G. Martano, *Il «senso del concreto» nei contributi sicelioti alla storia del pensiero greco,* in «ΚΩΚΑΛΩΣ» XIV-XV (1968-1969), pp. 280-294; poi in *Studi di storia del pensiero antico,* Napoli-Firenze 1968, pp. 83-105.
Martano, *Contr. e dial.* = G. Martano, *Contrarietà e dialettica nel pensiero antico.* Vol. I, *Dai Milesii ad Antifonte,* Napoli 1972.
Martano, *Situazione* = G. Martano, *Senso della «situazione» nell'etica greca,* in AA.VV., *L'etica della situazione. Studi raccolti da P. Piovani,* Napoli 1974, pp. 3-35.
Martano, *Plat.* = Platone, *La «divina follia»,* a cura di G. Martano e R. Laurenti, Firenze 1977.
Mc Diarmid, *Theophrastus* = J.B. Mc Diarmid, *Theophrastus on the presocratic causes,* in «Harvard Studies in Classical Philology» 61 (1953), pp. 85-156; ora in *Studies in Presocratic Philosophy,* ed. Furley-Allen, vol. I, pp. 178-238. Noi citiamo dal volume.
Merlan, *Parm.* = Ph. Merlan, *Neues Licht auf Parmenides,* in «Archiv für Geschichte der Philosophie» 48 (1966), pp. 267-276.
Mieli, *Le scuole* = A. Mieli, *Le scuole ionica, pythagorica ed eleata,* Firenze 1916.
Milhaud, *Les Philos.* = G. Milhaud, *Les philosophes-géomètres de la Grèce. Platon et ses prédécesseurs,* Paris 1960; rist. anast. New York 1976.
Millán Puelles, *Ente de Parm.* = A. Millán Puelles, *Para una interpretaciòn del ente de Parménides,* in «Actas del Primer Congreso Nacional de filosofia argentina», II, Mendoza 1949, pp. 830-832.
Mondolfo, *Problemi* = R. Mondolfo, *Problemi del pensiero antico,* Bologna 1936.
Mondolfo, *Sfericità* = R. Mondolfo, *La prima affermazione della sfericità della terra,* in «Rendic. d. Cl. di Scien. mor. dell'Accad. delle

Scienze di Bologna» 1938; ora in *Momenti del pensiero greco e cristiano*, Napoli 1964, pp. 101-117.
MONDOLFO, *Pens. ant.* = R. MONDOLFO, *Il pensiero antico. Storia della filosofia greco-romana esposta con testi scelti dalle fonti*, Firenze 1950.
MONDOLFO, *Comprensione* = R. MONDOLFO, *La comprensiòn del sujeto humano en la cultura antigua*, Buenos Aires 1955; tr. it. di L. BASSI, *La comprensione del soggetto umano nell'antichità classica*, Firenze 1967 (rist. della I ed. del 1958).
MONDOLFO, *Infinito* = R. MONDOLFO, *L'infinito nel pensiero dell'antichità classica*, Firenze 1967 (I ed. 1956).
MONDOLFO, *Discussioni* = R. MONDOLFO, *Discussioni su un testo parmenideo*, in «Rivista critica di storia della filosofia» 19 (1964), pp. 310-315.
MONDOLFO, *Eracl.* = ERACLITO, *Testimonianze e imitazioni*, a cura di R. MONDOLFO e L. TARÁN, Firenze 1972.
MONTANO, *Una proposta* = A. MONTANO, *Una proposta metodologica per lo studio di Parmenide*, in «Atti dell'Accad. di Scien. Mor. e Pol. della Soc. Nazion. di Scienze, Lettere ed Arti in Napoli», 87 (1976), pp. 109-113.
MONTERO MOLINER, *Parm.* = F. MONTERO MOLINER, *Parménides*, Madrid 1960.
MOURELATOS, *Mind* = A.P.D. MOURELATOS, *Mind's Commitment to the Real: Parmenides B 8.34-41*, in *Essays in Ancient Greek Philosophy*, ed by J.P. ANTON with G.L. KUSTAS, Albany 1972². Questo saggio del 1967 costituisce ora il cap. 7 di MOURELATOS, *The route*, dal quale citiamo.
MOURELATOS, *The route* = A.P.D. MOURELATOS, *The route of Parmenides. A study of Word, Image and Arguments in the Fragments*, New Haven and London 1970 (il cap. 9 di questo libro è stato ristampato con revisioni in *The Pre-Socratics. A Collection of Critical Essays*, ed. by A.P.D. MOURELATOS, New York 1974.
MOURELATOS, *Determinacy* = A.P.D. MOURELATOS, *Determinacy and Indeterminacy, Being and Non-Being in the Fragments of Parmenides*, in «Canadian Journal of Philosophy», Suppl. Vol. II (1976), pp. 45-60.
MULLACH = *Fragmenta Philosophorum Graecorum* collegit... F.G.A. MULLACHIUS, voll. 3, Parisiis 1883.
NESTLE, *Mythos* = W. NESTLE, *Vom Mythos zum Logos*, Stuttgart 1940.
OLIVIERI, *Alcmeone* = A. OLIVIERI, *Alcmeone di Crotone*, in «Memorie della Reale Accademia di Archeologia, Lettere e Belle Arti», Napoli 1917; poi in *Civiltà greca nell'Italia Meridionale*, Napoli 1931, pp. 107-145.
OWEN, *El. quest.* = G.E.L. OWEN, *Eleatic Questions*, in «Classical Quar-

terly» 10 (1960), pp. 84-102; ora in *Studies in Presocratic Philosophy*, ed Furley-Allen, vol. II, pp. 48-81. Citiamo dal volume.
OWEN, *Pl. a. Parm.* = G.E.L. OWEN, *Plato and Parmenides on the Timeless Present*, in «The monist» 50 (1966), pp. 317-340. Ora nel volume *The Pre-Socratics*, ed. by A.P.D. MOURELATOS, New York 1974, dal quale citiamo.
OWENS, *A history* = J. OWENS, *A history of Ancient Western Philosophy*, New York 1959.
PACCHI, *Materia* = A. PACCHI, *Materia*, Milano 1976.
PACI, *Pens. pres.* = E. PACI, *Storia del pensiero presocratico*, Torino 1957.
PAGALLO, *Parm.* = G. F. PAGALLO, *Parmenide*, in «Enciclopedia filosofica», II ed., Firenze 1967.
PAGLIARO, *Log.* = A. PAGLIARO, *Logica e grammatica*, in «Ricerche linguistiche» 1/1950, pp. 1-57.
PASQUINELLI, *Pres.* = A. PASQUINELLI, *I presocratici*, Torino 1958.
PATIN, *Parm.* = A. PATIN, *Parmenides im Kampfe gegen Heraklit*, in «Jahrbücher für klassische Philologie» 25. Supplementband (1899), pp. 489-660.
PFEIFFER, *Stell. d. Parm. Lehrged.* = H. PFEIFFER, *Die Stellung des Parmenideischen Lehrgedichtes in der epischen Tradition*, Bonn 1975.
PLANCK, *Mondo fisico* = M. PLANCK, *Wege zur physikalischen Erkenntnis* (1908-1933) e *Wissenschaftliche Selbstbiographie* (1936-1947); tr. it. di E. PERSICO-A. GAMBA, *La conoscenza del mondo fisico*, Torino 1964.
POHLENZ, *L'uomo greco* = M. POHLENZ, *Der Hellenische Mensch*, Göttingen 1947; tr. it. di B. PROTO, *L'uomo greco*, Firenze 1967.
PONTANI, *Lirici* = *I lirici greci*, tr. it. di F.M. PONTANI, Torino 1969.
POPPER, *Pres.* = K.R. POPPER, *Back to the Presocratics*, in «Proceedings of the Aristotelian Society» 59 (1958-1959), pp. 1-24; poi in *Conjectures and Refutations*, London 1963. Tr. it. di G. PANCALDI, *Congetture e confutazioni*, vol. I, Bologna 1972, pp. 235-264. A questo articolo fu aggiunta un'appendice e degli *addenda* che si trovano, rispettivamente, alle pp. 264-285 del I vol. e pp. 685-700 del II vol. della traduzione italiana di *Congetture e confutazioni*.
POPPER, *Parm.* = K.R. POPPER, *Ulteriori osservazioni sui presocratici, e in particolare su Parmenide* (1968), *addenda* n. 8. Vedi POPPER, *Pres.*
PRETI, *Pres.* = G. PRETI, *I presocratici*, Milano 1942.
PRETI, *St. d. pens. sc.* = G. PRETI, *Storia del pensiero scientifico*, Milano 1957 (ora Milano 1975).
PRETI, *Log. el.* = G. PRETI, *Sulla logica degli eleati*, nota postuma in «Rivista critica di storia della filosofia» 31 (1976), pp. 82-84.
PRIER, *Arch. Logic* = R.A. PRIER, *Archaic Logic: Symbol and Structure in Heraclitus, Parmenides and Empedocles*, The Hague-Paris 1976.
PUGLIESE CARRATELLI, Φώλαρχος = G. PUGLIESE CARRATELLI, Φώλαρχος, in «La parola del passato» 1963, p. 385 sgg.

PUGLIESE CARRATELLI, Ηαρμ. φυσ. = G. PUGLIESE CARRATELLI, Παρμενίδης φυσικός, in «La parola del passato» 1965, p. 306.
PUGLIESE CARRATELLI, *Ancora su* φώλαρχος = G. PUGLIESE CARRATELLI, *Ancora su* φώλαρχος, in «La parola del passato» 1970, pp. 243-248.
RAVEN, *Pythag. a. El.* = J. E. RAVEN, *Pythagoreans and Eleatics*, Cambridge 1948.
REALE, *Teofr.* = G. REALE, *Teofrasto e la sua aporetica metafisica*, Brescia 1964.
REALE, *Eleati* = E. ZELLER-R. MONDOLFO, *La filosofia dei Greci nel suo sviluppo storico*, parte I, vol. III a cura di G. REALE, Firenze 1967.
REALE, *Aristot.* = ARISTOTELE, *La metafisica*, Traduzione, introduzione e commento a cura di G. REALE, voll. 2, Napoli 1968.
REALE, *Melisso* = MELISSO, *Testimonianze e frammenti*, a cura di G. REALE, Firenze 1970.
REALE, *Problemi* = G. REALE, *I problemi del pensiero antico dalle origini ad Aristotele*, Milano 1972.
REINHARDT, *Parm.* = K. REINHARDT, *Parmenides und die Geschichte der griechischen Philosophie*, Bonn 1916 (Frankfurt a. M. 1959).
REPICI, *Teofr.* = L. REPICI, *La logica di Teofrasto*, Bologna 1977.
RIEZLER, *Parm.* = K. RIEZLER, *Parmenides*, Frankfurt a. M. 1934.
RIVERSO, *Natura* = E. RIVERSO, *Natura e logo*, Napoli 1966.
ROBIN, *Pens. gr.* = L. ROBIN, *La pensée grecque et les origines de l'esprit scientifique*, Paris 1923; tr. it. di P. SERINI, *Storia del pensiero greco*, Torino 1951 (Milano 1962).
ROBINSON, *Introduction* = J.M. ROBINSON, *An Introduction to Early Greek Philosophy*, Boston 1968.
RODIER, *Études* = G. RODIER, *Études de philosophie grecque*, Paris 1957.
ROHDE, *Psiche* = E. ROHDE, *Psyche. Seelencult und Unsterblichkeitsglaube der Griechen*, Freiburg in Brisgau 1890-1894; tr. it. di E. CODIGNOLA-A. OBERDORFER, *Psiche. Culto delle anime e fede nell'immortalità presso i Greci*, Bari 1914-1916. Noi citiamo dalla ristampa in due voll., Bari 1970.
ROSS, *Aristot. Metaph.* = W.D. ROSS, *Aristotle's Metaphysics*, Oxford 1924, vol. I.
ROSSETTI, *Aporie di Parm.* = L. ROSSETTI, *Le aporie di Parmenide*, in «Logos» 1974, pp. 171-177.
ROSTAGNI, *Pitag.* = A. ROSTAGNI, *Il verbo di Pitagora*, Torino 1924.
RUGGIU, *Parm.* = L. RUGGIU, *Parmenide*, Venezia-Padova 1975.
RUSSO, *Aristot.* = ARISTOTELE, *La fisica*, a cura di A. RUSSO, Bari 1968.
SAINATI, *Parm. e Prot.* = V. SAINATI, *Tra Parmenide e Protagora*, in «Filosofia» 16 (1965), pp. 49-110. Noi citiamo dall'estratto.
SAMBURSKY, *Mondo fisico* = S. SAMBURSKY, *The physical world of Greeks*, London 1965; tr. it. di V. GEYMONAT, *Il mondo fisico dei Greci*, Milano 1967.

SCHUHL, *Essai* = P.M. SCHUHL, *Essai sur la formation de la pensée grecque*, Paris 1949².
SCHWABL, *Sein u. Doxa* = H. SCHWABL, *Sein und Doxa bei Parmenides*, in « Wiener Studien » 66 (1953), pp. 50-75; ora in *Um die Begriffswelt der Vorsokratiker*, herausg. von H.G. GADAMER, Darmstadt 1968, pp. 391-422. Noi citiamo da questa miscellanea.
SCHWABL, *Theogonie* = H. SCHWABL, *Zur Theogonie bei Parmenides und Empedokles*, in « Wiener Studien » 70 (1957), pp. 278-289.
SICHIROLLO, *Aristot.* = L. SICHIROLLO, *Aristotelica*, in « Studi Urbinati » 27 (1953), pp. 220-264 e 28 (1954), pp. 387-405.
SNELL, *Cult. gr.* = B. SNELL, *Die Entdeckung des Geistes. Studien zur Entstehung des europäische Denkens bei den Griechen*, Hamburg 1955³; tr. it. di V. DEGLI ALBERTI e A. SOLMI MARIETTI, *La cultura greca e le origini del pensiero europeo*, Torino 1963².
SNELL, *Pindarus* = PINDARUS, edidit B. SNELL, *pars altera*, Fragmenta, Leipzig 1964.
SNELL, *Poes. e soc.* = B. SNELL, *Dichtung und Gesellschaft*, Hamburg 1965; tr. it. di F. CODINO, *Poesia e società. L'influsso dei poeti sul comportamento sociale della Grecia antica*, Bari 1971.
SOMIGLIANA, *Equivalenza* = A. SOMIGLIANA, *Come interpretare in Parmenide l'equivalenza tra « sentire » e « pensare »*, in « Sophia » n. 1-2/1969, pp. 83-86.
SOMIGLIANA, *Le due vie di P.* = A. SOMIGLIANA, *Le due vie di Parmenide nel quadro speculativo del pensiero antico*, in « Sophia » n. 3-4/1971, pp. 269-277.
SOMVILLE, *Parm.* = P. SOMVILLE, *Parménide d'Élée. Son Temps et le nôtre*, Paris 1976.
STEFANINI, *Parm.* = L. STEFANINI, *Essere e immagine in Parmenide*, in « Giornale critico della filosofia italiana » 31 (1952), pp. 35-69. Noi citiamo dall'estratto.
STEIN, *Die Fr. d. Parm.* = H. STEIN, *Die Fragmente des Parmenides*, in « Symbola Philologorum Bonnensium », Lipsiae 1863-67, p. 765 sgg.
STELLA, *Alcmeone* = L.A. STELLA, *Importanza di Alcmeone nella storia del pensiero greco*, Roma 1939.
Storia d. sc. = *Histoire de la science*, a cura di M. DAUMAS, Paris 1957; tr. it. di AA.VV., *Storia della scienza*, voll. 2, Bari 1969.
Studies in Presocratic Philosophy = *Studies in Presocratic Philosophy*, ed. by D.J. FURLEY and R.E. ALLEN; vol. I, *The Beginnings of Philosophy*, London 1970; vol. II, *The Eleatics and Pluralists*, London 1975.
SZABÓ, *Gesch. d. Dial.* = Á. SZABÓ, *Zur Geschichte der Dialektik des Denkes*, in « Acta Antiqua Academiae Scientiarum Hungaricae » 2 (1953-54), pp. 17-57.
SZABÓ, *Scienze* = Á. SZABÓ, *Scienze in Magna Grecia*, nel vol. miscellaneo

Filosofia e scienze in Magna Grecia, « Atti del V Congresso di Studi sulla Magna Grecia. Taranto 10-14 ottobre 1965 », Napoli 1966.

TANNERY, Pour l'histoire = P. TANNERY, Pour l'histoire de la science helléne, Paris 1930[2] (I ed. 1887).

TARÁN, Parm. = L. TARÁN, Parmenides. A text with traslation, commentary and critical essays, Princeton 1965.

TESTA, Essere e divenire = A. TESTA, Essere e divenire nei monisti presocratici, Urbino 1966.

THOMSON, Primi filos. = G. THOMSON, Studies in Ancient Greek Society. II: The First Philosophers, London 1955 (1961[2]); tr. it. di P. INNOCENTI, I primi filosofi, Firenze 1973.

TIMPANARO CARDINI, Pitag. = PITAGORICI, Testimonianze e frammenti, a cura di M. TIMPANARO CARDINI, fasc. I, Firenze 1958, fasc. II ivi 1962, fasc. III ivi 1964.

TOWNSLEY, Parm. = A.L. TOWNSLEY, Parmenides' religious vision and aesthetics, in « Athenaeum » n. 3-4/1975, pp. 343-351.

UEBERWEG-PRAECHTER, Grundriss = F. UEBERWEG-K. PRAECHTER, Grundriss der Geschichte der Philosophie, Band I, Basel-Stuttgart 1926[12] (rist. anastat. 1967).

UNTERSTEINER, Parm. = PARMENIDE, Testimonianze e frammenti, a cura di M. UNTERSTEINER, Firenze 1958.

UNTERSTEINER, Ancora su Parm. = M. UNTERSTEINER, Ancora su Parmenide, in « Rivista critica di storia della filosofia » 20 (1965), pp. 51-53.

UNTERSTEINER, Senofane = SENOFANE, Testimonianze e frammenti, a cura di M. UNTERSTEINER, Firenze 1967.

VACCARINO, Orig. d. logica = G. VACCARINO, L'origine della logica, in « Scientia » 55 (1961), pp. 103-109.

VARVARO, Studi su Pl. = P. VARVARO, Studi su Platone, voll. 2, Palermo 1965-1969.

VEGETTI, Il dio filosofo = M. VEGETTI, « Il dio filosofo » e la sua metafora, in « Materiali filosofici » 2/1976, pp. 1-10.

VERDENIUS, Parm. = W.J. VERDENIUS, Parmenides. Some Comments on his Poem, Groningen 1942 (poi Amsterdam 1964).

VERDENIUS, Parm. Light = W.J. VERDENIUS, Parmenides' Conception of Light, in « Mnemosyne » 1949, pp. 116-131.

VERDENIUS, Parm. B 2.3 = W.J. VERDENIUS, Parmenides B 2.3, in « Mnemosyne » 15 (1962), p. 237.

VERDENIUS, Heraklit u. Parm. = W.J. VERDENIUS, Der Logosbegriff bei Heraklit und Parmenides, in « Phronesis » 11 (1966), pp. 99-117.

VERNANT, Origini = J.P. VERNANT, Les origines de la pensée grecque, Paris 1962; tr. it. di F. CODINO, Le origini del pensiero greco, Roma 1976.

VERNANT, Mito = J.P. VERNANT, Mythe et pensée chez les Grecs. Etudes *de psychologie historique*, Paris 1965; tr. it. di M. ROMANO-B. BRAVO, *Mito e pensiero presso i Greci. Studi di psicologia storica*, Torino 1970.

VITALI, *Gorgia* = R. VITALI, *Gorgia. Retorica e filosofia*, Urbino 1971.

VITALI, *Melisso* = R. VITALI, *Melisso di Samo: sul mondo o sull'essere. Una interpretazione dell'eleatismo*, Urbino 1973.

VLASTOS, *Equality* = G. VLASTOS, *Equality and Justice in Early Greek Cosmologies*, in « Classical Philology » 42 (1947), pp. 156-178; ora in *Studies in Presocratic Philosophy*, ed. by Furley-Allen, vol. I, pp. 56-91. Noi citiamo da questo volume.

VLASTOS, *Theol. a. Philos.* = G. VLASTOS, *Theology and Philosophy in Early Greek Thought*, in « Philosophical Quarterly » 2 (1952), pp. 97-123; ora in *Studies in Presocratic Philosophy*, ed. by Furley-Allen, vol. I, pp. 92-129. Noi citiamo da questo volume.

VLASTOS, *Names* = G. VLASTOS, *Names' of Being in Parmenides*, scritto inedito citato da MOURELATOS, *The route*, p. 165 n. 3.

WELLMANN, *Alkmaion* = M. WELLMANN, *Alkmaion von Kroton*, in « Archeion » 11 (1929), pp. 156-169.

WEST, *Early Gr. Philos.* = M.L. WEST, *Early Greek Philosophy and the Orient*, Oxford 1971.

WILAMOWITZ, *Der Glaube* = U. VON WILAMOWITZ, *Der Glaube der Hellenen*, Berlin 1931-32 (Darmstadt 1959).

WILSON, *Parm. B 8.4* = J.R. WILSON, *Parmenides B 8.4*, in « Classical Quarterly », 20 (1970), pp. 32-34.

WINDELBAND, *St. d. filos.* = W. WINDELBAND, *Geschichte der Philosophie*, Freiburg 1892; tr. it. di C. DENTICE D'ACCADIA, *Storia della filosofia*, vol. I, Firenze 1967.

WISNIEWSKI, *Parm.* = B. WISNIEWSKI, *La théorie de la connaissance de Parménide*, in « Studi italiani di filologia classica » 35 (1963), pp. 199-204.

WOLF, *Dike* = E. WOLF, *Dike bei Anaximander und Parmenides*, in « Lexis » 2 (1949), pp. 16-24.

WOLF, *Griech. Rechtsd.* = E. WOLF, *Griechische Rechtsdenken*, vol. I, Frankfurt 1950.

WOODBURY, *Parm.* = L. WOODBURY, *Parmenides on Names*, in « Harvard Studies in Classical Philology » 63 (1958), pp. 145-160; ora in *Essays in Ancient Greek Philosophy*, ed. by ANTON-KUSTAS, Albany 1972[2], pp. 145-162, con revisioni e nuove note. Noi citiamo dal volume.

WORKMAN, *Termin. Sculpturale* = A. WORKMAN, *La terminologie sculpturale dans la philosophie présocratique*, in « Actes du XIème Congrès international de philosophie », XII, Amsterdam 1953.

ZAFIROPULO, *L'éc. él.* = J. ZAFIROPULO, *L'école éleate*, Paris 1950.

ZELLER I, I = E. ZELLER-R. MONDOLFO, *La filosofia dei greci nel suo sviluppo storico*, Parte I. *I presocratici*; vol. I, *Origini, caratteri e periodi della filosofia greca*, a cura di R. MONDOLFO, Firenze 1967 (I ed. 1932).

ZELLER I, II = E. ZELLER-R. MONDOLFO, *La filosofia dei Greci nel suo sviluppo storico*, Parte I. *I presocratici*; vol. II, *Ionici e Pitagorici*, a cura di R. MONDOLFO, Firenze 1967 (I ed. 1938).

ZELLER I, III = E. ZELLER-R. MONDOLFO, *La filosofia dei Greci nel suo sviluppo storico*, Parte I. *I presocratici*; vol. III, *Eleati*, a cura di G. REALE, Firenze 1967.

ZELLER I, IV = E. ZELLER-R. MONDOLFO, *La filosofia dei Greci nel suo sviluppo storico*, Parte I. *I presocratici*; vol. IV, *Eraclito*, a cura di R. MONDOLFO, Firenze 1961.

ZELLER I, V = E. ZELLER-R. MONDOLFO, *La filosofia dei greci nel suo sviluppo storico*, Parte I. *I presocratici*; vol. V, *Empedocle, Atomisti, Anassagora*, a cura di A. CAPIZZI, Firenze 1969.

ZEPPI, *Protagora* = S. ZEPPI, *Protagora e la filosofia del suo tempo*, Firenze 1961.

ZEPPI, *Limitatezza* = S. ZEPPI, *La concezione parmenidea della limitatezza spaziale dell'ente e la teologia parmenidea*, in *Studi sulla filosofia presocratica*, Firenze 1962.

ZEPPI, *Tradizione* = S. ZEPPI, *Accettazione e ripudio della tradizione nel pensiero preplatonico*, in « Rivista critica di storia della filosofia » 31 (1976), pp. 73-81.

ZUCCHI, *Parm.* = H. ZUCCHI, *El problema de la nada en Parménides*, in *Estudios de filosofia antigua y moderna*, Tucumàn 1956, pp. 9-19.

INDICI

A) *Antichi*

Abramo 191 n. 1
Achille 197 n. 27
Achille (eroe omerico) 198 n. 11
Acusilao 290 n. 18
Aezio 169-171; 191 n. 1; 197 n. 20, n. 21, n. 22, n. 23, n. 24, n. 27; 251 n. 56; 258 n. 76, n. 84, n. 87; 259 n. 93, nn. 94-95, n. 99; 285 n. 9; 292 n. 1, n. 4; 294 n. 16; 295 n. 22; 296 n. 23; 304 n. 47
Afrodite 47; 290 n. 12
Agamennone 198 n. 11
Agatemero 276 n. 190
Alcmeone 173; 185; 237; 304 n. 48
Alessandro 192 n. 9, n. 16, n. 17; 193; 280 n. 4
Ananke 20-21; 26-27; 48; 158-161; 207 n. 34; 252 n. 65; 285-286 n. 10; 286 n. 11; 286-287 n. 16; 288 n. 20; 292 n. 1
Anassagora 100; 143; 173; 181; 182; 183; 197 n. 25; 211 n. 49; 248 n. 31; 251 n. 56; 260 n. 105; 301 n. 28; 302 n. 36
Anassimandro 113; 114; 121; 126; 138-139; 140; 143; 197 n. 19, n. 25; 244 n. 12; 252 n. 57; 258 n. 80; 263 n. 128; 272 n. 166; 276 n. 194; 278; 286 n. 16; 293 n. 13
Anassimene 84; 121; 125; 197 n. 25; 262 n. 116; 272 n. 166; 276 n. 194; 293 n. 13
Antifonte 5; 291 n. 28

Archiloco 184; 185; 303 nn. 43-44; 304 n. 45
Aristotele 33; 34; 56; 100; 104; 128; 130; 133; 138; 146; 150; 165; 173; 176; 180-183; 184; 185; 191 n. 1, n. 2, n. 4, n. 5; 192 n. 6, n. 10, n. 11, n. 12, n. 16; 193; 194; 195; 196; 197; 208 n. 37; 215 n. 73; 219 n. 10; 224; 229 n. 11; 238 n. 1; 242; 248 nn. 27-29, n. 31; 249 n. 35; 250-251 n. 52, n. 53, nn. 54-55, n. 56; 259 n. 94; 263 n. 127, n. 128; 269 n. 155; 271 n. 165, n. 166; 275 n. 179; 276 n. 185; 280 n. 6, n. 11; 290 n. 6, n. 11; 297 n. 1, n. 7; 301 n. 24, n. 25, n. 27, nn. 30-32, n. 34; 304 n. 50; 305 n. 54; 306 n. 56; 319
Asclepio 97

Briseide 198 n. 11

Cebete 304 n. 48
Celio Aureliano 294-295 n. 17
Censorino 33; 172; 197 n. 29; 294 n. 16; 295 n. 19, n. 22; 296 n. 24, nn. 27-28, nn. 30-31; 298 n. 14
Cicerone 35; 146; 166; 192 n. 13, n. 17; 259 n. 97; 276 n. 188; 280 n. 9; 290 n. 14
Clemente 35; 96; 146; 192 n. 14; 200 n. 29; 236 n. 27, nn. 29-30; 245 n. 14; 280 n. 7

Damascio 290 n. 18

Democrito 82; 100; 105; 136; 139; 140; 143; 173; 181; 182; 183; 186; 251 n. 56; 260 n. 105; 274 n. 170; 277; 285 n. 9; 286 n. 11
Dike 12-13; 20-21; 39; 42; 43-45; 47-48; 98; 112; 158-161; 200 n. 26; 207 n. 34; 208 n. 38, n. 40; 213 n. 65; 217 n. 93; 252 n. 65; 286 n. 11; 286-287 n. 16; 287 n. 17; 288 n. 20, n. 21
Diogene di Apollonia 173
Diogene Laerzio 34; 114; 146; 172; 191 n. 1; 192 n. 8, n. 17; 197 n. 19, n. 26, n. 30; 200 n. 29; 249 n. 35; 258 n. 88; 259 n. 92, nn. 96-97, n. 100, n. 101; 263 n. 128; 272 n. 167; 276 n. 186, n. 189; 280 n. 3, n. 11; 291 n. 19; 304 n. 49

Ecateo di Mileto 259 n. 100
Ecfanto 115
Elena 247 n. 24
Empedocle 37; 100; 112; 114-115; 143; 173; 181; 182; 183; 184; 185-186; 197 n. 29; 211 n. 49; 228 n. 2; 238 n. 1; 248 n. 30, n. 31; 260 n. 105; 284 n. 3; 286 n. 16; 294 n. 16; 297 n. 8; 298 n. 14; 299 n. 16; 301 n. 26, n. 27; 302 n. 36; 303 n. 42; 305-306 n. 55
Epicarmo 291 n. 19
Epicuro 173
Er 208 n. 40
Eraclito 74; 81; 82; 84; 87-92; 126; 136; 137; 183; 211 n. 49; 215 n. 74; 227 n. 26; 229 n. 11; 230 n. 11; 233 n. 22; 236 n. 20; 237; 244 n. 3, n. 12; 264 n. 140; 267 n. 146; 286 n. 16; 302 n. 36; 304 n. 48
Ermodoro 229 n. 11; 230 n. 11

Eros 28-29; 41; 47; 166-167; 169; 215 n. 83; 290 n. 17, n. 18
Eschilo 55; 198 n. 11; 201 n. 30; 202
Esiodo 159; 166; 208 n. 40; 209; 211 n. 45; 213 n. 66; 244 n. 12; 286 n. 12, n. 16; 290 n. 14, n. 18; 298 n. 9
Euclide 139
Euripide 100; 201 n. 30; 249 n. 33; 258 n. 79
Eusebio 191 n. 1; 192 n. 16

Fenice 198 n. 11
Ferecide 290 n. 18
Filolao 271 n. 166; 304 n. 48
Filopono 96
Fozio 272 n. 167

Galeno 276 n. 195; 295 n. 22
Giamblico 191 n. 1; 272 n. 167
Gorgia 41; 223 n. 20; 246 n. 24; 247 n. 24; 251 n. 56

Hera 295 n. 20

Ippocrate 249 n. 32; 283 n. 19
Ippolito 35; 146; 191 n. 1; 192 n. 15, n. 17; 258 n. 84, nn. 86-87; 259 n. 97, n. 98; 263 n. 124, n. 128; 280 n. 5; 305 n. 54
Ippone 173

Lattanzio 295 n. 21
Leucippo 115; 251 n. 56; 260 n. 105; 274 n. 170
Licofrone 261 n. 115
Lucrezio 176; 252 n. 60

Macrobio 294 n. 14
Marco Antonio 236 n. 28
Melisso 34; 100; 194; 196; 241; 249 n. 34; 288 n. 20; 319

Moira 22-23; 48; 107; 108; 158-161; 207 n. 34; 252 n. 65; 285-286 n. 10

Nemesio 296 nn. 25-26
Nestore 199 n. 11
Nicomaco 304 n. 48

Odisseo 199 n. 11
Omero 141; 176; 181; 184; 185; 198 n. 11; 208 n. 40; 209; 211 n. 45; 213-214 n. 66; 215 n. 85; 218 n. 3; 244 n. 12; 261 n. 115; 275 n. 177; 286 n. 11; 298 n. 9; 301 n. 27, n. 29; 303 n. 43; 304 n. 45
Orfeo 43; 268 n. 149

Peithò 288 n. 21
Peleo 199 n. 11
Pindaro 55; 142; 201 n. 30; 279 n. 199; 298 n. 9; 320
Pitagora (Pitagorici) 104; 114; 115; 125; 133-134; 136; 137; 143; 167-168; 197 n. 26; 209 n. 40; 224; 242; 251; 267; 271-272 n. 166; 272-273 n. 168; 286 n. 16; 290 n. 6
Platone 33; 56; 57; 77; 105; 119; 120; 135; 136; 158; 183; 191 n. 2, n. 4, n. 5; 194; 195; 198 n. 11; 205-206; 208 n. 37, n. 40; 211 n. 49; 215 n. 83; 220 n. 10; 224; 227 n. 26; 228 n. 2; 229 n. 11; 239; 251 n. 53; 255 n. 69; 258 n. 79; 261 n. 113; 262 n. 119, n. 121; 264 n. 142; 267 n. 146; 274 n. 175; 274-275 n. 176; 280 n. 11; 287 n. 17; 299 n. 17; 302 n. 35
Plinio 138; 276 n. 186
Plotino 225 n. 25
Plutarco 33; 96; 138; 146; 191 n. 1; 200 n. 29; 208 n. 37; 234 n. 4; 236 n. 23; 245 n. 14; 258 nn. 76-77; 259 n. 95; 276 n. 187; 280 n. 10, n. 11; 290 n. 12
Porfirio 216 n. 85; 259 n. 93; 305 n. 54
Posidonio 295 n. 20
Proclo 96; 200 n. 25, n. 29; 229 n. 9; 236 n. 31; 272 n. 167; 290 n. 18
Prodico 143
Protagora 143; 220 n. 10; 223 n. 20; 246-247 n. 24; 301-302 n. 35

Seneca 290 n. 6
Senofane 34; 115; 208 n. 40; 259 n. 97; 291 n. 19; 321
Senofonte 202
Sesto Empirico 42; 56; 59; 200 n. 29; 207-208 n. 36; 219 n. 9; 236 n. 24, n. 26; 246 n. 24; 247 n. 24; 251 n. 56; 259 n. 97; 304 n. 52; 305 n. 53; 306 n. 59
Simmia 304 n. 48
Simonide 159; 286 n. 13
Simplicio 33; 56; 96; 108; 130; 138; 146; 165; 166; 167; 171; 191 n. 1, n. 4; 192 n. 9, n. 17; 193; 194; 200-201 n. 29; 202; 208 n. 37; 229 n. 9; 245 n. 14; 247-248 n. 25, n. 31; 249 n. 34, n. 35; 253; 259 n. 97; 263 nn. 125-128; 271 n. 161; 276 n. 191; 280 n. 8; 290 n. 6, nn. 7-10, n. 13; 291 n. 19, n. 21, n. 24; 293 nn. 8-9
Socrate 41; 57; 224; 264 n. 142; 275 n. 176
Sofocle 198 n. 11
Solone 268 n. 149
Stobeo 234 n. 4; 236 nn. 21-22; 259 n. 93; 291 n. 28; 305 n. 54
Strabone 197 n. 27; 272 n. 167; 276 n. 190

Suida 191 n. 1; 258 n. 89; 276 n. 189; 280 n. 2

Talete 138; 139; 140; 142; 242; 277; 278; 290 n. 6; 293 n. 13
Teodoreto 259 n. 97
Teofrasto 56; 146; 177; 180; 183-184; 185; 186; 191 n. 1, n. 4; 192 n. 16; 195; 196; 197 n. 18; 237; 280 n. 4; 293 n. 9; 297 n. 1, n. 3; 298 n. 13, n. 14; 302 nn. 36-38; 303 n. 39, n. 41; 304 n. 48, n. 51; 305 n. 54; 306 nn. 57-58
Teognide 199 n. 11; 298 n. 9
Teone 259 n. 93

Venere 28-29

Zenone 185; 194
Zeus 43; 185; 290 n. 18

B) *Moderni*

Abbagnano N. 117-118; 242; 261 n. 108; 273 n. 168; 307
Adorno F. 232 n. 17; 234 n. 7; 240; 307
Agostini V. 309
Albertelli P. 11; 43; 191 n. 4; 192 n. 9, n. 10, n. 16; 198 n. 3; 199 n. 17; 200 n. 29; 201 n. 30; 218 n. 6; 228 n. 3; 230 n. 11; 235 n. 15; 248 n. 25, n. 29; 249 n. 40; 255 n. 67; 258 n. 81; 269 n. 157; 274 n. 171; 280 n. 8; 281 n. 15; 282; 297 n. 2, n. 7; 299 n. 17; 300 n. 19, n. 20; 307
Alfieri V. E. 11; 269 n. 152; 276 n. 195; 307
Allen R. E. 309; 311; 315; 316; 317; 320; 322
Anton J. P. 317; 322
Arnim H. (von) 226

Arrighetti G. 200 n. 25; 307
Attardo Magrini M. 308

Baccou R. 293 n. 6; 307
Bandini L. 312
Bassi L. 317
Beaufret J. 206-207 n. 33; 236 n. 20; 260 n. 106; 307
Bedarida F. 308
Bernal J. D. 278; 307
Bernays J. 229 n. 11; 307
Bernhardt J. 260 n. 106; 307
Beutler R. 311
Bicknell P. J. 284 n. 3; 307
Bignone E. 197 n. 29; 307
Bilinski B. 294 n. 14
Bloch K. 240; 307
Bodrero E. 269 n. 157; 307
Bollack J. 43; 200 n. 19; 240; 297 n. 2; 300 n. 22; 307
Bonnor W. 262 n. 118; 308
Borman K. 253; 308
Boussoulas N. I. 273 n. 168; 308
Bowra C. M. 41-42; 48-49; 198 n. 10; 199 n. 12, n. 14; 210 n. 41, n. 42; 213 n. 64; 214 n. 67; 276 n. 184; 279 n. 197; 308
Bravo B. 321
Burckhardt J. 215 n. 74; 308
Burnet J. 62; 116; 141; 220 n. 11; 239; 245 n. 13; 248 n. 25; 249 nn. 37-38; 251 n. 53; 259 n. 102; 260 n. 105; 264 n. 140; 269 n. 157; 272 n. 168; 276 n. 184; 291 n. 23; 308

Calogero G. 39; 63; 98; 118; 119; 214 n. 68; 215 n. 83; 218 n. 1; 219-220 n. 10; 222 n. 15; 224; 229 n. 9; 230 n. 11, n. 13; 232 n. 15; 240; 248 n. 25; 253; 255-256 n. 73; 260 n. 106; 261 n. 109; 262 n. 118; 264 n. 140; 281 n.

14; 282; 284 n. 4; 286 n. 11; 287 n. 16; 294 n. 14; 297 n. 3, n. 4; 300 n. 20; 308
Cambiano G. 211 n. 48; 251 n. 52; 276 n. 184; 308
Cantarella R. 263 n. 139; 294 n. 14; 308
Capizzi A. 57-59; 201 n. 30; 217 nn. 87-93; 220 n. 10; 228 n. 3; 232 n. 14; 235 n. 15; 240; 244 n. 3, n. 8; 248 n. 25; 255 n. 67; 263 n. 134; 264 n. 140; 268 n. 149; 271 n. 160; 273 n. 168; 274 n. 171; 275 n. 178; 281 n. 12, n. 14; 293 n. 14; 308, 323
Capriglione I. C. 304 n. 48; 308
Carbonara Naddei M. 263 n. 128; 275 n. 180; 309
Carpitella M. 313; 314
Cartesio 118; 136; 232-233 n. 19
Casertano G. 196; 215 n. 76; 217 n. 92; 246-247 n. 24; 250 n. 48; 262 n. 118; 268 n. 150; 275 n. 182, n. 183; 302 n. 35; 309
Casini P. 210 n. 43; 309
Cataudella Q. 309
Chalmers W. R. 241; 309
Châtelet F. 307
Cherniss H. F. 193-195; 224; 230 n. 11; 264 n. 139; 309
Chroust A. H. 248 n. 29; 309
Clark R. J. 203; 265 n. 143; 309
Codignola E. 313; 319
Codino F. 311; 315; 320; 321
Coleman J. A. 262 n. 118; 309
Colli G. 81; 200 n. 25; 235 n. 8; 268 n. 149; 310
Cornford F. M. 204-206 n. 33; 218 n. 6; 220 n. 10; 231; 238 n. 1; 243; 245 n. 16; 248 n. 25; 258 n. 80; 259 n. 102; 267-268 n. 147; 269 n. 158; 270 n. 160; 273 n. 168; 274 n. 175; 276 n. 184; 282; 310

Cosentino V. 308
Costa F. 314
Covotti A. 71; 228 n. 6; 230 n. 11; 239; 240; 244 n. 4; 245 n. 14, n. 16; 253; 262 n. 116; 264 n. 140; 272-273 n. 168; 310
Coxon A. H. 258 n. 81; 299 n. 17; 310
Croiset M. 286 n. 16; 310
Curi U. 201 n. 30; 258 n. 81; 310

Dal Pra M. 197 n. 17; 224; 310; 312
Daumas M. 320
De Angelis G. 310
De Broglie L. 275 n. 183; 310
Degli Alberti V. 320
Deichgräber K. 41; 43; 198 n. 7; 200 n. 19; 202; 269 n. 157; 284 n. 3; 287 n. 17; 291 n. 23; 307; 310
Del Basso E. 259 n. 97; 310
Dentice D'Accadia C. 322
De Ruggiero G. 214 n. 68; 222 n. 19; 224; 260 n. 106; 262 n. 117; 310
De Santillana G. 51; 102-103; 106; 118; 212 n. 62; 216 n. 83; 223 n. 21; 224; 229 n. 11; 243-244; 249 n. 41; 250 nn. 46-49; 251 n. 52; 252 n. 64; 260 n. 106; 261 n. 111, n. 113; 268 n. 147, n. 150; 276 n. 184, n. 195; 277; 285-286 n. 10; 310; 311
Detienne M. 276 n. 184; 287 n. 17; 310
Diehl E. 286 n. 13; 311
Diels H. 11; 40; 71; 87; 96; 126; 163; 176; 191 n. 1; 198 n. 2; 200 n. 29; 201 n. 30; 208 n. 40; 218 n. 6; 228 nn. 4-5; 229 n. 11; 231; 235 n. 12, n. 15; 245 n. 16; 247-248 n. 25; 253; 255 n. 67, n. 68, n. 69; 257; 259 n. 102; 264 n. 140,

n. 141; 269 n. 153, n. 157, n. 158; 274 n. 170; 281 n. 14; 282; 284 n. 3; 286 n. 16; 291 n. 24; 292 n. 6; 293 n. 11; 295 n. 21; 297 n. 3; 311
Diès A. 255 n. 69; 265 n. 143; 311
Dodds E. 305 n. 54
Donini P. 311
Dreyer J. L. E. 259 n. 97; 311
Düring I. 195; 250-251 n. 52; 263 n. 129; 311

Ebner P. 295 n. 20
Einstein A. 127; 262 n. 18; 275 n. 183; 311
Emery L. 314
Enriques F. 223 n. 21; 229 n. 11; 243; 276 n. 184, n. 195; 285-286 n. 10; 311

Faggi A. 241, 311
Farrington B. 49; 211 n. 46, n. 48; 222 n. 19; 236 n. 20; 276 n. 184; 277; 278, 311
Ferri S. 294 n. 14
Finley M. I. 140-141; 276 n. 184; 279 n. 196; 311
Fränkel H. 43; 50-51; 60; 62; 104; 199 n. 16; 200 n. 27, n. 28; 212 n. 59, n. 61; 213 n. 64; 220-221 n. 12; 222 n. 14; 230 n. 14; 231; 251-252 n. 57; 252 n. 63; 253-254; 258 n. 81; 261-262 n. 115; 263 n. 128; 276 n. 184; 281 n. 16; 288 n. 20; 289 n. 5; 293 n. 6, n. 7, n. 9, n. 11; 295 n. 21; 297 n. 2, n. 3, n. 9; 298 n. 12; 303 n. 43; 304 n. 45; 311
Frankfort H. 210 n. 40; 312
Frankfort H. A. 210 n. 40; 312

Fraschetti A. 311
Freeman K. 245 n. 13; 312
Fritz K. (von) 231; 253-254; 300 n. 18; 312
Furley D. J. 309; 311; 315; 316; 317; 320; 322

Gadamer H. G. 230 n. 12; 244 n. 8; 248 n. 25; 284 n. 4; 297 n. 2; 312; 320
Galilei G. 53; 137
Gallavotti C. 197 n. 29; 306 n. 55; 312
Gallino R. 310
Gamba A. 318
Gentile G. 314
Gentile M. 275 n. 180; 312
Geymonat L. 261 n. 106; 312
Geymonat V. 319
Giannantoni G. 11; 220 n. 10; 230 n. 11; 261 n. 112; 269 n. 157; 307; 312
Giarratano C. 274 n. 176
Gigante M. 11; 294 n. 14; 312
Gigon O. 63; 220 n. 11; 222 n. 16; 229 n. 11; 230 n. 14; 238 n. 1; 244 n. 5; 248 n. 25; 258 n. 81; 269 n. 157; 274 n. 173; 276 n. 184; 281 n. 16; 286 n. 11; 291 n. 23; 292 n. 6; 312
Gilardoni G. 56; 198 n. 2; 215 n. 81; 223 n. 20; 226; 228 n. 1, n. 3; 233 n. 22; 234 n. 1; 235 n. 7, n. 9, n. 15; 238 n. 1; 240; 246 n. 17; 248 n. 25; 252 n. 63, 255 n. 68; 261 n. 107; 262 n. 123; 267 n. 146; 268 n. 150; 269 n. 152; 271 n. 164; 275 n. 177, n. 178; 281 n. 12, n. 16; 282; 284 n. 2; 285 n. 6; 288 n. 20; 291 n. 20; 293 n. 6, n. 12; 300 n. 19; 312
Gilbert O. 216 n. 85; 312

Gnoli G. 311; 313
Gomperz Th. 83; 100; 230 n. 11; 235 n. 11; 241; 242; 249 n. 36; 259 n. 102; 260 nn. 105-106; 267 n. 147; 273 n. 168; 276 n. 195; 312
Graziadei A. 311
Guthrie W. K .C. 252 n. 63; 258 n. 81; 298 n. 9; 313

Hagens B. (van) 262 n. 118; 313
Havelock E. A. 267 n. 146; 304 n. 45; 313
Hegel G. W. F. 66; 116; 165; 225 n. 24, n. 25; 302 n. 35; 313
Heidegger M. 227 n. 26
Heisenberg W. 275 n. 183; 313
Heitsch E. 42; 43; 49; 81; 198 n. 5; 199 n. 15; 200 n. 23, n. 29; 201 n. 30; 209; 211 n. 48; 222 n. 14; 225 n. 23; 226; 228-229 n. 7; 231; 235 n. 10, n. 12; 238 n. 1; 244 n. 12; 245 n. 14; 246 n. 16; 248 n. 25; 253; 258 n. 81; 265 n. 143; 266 n. 146; 269 n. 150; 271 n. 161; 273 n. 169; 281 n. 16; 283 n. 18, n. 20; 284 n. 5; 293 n. 6, n. 7; 297 n. 3; 300 n. 20; 313
Hirzel R. 285 n. 7; 313
Hoffmann E. 274 n. 175; 313
Hölscher U. 201 n. 30; 271 n. 161; 313
Hussey E. 218 n. 5; 231; 236 n. 20; 250 n. 51; 264 n. 139; 269 n. 157; 313
Hyland D. A. 49; 56-57; 211 n. 49; 215 nn. 82-83; 226-227 n. 26; 230 n. 11; 233 n. 20; 260 n. 104; 313

Imbraguglia G. 57; 216 n. 84; 313
Infeld L. 262 n. 118; 275 n. 183; 311; 313

Innocenti P. 321
Irwin W. A. 312
Isnardi Parente M. 196; 217 n. 92; 294 n. 14; 304 n. 45; 313; 314

Jacobsen Th. 312
Jaeger W. 49-50; 52; 53; 54; 55; 208 n. 40; 209; 212 n. 51, n. 53, n. 54, n. 55, n. 63; 214 nn. 69-71; 215 n. 72; 218 n. 3; 220 n. 11; 222 n. 19; 229 n. 11; 230 n. 13, n. 14; 231; 244 n. 4; 255 n. 70; 258 n. 81; 288 n. 20; 314
Jantzen J. 202-203; 220 n. 10; 253; 271 n. 160; 273 n. 169; 314
Jaspers K. 237; 314
Jesi F. 276 n. 184; 314
Joël K. 215 n. 83; 258 n. 81; 260 n. 104; 269 n. 153; 314

Kafka F. 260 n. 106; 300 n. 20; 306 n. 64; 314
Kahn H. 245 n. 14; 305 n. 54; 314
Kant I. 233 n. 19; 260 n. 106; 265-266 n. 145; 314
Karsten S. 248 n. 25; 271 n. 161; 314
Kirk G. S. 271 n. 161; 276 n. 184; 281 n. 16; 300 n. 20; 314
Kojève A. 219 n. 8; 231-232 n. 14; 314
Koyré A. 278; 314
Kranz W. 11; 96; 163; 176; 198 n. 2; 201 n. 30; 214 n. 68; 216 n. 85; 219-220 n. 10; 230 n. 11; 235 n. 12; 245 n. 16; 252 n. 58; 255 n. 67, n. 69; 257; 265 n. 143; 269 n. 152; 274 n. 170, n. 173; 297 n. 2; 311; 314
Kustas G. L. 317; 322

Lanza D. 248 n. 31; 249 n. 33; 304 n. 48; 315
Lascaris C. 23 n. 139; 315

Laurenti R. 11; 192 n. 6; 248 n. 28; 249 n. 32; 263 n. 128; 301 n. 27; 315; 316
Leibniz G. W. 134
Lejeune M. 294 n. 14
Lesky A. 214 n. 67; 236 n. 20; 246 n. 20; 315
Levi A. 230 n. 11; 239; 245 n. 16; 264 n. 140; 269 n. 152, n. 157; 272 n. 168; 315
Libutti L. 315
Liddel H. G. 198 n. 11; 249 n. 43; 315
Lloyd G. E. R. 66; 207 n. 33; 223 n. 22; 249 n. 38; 263 n. 128; 276 n. 184, n. 194; 278; 282; 288 n. 20; 289 n. 3; 315
Loenen J.H.M.M. 219 n. 9; 220 n. 10; 297 n. 2; 298 n. 14; 315
Loew E. 81; 230 n. 11; 234 n. 3; 245 n. 13; 260 n. 104; 281 n. 12; 282; 315
Lombardo Radice G. 314
Long A.A. 193; 241; 257; 264 n. 139; 269 n. 157; 274 n. 174; 315
Longo O. 251 n. 52; 315

Maddalena A. 11; 218 n. 6; 230 n. 12; 258 n. 88; 259 n. 91; 263 n. 128; 269 n. 157; 272 n. 166; 304 n. 48; 315; 316
Mansfeld J. 50; 198 n. 6; 212 n. 56, n. 57, n. 58; 224; 231; 238 n. 1; 252 n. 63; 258 n. 81; 265 n. 145; 268 n. 158; 270 n. 158; 297 n. 3; 300 n. 22; 306 n. 63; 316
Marcel G. 211 n. 49
Martano G. 8; 118; 220 n. 10; 223 n. 19; 224; 225 n. 23; 261 n. 106, n. 112; 269 n. 157; 272 n. 166; 290 n. 18; 299 n. 16; 304 n. 45, n. 48; 316
Marx K. 227 n. 26

Mathieu V. 314
Mc Diarmid J. B. 195-196; 316
Merlan Ph. 216 n. 83; 294 n. 14; 316
Meyerson E. 233 n. 19
Mieli A. 242; 273 n. 168; 277; 316
Milhaud G. 239; 316
Millán Puelles A. 240; 316
Mondolfo R. 49; 97; 105; 118; 197 n. 19; 208 n. 40; 210 n. 44; 218 n. 6; 221 n. 13; 223-224 n. 23; 225-226 n. 26; 229 n. 11; 230 n. 11; 233 n. 19; 241; 245 n. 14, n. 16; 246 n. 21; 251 n. 56; 252 n. 61; 261 n. 110; 264 n. 140; 269 n. 157; 271-272 n. 166; 281 n. 16; 286 n. 16; 290 n. 18; 291 n. 23; 304 n. 47; 309; 316-317; 319; 322; 232
Montano A. 8; 217 n. 92; 317
Montero Moliner F. 265 n. 145; 317
Mourelatos A.P.D. 126; 194; 200 n. 29; 201 n. 30; 203-204; 209; 214 n. 68; 218 n. 5; 220 n. 10; 221 nn. 13-14; 231; 232 n. 16; 233 n. 19; 241; 245 n. 12, n. 14; 252 n. 59, n. 63; 254; 257; 258 n. 81; 259 n. 103; 260 n. 106; 261 n. 113; 262 n. 121; 263 n. 131; 264 n. 142; 270 n. 158; 273-274 n. 169; 282; 285 n. 7; 288 n. 21; 289-290 n. 5; 297 n. 3; 301 n. 22; 306 n. 62; 317; 318; 322
Mullach F.G.A. 271 n. 161; 293 n. 11; 31 7

Napoli M. 294 n. 14
Nestle W. 276 n. 184; 317
Newton I. 134
Nicotra O. 313
Nietzsche F. 227 n. 26; 237

Oberdorfer A. 319

Olivieri A. 304 n. 48; 317
Omodeo A. 311
Owen G.E.L. 201 n. 30, n. 31; 202; 203; 220 n. 11; 233 n. 19; 241; 245 n. 14, n. 16; 252 n. 61; 257; 261 n. 113; 317-318
Owens J. 257; 318

Pacchi A. 267 n. 146; 318
Paci E. 224-225 n. 23; 236 n. 18; 265 n. 145; 276 n. 184; 318
Pagallo G. F. 214 n. 68; 236 n. 20; 244 n. 7; 246 n. 20; 265 n. 143; 282; 318
Pagliaro A. 228 n. 7; 318
Pancaldi G. 318
Pasquinelli A. 43; 97; 194; 198 n. 1, n. 3; 200 n. 20; 201 n. 30; 209; 220 n. 11; 222 n. 18; 226; 228 n. 3; 229 n. 8; n. 11; 231; 234 n. 3; 235 n. 15; 238 n. 1; 245 n. 13; 246 nn. 17-18; 248 n. 25; 255 n. 67; 258 n. 79; 263 n. 139; 265 n. 143; 268 n. 148; 270 n. 159; 271 n. 160; 274 n. 172; 281 n. 13, n. 14; 282; 292 n. 1, n. 6; 293 n. 6; 297 n. 2, n. 6, n. 9; 300 n. 19, n. 20; 318
Patin A. 87; 198 n. 6; 199 n. 14; 230 n. 11; 259 n. 102; 318
Pepe L. 8
Persico E. 318
Pfeiffer H. 43; 51; 198 n. 5, n. 6; 199 n. 14, n. 16; 200 n. 21, n. 26; 210 n. 40; 213 n. 66; 214 n. 67; 228 n. 2; 235 n. 7; 285 n. 8; 304 n. 45; 318

Piovani P. 313; 316
Planck M. 275 n. 183; 318
Pocar E. 314
Pohlenz M. 318
Pontani F. M. 268 n. 149; 303 n. 44; 318

Popper K. R. 135; 265 n. 143; 275 n. 178; 297 n. 7; 298 n. 9; 300 n. 20; 318
Preti G. 224; 240; 263 n. 139; 265 n. 143; 269 n. 157; 276 n. 184; 286-287 n. 16; 318
Praechter K. 218 n. 6; 230 n. 11; 259 n. 102; 321
Prier R. A. 207 n. 33; 229 n. 11; 235 n. 7; 242; 287 n. 16; 318
Proto B. 318
Pugliese Carratelli G. 294 n. 14; 318-319

Rampello L. 313
Raven J. E. 230 n. 12; 245 n. 13; 248 n, 25, n. 26; 265 n. 143; 271 n. 161; 281 n. 16; 300 n. 20; 314; 319
Reale G. 65; 191 n. 2; 193; 196; 201 n. 30; 206; 212 n. 59; 225 n. 26; 227 n. 26; 235 n. 16, 238 n. 1; 240; 245 n. 15; 248 n. 28; 249 n. 34; 250 n. 45; 251 n. 54; 253; 260 n. 106; 263 n. 134; 275 n. 181; 290 n. 15; 292 n. 6; 295 n. 20; 301 n. 24, n. 26, n. 27, n. 28, n. 29, n. 33; 319; 323
Reinhardt K. 49; 50; 73; 81; 88; 126; 204 n. 33; 212 n. 52; 218 n. 6; 223 n. 20; 226; 229 n. 10; 230 n. 11, n. 14; 234 n. 1, 248 n. 25; 265 n. 143, n. 144, n. 145; 281 n. 15; 288 n. 20; 292 n. 6; 293 n. 7; 297 n. 7; 319
Repici L. 196; 319
Reymond A. 308
Riezler K. 204 n. 33; 220 n. 10; 235 n. 12; 248 n. 25; 253; 271 n. 161; 274 n. 173; 291 n. 24; 319
Riverso E. 276 n. 184; 319
Robin L. 222 n. 19; 224; 226; 230 n. 11; 232 n. 19; 240; 246 n. 22;

260 n. 104; 264 n. 144; 273 n. 168; 276 n. 184; 319
Robinson J. M. 276 n. 184; 319
Rodier G. 276 n. 184; 319
Rohde E. 167; 274 n. 170; 291 n. 22; 297 n. 8; 299 n. 17; 319
Romano M. 321
Ross W. D. 191 n. 5; 194; 319
Rossetti L. 224; 319
Rostagni A. 176; 291 n. 23; 297 n. 8; 298 n. 10; 319
Rotondò A. 311
Ruggiu L. 51; 201 n. 30; 206; 207 n. 33; 209; 212 n. 57; 213 n. 65; 221 n. 12; 226; 235 n. 7, n. 9, n. 17; 241; 244 n. 10; 249 n. 38; 257; 263 n. 131, n. 132, n. 137; 267 n. 146; 268 n. 150; 270 n. 158; 283 n. 19; 285 n. 7, n. 9; 286 n. 11; 288 n. 20, n. 21; 289 n. 2, n. 3; 291 n. 20, n. 24; 293 n. 6; 297 n. 3; 298 n. 12, n. 14; 300 n. 19, n. 21, n. 22; 302 n. 37; 304 n. 45; 306 n. 63; 319
Russo A. 251 n. 55; 319

Sainati V. 222 n. 19; 241; 244 n. 11; 249-250 n. 44; 319
Salucci B. 228 n. 3; 255 n. 68; 312
Salvadori A. 315
Sambursky S. 276 n. 184; 319
Sanna G. 313
Schuhl P. M. 208 n. 40; 320
Schwabl H. 132; 194; 201 n. 30; 206; 230 n. 12; 266 n. 146; 269-270 n. 158; 271 n. 162; 272 n. 168; 282; 291 n. 20; 297 n. 3, n. 5; 298 n. 10, n. 12; 304 n. 45; 306 n. 61; 320
Scott R. 198 n. 11; 249 n. 43; 315
Serini P. 319
Sichirollo L. 197 n. 17; 320
Snell B. 49; 198-199 n. 11; 210-211 n. 45; 218 n. 3; 222 n. 19; 279 n. 199; 304 n. 45; 320
Solmi Marietti A. 320
Somigliana A. 223 n. 19; 303 n. 41; 320
Somville P. 193; 214 n. 67; 216 n. 83; 233 n. 19; 263 n. 139; 269 n. 150; 320
Sosio L. 307
Spinoza B. 53; 207 n. 35; 236 n. 25
Stefanini L. 228 n. 3; 230 n. 11; 274 n. 170; 281 n. 15; 300 n. 22; 320
Stein H. 42; 198 n. 6; 293 n. 11; 320
Stella L. A. 304 n. 48; 320
Stenzel J. 226
Szabó A. 88; 224; 230 n. 11; 320

Tannery P. 229 n. 11; 232 n. 19; 239; 251 n. 53; 260 n. 106; 264 n. 140; 267 n. 147; 270 n. 159; 272 n. 168; 276 n. 184; 277; 321
Tarán L. 194; 200 n. 26; 201 n. 30; 218 n. 2; 220 n. 10; 221 n. 12; 245 n. 14, n. 16; 252 nn. 58-59, n. 63; 254; 257; 258 n. 81; 262 n. 117; 269-270 n. 158; 291 n. 24; 297 n. 3, n. 6; 300 n. 22; 317; 321
Testa A. 263 n. 130; 321
Thèodoracopoulos J. N. 294 n. 14
Thomson G. 49; 211 n. 47; 217 n. 86; 222 n. 19; 230 n. 11; 273 n. 168; 286 n. 11; 321
Timpanaro Cardini M. 11; 272 n. 166; 304 n. 48; 321
Tortora G. 8
Townsley A. L. 49; 209; 212 n. 50; 321

Ueberweg F. 218 n. 6; 230 n. 11; 259 n. 102; 321

Untersteiner M. 41; 43; 51; 62; 63; 65; 81; 97; 98; 198 n. 8, n. 9; 199 n. 13, n. 14; 199-200 n. 18; 200 n. 26; 201 n. 30; 213 n. 64; 216-217 n. 85; 218 n. 2; 221 n. 13; 222 n. 17; 228 n. 1, n. 3; 230 n. 12; 232 n. 16; 234 n. 5, n. 6; 235 n. 7, n. 9, n. 13, n. 16; 238 n. 1; 241; 244 n. 6; 245 n. 13, n. 16; 246 n. 19, n. 21; 248 n. 25; 249 n. 42; 250 n. 45; 252 n. 62; 253; 254; 255 n. 68; 256 n. 74; 258 n. 81; 259 n. 97, n. 101; 260 n. 106; 266 n. 146; 268-269 n. 150; 269 n. 152; 270 n. 160; 274 n. 170; 275 n. 177, n. 178; 281 n. 12, n. 16; 282; 284-285 n. 5; 287 n. 16; 293 n. 6, n. 10; 297 n. 3, n. 6; 298 n. 12, n. 14; 300 n. 19, n. 22; 321
Usener H. 307

Vaccarino G. 224; 321
Valgimigli M. 255 n. 69
Varvaro P. 241; 246 n. 16; 252 n. 63; 297 n. 8; 321
Vegetti M. 210 n. 40; 321
Verdenius W. J. 51; 204 n. 33; 206; 212 n. 63; 213 n. 64; 218 n. 6; 219 nn. 7-8; 220 n. 10; 229 n. 11; 230 n. 14; 238 n. 1; 253; 257; 271 n. 161; 275 n. 177; 282; 297 n. 3, n. 4, n. 8; 300 n. 20; 321
Vernant J. P. 224; 243; 276 n. 184; 277; 321
Vitali R. 241; 249 n. 34; 322
Vlastos G. 54-56; 215 n. 74, n. 75, n. 77; 257; 262 n. 122, n. 123; 279 n. 198, n. 200, n. 201; 283 n. 18; 286 nn. 14-16; 303 n. 42; 310; 322

Wellmann M. 304 n. 48; 322
West M. L. 322
Wilamowitz U. (von) 42; 229 n. 11; 322
Wilpert P. 312
Wilson J. A. 312
Wilson J. R. 245 n. 14; 322
Windelband W. 263 n. 139; 300-301 n. 22; 322
Wisniewski B. 299-300 n. 17; 322
Wolf E. 200 n. 24; 285 n. 7; 286 n. 16; 322
Woodbury L. 108; 226; 254; 255 n. 71; 257; 322
Workmann A. 252 n. 62; 322

Zafiropulo J. 49; 56; 202; 209; 210 n. 43; 215 n. 79, n. 80; 218 n. 6; 229 n. 10; 230 n. 12; 232-233 n. 19; 234 n. 1; 242; 248 n. 25; 256-257 n. 75; 258 n. 81; 263 n. 139; 265 n. 143; 273 n. 168; 298 n. 15; 322
Zambelli P. 314
Zeller E. 36; 39; 117; 130; 166; 193; 197 n. 28; 208 n. 40; 214 n. 68; 218 n. 6; 227 n. 26; 229 n. 11; 230 n. 14; 235 n. 14; 238-239 n. 2; 248 n. 25; 251 n. 56; 259 n. 102; 263 n. 128; 265 n. 143; 269 n. 156, n. 157; 271 n. 161, n. 166; 286 n. 16; 290 n. 16, n. 18; 291 n. 23, n. 24; 295 n. 17, n. 22; 300 n. 20; 303 n. 41; 304 n. 47; 319; 322-323
Zeppi S. 230 n. 12; 245 n. 16; 246 n. 24; 251 n. 56; 273 n. 168; 286 n. 16; 287 n. 16; 323
Zolla E. 312
Zucchi H. 263 n. 139; 323

INDICE GENERALE

PREFAZIONE   7

AVVERTENZA   11

FRAMMENTI

   1 (B 1)   12
   2 (B 2)   14
   3 (B 3)   16
   4 (B 6)   16
   5 (B 5)   16
   6 (B 4)   18
   7-8 (B 7-8)   18
   9 (B 9)   24
  10 (B 10)   26
  11 (B 11)   26
  12 (B 14)   26
  13 (B 15)   28
  14 (B 15a)   28
  15 (B 13)   28
  16 (B 12)   28
  17 (B 18)   28
  18 (B 17)   30
  19 (B 16)   30
  20 (B 19)   30

0.1. La questione delle testimonianze sulla « fisica » di Parmenide   33

B 1
  1) Alcune questioni particolari e il « programma » del sapere   39
  2) Il significato « formale » delle figure divine   46
    A) *La discussione sul carattere religioso del* Proemio   46
    B) *Alcuni equivoci (con una prima conclusione)*   51
  3) Simbolismo e allegoria   56

B 2 - B 3

    1) Due metodi d'indagine...   61
    2) ...o piuttosto un solo metodo?   64

B 6

    1) Perché B 6 precede B 5 e B 4   69
    2) Compaiono gli uomini sordi e ciechi   71
    3) Le « tre vie »   74
    4) Concludendo   78

B 5 - B 4

    1) Tra metodo e dottrina   81
    2) La ripresa di un discorso: esperienza e scienza   84
    3) Osservazioni (anche di metodo) sul senso di un rapporto   87

B 7 - B 8

    1) Il discorso su ciò che è   93
    2) Né nascita né morte   95
    3) Continuità, immobilità, compiutezza di τὸ ἐόν   101
    4) Nominare e dire il vero   106
    5) L'ἐόν come sfera: un primo problema   112
    6) Immobilità e dinamicità dell'universo   118
    7) Le esperienze umane e la loro validità   122
    8) La dialettica dei contrari e l'ordine cosmico   128
    9) Parmenide e la cultura scientifica del suo tempo   135

B 9

    1) Dall'unità alla dualità   145
    2) La luce, la notte e i fenomeni della natura   147

B 10 - B 11

    1) Dal mondo di τὸ ἐόν al mondo di τὰ ἐόντα   153
    2) Il sole la luna le stelle   155
    3) Necessità che tutto governa   158

B 14 - B 15 - B 15a - B 13

    1) Le ragioni di uno spostamento   163
    2) Amore e la sorte degli uomini   166

B 12 - B 18 - B 17

    1) Dalle stelle agli uomini   169
    2) Formazione e differenziazione dei sessi   171

B 16 - B 19
  1) Il pensiero come coscienza del corpo — 175
  2) Aristotele e Teofrasto su Parmenide — 180
  3) Percezione e pensiero prima e dopo Parmenide — 184
  4) Natura e ragione — 186

NOTE

  Note 0.1 — 191
  Note B 1 — 198
  Note B 2 - B 3 — 218
  Note B 6 — 228
  Note B 5 - B 4 — 234
  Note B 7 - B 8 — 238
  Note B 9 — 280
  Note B 10 - B 11 — 284
  Note B 14 - B 15 - B 15a - B 13 — 289
  Note B 12 - B 18 - B 17 — 292
  Note B 16 - B 19 — 297

INDICE DELLE ABBREVIAZIONI — 307

INDICE DEI NOMI — 325